编号：2019-2-295

多源夜视图像认知计算理论与方法
——认知计算与挖掘学习
（第二版）

柏连发　韩　静　陈霄宇　著

科学出版社

北　京

内 容 简 介

本书较全面地论述认知计算在夜视图像处理中的前沿理论与方法。主要内容包括仿生视觉感知机理、夜视图像视觉增强、夜视图像视觉特征提取、夜视图像显著检测、非训练夜视目标认知检测、时-空-谱夜视目标识别定位、数据驱动的多源夜视增强与信息融合感知等。本书反映了国内外发展现状和最新成果，也包含了作者近年来在这一领域的主要研究成果。

本书可作为高等学校光电、计算机、自动化等专业的研究生、高年级本科生教材，同时可供从事夜视图像分析、计算机视觉、人工智能等相关领域的专业研究人员学习、参考。

图书在版编目（CIP）数据

多源夜视图像认知计算理论与方法：认知计算与挖掘学习 / 柏连发，韩静，陈霄宇著. -- 2 版. -- 北京 : 科学出版社，2024. 9. -- ISBN 978-7-03-079406-2

I. TN22; TP183

中国国家版本馆 CIP 数据核字第 20242HG636 号

责任编辑：赵敬伟 / 责任校对：彭珍珍
责任印制：张　伟 / 封面设计：无极书装

科学出版社 出版
北京东黄城根北街 16 号
邮政编码：100717
http://www.sciencep.com
北京中石油彩色印刷有限责任公司印刷
科学出版社发行　各地新华书店经销
＊
2017 年 8 月第 一 版　开本：720×1000 1/16
2024 年 9 月第 二 版　印张：27
2024 年 9 月第五次印刷　字数：544 000
定价：208.00 元
（如有印装质量问题，我社负责调换）

前　言

随着复杂自动控制系统、光电信号变换与检测技术的不断涌现，以及信息处理理论与技术的不断提高，具有综合性能的自动化、智能化光电系统得到了进一步发展，形成了包括光学、电子学和计算机科学高度知识集中的新领域——现代成像系统及光电信息技术。本书围绕新型夜视光电信息处理技术及应用，展开深入探讨。

夜视技术是利用夜晚天空辐射对目标的照射或景物自身热辐射，借助夜视成像系统观察、理解景物图像的技术。现代夜视技术已广泛应用于工业、农业、国防、科研和家庭生活等领域，其中均涉及夜视成像探测问题。但是由于目标多样性和场景复杂化，传统的夜视信息处理方法难以满足实际应用需求，因此智能仿生科学和现代计算检测技术成为突破的关键手段和方法。目前夜视光电成像探测技术中不断涌现出新器件、新思想、新方法，其中基于认知计算与挖掘学习的新型夜视信息探测感知技术及成像系统应用是一个重要的新兴发展方向。

本书从系统研制和多领域应用出发，详细论述了认知计算与挖掘学习在夜视图像处理中的前沿理论与方法，全书共分 9 章。第 1 章绪论，阐述视觉认知机理和应用，这是后续章节视觉建模的相关生物机理和理论基础；第 2 章夜视图像视觉增强，阐述微光稀疏降噪和红外视觉增强的相关内容；第 3 章夜视图像视觉特征提取，阐述夜视图像背景抑制、视觉轮廓提取和分割的相关内容；第 4 章数据驱动的夜视增强与特性建模，阐述微光对比度、红外超分辨增强和夜视场景重建的相关内容；第 5 章夜视图像显著检测，阐述夜视场景空间域显著分析和视觉注意的相关内容；第 6 章非训练夜视目标认知检测，阐述非训练模式下，基于视觉空间结构性和稀疏性的刚性、非刚性夜视目标鲁棒检测的相关内容；第 7 章时-空-谱夜视目标识别定位，阐述基于 What 和 Where 视觉认知的多光谱夜视目标识别、运动识别及检测定位的相关内容；第 8 章基于深度学习的多源夜视信息融合，阐述红外-可见光图像融合、跨模态图像立体匹配、激光雷达点云补全等相关内容；第 9 章基于信息融合的夜视目标感知，阐述监督学习的特征融合夜视语义分割、多波段多模态融合的目标检测跟踪等相关内容。

本书作者在国家自然科学基金重点项目、面上项目等一系列研究课题的资助下开展了深入研究，取得多项国内外先进成果，作者通过对大量研究与实践的总结，归纳出多源夜视成像认知计算的一套理论与方法。本书在多波段夜视图像融合的基础上，首次提出基于认知计算与挖掘学习的多源夜视信息感知技术，是对夜视技术的重要创新。

当前有大量学者从事新型信息探测相关的研究工作，但尚无综合论述夜视信息智能感知相关技术的书籍。本书深入系统地论述了夜视信息计算及应用的多种创新思想、模型算法等，为夜视技术领域注入新的活力，可作为高等学校光电、计算机、自动化等专业的研究生、高年级本科生教材，同时可供从事夜视图像分析、计算机视觉、人工智能等相关领域的专业研究人员学习、参考。

本书有如下特色：

(1) 随着神经生理学、认知科学等领域的不断发展，将认知理论和视觉技术结合起来的研究方法能够有效模拟人类感知机制和过程，在图像信息理解领域具有广阔的应用前景。但是由于相关研究涉及多学科交叉，一些新的发展和成果较为分散，暂时还没有系统介绍该方面研究的书籍，尤其是在夜视技术领域。本书为了改变这种局面，更好地促进夜视信息技术发展，着重介绍认知计算、深度学习领域正在发展的一些新理论和新技术，并探索优化模型和新型算法，以解决感知计算和信息学习技术在夜视数据中的应用难题，力求向读者展示现代信息技术为夜视领域带来的重大突破。

(2) 本书系统分析了新型夜视图像感知与应用的相关理论与方法，提供的算法模型和硬件系统可以作为光电系统总体设计、算法设计和硬件设计人员的参考依据。根据目标特性和成像方式的差异，本书针对多光谱数据、视频数据等，研究不同的感知理解与探测算法，针对多类场景、目标探索不同处理机制，具有更强先进性和实用性。

(3) 本书为了使读者了解和掌握有关的理论知识，培养他们理论联系实际的能力，为他们今后从事本领域的研究工作、适应新技术的发展奠定必要的基础，探讨比较了一些最新的夜视系统和图像理解方法。并且本书特别注重内容的新颖性和实用性，兼顾从事夜视光电成像探测研究的科技工作者需求，在相应章节中编入国内外相关最新技术资料，内容的选取全面反映当代新型夜视领域的主要技术内涵和动态。

参与本书撰写的人员来自柏连发教授领导的研究小组，全书由柏连发、韩静共同撰写和统稿，其中陈霄宇执笔部分章节，校样过程中，张毅、赵壮、郭恩来、于浩天等博士，张靖远、瞿超、魏驰恒、张权等博士研究生做了大量工作。本书参考了大量近年来出版的相关技术资料，吸取了许多专家同仁的宝贵经验，在撰写过程中，李树涛、李学龙、徐立军、金石、谷延锋、曹汛、彭宇新等教授提出了许多宝贵意见，在此向他们深表谢意。

本书是在国家自然科学基金重点项目"基于认知计算和信息挖掘的多波段夜视图像融合技术"(61231014)、"高灵敏多光谱微光散射成像理论与方法"(62031018)

和国家自然科学基金面上项目"基于流形和视觉注意的复杂场景夜视目标识别"(61373061) 的研究成果基础上撰写的。在此对"十三五"江苏省高等学校重点教材立项资助、国家自然科学基金项目资助表示衷心的感谢。

作　者
2024 年 4 月

目　　录

第 1 章 绪 论

夜视技术作为一门延伸人类活动范围、突破人类视觉极限的技术，无论是在军事还是民用领域都获得了极大重视和广泛应用，如光照变化和低照度条件下的观察、监视和检测等。夜视仪器研究主要包括微光夜视、红外热成像、紫外成像、主动近红外成像系统等。

夜视系统从出现发展到现在，已经具备相当完整的理论和相对成熟的技术。然而夜视环境复杂，并且可能存在伪装目标、单一波段信息减弱和辐射波段移动等因素，会造成成像系统难以探测到目标或探测准确度下降。因此，通过传统单一波段图像传感器准确地感知和描述外界环境几乎不可能。西方强国在军事和民用领域，为提高系统对低照度环境的观察能力和多应用场景下的适应能力，较早地提出了多源多光谱夜视成像探测的概念，相关情况见图 1.1。

图 1.1 多传感器系统、战场环境和机载探测器

多源夜视技术使得多传感器信息相互补充，可以解决单一成像传感器信息不全面或不准确的问题。但是如何从多传感器的输出中提取 (识别) 有用信息，并融合显示给观察者成为新的难题。为此须将不同传感器所提供的信息加以综合，消除多源信息间可能存在的冗余和矛盾，形成对目标完整一致的信息描述，并且在合成图像中不损失各波段图像的重要信息或者造成图像质量下降。

随着夜视技术及其应用需求的发展，针对复杂场景环境的新型多源多光谱夜视信息处理理论与技术将成为智能化夜视场景理解、目标感知的研究热点。为了准确描述复杂夜视环境、有效检测跟踪可能存在的目标以及提高目标识别率，多源夜视感知理解理论与技术研究在国内外均有所开展。本书立足于多光谱夜视成像和信息融合技术，探索研究一系列基于仿生视觉认知学习机理的多光谱夜视环境感知、目标探测识别模型方法，显著提高复杂场景下的多源夜视图像理解能力。

上述理论与技术研究可为各种夜视信息探测和处理提供新的技术途径，在公安、国防及相关工业技术领域具有重要的科学价值与广阔的应用前景。

1.1 多源夜视图像视觉认知学习的研究内容

多源夜视技术是提高夜视探测能力的有效方法，多传感器信息可提供更加全面、准确的夜视目标和场景信息 (图 1.1.1(a))，然而如何解决各传感器信息使用的充分性和多维信息提取的复杂性成为新的难题 (图 1.1.1(b))；并且由于环境干扰、场景复杂以及目标本身可能发生的姿态、残缺、模糊、遮挡变化和视角变换等问题，夜视场景准确理解、目标鲁棒检测识别难以获得理想效果 (图 1.1.1(c))。因此需要引入新型技术思想和研究手段，以解决复杂场景下各波段夜视图像目标精确、高效认知问题，实现多维夜视数据的智能解析。

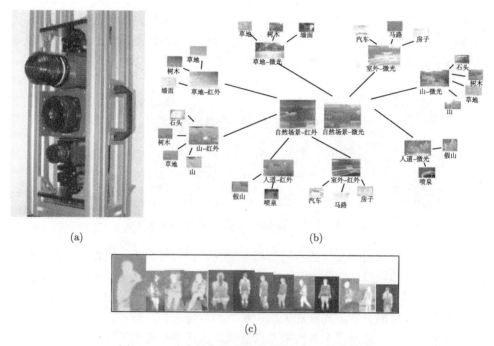

图 1.1.1 多光谱夜视系统和夜视目标、场景特性

(a) 多传感器系统；(b) 夜视图像的自然场景、目标分类；(c) 夜视目标的多样性

在众多的生物系统中人脑是最有效的生物智能系统，它具有感知、识别、学习、联想、记忆、推理等功能。据统计，人类感知的信息有 80% 来自视觉，为此，研究生物的视知觉功能，解析其内在机理并计算实现，成为科学研究领域的一个重要内容。视知觉过程的研究有助于深入理解生物神经的工作机制和人类认知规

律，为模拟这些机制与规律、开发智能化夜视信息处理模式开拓新的途径，为提高多源夜视系统的智能化、增强夜视系统解决问题的能力提供新的思路[1]。

本书的研究内容受启发于高效的生物视觉机理和高智能的认知计算与挖掘学习方法，旨在结合夜视图像特性，实现基于仿生视觉建模的紫外、微光和红外等多光谱夜视图像智能感知。在视觉建模中，受生物视觉感知启发的计算模型包括特征提取、视觉增强、显著检测和目标识别等方面。从夜视信息处理的关键技术角度出发，多源夜视图像视觉认知学习研究内容包括：

(1) 对多光谱图像进行预处理，如微光图像降噪、红外图像增强。严重噪声干扰、低对比度影响下的图像修复增强有利于场景理解和信息提取，是夜视感知首须解决的一项重要技术。

(2) 对多光谱图像进行有效特征提取和显著分析，如显著轮廓提取、显著区域检测。复杂场景下的有效背景抑制、感兴趣区域检测和显著轮廓提取能够加强场景描述与理解精度，提供各目标候选区域以减少特征选择过程中的计算量，提高系统探测效率，从而成为夜视分析的一项关键技术。

(3) 进一步对潜在目标进行高层次视觉特征描述、识别和理解。具有抗干扰和泛化能力的夜视目标鲁棒检测和准确识别定位是目前夜视目标探测的技术难点。

(4) 在此基础上，设计高效算法架构，构建软硬件成像计算系统。有效集成多个核心处理模块，优化具有层次性、并行性和反馈性的计算模型，是实现多源夜视智能认知学习系统理论和技术应用的关键。

因此，本书将立足于提高多源夜视系统对非结构化视听觉感知信息的理解能力和多维异构信息的处理效率，克服多光谱夜视图像信息处理所面临的困难，借助心理学、神经生理学、生物学、计算机科学和数理科学的交叉优势，从图像降噪增强、特征提取、显著检测、目标识别定位等多个方面，研究夜视基于仿生视觉的多源多光谱热点理论技术问题和新型认知计算与挖掘学习模型方法。

1.2　夜视图像融合与视觉认知计算

通过目标、背景光谱特性研究和分析可知，它们在不同波段具有反射、辐射特性差异，夜视图像融合可充分利用各波段相互间的光谱信息差异性和相关性，实现多源数据整合、解析。图像信息融合由低到高分为三个层次：底层处理是在严格配准的条件下，对各传感器输出的原始图像信号进行综合与分析，为高层处理提供丰富、精确、可靠的细节信息。中间层处理是对源图像进行预处理、特征提取和信息综合，旨在保留重要信息，以进行系统判决。高层处理在各波段图像完成了目标提取与分类之后，根据一定的准则以及不同决策的可信度做出具有容错能力的判别[2]。从本质上看，融合的这种层次化思想与生物认知功能是契合一致的。

　　图像融合技术最早被应用于遥感图像的分析和处理中，随其发展，这一技术也逐渐被引入到夜视成像探测领域，20 世纪 80 年代，美国得克萨斯仪器公司将通用组件红外系统、焦平面阵列前视红外系统和三代微光夜视系统的视频信号进行融合，取得了有益的结果[3]。20 世纪 90 年代，中国台湾研制出 3~5μm 和 8~12μm 双谱红外图像融合系统。进入 21 世纪，美国开始将微光与非制冷红外双谱图像融合夜视镜 (ENVG)、数字图像融合武器/观察瞄准镜 (DIF/OS-5) 等正式列入装备研制计划需求。此外还有关于特征级、决策级融合等研究成果的报道[4,5]。彩色融合效果如图 1.2.1 所示。

图 1.2.1   自然感彩色融合效果

(a) 长波条纹微光图像；(b) 短波条纹微光图像；(c) 融合彩显图像；(d) 可见光图像；
(e) 长波红外图像；(f) 彩色夜视图像

　　图像融合技术能够综合多波段、多光谱夜视信息，有效提高多传感器夜视系统成像探测能力，但也面临着新的挑战，即多源夜视带来的信息复杂化和数据膨胀。一方面，由于多光谱夜视图像的复杂多样，现有的图像融合方法尚不能达到理想效果，也就是说，目前夜视系统中计算机对场景图像的处理与理解能力远逊于人类，须有效模拟人类视觉的结构和功能，改善现有夜视系统的感知计算水平。另一方面，时—空—谱夜视数据维度扩张，如何高效、充分提取利用多维信息中有价值的模式、规则等，须对数据处理及知识获取的相关技术进行革新，以保障系统工作的实时性。

　　当前诸多领域内图像处理分析方法已发生积极、有效的变革，多种新型理论技术思想被提出，其中视觉仿生和认知科学计算最具典型性。视觉认知计算模型或方法的思路来源于生物视觉机理。随着生物生理学、神经计算学和脑科学理论的发展，国内外众多学者受生物学启发、针对不同应用环境建立了多种仿生机制视觉计算模型。例如，Marr 提出源于生物视觉机理的视觉计算理论模型，并将视觉过程归结为一个信息处理过程[6]；Grigorescu 等的非经典感受野抑制 (Non-Classical Receptive Field Inhibition) 模型，分析图像中心与周围的关系，可用于轮廓检测[7]；Li 等的递归网络模型神经动力学 (Neural Dynamics in a Recurrent Network Model) 模型，采用初级视觉皮层 (Primary Visual Cortex) 的简单单元，解决了将边缘段集成为轮廓的问题[8]；Ilya 等提出一种视觉注意机制模型，该模型分析人类视觉注意机制，在视觉显著性检测方面的效果比较突出[9]；Micheal 的计算知觉注意 (Computational Perceptual Attention) 模型，通过分析生物视觉的注意机制，建立了表达和执行注意策略的计算感知注意模型[10]；Wang 等的局部兴奋全局抑制振荡网络 (Locally Excitatory Globally Inhibitory Oscillator Network) 模型，指出大脑皮层不同区域存在 "同步振荡" 的现象，代表不同特征的神经元可以通过振荡时间上的同步而联系起来表示某一目标[11,12]；Lecun 等提出一种神经卷积网络模型，该模型拥有强大的仿生能力，在目标识别方面展现较强的性能[13]；Fukushima 的用于手写体字符识别的视觉神经网络模型 (Neural Network Models for Vision)[14]。此外，其他基于生物视觉认知机理的模型和方法也得到进一步发展[15-17]。

目前，国内外已对生物视觉功能和智能信息处理机制的计算模型和学习方法进行了大量的研究，这些方法在视觉处理和智能感知方面与常规方法相比具有明显优势。然而针对多光谱夜视图像视觉计算和认知学习方面的研究工作较少，基于生物学启发的计算机视觉建模研究可应用于夜视图像处理的各个关键技术领域，为夜视技术发展注入新的活力，同时也是对认知计算科学的延伸。

另外，从研究方法和技术手段上认知计算技术与图像融合具有本质区别，两者从不同角度解释图像信息，具有一定的互补性；但在同一图像处理层面上的功能又具有相似性，两者相互结合可促进各层次理论模型和计算方法的完善。因此本书立足于团队在多光谱夜视图像融合技术上的一系列研究成果，构建新型多源夜视认知计算模型，拓展视觉感知机理在夜视层面的应用，深化夜视信息的智能理解技术。

1.3 仿生视觉认知计算模型方法

视觉中枢神经系统对视网膜所传递的视觉信号进行处理，主要包含侧膝体 (LGN) 处理和视皮层处理，如图 1.3.1 所示。侧膝体是丘脑的一个感觉中继核团，通过视觉神经元，侧膝体与大部分视网膜的节细胞轴突触相连，接收来自视网膜的电信号，同时侧膝体与视皮层相连，接收来自视皮层的反馈信息。因此，侧膝体在视觉信息处理中起到中转站作用，对来自视网膜的电信号进行一定的控制与处理，然后传递给视皮层。

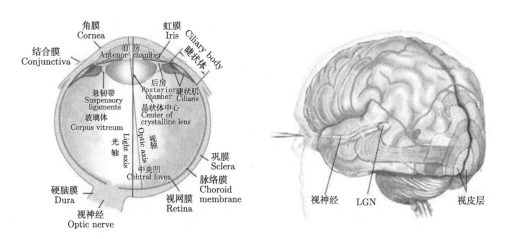

图 1.3.1   人眼解剖结构和视觉中枢神经系统生理结构图[18]

视皮层负责视觉信息的高级处理[19,20]，主要包括初级视皮层 (Primary Visual Cortex) 和纹外皮层 (Extrastriate Cortex)。视皮层腹侧流涉及 V1、V2、V4 以及 IT 功能区，它们分别对视觉信息的处理起到不同的作用：V1 区首先接收来自侧膝体的视觉信息并提取局部特征，如提取图像的结构、色彩、运动等信息；经处理后的信息将传递到 V2、V4 及 IT 区进行下一步处理，如图像内容的模式匹配、识别、理解、记忆等。在视觉皮层中，视觉信息通过不同视皮层通路进行信息加工处理，获得视觉认知所需的特征，提高信息处理效率，如图 1.3.2 所示。

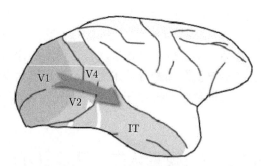

图 1.3.2   视觉皮层通路示意图 (扫描本书封底二维码可见彩图)

认知计算模型或方法的思路来源于生物视觉机理。图 1.3.3 是一种具有视皮层生理解剖功能特性的典型图像理解计算模型[21]：右边为视觉的不同层次特征表示，由初级、中级特征以及高级的识别行为组成；中间为模拟生物视觉的目标识别计算模型，由 5 层不同的特征功能组成。下面结合视觉感知过程，阐述几种认知计算机理模型，它们是本书多源夜视图像理解的理论基础。

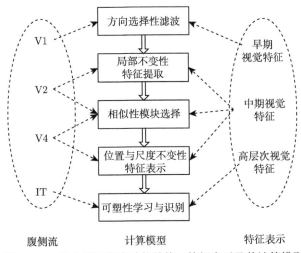

图 1.3.3 视皮层腹侧流功能结构、特征表示及其计算模型

1.3.1 元胞自动机理论

元胞自动机 (Cellular Automata) 是定义在一个具有离散、有限状态的元胞空间上,并按照一定局部规则,在离散时间维上进行演化的动力学系统。它由元胞、元胞空间、邻居及转换规则 4 个部分确定。元胞自动机可以用来模拟动态系统的演变过程,元胞自动机中的每个单元状态由当前状态和先前状态更新决定,并模拟动态系统的演化过程。图 1.3.4 为元胞自动机构成图。元胞自动机理论研究为后来的人工生命研究和近来兴起的复杂性科学研究做出了卓越贡献。

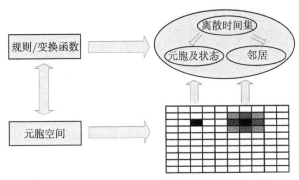

图 1.3.4 元胞自动机的组成

建立元胞自动机理论的计算模型为初等元胞自动机模型,具体如下:

初等元胞自动机是状态集 S 只有两个元素 $\{S_1, S_2\}$,即状态个数 $k = 2$,邻居半径 $r = 1$ 的一维元胞自动机。它几乎是最简单的元胞自动机模型。由于在 S

中具体采用什么符号并不重要，它可取 {0，1}，{−1，1}，{静止，运动}，{黑，白}，{生，死} 等，这里重要的是 S 所含的符号个数，通常将其记为 {0，1}。此时，邻居集 N 的个数 $2r$ 为 2，局部映射 $f{:}S_3 \to S$ 可记为[22]

$$S_i(t+1) = f(S_{i-1}(t), S_i(t), S_{i+1}(t)) \tag{1.3.1}$$

其中变量有三个，每个变量取两个状态值，那么就有 $2 \times 2 \times 2 = 8$ 种组合，只要给出在这 8 个自变量组合上的值，f 就完全确定了。这样，对于任何一个一维的 0，1 序列，应用以上规则，可以产生下一时刻的相应的序列。以上 8 种组合分别对应 0 或 1，因而这样的组合共有 $2^8 = 256$ 种，即初等元胞自动机只可能有 256 种不同规则。S. Wolfram 对这 256 种模型一一进行了详细深入的研究。研究表明，尽管初等元胞自动机如此简单，但它们表现出各种各样的高度复杂空间形态。经过一定时间，有些元胞自动机生成一种稳定状态，或静止，或产生周期性结构；有些产生自组织、自相似的分形结构[23]。S. Wolfram 对一维元胞自动机，尤其是初等元胞自动机的深入研究奠定了元胞自动机的理论基石。

1.3.2 非经典感受野机制

高等哺乳动物初级和高级视皮层中很多细胞的工作方式可以被认为是对视觉特征的抽取操作。例如，视皮层 V1 区简单细胞的感受野具有类似 Gabor 函数的形状，能够提取视觉信息中的边缘特征；具有端点抑制 (End-stopping) 特性的复杂细胞可以用来检测角落、线段等特征；部分高层视觉细胞能够对线段的组合和不同纹理进行响应[24]。这些细胞响应机制及其模型被广泛应用于图像理解，其中复杂细胞的非经典感受野响应机理能够用于纹理抑制和有序线段连接，可实现复杂场景下的轮廓提取。近年来，视觉非经典感受野机制与模型在图像显著轮廓分析提取方面获得良好性能并广泛应用。

基于视觉非经典感受野细胞响应机制，建立其计算模型——非经典感受野抑制模型，具体如下。

视皮层 V1 区神经元经典感受野 (Classical Receptive Field, CRF) 的大外周即非经典感受野 (Non-Classical Receptive Field, nCRF)，对 CRF 起调制作用，这种调制主要是抑制性的，能够实现同质区域相互抑制，从而使得孤立的边缘要比群体边缘更为显著。nCRF 环境抑制模型能够很好地模拟视皮层 V1 区神经元的这种响应机制，其原理可以应用于图像背景抑制和显著分析。

二维 Gabor 函数能有效地描述视皮层简单细胞的感受野剖面，奇偶对简单感受野滤波器的反应模 (Gabor 能量) 能很好地模拟典型复杂细胞的基本特性，这些复杂细胞可以看成局部方向能量算子[25]，利用复杂细胞活动的最大值即可对图形边、线进行准确定位，因此可以通过 Gabor 能量来模拟复杂细胞响应。二维

Gabor 滤波器表示如下:

$$g_{\lambda\sigma\varphi}(x,y;\theta) = \exp\left(-\frac{\tilde{x}^2 + \gamma^2\tilde{y}^2}{2\sigma^2}\right) \cdot \cos\left(2\pi\frac{\tilde{x}}{\lambda} + \varphi\right) \tag{1.3.2}$$

式中,$(x,y) \in \Omega \subset R^2$ 是中心区域,$\tilde{x} = x\cos\theta + y\sin\theta$,$\tilde{y} = -x\sin\theta + y\cos\theta$,$\theta$ 是 CRF 的偏好方位,φ 是相差,$\varphi = 0$ 和 $\varphi = \pi/2$ 对应的 $g_{\lambda\sigma\varphi}(x,y;\theta)$ 分别表示奇偶 Gabor 滤波器,长宽比 γ 决定高斯椭圆的离心率,λ 是波长,高斯标准差 σ 决定了 CRF 的作用面积,σ/λ 表示空间频率带宽。

简单细胞的响应 $r_{\lambda\sigma\theta\varphi}$ 表示为 Gabor 函数与输入图像 I 的卷积,CRF 刺激的神经元响应 $E_\sigma(x,y;\theta_i)$ 定义为正交简单细胞响应,因此有

$$r_{\lambda\sigma\varphi}(x,y;\theta) = I(x,y)*g_{\lambda\sigma\varphi}(x,y;\theta) = \iint\limits_{\Omega} I(u,v)g_{\lambda\sigma\varphi}(x-u,y-v;\theta)\mathrm{d}u\mathrm{d}v \tag{1.3.3}$$

$$E_\sigma^2(x,y;\theta_i) = r_{\lambda\sigma 0}^2(x,y;\theta_i) + r_{\lambda\sigma\pi/2}^2(x,y;\theta_i) \tag{1.3.4}$$

式中,Gabor 能量被分为 N_θ 个响应方位:$\theta_i = i\pi/N_\theta$,$i = 0,1,\cdots,N_\theta-1$,模型参数经验设置为 $N_\theta = 12$,$\gamma = 0.5$,$\sigma/\lambda = 0.56$,σ 为变量[26]。CRF 的响应输出为各方位 Gabor 能量 $E_\sigma(x,y;\theta_i)$ 的极值

$$E_\sigma(x,y) = \max\{E_\sigma(x,y;\theta_i)|i = 0,1,\cdots,N_\theta-1\} \tag{1.3.5}$$

生物研究表明 V1 区细胞的 nCRF 主要是抑制性的,这种环境抑制作用旨在分离同质区域、突显轮廓。传统 nCRF 抑制模型采用距离衰减函数 $\omega_\sigma(x,y)$ 描述环境抑制的视觉空间结构[27-29],$\omega_\sigma(x,y)$ 定义为半波校正和 L1 规范的同轴高斯差函数 $\mathrm{DOG}_{\sigma,\rho\sigma}(x,y)$

$$\mathrm{DOG}_{\sigma,\rho\sigma}(x,y) = \frac{1}{\sqrt{2\pi(\rho\sigma)^2}}\exp\left(-\frac{x^2+y^2}{2(\rho\sigma)^2}\right) - \frac{1}{\sqrt{2\pi\sigma^2}}\exp\left(-\frac{x^2+y^2}{2\sigma^2}\right) \tag{1.3.6}$$

$$\omega_\sigma(x,y) = |\mathrm{DOG}_{\sigma,\rho\sigma}(x,y)|^+ \Big/ \left\||\mathrm{DOG}_{\sigma,\rho\sigma}(x,y)|^+\right\|_1, \quad |z|^+ = \begin{cases} 0, & z < 0 \\ z, & z \geqslant 0 \end{cases} \tag{1.3.7}$$

抑制形式 $t_\sigma(x,y;\theta_i)$ 定义为环形背景中各像元的距离衰变局部方向能量

$$t_\sigma(x,y;\theta_i) = \omega_\sigma(x,y) * E_\sigma(x,y;\theta_i) \tag{1.3.8}$$

如图 1.3.5 所示,$|\mathrm{DOG}|^+$ 确保 $\omega_\sigma(x,y)$ 只作用于环境区域,尺度因子 σ 和 $\rho\sigma$ 分别决定了 CRF 面积 S_c 与 nCRF 面积 S_nc。生物实验表明,nCRF 直径能

达到 CRF 的 2～5 倍，一般取 $\rho = 4$。通过使 $DOG_{\sigma,\rho\sigma}(x,y) = 0$，可以得到 CRF 半径 $r_c = \sqrt{2\ln\rho/\rho^2 - 1} \cdot \rho\sigma$ 和 nCRF 半径 ρr_c。

nCRF 环境抑制输出响应 $R_\sigma(x,y)$，即为各方向抑制结果的最大值

$$R_\sigma(x,y) = \max\{|aE_\sigma(x,y;\theta_i) - bt_\sigma(x,y;\theta_i)|^+|i = 0, 1, \cdots, N_\theta - 1\} \qquad (1.3.9)$$

式中，a 和 b 控制抑制程度，式 (1.3.9) 即为传统 nCRF 抑制模型的轮廓检测结果。

由上述原理可知，非经典感受野抑制模型本质上通过 CRF 和 nCRF 区域相互作用，评估中心与大外周的差异，根据两者的同质性量化环境对中心的抑制量，实现自动背景削弱和边缘检测。

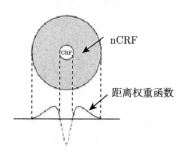

图 1.3.5   环境抑制的距离衰变函数

1.3.3   视觉稀疏感知特性理论

近年来脑神经科学研究证明，对于单一信号刺激，人脑中对应的神经元只会有小部分处于活跃状态[30]，这既为繁杂冗余的信息提供了简单表示，也使得上层传感神经元获取到刺激中最本质的特征。人脑的这一功能称为脑神经对信号的稀疏表示。受到此原理启发，近年来稀疏表示理论和应用已经成为了信号处理、计算机视觉分析、模式识别、控制等国内外学术界的重要研究方向[31]。

基于视觉稀疏响应的生物机理，建立其可计算方法——视觉稀疏表示，具体如下。

将信号样本表示为 $\boldsymbol{X} = [\boldsymbol{x}_1, \boldsymbol{x}_2, \cdots, \boldsymbol{x}_N] \in R^{P \times N}$，字典矩阵为 $\boldsymbol{B} = [\boldsymbol{b}_1, \boldsymbol{b}_2, \cdots, \boldsymbol{b}_M] \in R^{P \times M}$（每列为一个基向量）。视觉空间中任意样本 $\boldsymbol{x}_i$ 都可以通过这组基的线性组合进行重构，$\boldsymbol{S} = [\boldsymbol{s}_1, \boldsymbol{s}_2, \cdots, \boldsymbol{s}_N] \in R^{M \times N}$ 为稀疏系数矩阵（每列为一个稀疏向量）。传统稀疏编码通过优化如下问题求取字典基和稀疏系数的最大后验估计，其中假设字典基上存在统一先验[32]

$$\min_{\boldsymbol{B},\boldsymbol{S}} \sum_i \|\boldsymbol{x}_i - \boldsymbol{B}\boldsymbol{s}_i\|^2 + \lambda \sum_i \|\boldsymbol{s}_i\|_1$$
$$\text{s.t.} \ \|\boldsymbol{b}_i\|^2 \leqslant c, \quad i = 1, 2, \cdots, M \qquad (1.3.10)$$

式 (1.3.10) 中的第一项是稀疏重构误差，第二项是稀疏性约束，比例参数 λ 控制重构误差与稀疏性权重。其中，采用 L1 惩罚代替 L0 正则对稀疏编码过程进行求解，从而避免解决最小化 L0 正则中的 NP-hard 问题[33]，并且字典基需要规范化约束到一个常量 c，以控制每个基对应的系数变化在同一尺度范围内。最终获得的稀疏矩阵 S 中系数大多数等于或近似于 0，这就是信号的"稀疏性"，即只用少部分已知先验即可完成信号重构。

视觉感知具有很强的稀疏性，信号的稀疏表示可以提取出数据的稀疏特征，去除冗余信息，其原理被广泛应用于众多图像处理领域，如图像超分辨率重建、图像去噪、图像分类识别、图像语义识别、模式识别、目标跟踪以及盲信号分离等。针对夜视图像目标识别应用，下面主要介绍基于稀疏表示的图像降噪和分类识别。

1.3.4　视觉注意机制

人类视觉系统 (Human Visual System, HVS) 面对一个复杂场景时，总会迅速选择少数几个显著区域进行优先处理，该过程被称为视觉注意，被选中的区域称为感兴趣区域 (Region of Interest, ROI)。视觉注意使人类视觉系统能够以不同的次序和力度对各个场景区域进行选择性加工，从而避免了计算浪费，降低了分析难度。因此在图像理解和分析中，人类视觉系统的视觉注意使得人们可以在复杂场景中选择少数感兴趣区域作为注意焦点，并对其进行有限处理，从而极大地提高视觉系统处理的效率。

在日常生活中，人们经常会感受到视觉注意机制的存在。对于一幅图像，可以轻易地发现白色墙壁上的小坑或黑点，白色打印纸上的纸张缺陷，蓝色车牌上的号码等。图 1.3.6 给出了几个关于视觉注意的示例图，当人们观察以下几张图片时，观察者会迅速地将自己的注意力集中在左边图中的空心圆，中间图中的实心圆以及右边图中间部分的竖线。这种人眼的选择过程就是视觉注意，而被选中的对象或者区域就被称为注意焦点。

图 1.3.6　视觉注意的示例图

视觉注意作为心理活动的状态，在近代心理学发展的初期就已受到重视。注意是人类信息加工过程中一项重要的心理调节机制，它能够对有限的信息加工资源进行分配，使感知具备选择能力。视觉注意机制具体分为两种：一种是基于初级视觉，由数据驱动的自底向上的注意；另一种是基于高层视觉，与任务、知识等相关，由任务驱动的自顶向下的注意。

在自底向上的注意研究方面，主要基于 Koch 的框架和 Treisman 的特征整合理论，对输入图像提取朝向、亮度等初级视觉特征形成各个特征维的显著图，然后基于非均匀采样的方式，采用多特征图合并策略对这些不同特征维的显著图进行融合，形成一幅最终的显著图，根据显著图可得到一系列待注意的目标[34,35]。各目标通过注意转移的禁止返回 (Inhibition of Return) 机制和胜者为王 (Winner-Take-All) 的竞争机制吸引注意焦点，并使得注意焦点在各个待注意目标之间依一定原则转移。自底向上视觉注意机制流程图如图 1.3.7 所示。

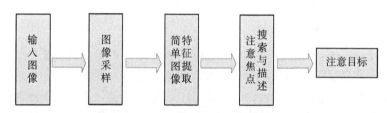

图 1.3.7   自底向上视觉注意机制流程图

相比于自底向上的注意，自顶向下的注意需要训练学习，时间耗费大，研究相对较少。早期的研究有视觉变换器[36]，它是一个关于实时系统的注意模型，可对场景进行解释并产生一个关于场景的自然语言描述，其缺点是复杂度高，它注意所有的目标，但仅报告那些相关的目标。按照注意焦点转移的方式，可以将注意分为隐式注意和显式注意。van de Laar 提出了一个用于隐式视觉注意的神经网络模型[37]，该模型依靠任务学习将注意集中于重要的特征，从感觉器官的视网膜输入提取特征图，在注意网络的帮助下形成优先图，注意网络提供了自顶向下的信息。自顶向下视觉注意机制流程图如图 1.3.8 所示。

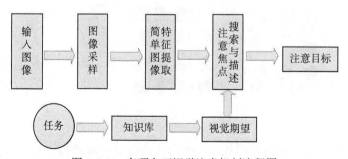

图 1.3.8   自顶向下视觉注意机制流程图

1.3.5 What/Where 视觉感知过程

对于人类视觉系统，目前有很多种不同的方法将其划分为两个子系统 (两条信息处理流)，最初的理论是由 Ungerleider 和 Mishkin 在 1982 年提出的[38]。该理论将来自主视皮层的映射分为两类不同解剖学的流：腹部流和背部流。如图 1.3.9 所示，腹部流从视网膜开始，沿腹部经过侧膝体 (LGN)、初级视皮层区域 (V1,V2,V4)、下颞叶皮层 (IT)，最终到达腹外侧额叶前部皮层 (VLPFC)，主要处理物体的外形轮廓等信息，即负责物体识别；背部流从视网膜开始，沿背部流经过侧膝体 (LGN)、初级视皮层区域 (V1,V2)、中颞叶区 (MT)、后顶叶皮层 (PP)，最后到达背外侧额叶前部皮层 (DLPFC)，主要处理物体的空间位置等信息，即负责物体的空间定位。因此这两条信息流也被称为 What 通路和 Where 通路。

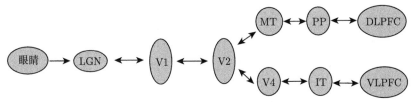

图 1.3.9 人类视觉系统中的两条通路

基于视觉系统的多通道认知特性，建立仿视觉感知过程的 What-Where 模型，具体如下。

Ungerleider 和 Mishkin 提出，What 通路主要用于物体识别，Where 通路主要用于空间定位。一般认为空间定位是指确定目标所在视觉空间中的具体位置，这里将这个概念进行延伸，在构建视觉感知模型的过程中，不仅考虑目标的具体空间位置，还考虑目标所处环境的位置，即整幅图像的场景环境信息。环境信息可为目标识别提供初级定位，具体说来，就是环境信息既可以为哪种目标最有可能出现提供很强的先验，也可以为图像中目标出现的位置区域提供先验。由此将与 Where 通路相关的空间位置感知分成两个层次：目标所处的空间环境和目标所在视觉空间中的具体位置。用目标所处空间的大范围信息，即环境信息作为 Where 通路中传输的一级 Where 信息，用目标在视觉空间中的具体位置作为二级 Where 信息。另外将 What 通路中传输的目标感知信息作为 What 信息。

与注意机制相结合，一级 Where 信息可以用来驱动自顶向下的注意处理大范围环境空间信息，为目标感知提供指导；二级 Where 信息与 What 信息一起可以用于驱动自底向上的注意，形成感受和进行对象识别。将自顶向下的注意控制分为两个阶段：预注意和集中注意。这里的预注意与 Itti 等提出的自底向上注意机制中的预注意不同[39]：Itti 等通过预注意将颜色、朝向和亮度等初级视觉特征快速自动地并行加工，形成多个显著图为图像中每个位置的显著性提供度量；这里在预注意阶段根据一级 Where 信息为特定目标出现与否提供先验，做出是否继续搜索的决定。因此系统在预注意完成后根据条件就可以停止整个检测过程，从而很大程度上节约计算资源。将集中注意的结果与 What 信息和二级 Where 信息相结合，为将注意集中到与目标相关的显著区域提供有效机制，建立两条视觉通路协同工作的层次并行模型。这样既可提高目标检测效率，将计算资源优先分配给那些目标出现概率比较高的图像区域；又能提高目标检测的可靠性，将注意集中到目标可能出现的位置区域，使检测过程不受区域外其他显著目标的影响。

1.3.6   视觉层次认知学习过程

通过对视觉神经系统的研究，人们发现视觉神经系统具有严整的结构性，它是由大量神经细胞有序、分层地排列而成。所谓"看"的本质就是，视觉刺激被连续地多层次地综合形成视觉信息，并逐级整合向大脑投射的过程[40]。整合过程指的是神经元从传入的神经纤维或连接处接收视觉冲动 (输入刺激)，把不同来源的信息汇聚起来，形成一个囊括所有输入的全新信息的过程。生物大脑中的视觉信息处理系统是由庞大的初级系统、次级系统以及许多更高级系统按照层次结构构成的，各个系统内部及其之间通过大量神经元的突触连接方式进行交互作用，形成对视觉目标和场景的有效描述。图像理解系统采用的层次结构以及其中的许多重要原理和方法与视觉感知系统的结构与功能有着紧密的联系，它与视觉感知系统所采用的层次化认知机理是高度一致的。

基于视觉层次认知学习过程，人们建立了一系列视觉层次感知计算模型，具体如下。

Hubel 和 Wiesel 通过神经生理方法开创了对视皮层细胞的研究，他们在视皮层 Vl 区第 4 层上发现了对特殊朝向的条形光刺激有强烈反应的感受野构型，认为 Vl 区单个神经元的感受野在空间上缓慢变化形成对视觉环境的一张视网膜投影图，单个神经元对其感受野内特定方向的条状刺激具有较强响应 (方向性和选择性)，由此产生了 Vl 区具有方向调节特性的简单细胞模型[41]。进一步，Hubel 和 Wiesel 认为具有相邻感受野的简单细胞将输出刺激汇聚到同一个复杂细胞，使得该复杂细胞具有相位不变性的响应特性。

根据 Hubel 和 Wiesel 的开创性工作，引出层次化视觉计算方法中的两个关键要素：第一，特征复杂度和感受野尺寸逐渐并行增加，这可避免系统中存在大量神经元引起的组合爆炸问题，并且弥补单层结构在目标辨识能力上的不足。第二，系统较高层次中的复杂特征由低层简单特征逐级构建起来，且具有冗余特性。

参照视觉神经系统的层次结构，Gupta 等提出了视觉信息处理的三级分析模型[42]，包括三个水平上的视觉信息处理。①低级视觉：主要任务是从二维图像阵列中获取最基本的图像特征，如色彩、亮度、纹理等。②中级视觉：主要任务是在低级视觉处理的基础上进一步抽取更高一级的特征信息，如图像边缘、线条方向、区域分割、闭合形状以及个体特征等。与前一层相比，这些特征更加抽象，也更加接近人类对物体或场景的认识。③高级视觉：该层根据前面分析所得结果，结合当前掌握的领域知识，对图像中的景物进行识别并对其内容作出语义性的解释和描述，其中经验性的知识和联想推理起着至关重要的作用。Wallis 和 Rolls 构建了一种四层网络结构 (VisNet)，通过建立在跟踪规则基础上的逐层竞争学习实现不变性识别过程，他们认为通过合适的信息测度，采用分布式信息表达以及拓扑连接约束关系可以兼顾目标不变性和选择性[43]。Behnke 提出一种将图像金字塔与细胞神经网络相结合的层次结构模型 (神经抽象金字塔)，该模型算法基于处理单元之间的局部交互作用机制，利用神经元之间的水平和垂直反馈环路，将给定图像转换成为一系列抽象程度逐渐增加的神经元表示，将学习规则与竞争激励归一化原则相结合，应用于层次视觉特征的无监督学习过程，生成分布式的稀疏图像表示[44]。

　　层次化计算模型中关键问题之一是其对视觉刺激如何采用合适的编码策略。视觉过程的一项基本任务是对属于某个视觉目标的图像元素进行编组，将其与其他视觉目标和背景分离开来，即形成感知编组。正如 Olshausen 所指出的，必须对输入刺激进行某种变换以去除各分量之间的统计相关性[45]。可通过对输入刺激进行具有稀疏性的超完备表示或者利用独立分量分析中的统计独立关系，产生如同 Vl 区感受野的响应特性。已经有很多学者进一步探讨了复杂细胞、颜色细胞以及立体编码细胞的响应特性，对其进行建模，并研究时间稳定性原则，将其应用于简单和复杂细胞属性的学习。图 1.3.10 为一例典型的视觉层次化计算模型。

　　视觉层次计算模型在一定程度上反映了视皮层的结构和功能特点，如从简单细胞到超复杂细胞的分层结构，神经元之间的前向、侧向以及反馈连接，动态自组织功能等；模拟不同的视觉神经机制和心理学现象，如视觉注意、感知编组、记忆和学习等，形成有效的视觉目标或场景表示；实现如同图像低层特征检测、目标检测与识别、场景理解等不同层次的视觉任务。这为解决图像理解的关键问题提供了新思路和新方法，但目前对于视觉层次计算模型的研究仍处于发展阶段，尚无统一的计算理论和框架。

1.3.7　脑认知过程

　　大脑中数以十亿计的神经元通过复杂的连接相互作用，实现信息的接收、处理和传递，脑认知过程涉及大脑如何处理信息，包括感知、记忆、思考、决策等多种功能。研究者通过研究生物的视觉机制，在仿生视觉研究中受到生物感知和认知机理的启发，来指导对特征提取、信息分类等任务的建模。近年来神经网络技术再次成为研究热点，神经网络是一类试图模仿生物神经系统工作原理的计算模型，主要应用于机器学习和人工智能领域。在设计神经网络时，研究者借鉴了大脑神经元的结构和功能。脑认知过程是大自然数百万年进化的结果，人工设计的神经网络系统伴随着不断地技术突破，虽然无法完全复现大脑的复杂机制，但也不断进化，在学习机制、任务处理和效率等方面取得成果。

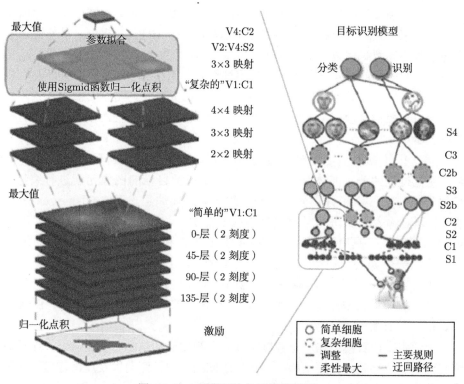

图 1.3.10　　视觉层次化计算模型图

1943 年心理学家 Warren Mcculloch 教授和数理逻辑学家 Walter Pitts 教授在论文中首次提出了人工神经网络的初始概念和人工神经元的基本数学模型，开创了神经网络研究时代[46]。1958 年 Frank Rosenblatt 提出了具有模拟人类感知能力的机器，并称之为感知机 (Perceptron)[47]。1969 年 Marvin Minsky 和 Seymour Papery 分析了感知机在当时计算设备上实现的局限性，并证明了感知机在解决异或 (Exclusive OR, XOR) 等线性不可分问题上存在先天缺陷，同时 Rosenblatt、Minsky 及 Papery 等人也发现了基于感知机的多层神经网络理论上能够克服感知机这一缺陷，并有能力解决线性不可分的问题。Marvin Minsky 和

Seymour Papery 提出的上述模型无法有意义地扩展到多层网络, 很长一段时间都是研究者们无法回答和解决的问题, 使得深度学习的研究遇冷。1982 年 James L. McCelland 领导的研究团队对具有非线性连续变换函数的多层感知机中采用的反向传播算法 (Back Propagation, BP) 进行了仔细的研究和分析, 实现了 Minsky 关于多层网络的设想[48]。2006 年加拿大多伦多大学 Geoffrey Hinton 教授对多层神经网络模型的搭建及优化方法进行改进, 打破了神经网络发展的瓶颈, 从此引领了深度学习研究的新高潮[49]。

深度学习技术已经广泛应用于各领域多种任务中, 深度学习的基础是神经网络模型。神经网络最早被称为单层感知机, 它包含输入层、单个隐藏层和输出层, 通过输入层接收特征向量, 输入信息经过隐藏层变换后到达输出层得到结果。Hiton 等人通过增加隐藏层发明了多层感知机, 搭配 Sigmoid 等激活函数模拟人脑神经元对信号的感应和激励, 并利用反向传播算法完成模型训练, 这一算法流程就是现在神经网络的基础[50]。深度学习的本质是对采样的训练数据进行多维度、多尺度特征表示, 实现将浅层特征逐步抽象映射成高级特征表示。深度学习在数据特征分析阶段利用无监督方法进行数据变换和映射, 是具有多层结构的机器学习技术。深度学习的 "深度" 相比于简单学习来说, 具有更强的数据抽象能力。经典的分类、回归算法在特征表示上结构相对简单, 通常只包含较少的非线性转换层, 因此被称作浅层模型。浅层模型对复杂函数的拟合能力较差, 针对复杂问题的分析能力受限。而深度学习可通过拓展复杂的非线性网络结构增强对数据的表征能力, 从有限训练集中学习到数据集本质属性, 在复杂任务上的分析处理能力要大大强于浅层模型。网络中浅层和高层特征响应及对应的像素空间区域如图 1.3.11 和图 1.3.12 所示。

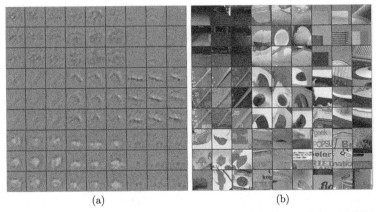

(a)   (b)

图 1.3.11   浅层特征响应和对应图像区域 (扫描本书封底二维码可见彩图)

(a) 特征对应像素空间响应；(b) 特征对应图像区域

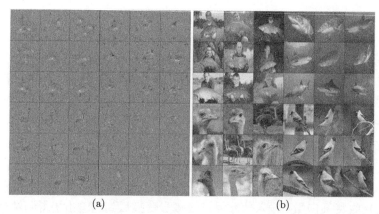

(a) (b)

图 1.3.12 高层特征响应和对应图像区域 (扫描本书封底二维码可见彩图)

(a) 特征对应像素空间响应; (b) 特征对应图像区域

深度学习可以分为基于监督的深度学习方法和基于非监督的深度学习方法，监督的深度学习方法依赖于大量的标记数据，可以从标记数据中挖掘出有效视觉特征。而无监督的深度学习方法是指在没有标记的情况下对输入数据进行编码或映射。自监督学习是无监督学习的一个特例，它利用数据中存在的固有特性来对模型进行约束，在不需要标记的情况下对模型进行一定程度的监督训练。以道路场景理解任务为例，目标数量分布不均匀，且某些场景下的标记数据难以获得，这些问题导致监督学习在实际问题中的性能下降，因此实际场景中需要结合自监督学习的方法来改善这些问题。

1.4 视觉认知计算的夜视应用

视觉皮层是视觉感知系统中最关键、最重要的区域，负责处理相关的视觉信息。Livingstone 和 Hubel 提出了最初的视觉皮层模型，该模型认为视觉信息通过视网膜、V1、V2 和 V4 区等视觉通道进行信息处理[51]；Lecun 等提出初级视觉皮层的分层方法，该方法分析各视皮层信息，可有效进行目标分类[52]；Poggio 等受视皮层模型启发，建立了初级分层模型，该模型不断得到生物实验的验证，显示出旺盛的生命力[53] 等。这些视觉皮层响应机制引起计算领域的广泛关注，并成功应用于视觉任务中[54,55]。

受视皮层机制的启发，本书将夜视图像理解看作一个视皮层模型，拟通过对各视皮层通路进行分析，并结合视觉认知理论，探索研究相应的仿生机制视觉计算模型。多源夜视图像感知计算模型包括图像增强、视觉特征提取、显著异常检测和目标识别定位等，图 1.4.1 给出视觉计算模型工作流程图。下面结合多源夜视图像理解过程，详细阐述上述视觉计算理论模型的典型应用研究。

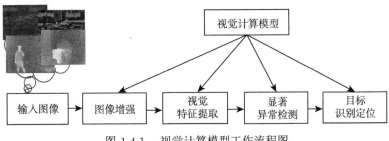

图 1.4.1 视觉计算模型工作流程图

1.4.1 基于稀疏表示的图像降噪

微光图像噪声严重并且分布复杂，长期以来微光图像降噪问题未得到很好的解决，限制了微光技术在各领域的应用与发展。目前存在众多降噪方法，包括空域方法 (空间滤波器)[56,57] 和频域方法 (傅里叶、曲波和小波变换)[58-60]，然而这些方法大多针对特定噪声。基于稀疏和冗余表示的图像去噪方法[33,61-64] 自从被提出，便吸引了众多关注，稀疏表示通过对少数字典基进行线性组合，可以实现信号的大部分或全部信息提取，这与视觉神经响应机制是一致的，通过稀疏编码和重建可以从严重的非稀疏噪声中分离微弱的稀疏信号。

经典的稀疏编码 (Sparse Coding, Sc) 算法不稳定，为了更有效地提取稀疏信号，一方面提出了一系列稳定的结构稀疏和组稀疏编码算法[65,66]，它们本质上利用字典基的群结构实现群字典约束，获得平滑稀疏表示。本着相同目的，Gao 等提出的拉普拉斯稀疏编码算法 (Laplacian Sparse Coding, LSc) 解决了相似性保持问题[67,68]，通过在标准稀疏编码算法中增加相似性保持约束，LSc 能够实现相似特征的编码一致，并且算法简单、易于处理。另一方面提出了一系列基于图像特征分组的方法，这类方法将相似的图像块分组，通过研究组内图像块间潜在的相似性 (相关性、亲和性等)，估计各组的真实有效信号[69-71]，图像块分组稀疏编码方法能够实现信号稳定的稀疏表示和噪声分离。

如图 1.4.2 所示，上述稀疏去噪方法对高斯噪声叠加的图像有效，但对微光图像效果不理想。这些方法利用了信号的稀疏性和噪声的冗余性，且大多数基于一个基本假设，即噪声特性满足高斯分布，而在某些情况下除了非稀疏噪声 (高斯噪声、热噪声和量化噪声)，还有稀疏噪声 (周期噪声、椒盐噪声)。如果对于某些字典，图像信息和噪声都是稀疏的，那么稀疏表示难以获得令人满意的降噪效果。为此文献 [72] 提出了联合稀疏表示 (Joint Sparse Representation, JSR)，通过构建多个稀疏字典并优化求解稀疏系数，JSR 能够修复稀疏噪声损坏的图像。

此外，自然图像具有丰富的纹理，这使得组稀疏编码的平滑约束不足以充分、有效挖掘自然图像中的稀疏信息，并且可能丢失图像中的细微结构特征。Shang

利用最大峰度作为最大化稀疏度量准则，同时约束了自然图像系数分量的稀疏性和独立性[73]。Ren 等基于一种情境感知的稀疏先验分析局部图像的结构相关性，该方法利用图像块间的空间方向信息模拟字典基相互作用[74]。这些方法通过考虑自然图像特征，一定程度上提高了自然场景图像稀疏表示的降噪质量。

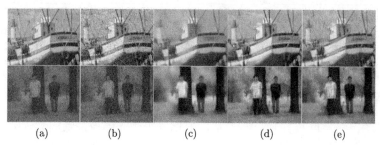

(a)　　　　　(b)　　　　　(c)　　　　　(d)　　　　　(e)

图 1.4.2　　基于稀疏降噪方法的高斯噪声叠加图像 (高斯方差 $\sigma = 25$) 和微光图像降噪效果

(a) 无噪声图像；(b) 加噪和微光图像；(c)K-SVD[33] 效果；(d)BM3D[69] 效果；(e)CASD[74] 效果

1.4.2　基于非经典感受野的轮廓提取

轮廓提取在图像理解分析方面发挥着重要作用。目前目标探测识别方面的应用大部分是针对自然场景的，因此图像中包含了大量的自然纹理 (例如，树木和草地)。传统的边缘检测算子的作用结果保留了大量非轮廓边缘成分，如 Canny 算子。如何针对自然图像特征，去除这些由纹理产生的局部非兴趣边缘并且保持显著轮廓的完整性是自然图像轮廓检测面临的主要问题。

国内外学者针对复杂场景的轮廓提取问题提出了诸多解决方法[75]，其中基于非经典感受野模型的轮廓提取在高质量可见光图像中获得了显著效果[76]。Grigorescu 等根据 nCRF 的抑制特性进行轮廓检测，利用环境对中心的方向抑制，减少环境纹理的影响，并提出各向异性抑制和各向同性抑制模型[77-79]；Papari 等基于贝叶斯降噪和环境抑制技术提出一种生物启发的多分辨率轮廓检测技术[27]；Ursino 等引入层级注意机制，考虑不同尺度下背景抑制的轮廓提取[80,81]。

对于高分辨率可见光图像，侧抑制区的仿生模型能够较好地去除背景纹理产生的边缘，提取显著轮廓，如图 1.4.3 所示。然而抑制模型没有对中心–环境进行综合特征差异分析，不能很好地解决异质区域互抑制 (如目标与背景、轮廓与纹理等) 和轮廓元素自抑制问题。因此轮廓可能受到周边背景纹理抑制，而导致响应微弱和出现断裂，影响后续的目标检测识别。

为减小共线抑制 (轮廓自抑制) 作用，Tang 等根据 nCRF 刺激方位与 CRF 刺激方位的差异，对抑制作用加权，建立了一种基于侧抑制区的蝶形模型[82]；Zeng 等提出一种双尺度轮廓提取方法以及一种改进的方向选择抑制模型，该模型采用蝶形区域计算环境抑制[26,29]；Papari 等利用可变滤波器和多层级抑制提出一种环境抑制模型[83]。方向差异加权的抑制模型一定程度上减少了轮廓自抑制作用，但同样存在异向异质区域相互抑制的情况。

一些生理学实验发现，V1 区神经元不但受到非经典感受野的抑制，同时也受到非经典感受野的易化作用[84]。Tang 等在非经典感受野抑制模型中，加入共线易化特性，采用曲率判别标准确定易化作用强度，使得轮廓像元上的输出响应更大[85]。在轮廓编组方面，Williams 等提出一种基于曲率变化的显著计算方法和一种编组算法提取显著轮廓[86]；Geisler 等研究了自然图像轮廓的统计特性，并测试自然场景中轮廓编组与共圆规则的一致性[87]；Elder 等探索了 Gestalt 规则中轮廓感知编组的统计特性，包括近邻性、连续性和相似性，并提出一种贝叶斯概率模型检测轮廓[88]；Wang 等基于图模型提出了一种概率轮廓方法检测显著闭合轮廓[89,90]；Guy 等研究了一种全局认知模型 (张量投票)，该模型通过张量分析和各像元邻域投票方法能够获取图像中的显著结构[91-93]。这些轮廓编组模型致力于将局部分裂的边缘线段组织成全局完整的轮廓。

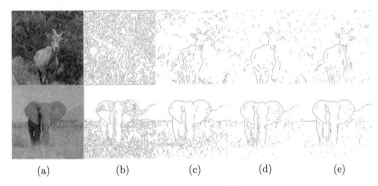

图 1.4.3　自然图像中的轮廓提取结果

(a) 原始图像；(b)Canny 方法结果；(c) 蝶形抑制模型[28] 结果；(d) 方向选择抑制模型[29] 结果；
(e) 双尺度抑制模型[26] 结果

1.4.3　基于视觉特征的超分辨率重建

由于受成像设备、硬件制造工艺及信息传输技术的限制，图像在传输过程中容易损失分辨率，这严重影响了图像的视觉效果。如何从退化的低分辨率图像中估算出高质量的图像，是目前研究需要解决的重要问题。图像超分辨率重建模型通过分析低分辨率图像中的视觉特征，不仅能够避免低分辨图像中纹理细节的丢失，还可以保留图像中重要的结构信息。这种信息感知技术能够有效地提高图像的分辨率，且人为痕迹较少[94]。

传统图像超分辨率重建算法大多利用最近邻、双线性插值等方法，容易在目标边界附近出现锯齿效应、模糊效应和振铃效应。主要是因为这些算法在图像局部区域的平滑假设上探索图像结构信息，丢失了目标边界高频信息。为了解决上述问题，学者们提出众多优化算法。在多通道采样理论[95] 的基础上，Ur 和 Gross 提出一种基于多通道采样理论的非均匀差值方法，该方法能有效地提高图像的分辨率[96]；将概率估计信息运用到图像超分辨率重建中，展现出较好的重建结果[97,98]；Bahy 等提出一种自适应规则化的方法，该方法能获得更加清晰的高分辨率图像[99]。

近年来，基于训练学习的方法在超分辨率重建领域中展现出优越的性能，成为当前研究的重点。它采用大量的图像样本训练图像字典集，吸收多图像样本信息的优势，弥补单一图像样本在应用范围的缺陷，有效提高了图像超分辨率重建算法的效率。Freeman 等提出一种字典学习的方法，该方法利用马尔科夫网络模拟图像之间的关系，获得较清晰的高分辨率图像[100]；Chang 等提出一种流行学习的方法，该方法利用局部线性嵌入估计高分辨率图像中的相似图像块[101]；Yang 等提出一种稀疏编码的方法，该方法能重建高质量的图像[102,103]；Aharon 等提出一种 kSVD(k-means SVD) 和正交匹配跟踪的方法 (ZE)，该方法能在图像超分辨率重建过程中减少目标边缘高频信息丢失的情况，可有效提高图像的视觉质量[104]；Chakrabarti 和 Wang 等提出一种核主成分分析和半耦合字典的方法，该方法保留了丰富的纹理细节，提高了重建图像的清晰度[105,106]。

上述算法能在自然场景中提高图像分辨率，但研究红外图像超分辨率重建的算法较少。这主要是因为已有图像超分辨率重建算法很难准确分析红外图像结构特性，特别当红外图像场景复杂时，难以提取有效视觉特征，以计算出清晰的重建图像。近期，虽然有学者着手于研究红外图像超分辨率重建，但在重建过程中丢失了图像的结构信息，损失了必要的图像纹理细节，容易出现马赛克现象，这严重降低了重建图像的视觉质量[107−110]。

为了解决上述问题，相关研究阐述红外图像超分辨率重建视觉计算模型。通过探索仿生视觉机制，发现图像区域越清晰，获得的视觉感知越多，并且将这种发现引入到红外图像超分辨重建中，阐述红外图像超分辨率重建模型。利用外观特征、稠密残差、区域协方差和尺度信息等视觉特征分析红外图像信息，并通过一系列整合框架来发挥多种视觉特征的优势，可显著提高红外图像的分辨率。图 1.4.4 为传统超分辨率重建流程图，图 1.4.5 为基于视觉特征的超分辨率重建流程图，可见后者在红外图像场景中能保留清晰的结构信息，获得丰富的纹理细节，且减少人为痕迹的干扰。

1.4.4 基于视觉注意的显著检测

由于视觉注意机制，人眼能够定位到不同场景中的感兴趣区域，这种特性称为视觉显著性。作为视觉计算模型的重要部分，视觉显著性检测能够检测出感兴趣区域信息，抑制背景噪声干扰，降低后续视觉模型的复杂度。因此视觉显著计算模型是图像理解的重要部分，可为后续目标识别模型提供较准确的候选区域。已有视觉显著性计算模型虽在简单场景中能检测出显著区域，但在复杂自然场景中的显著性检测效果仍有待改善。如何准确地检测复杂场景图像中的显著区域，是目前图像理解所面临的重要问题。

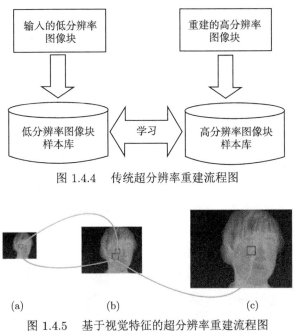

图 1.4.4 传统超分辨率重建流程图

图 1.4.5 基于视觉特征的超分辨率重建流程图

(a) 降采样图像；(b) 输入图像；(c) 超分辨率重建结果

基于视觉注意机制，Itti 等提出了早期的视觉注意显著性模型，该模型包含了重要的显著性检测计算机制[111]。图 1.4.6 为经典 Itti 模型的总体框架。此模型首先对输入图像进行线性滤波去除图像中的噪声，对去噪图像进行多通道的特征提取，这些通道包括颜色、亮度和方向。其次，对这些特征图进行多尺度分解，得到高斯金字塔形状的多尺度多特征图，这些特征图包含红、蓝、绿、黄四种颜色，四个方向 $(0°, 45°, 90°, 135°)$ 以及亮度，特征图呈金字塔形状。然后，对每个特征通道对应的不同尺度的特征图进行中心–周边差异性运算和归一化，颜色通道得到红绿特征和黄蓝特征各 6 幅特征映射图，亮度通道 6 幅特征映射图和四个方向各 6 幅特征映射图。最后，通过尺度特征图的合并和归一化获得颜色、亮度和方向三个特征的综合显著图。

近年来，显著性检测出现了大量新颖的算法，并在公开的数据库中显示出优越的性能。Ma 和 Zhang 提出一种模糊生长的显著性方法，该方法可有效地提高

显著性检测的精确度[112]；在此基础上，Harel 提出一种图论模型，该模型运用图
论结构估计显著区域[113]；Achanta 等提出一种频率域的显著性检测方法，该方
法采用高斯差分滤波器计算显著区域[114]；Cheng 等提出一种全局的显著性检测
方法，该方法利用全局对比度信息计算视觉显著性[115]；此后，基于多尺度对比和
多线索整合的视觉计算模型均展现出较强的显著性检测性能[116,117]。为了有效地

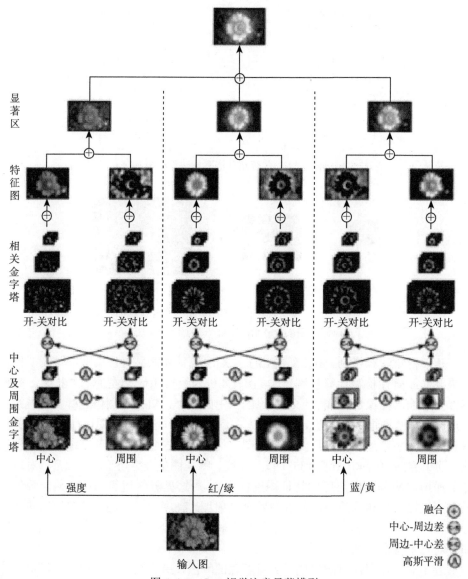

图 1.4.6   Itti 视觉注意显著模型

抑制背景，Wei 等提出一种背景先验的显著性检测方法，该方法引入边界连接策略[118]；Shen 等整合了低秩和稀疏信息，该方法能够抑制背景，提高了显著检测的精确度[119]；Xie 等提出一种贝叶斯显著性检测模型，该模型优化先验概率和观察似然概率，能有效地从复杂背景中检测出显著目标[120]。Huang 等提出一种布尔图视觉注意机制显著性检测模型，该模型能显示出较好的显著性检测性能[121]；Zhang 等提出一种新型的布尔显著性检测方法，该方法能快速地定位视觉显著区域[122]。图 1.4.7 为一系列基于视觉注意的显著性检测效果。

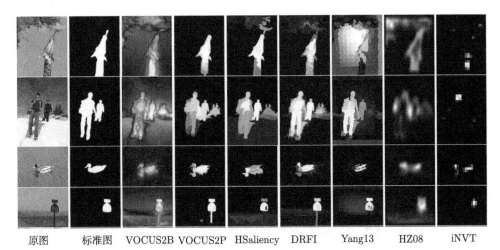

| 原图 | 标准图 | VOCUS2B | VOCUS2P | HSaliency | DRFI | Yang13 | HZ08 | iNVT |

图 1.4.7 基于视觉注意的多种显著性检测效果

1.4.5 基于稀疏分类的目标识别

自然场景中大多数目标是非刚性的，它们具有多变的姿势、形状和尺寸，如人和动物的运动具有高度主观随意性[123]，并且成像视角、场景杂乱、背景遮挡及其他因素[123−125] 等都可能制约目标识别性能。因此，实现具有抗干扰能力 (噪声、遮挡、目标形状和场景变化) 的自然图像鲁棒目标识别仍是一项具有挑战性的工作。

一类直接的方法是基于模板匹配进行目标检测。模板匹配是一种快速、实用的方法[126]，但其最大限制是需要测试对象和模板具有高度相似性，因此模板匹配的抗干扰能力差、稳健性弱，并且由于环境变化未知，复杂场景下的一般目标检测非常复杂，很难通过模板匹配实现高效、准确的目标探测系统。Seo 提出了一种鲁棒的模板匹配方法用于一般目标检测，该方法基于一种稳健的局部自适应回归核 (Local Steering Kernel, LSK) 特征，利用单一模板对目标进行整体匹配[127,128]。对于人脸和形状简单、结构紧凑的目标，它具有较好的检测性能，而且可以实现免训练的静态目标识别[129,130]、视频运动识别[130,131] 和目标跟踪[132]，然而对于具有动态形状或结构复杂的目标，如人体，该方法的识别精度不高，这是因为人体的行为模式差异大，难以通过单一模板实现通用、精确的人体识别。此外，对于多尺度和多旋转目标，这种方法需执行多次迭代匹配，计算量大。

另一类更有效的策略是采用基于学习的分类器，通过训练进行判别，但该类方法的目标识别能力很大程度上依赖于分类器性能[133] 和训练模板集的全面性。近年来，以稀疏编码作为基础理论构建了一系列稀疏表示分类器 (Sparse Representation Classifier, SRC)，并很好地应用到图像分类和目标识别中[134–136]。例如，稀疏表示分类器在人脸识别方面取得了良好效果，它采用不同类别的模板图像集编码测试图像，其中获得最大稀疏响应的类别即为判别输出。Wright 等研究发现，稀疏表示分类器不易受噪声和缺失数据影响，若系数足够稀疏，样本的特征空间选取对分类判别影响较小[134]，这使得稀疏表示分类器成为一类具有较大潜力的分类识别算法。

为了获取特征间的非线性关系、降低量化误差和提高稀疏编码性能，目前还提出了核化稀疏编码方法。相关研究指出，系数的稀疏性无法提高小样本分类准确率[137,138]，为了解决这个问题，Gao 等将核技术与稀疏表示相结合，提出一种核稀疏编码 (Kernel Sparse Coding, KSc) 方法，并将其引入到一种空间金字塔匹配 (Spatial Pyramid Matching, SPM) 算法中，实现图像分类[139–141]。随后提出了一系列基于核稀疏表示的分类器 (Kernel Sparse Representation-based Classifier, KSRC)[141–143]，它将非线性可分的特征数据映射到一个高维核空间，在核空间上执行稀疏分类，核空间的稀疏表示分类器采用内积形式表示[144,145]，在这种高维核空间，数据中的复杂内在结构更易于组合并且线性可分，如图 1.4.8 所示。

现有稀疏识别方法使用模板图像集学习稀疏字典 (可视为先验知识)，基于模板字典计算测试图像的稀疏表示和分类。由于针对整体模板样本和测试样本进行编码匹配，稀疏表示分类器的性能依赖于字典质量[146]，并对模板集全面性的需求较高。因此，虽然稀疏表示分类器对环境干扰下的目标识别具有一定鲁棒性，但仍存在监督分类方法的通病，即需要大量模板训练，识别精度很大程度上取决于模板集的全面性。然而在实际应用中，测试图像中的目标和场景均复杂、不可预测，且可能与模板集存在较大差别，这些都会导致识别误差[37]。

1.4.6 基于层次化认知的目标检测定位

目标检测是为了定位到场景中的目标位置，有利于快速判别目标。目标的尺寸大小、姿态变化以及场景的复杂程度，严重影响目标检测的准确率。鲁棒的目标检测视觉计算模型不仅能够准确地定位目标，而且能提高识别的精确度，有利于对图像进行理解。传统的目标检测计算模型虽然展现出较好的检测性能，但是

仍然受外界因素 (噪声、场景和遮挡等) 的影响。如何建立抗干扰能力的目标检测视觉计算模型是图像理解的关键部分。

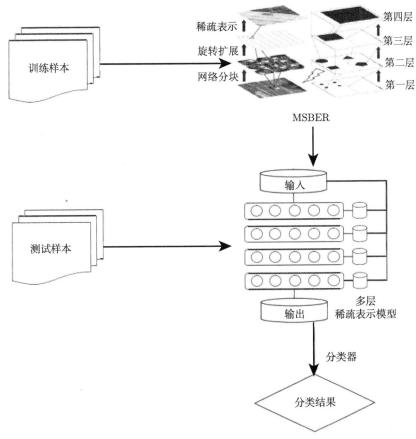

图 1.4.8 基于稀疏分类的目标识别流程图[31]

现有的目标检测算法主要分为训练学习模型和非训练学习模型。其中，训练学习模型需要大量的样本训练，虽然提高了检测的精确率，但不可避免地增加了算法的复杂程度。该类方法主要依靠分类器强有力的判别能力和泛化能力，建立复杂的训练学习模型，如稀疏编码模型、卷积神经网络模型等，并较好地应用于图像目标检测中。非训练学习模型主要是基于模板匹配进行目标检测。该方法简单、高效，但在匹配过程中，复杂场景下目标姿态多样，稳定性和抗干扰能力较弱。虽然该视觉计算模型目前存在一些缺陷，但该方法模型的速度和便捷引起了更多研究者的关注。

在标准视觉层次计算模型中，每一幅图像经过层次视觉通道的处理后，形成具有尺度和位置不变性的鲁棒性目标特征描述，进一步利用简单的分类器设计完成复杂背景下的目标检测任务，因而该类模型可以作为视皮层目标检测的标准模型。无论从生理基础还是从视觉应用方面，该类模型都符合人类早期视觉感知系统的一般原则。不变性目标描述和识别行为一方面要以视皮层的快速前向处理过程为基础；另一方面还要强调主动感知过程对视觉目标不变性描述的重要作用，利用有效的学习方法强化由 C1 层随机取块所生成的目标原形的描述能力，提高模型的泛化性能。

图 1.4.9 为基于层次化认识的目标检测效果图[147]，从图中可以看到，层次化模型目标检测方法能够比较准确地定位被遮挡的车对 (Car Pair) 以及单车 (Single Car) 的位置。

图 1.4.9　基于层次化认识的目标检测效果图

1.4.7　基于多模态深度特征增强的全天时视觉感知

可见光图像反应物体的反射特性，更加符合人眼观感，但仅针对可见光图像设计视觉感知算法可能会限制智能化水平。换言之，如果因光照等因素导致可见光图像质量较差，视觉感知算法可能无法从此单一输入源中提取到有用的特征，从而不能输出正确的分类和回归结果。为了解决这一问题，研究人员提出基于多传感融合的视觉感知算法：一些算法使用深度信息作为补充[148−150]，利用物理先验对深度信息进行挖掘，提高检测性能；另外一些工作选择了使用多谱段的图像作为算法的输入，其中长波红外图像作为一种反映物体热辐射信息的图像，受光照影响较小，能够与可见光图像进行信息互补，从而成为诸多学者的研究方向。图 1.4.10 为一些常见的可见光和红外图像，其中车载图像来自 KAIST[151]、FLIR[152] 数据集，机载图像来自 Drone Vehicle[153] 数据集。从图中可以看出，可见光和红外图像既存在模态共性、也存在一定差异，因此针对可见光和红外模态信息的有效融合发展出众多研究，主要应用于车载、机载平台的行人、车辆检测等。

在全天时视觉认知领域中，尤其在夜视任务中，双模态感知算法发展初期，主要研究如何有效地融合可见光和红外图像。2017 年，受到密歇根州立大学 Brazil

等工作的启发[154]，天津大学 Li 等提出了 MSDS-RCNN[155]，该算法在检测头部并行加入分割网络，通过分割约束使网络提取更加复杂有用的特征，从而让检测头部输出更好的分类回归结果，证明一些通用目标检测领域的策略同样适用于双模态目标检测。

图 1.4.10　一些常见的可见光和红外图像：
(a) 白天光照较好时可见光图像；(b) 白天光照较好时红外模态图像；
(c) 黑夜光照不足时可见光模态图像；(d) 黑夜光照不足时红外模态图像

2019 年开始，基于注意力机制（Attention）的双模态目标检测算法逐渐流行。中科院自动化研究所 Zhang 等人于 2019 年提出一种跨模态的自适应注意力机制[156]，将特征提取到更高维度，生成全局信息编码的融合权重，指导权重的融合。2021 年，雷恩第一大学 Zhang 等人提出一种新颖的多模态特征融合机制，定义了模内注意和模间注意机制[157]，分别用可见光通道、红外通道和融合通道的特征生成高维编码信息，参与特征的融合；该算法用损失函数约束了分割，利用模内和模间注意生成预测掩膜，与标记框 (GT) 生成的椭圆形掩膜进行约束。

近期研究根据物理先验提出光照估计模块，指导两种模态特征的融合，进一步提高了算法的探测精度。2019 年，南洋理工大学 Guan 等人提出一种光照估计模块[158]，该模块利用微型网络提取光照信息，得到可见光和红外特征的融合权重。2020 年，南京大学 Zhou 等人提出的 MBNet 也利用了一样的思想，在 SSD 基础上设计了光照估计模块和融合模块，提高了网络性能[159]。2021 年，谷歌公司 Zhuang 等人也提出类似的光照结构，但微型网络仅使用可见光图像，并压缩了图像的输入尺寸[160]，最终生成的权重通过一定的函数映射，参与最终的结果融合。但由于光照估计模块结构简单，容易过拟合，因此模块的训练过程需要大量参数调整，降低了算法的实际应用价值。2023 年，中科院自动化所吕彦锋等人引入了自适应跨尺度特征融合模型，建立了一个与光照无关的色度空间，在光照变化复杂的室外场景下实现更加鲁棒的目标检测[161]。2024 年大连理工大学刘日升等人将光照增强器扩展为一个场景分解模块，整合上下文空间中与多尺度场景相关的语义信息，挖掘复杂光照下有利于识别的特征[162]。

除了目标检测任务以外，多模态深度特征增强也被广泛应用于全天时语义分割、三维重建任务中。主要通过提升空间特征的感受野和增强特征表征能力，以提升特征提取和解析网络性能。随着各种复杂模块被应用到网络中，视觉认知算法的性能逐渐提升，目前基于深度学习的场景理解和目标感知方法已经成为全天时视觉智能的主流方法。

1.5　本书概述

对于复杂的夜视信息处理，现有的视觉感知计算方法尚须开展适应性的研究。本书紧密围绕多源夜视图像视觉建模和认知计算的相关理论与方法展开研究，涉及微光视觉降噪、红外视觉增强、多光谱视觉特征提取、视觉显著检测、非训练鲁棒认知检测、时–空–谱视觉层次识别定位、融合/立体/窄带光谱成像探测夜视系统等方面。

本书的具体章节安排如下：

第 1 章，绪论，阐述视觉认知机理和应用，这是后面章节视觉建模的相关生物机理和理论基础。

第 2 章，夜视图像视觉增强，阐述微光稀疏降噪和红外视觉增强的相关内容。

第 3 章，夜视图像视觉特征提取，阐述夜视图像背景抑制、视觉轮廓提取和分割的相关内容。

第 4 章，数据驱动的夜视增强与特性建模，阐述微光对比度、红外超分辨增强和夜视场景重建的相关内容。

第 5 章，夜视图像显著检测，阐述夜视场景空间域显著分析和视觉注意的相关内容。

第 6 章，非训练夜视目标认知检测，阐述非训练模式下，基于视觉空间结构性和稀疏性的刚性、非刚性夜视目标鲁棒检测的相关内容。

第 7 章，时–空–谱夜视目标识别定位，阐述基于 What 和 Where 视觉认知的多光谱夜视目标识别、运动识别及检测定位的相关内容。

第 8 章，基于深度学习的多源夜视信息融合，阐述低数据依赖的红外–可见光图像融合、跨模态图像立体匹配、激光雷达点云补全等相关内容。

第 9 章，基于信息融合的夜视目标感知，阐述监督学习的特征融合夜视语义分割、多波段多模态融合的目标检测跟踪等相关内容。

参 考 文 献

[1] 罗四维. 视觉信息认知计算理论 [M]. 北京：科学出版社, 2010.

[2] 胡良梅. 基于信息融合的图像理解方法研究 [M]. 合肥：合肥工业大学出版社, 2007.

[3] 王岭雪, 金伟其, 刘广荣, 等. 夜视图像的彩色融合方法综述 [J]. 红外技术, 2002, 24(2): 9-13.

[4] Borghys D, Verlinde P, Perneel C, et al. Multilevel data fusion for the detection of targets using multispectral image sequences[J]. Optical Engineering, 1998, 37(2): 477-484.

[5] Liggins M E, Nebrich M A. Adaptive multi-image decision fusion[C]. Proc. SPIE, 2000, 4052: 218-228.

[6] 姚国正, 刘磊, 汪云九. 视觉信息处理的计算理论 [J]. 信息与控制, 1984(5): 44-54.

[7] Grigorescu C, Petkov N, Westenberg M A. Contour detection based on nonclassical receptive field inhibition[J]. IEEE Transactions on Image Processing, A publication of the IEEE Signal processing Society, 2003, 12(7): 729-739.

[8] Li X, Orchard M T. New edge-directed interpolation[J]. IEEE Transactions on Image Processing, A Publication of the IEEE Signal processing Society, 2001, 10(10): 1521.

[9] Rybak I A, Gusakova V, Golovan A, et al. A model of attention-guided visual perception and recognition[J]. Vision Research, 1998, 38(15-16): 2387.

[10] Micheal H. Computational Perceptual Attention [D]. The Degree of Doctor, The University of Texas, 2001.

[11] Wang D L L. On connectedness: A solution based on oscillatory correlation [J]. Neural Computation, 1989, 12(1): 131-139.

[12] Chen K, Wang D L, Liu X W. Weight adaptation and oscillatory correlation for image segmentation [J]. Neural Networks, 2000, 11(5): 1106-1123.

[13] Lecun Y, Huang F J, Bottou L. Learning methods for generic object recognition with invariance to pose and lighting[C]. IEEE Computer Vision and Pattern Recognition, 2004, 2: 97-104.

[14] Fukushima K. Neural network models for vision [C]. Proc. International Joint Conf. Neural Networks, 2003, 4: 2625-2630.

[15] Heucke L, Knaak M, Orglmeister R. A new image segmentation method based on human brightness perception and foveal adaptation [J]. IEEE Signal Processing Letters, 2000, 7(6): 129-131.

[16] Gutiettez J, Ferri F J, Malo J. Regularization operators for natural images based on nonlinear perception models [J]. IEEE Transactions on Image Processing, 2006, 15(1): 189-200.

[17] Soundararajan P, Sarkar S. An in-depth study of graph partitioning measures for perceptual organization [J]. IEEE Transactions on Pattern Analysis and Machine Intelligence, 2003, 25(6): 642-660.

[18] Joseph R. Neuropsychiatry, Neuropsychology, and Clinical Neuroscience: Emotion, Evolution, Cognition, Language, Memory, Brain Damage, and Abnormal Behavior [M]. Philadelphia: Lippincott Williams & Wilkins, 1996.

[19] Hubel D H, Wiesel T N. Receptive fields, binocular interaction and functional architecture in the cat's visual cortex[J]. J. Physiology, 1962, 160(1): 106-154.

[20] Eckhorn R, Bauer R, Jordan W, et al. Coherent oscillations: A mechanism of feature linking in the visual cortex, multiple electrode and correlation analyses in the cat[J]. Biological Cybernetics, 1988, 60(2): 121-130.

[21] 李作进. 基于视觉认知的自然图像目标识别研究 [D]. 重庆大学博士学位论文, 2010.

[22] Wolfram S. Theory and Applications of Cellular Automata[M]. Singapore: World Scientific, 1986: 1346-1357.

[23] Griffiths P, Harris J. Principles of Al-gebraic Geometry[M]. New York: Willy, 1978.

[24] 王晓梅. 基于非经典感受野机制的图像认知计算模型 [D]. 复旦大学博士学位论文, 2012.

[25] Chan W, Coghill G. Text analysis using local energy [J]. Pattern Recognition, 2001, 34: 2523-2532.

[26] Zeng C, Li Y J, Li C Y. Center-surround interaction with adaptive inhibition: A computational model for contour detection [J]. Neuroimage, 2011, 55:49-66.

[27] Papari G, Campisi P, Petkov N, et al. A biologically motivated multiresolution approach to contour detection [J]. EURASIP Journal on Advances in Signal Processing, 2007, 71828: 1-28.

[28] Sang N, Tang Q L, Zhang T X. Contour detection based on inhibition of primary visual cortex [J]. J. Infrared Millin. Waves, 2007, 26(1): 47-60.

[29] Zeng C, Li Y J, Yang K F, et al. Contour detection based on a non-classical receptive field model with butterfly-shaped inhibition subregions [J]. Neurocomputing, 2011, 74: 1527-1534.

[30] Yong M P, Yamane S. Sparse population coding of faces in the inferotemporal cortex [J]. Science, 1992, 256(1): 1327-1330.

[31] 匡金骏. 基于稀疏表示的图像分类与目标跟踪研究 [D]. 重庆大学博士学位论文, 2013.

[32] Lee H, Battle A, Raina R, et al. Efficient sparse coding algorithms [C]. Proc. Conf. Neural Information Processing Systems, 2006, 19: 801-808.

[33] Elad M, Aharon M. Image denoising via sparse and redundant representations over learned dictionaries [J]. IEEE Transactions on Image Processing, 2006, 15(12): 3736-3745.

[34] Koch C, Ullman S. Shifts in seleetive visual attention: Towards the underlying neural circuitry[J]. Hum Neurobiol, 1985, 4: 219-227.

[35] Treisman A M, Gelade G. A feature-integration theory of attention[J]. Cognit. Psychol, 1980, 12(1): 97-136.

[36] Herzog G, Wazinski P. Vlsual translator: linking perceptions and natural language deseriptions [J]. Artificial Intelligence Review. 1994, 8(2-3): 175-187.

[37] van de Laar P, Heskes T, Gielen S. Task-dependent learning of attention[J]. Neural Networks, 1997, 10(6): 981-982.

[38] Ingle David J, Melvyn A Goodale, Richard J W Mansfield, eds. Analysis of visual behavior. Cambridge, MA: Mit Press, 1982.

[39] Itti L, Koch C. Computational modelling of visual attention [J]. Nature Reviews Neuroscience, 2001, 2(3): 194-203.

[40] 汪云九. 神经信息学—神经系统的理论和模型 [M]. 北京：高等教育出版社, 2007.

[41] Hubel D, Wiesel T. Receptive fields and functional architeeture in two nonstriate visual areas (18 and 19) of the cat [J]. Journal of Neurophysiology, l965, 28(2): 229-289.

[42] Gupta M M, Knopf G K. Neuro-Vision Systems: Principles and Applications [M]. IEEE Press,1994.

[43] Wallis G, Rolls E T A. Model of invariant objeet recognition in the visual system [J]. Progress in Neurobiology, 1997, 51: 167-194.

[44] Behnke S, Rojas R. Neural abstraction pyramid: A hierarchieal image understanding architecture [J]. Proeeedings of IJCNN, 1998, 2(2): 820-825.

[45] Olshausen B A, Field D J. Sparse coding with an overcomplete basis set: A strategy employed by V1?[J]. Vision Research, 1997, 37: 3311-3325.

[46] McCulloch W S, Pitts W. A logical calculus of the ideas immanent in nervous activity[J]. The Bulletin of Mathematical Biophysics, 1943,5:115-133.

[47] Rosenblatt F. The perceptron: a probabilistic model for information storage and organization in the brain.[J]. Psychological Review, 1958,65(6):386.

[48] James L R, Mulaik S A, Brett J M. Causal analysis: Assumptions, models, and data[M]. Beverly Hills (Calif.): Sage, 1983., 1983.

[49] Hinton G E, Salakhutdinov R R. Reducing the dimensionality of data with neural networks[J]. Science, 2006,313(5786):504-507.

[50] Hinton G E. Deep belief networks[J]. Scholarpedia, 2009,4(5):5947.

[51] Livingstone M S, Hubel D H. Anatomy and physiology of a color system in the primate visual cortex [J]. The Journal of Neuroscience, 1984, 4(1): 309-356.

[52] Lecun Y, Bottou L, Bengio Y, et al. Gradient-based learning applied to document recognition[J]. Proceedings of the IEEE, 1998, 86(11): 2278-2324.

[53] Serre T, Wolf L, Poggio T. Object recognition with features inspired by visual cortex[C]. IEEE Conference on Computer Vision and Pattern Recognition, 2005, 2: 994-1000.

[54] Serre T, Wolf L, Bileschi S, et al. Robust object recognition with cortex-like mechanisms[J]. IEEE Transactions on Pattern Analysis and Machine Intelligence, 2007, 29(3): 411-426.

[55] Serre T, Oliva A, Poggio T. A feedforward architecture accounts for rapid categorization[J]. Proceedings of the National Academy of Sciences, 2007, 104(15): 6424-6429.

[56] Wang H X, Qian K M. Comparative analysis on some spatial-domain filters for fringe pattern denoising [J]. Applied Optics, 2013, 50(12): 1687-1696.

[57] Arivazhagan S, Sugitha N, Vijay A. A novel image denoising scheme based on fusing multiresolution and spatial filters [J]. Signal, Image and Video Processing, 2013, 8(35): 1863-1711.

[58] Shi Y, Yang X Y, Guo Y H. Translation invariant directional framelet transform combined with gabor filters for image denoising [J]. IEEE Transactions on Image Processing, 2014, 23(1): 44-55.

[59] Silva R D D, Minetto R, Schwartz W R, et al. Adaptive edge-preserving image denoising using wavelet transforms [J]. Pattern Analysis and Applications, 2013, 16(4): 567-580.

[60] Swami P D, Jain A. Image denoising by supervised adaptive fusion of decomposed images restored using wave atom, curvelet and wavelet transform [J]. Signal, Image and Video Processing, 2014, 8(3): 443-459.

[61] Elad M, Aharon M. Image denoising via learned dictionaries and sparse representation [C]. IEEE Computer Society Conference on Computer Vision and Pattern Recognition (CVPR), 2006: 18-22.

[62] Donoho D L, Elad M, Temlyakov V N. Stable recovery of sparse overcomplete representations in the presence of noise [J]. IEEE Transactions on Information Theory, 2006, 52(1): 6-18.

[63] Protter M, Elad M. Image sequence denoising via sparse and redundant representations [J]. IEEE Transactions on Image Processing, 2009, 18(1): 27-35.

[64] Guleryuz O G. Weighted averaging for denoising with overcomplete dictionaries [J]. IEEE Transactions on Image Processing, 2007, 16(12): 3020-3034.

[65] Gregor K, Szlam A, Lecun Y. Structured sparse coding via lateral inhibition [C]. Proc. Advances in Neural Information Processing Systems (NIPS), 2011: 1116-1124.

[66] Li S T, Haitao Y, Leyuan F. Group-sparse representation with dictionary learning for medical image denoising and fusion [J]. IEEE Transactions on Biomedical Engineering, 2012, 59(12): 3450-3459.

[67] Gao S, Tsang I W, Chia L T, et al. Local features are not lonely-laplacian sparse coding for image classification [C]. Proc. IEEE Conf. Computer Vision and Pattern Recognition, 2010: 1794-1801.

[68] Gao S, Tsang I W, Chia L T. Laplacian sparse coding, hypergraph laplacian sparse coding, and applications [J]. IEEE Transactions on Pattern Analysis and Machine Intelligence, 2013, 35(1): 92-104.

[69] Dabov K, Foi A, Katkovnik V, et al. Image denoising by sparse 3-D transform-domain collaborative filtering [J]. IEEE Transactions on Image Processing, 2007, 16(8): 2080-2095.

[70] Li W, Zhang J, Dai Q H. Video denoising using shape-adaptive sparse representation over similar spatio-temporal patches [J]. Signal Processing: Image Communication, 2011, 26: 250-265.

[71] Bao L J, Robini M, Liu W Y, et al. Structure-adaptive sparse denoising for diffusion-tensor MRI [J]. Medical Image Analysis, 2013, 17: 442-457.

[72] Yu N N, Qiu T S, Ren F Q. Denoising for multiple image copies through joint sparse representation [J]. J. Math Imaging Vis, 2013, 45: 46-54.

[73] Li S. Denoising natural images based on a modified sparse coding algorithm [J]. Applied Mathematics and Computation, 2008, 205: 883-889.

[74] Ren J, Liu J Y, Guo Z M. Context-aware sparse decomposition for image denoising and super-resolution [J]. IEEE Transactions on Image Processing, 2013, 22(4): 1456-1469.

[75] Papari G, Petkov N. Edge and line oriented contour detection: State of the art [J]. Image and Vision Computing, 2011, 29: 79-103.

[76] Jones H E, Grieve K L, Wang W, et al. Surround suppression in primate V1 [J]. Journal of Neurophysiology, 2001, 86: 2011-2028.

[77] Grigorescu C, Petkov N, Westenberg M A. Contour detection based on nonclassical receptive field inhibition [J]. IEEE Transactions on Image Processing, 2003, 12(7): 729-739.

[78] Grigorescu C, Petkov N, Westenberg M A. Improved contour detection by non-classical receptive field inhibition [C]. Biologically Motivated Computer Vision Second International Workshop, 2002: 50-59.

[79] Grigorescu C, Petkov N, Westenberg M A. Contour and boundary detection improved by surround suppression of texture edges [J]. Image and Vision Computing, 2004, 22: 609-622.

[80] Ursino M, La Cara G E. A model of contextual interactions and contour detection in primary visual cortex [J]. Neural Networks, 2004, 17: 719-735.

[81] La Cara G E, Ursino M. A model of contour extraction including multiple scales, flexible inhibition and attention [J]. Neural Networks, 2008, 21: 759-773.

[82] Tang Q L, Sang N, Zhang T X. Extraction of salient contours from cluttered scenes [J]. Pattern Recognition, 2007, 40: 3100-3109.

[83] Papari G, Petkov N. An improved model for surround suppression by steerable filters and multilevel inhibition with application to contour detection [J]. Pattern Recognition, 2011, 44: 1999-2007.

[84] Li C Y, Li W. Extensive integration field beyond the classical receptive field of cat's striate cortical neurons-classification and tuning properties [J]. Vision Research, 1994, 34(18): 2337-2355.

[85] Tang Q L, Sang N, Zhang T X. Extraction of salient contours via excitatory-inhibitory interactions in the visual cortex [C]. 7th Asian Conf. Computer Vision, 2006: 683-691.

[86] Williams L R, Thornber K K. A comparison of measures for detecting natural shapes

in cluttered backgrounds [J]. International Journal of Computer Vision, 1999, 34(2-3): 81-96.

[87] Geisler W S, Perry J S, Super B J, et al. Edge co-occurrence in natural images predicts contours grouping performance [J]. Vision Research, 2001, 41(6): 711-724.

[88] Krupnik A, Johnston L A. Contour grouping with prior models [J]. IEEE Transactions on Pattern Analysis and Machine Intelligence, 2003, 25(6): 661-674.

[89] Wang S, Kubota T, Siskind J M. Salient boundary detection using ratio contour [J]. Advances in Neural Information Processing Systems, 2003, 16(3): 231-240.

[90] Wang S, Kubota T, Siskind J M, et al. Salient closed boundary extraction with ratio contour [J]. IEEE Transactions on Pattern Analysis and Machine Intelligence, 2005, 27(4): 546-561.

[91] Nguyen T D, Lee G. Color image segmentation using tensor voting based color clustering [J]. Pattern Recognition Letters, 2012, 33: 605-614.

[92] Lim J, Park J, Medioni G G. Text segmentation in color images using tensor voting [J]. Image and Vision Computing, 2007, 25: 671-685.

[93] Nguyen T D, Park J, Lee G. Tensor voting based text localization in natural scene images [J]. IEEE Signal Processing Letters, 2010, 17(7): 639-642.

[94] Zhu Y. Generalized sampling theorem[J]. IEEE Transactions on Circuits and Systems, 1992, 39(8): 587-588.

[95] Qi W, Han J, Zhang Y, et al. Infrared image super-resolution via transformed self-similarity[J]. Infrared Physics & Technology, 2017, 81: 89-96.

[96] Ur H, Gross D. Improved resolution from subpixel shifted pictures[J]. Graphical Models and Image Processing, 1992, 54(2): 181-186.

[97] Tom B C, Katsaggelos A K. Reconstruction of a high-resolution image by simultaneous registration, restoration, and interpolation of low-resolution images[C]. IEEE International Conference Image Processing, 1995, 2: 539-542.

[98] Hardie R C, Barnard K J, Armstrong E E. Joint MAP registration and high-resolution image estimation using a sequence of undersampled images[J]. IEEE Transactions on Image Processing, 1997, 6(12): 1621-1633.

[99] Bahy R M, Salama G I, Mahmoud T A. Adaptive regularization-based super resolution reconstruction technique for multi-focus low-resolution images[J]. Signal Processing, 2014, 103(1): 155-167.

[100] Freeman W T, Pasztor E C, Carmichael O T. Learning low-level vision[J]. International Journal of Computer Vision, 2000, 40(1): 25-47.

[101] Chang H, Yeung D Y, Xiong Y. Super-resolution through neighbor embedding[C]. IEEE Computer Vision and Pattern Recognition, 2004: 1: 275-282.

[102] Yang J, Wright J, Huang T, et al. Image super-resolution as sparse representation of raw image patches[C]. IEEE Computer Vision and Pattern Recognition, 2008: 1-8.

[103] Yang J, Wright J, Huang T S, et al. Image super-resolution via sparse representation[J]. IEEE Transactions on Image Processing, 2010, 19(11): 2861-2873.

[104] Aharon M, Elad M, Bruckstein A. KSVD: An algorithm for designing overcomplete dictionaries for sparse representation[J]. IEEE Transactions on Signal Processing, 2006, 54(11): 4311-4322.

[105] Chakrabarti A, Rajagopalan A, Chellappa R. Super-resolution of face images using kernel PCA-based prior[J]. IEEE Transactions on Multimedia, 2007, 9(4): 888-892.

[106] Wang S, Zhang L, Liang Y, et al. Semi-coupled dictionary learning with applications to image super-resolution and photo-sketch synthesis[C]. IEEE Computer Vision and Pattern Recognition, 2012: 2216-2223.

[107] Zhao Y, Chen Q, Sui X, et al. A novel infrared image super-resolution method based on sparse representation[J]. Infrared Physics & Technology, 2015, 71: 506-513.

[108] Sui X, Chen Q, Gu G, et al. Infrared super-resolution imaging based on compressed sensing[J]. Infrared Physics & Technology, 2014, 63(11): 119-124.

[109] Chen L, Deng L, Shen W, et al. Reproducing kernel hilbert space based single infrared image super resolution[J]. Infrared Physics & Technology, 2016, 77: 104-113.

[110] Liu J, Dai S, Guo Z, et al. An improved POCS super-resolution infrared image reconstruction algorithm based on visual mechanism[J]. Infrared Physics & Technology, 2016, 78: 92-98.

[111] Itti L, Koch C, Niebur E. A model of saliency-based visual attention for rapid scene analysis[J]. IEEE Transactions on Pattern Analysis and Machine Intelligence, 1998, 20(11): 1254-1259.

[112] Ma Y F, Zhang H J. Contrast-based image attention analysis by using fuzzy growing[C]. ACM international conference on Multimedia, 2003: 374-381.

[113] Harel J, Koch C, Perona P. Graph-based visual saliency[C]. Advances in Neural Information Processing Systems, 2006: 545-552.

[114] Achanta R, Hemami S, Estrada F, et al. Frequency-tuned salient region detection[C]. IEEE Computer Vision and Pattern Recognition, 2009: 1597-1604.

[115] Cheng M, Mitra N J, Huang X, et al. Global contrast based salient region detection[J]. IEEE Transactions on Pattern Analysis and Machine Intelligence, 2015, 37(3): 569-582.

[116] Chang K Y, Liu T L, Chen H T, et al. Fusing generic objectness and visual saliency for salient object detection[C]. IEEE International Conference on Computer Vision, 2011: 914-921.

[117] Perazzi F, Krähenbühl P, Pritch Y, et al. Saliency filters: Contrast based filtering for salient region detection[C]. IEEE Computer Vision and Pattern Recognition, 2012: 733-740.

[118] Wei Y, Wen F, Zhu W, Sun J. Geodesic saliency using background priors[C]. European Conference on Computer Vision, 2012: 29-42.

[119] Shen X, Wu Y. A unified approach to salient object detection via low rank matrix recovery[C]. IEEE Computer Vision and Pattern Recognition, 2012: 853-860.

[120] Xie Y, Lu H. Visual saliency detection based on Bayesian model[C]. IEEE International Conference on Image Processing, 2011: 645-648.

[121] Huang L, Pashler H. A Boolean map theory of visual attention[J]. Psychological Review, 2007, 114(3): 599.

[122] Zhang J, Sclaroff S. Saliency detection: A boolean map approach[C]. IEEE International Conference on Computer Vision, 2013: 153-160.

[123] Wang Z L, Hou Q Y, Hao L. Improved infrared target tracking algorithm based on mean shift [J]. Applied Optics, 2012, 51(21): 5051-5059.

[124] Gao C Q, Meng D Y, Yang Y, et al. Infrared patch-image model for small target detection in a single image [J]. IEEE Transactions on Image Processing, 2013, 22(12): 4996-5009.

[125] Liu H C, Lin S T, Yin H T. Infrared surveillance image super resolution via group sparse representation [J]. Optics Communications, 2013, 289: 45-52.

[126] Lamberti F, Sanna A, Paravati G. Improving robustness of infrared target tracking algorithms based on template matching [J]. IEEE Transactions on Aerospace and Electronic Systems, 2011, 47(2): 1467-1480.

[127] Seo H J, Milanfar P. Using local regression kernels for statistical object detection [C]. Proc. IEEE Int'l Conf. Image Processing, 2008: 2380-2383.

[128] Seo H J, Milanfar P. Detection of human actions from a single example [C]. Proc. IEEE Int'l Conf. Computer Vision, 2009: 1965-1970.

[129] Seo H J, Milanfar P. Training-free, generic object detection using locally adaptive regression kernels [J]. IEEE Transactions on Pattern Analysis and Machine Intelligence, 2010, 32(9): 1688-1704.

[130] Seo H J, Milanfar P. Static and space-time visual saliency detection by self-resemblance [J]. Journal of Vision, 2009, 9(12): 1-27.

[131] Seo H J, Milanfar P. Action recognition from one example [J]. IEEE Transactions on Pattern Analysis and Machine Intelligence, 2011, 33(5): 867-882.

[132] Zoidi O, Tefas A, Pitas I. Visual object tracking based on local steering kernels and color histograms [J]. IEEE Transactions on Circuits and Systems for Video Technology, 2013, 23(5): 870-882.

[133] Aretusi G, Fontanella L, Ippoliti L, et al. Supervised Classification of thermal high-resolution IR Images for the diagnosis of Rayanud's Phenomenon [C]. Proc. 7th Conf. Classification and Data Analysis, 2011: 419-427.

[134] Wright J, Yang A Y, Ganesh A, et al. Robust face recognition via sparse representation [J]. IEEE Transactions on Pattern Analysis and Machine Intelligence, 2009, 31(2): 210-227.

[135] Raina R, Battle A, Lee H, et al. Self-taught learning: Transfer learning from unlabeled data [C]. Proc. Int'l Conf. Machine Learning, 2007: 759-766.

[136] Mairal J, Bach F, Ponce J, et al. Discriminative learned dictionaries for local image analysis [C]. Proc. IEEE Conf. Computer Vision and Pattern Recognition, 2008: 1-8.

[137] Rigamonti R, Brown M A, Lepetit V. Are sparse representations really relevant for image classification [C]. Proc. IEEE Conf. Computer Vision and Pattern Recognition, 2011: 1545-1552.

[138] Zhang L, Yang M, Feng X C. Sparse representation or collaborative representation: Which helps face recognition [C]. Proc. IEEE Int'l Conf. Computer Vision, 2011: 471-478.

[139] Gao S H, Tsang I W H, Chia L T. Sparse representation with kernels [J]. IEEE Transactions on Image Processing, 2013, 22(2): 423-434.

[140] Gao S H, Tsang I W H, Chia L T. Kernel sparse representation for image classification and face recognition [J]. Lecture Notes in Computer Science, 2010, 63(14): 1-14.

[141] Zhang L, Zhou W D, Chang P C, et al. Kernel sparse representation-based classifier [J]. IEEE Transactions on Signal Processing, 2012, 60(4): 1684-1695.

[142] Yin J, Liu Z H, Jin Z, et al. Kernel sparse representation based classification [J]. Neurocomputing, 2012, 77: 120-128.

[143] Chen Y, Nasrabadi N M, Tran T D. Hyperspectral image classification via kernel sparse representation [J]. IEEE Transactions on Geoscience and Remote Sensing, 2013, 51(1): 217-231.

[144] Kang C C, Liao S C, Xiang S M, et al. Kernel sparse representation with local patterns for face recognition [C]. Proc. IEEE Int'l Conf. Image Processing, 2011: 3009-3012.

[145] Yang S Y, Wang X X, Yang L X, et al. Semi-supervised action recognition in video via Labeled Kernel Sparse Coding and sparse L1 graph [J]. Pattern Recognition Letters, 2012, 33: 1951-1956.

[146] Zhou Y, Liu K, Carrillo R E, et al. Kernel-based sparse representation for gesture recognition [J]. Pattern Recognition, 2013, 46: 3208-3222.

[147] 李博. 基于层次性与或图模型的车辆检测与解析 [D]. 北京理工大学博士学位论文, 2015.

[148] Jin W, Xu J, Han Q, et al. CDNet: Complementary depth network for RGB-D salient object detection[J]. IEEE Transactions on Image Processing, 2021,30:3376-3390.

[149] Schneider L, Jasch M, Fröhlich B, et al. Multimodal neural networks: RGB-D for semantic segmentation and object detection: Image Analysis: 20th Scandinavian Conference, SCIA 2017, Tromsø, Norway, June 12–14, 2017, Proceedings, Part I 20[C], 2017. Springer.

[150] Qu L, He S, Zhang J, et al. RGBD salient object detection via deep fusion[J]. IEEE Transactions on Image Processing, 2017,26(5):2274-2285.

[151] Hwang S, Park J, Kim N, et al. Multispectral pedestrian detection: Benchmark dataset and baseline: Proceedings of the IEEE conference on computer vision and pattern recognition[C], 2015.

[152] LLC T F. Thermal dataset for algorithm training[EB/OL]. https://www.flir.com/oem/adas/adas-dataset-form/.

[153] Sun Y, Cao B, Zhu P, et al. Drone-based RGB-infrared cross-modality vehicle detec-

tion via uncertainty-aware learning[J]. IEEE Transactions on Circuits and Systems for Video Technology, 2022,32(10):6700-6713.

[154] Brazil G, Yin X, Liu X. Illuminating pedestrians via simultaneous detection & segmentation: Proceedings of the IEEE international conference on computer vision[C], 2017.

[155] Li C, Song D, Tong R, et al. Multispectral pedestrian detection via simultaneous detection and segmentation[J]. arXiv preprint arXiv:1808.04818, 2018.

[156] Zhang L, Liu Z, Zhang S, et al. Cross-modality interactive attention network for multispectral pedestrian detection[J]. Information Fusion, 2019,50:20-29.

[157] Zhang H, Fromont E, Lefèvre S, et al. Guided attentive feature fusion for multispectral pedestrian detection: Proceedings of the IEEE/CVF winter conference on applications of computer vision[C], 2021.

[158] Guan D, Cao Y, Yang J, et al. Fusion of multispectral data through illumination-aware deep neural networks for pedestrian detection[J]. Information Fusion, 2019,50:148-157.

[159] Zhou K, Chen L, Cao X. Improving multispectral pedestrian detection by addressing modality imbalance problems: Computer Vision–ECCV 2020: 16th European Conference, Glasgow, UK, August 23–28, 2020, Proceedings, Part XVIII 16[C], 2020. Springer.

[160] Zhuang Y, Pu Z, Hu J, et al. Illumination and temperature-aware multispectral networks for edge-computing-enabled pedestrian detection[J]. IEEE Transactions on Network Science and Engineering, 2021,9(3):1282-1295.

[161] Lu Y, Gao J, Yu Q, et al. A cross-scale and illumination invariance-based model for robust object detection in traffic surveillance scenarios[J]. IEEE transactions on intelligent transportation systems, 2023.

[162] Cui X, Ma L, Ma T, et al. Trash to treasure: Low-light object detection via decomposition-and-aggregation: Proceedings of the AAAI Conference on Artificial Intelligence[C], 2024.

第 2 章　夜视图像视觉增强

　　红外、微光图像细节的增强能够提供较多的视觉特征信息,有效提高视觉任务的效率,为视觉任务提供更有价值的输入成分,如目标检测[1]、图像融合[2] 和视频监督[3] 等。传统的图像增强模型主要应用于高信噪比可见光图像,但夜视图像增强算法研究较少,低质量的夜视图像会严重影响后期的视觉任务。

　　为解决上述问题,本章阐述了三种有效的图像视觉计算模型。基于局部稀疏结构降噪模型的微光图像增强算法,通过稀疏结构字典学习、局部结构保持稀疏量化和重建去除噪声,实现微光图像修复[4,5];基于分层的短波红外图像增强视觉计算模型,通过结构约束先验知识来整合结构层和纹理层的细节特性,实现短波红外图像增强[6];基于元胞自动机的红外图像增强视觉计算模型,借助梯度分布先验知识和梯度分布残差联合分析图像数据内部结构,并采用迭代准则整合这两种先验知识,吸收元胞自动机的优点,提高红外图像的视觉质量[7]。

2.1　夜视图像特性分析

2.1.1　微光图像噪声分析

　　微光图像与一般的可见光图像不同,它是经过多次光电转换和电子倍增而形成的。因此,它不仅与场景的照明条件、景物的反射率分布有关,而且还与成像器件的信号转换、像增强器的增益和系统噪声有关。像增强电荷耦合器件 (CCD) 的空间采样频率及量化也会对微光图像有影响。微光图像最显著的表现特征就是在图像画面上叠加有明显的随机闪烁噪声。电噪声和光学噪声历来都分别被单一地描述为时间域随机过程和空间域随机过程。但在成像系统中,图像噪声实际上应按时空域随机过程统一描述。为此,考虑任意时空点 (r,t) 处图像量子通量密度的随机涨落,并以下列实列矢表示图像的时空噪声:

$$\boldsymbol{n}(r,t) = \begin{bmatrix} n_r(t) \\ n_t(r) \end{bmatrix} \tag{2.1.1}$$

其中,$n_r(t)$ 为对于 r 点存在于时间域均值为零的实随机过程,泛指诸如辐射噪声、温度噪声、热噪声、散粒噪声、产生–复合噪声以及 $1/f$ 噪声等一类常见的基本噪声。

空间域均值为零的实随机过程，特指与结构因素引起的空间随机不均匀有关的噪声。因此 $n_r(t)$ 代表时间噪声，$n_t(r)$ 代表空间噪声；并且应当指出，除非进行时空或空时域间转换，时间噪声 $n_r(t)$ 只能在时间域中被时间滤波器滤波，空间噪声 $n_t(r)$ 也只能在空间域中被空间滤波器滤波。

时空噪声 $\boldsymbol{n}(r,t)$ 作为随机矢量过程，其自相关矩阵函数为

$$\Phi = \varepsilon[\boldsymbol{n}(r,t)\boldsymbol{n}^{\mathrm{T}}(r+\rho,t+\tau)] \tag{2.1.2}$$

假如时间噪声与空间噪声彼此独立无关，即

$$\Phi_{r,t+\tau}(t,r+\rho) = \Phi_{t,r+\rho}(r,t+\tau) = 0 \tag{2.1.3}$$

同时，假如时间噪声的统计性质在空间上是均匀的，与坐标 r 无关；空间噪声的统计性质在时间上是均匀的，与坐标 t 无关，则还可有

$$\Phi_{r,r+\rho}(t,t+\tau) = \Phi_{r,r}(t,t+\tau) = \Phi_1(t,t+\tau) \tag{2.1.4}$$

$$\Phi_{t,t+\tau}(r,r+\rho) = \Phi_{t,t}(r,r+\rho) = \Phi_2(r,r+\rho) \tag{2.1.5}$$

若再假设时间噪声与空间噪声均为平稳随机过程

$$\Phi_1(t,t+\tau) = \Phi_1(\tau) \tag{2.1.6}$$

$$\Phi_2(r,r+\rho) = \Phi_2(\rho) \tag{2.1.7}$$

则有

$$\Phi = \left[\begin{array}{cc} \Phi_1(\tau) & 0 \\ 0 & \Phi_2(\rho) \end{array} \right] \tag{2.1.8}$$

此为微光图像的时空噪声函数。根据维纳–辛钦定理，相关函数与维纳谱构成傅里叶变换对，故若以 ν 和 f 分别表示时间频率和空间频率，图像时空噪声的维纳谱矩阵可表示为

$$\boldsymbol{W}(\nu,f) = \left[\begin{array}{cc} W_1(\nu)\delta(f) & 0 \\ 0 & W_2(f)\delta(\nu) \end{array} \right] \tag{2.1.9}$$

其中，$W_1(\nu)$ 和 $W_2(f)$ 分别为时间噪声和空间噪声的维纳谱。同时也可得到微光图像时空噪声的方差矩阵：

$$\boldsymbol{V} = \left[\begin{array}{cc} \displaystyle\int_{-\infty}^{\infty} W_1(\nu)\mathrm{d}\nu & 0 \\ 0 & \displaystyle\int_{-\infty}^{\infty} W_2(f)\mathrm{d}f \end{array} \right] \tag{2.1.10}$$

在实际使用过程中发现, 微光夜视系统的噪声主要来源于像增强器。像增强的噪声可以分为两大类: 一类为电子噪声, 是像增强正常工作期间由电子流和光子流所固有的随机性起伏产生的噪声。图像表现为整幅画面上基本均匀的极细微的粒子移动。另一类为离子噪声 (也称为雪花噪声), 基本存在于设计与制造不尽完善的像增强器中。它是由处于电子光学成像场区中的离子, 被反向加速轰击光电阴极, 使局部成群电子逸出所产生的噪声。这些离子来源于管壁、金属零件表面和微通道板内部, 原来吸附离子在吸附与解吸动态平衡的过程中不断解吸。这种噪声从出射屏的图像外观看, 犹如片片雪花随机地飘浮在画面上, 并在它出现之处显著改变那里图像的细节和对比度。雪花闪烁一般呈不规则斑片状, 大小约占几个甚至十几个像素, 平均寿命时间为 30~100ms。

通过以上分析可见, 微光 CCD 摄像系统噪声的主要表现特征是荧光屏微光图像上颗粒性的时间和空间的随机亮点闪烁。其中离子噪声是非固有的, 通过改善光电阴极、MCP、器件电极的制造工艺及保证真空度是可以消除的。而电子噪声是固有的, 只能通过图像处理技术加以抑制。

2.1.2 红外图像特征分析

红外图像反映了目标和背景红外辐射的空间分布, 其辐射亮度分布主要由被观测景物的温度和发射率决定, 因此红外图像近似反映了景物的温度差或辐射差。从图 2.1.1 热成像系统的方框图中可以看出, 目标和背景的红外辐射需经过大气传输、光学成像、光电转换和电子处理等过程, 才被转换成为红外图像。所以红外图像的特点要从它的产生过程来分析。

图 2.1.1 热成像系统流程图

因存在温差而发生热能的转移称为传热。传热有三种方式: 传导、对流和辐射。根据能量守恒定律, 景物与环境之间所发生的热传递应遵从热平衡方程:

$$g + j_{cnv} = q_{cnd} + q_{cnv} + M \tag{2.1.11}$$

式 (2.1.11) 说明物体自身发热 g 和从环境吸收的热量 j_{cnv}, 通过传导 q_{cnd}、对流 q_{cnv} 和辐射 M 的方式散发出去。对常温物体而言, 辐射是主要形式。

场景辐射与温度的关系遵守 Planck 定律, 即黑体光谱辐射出射度为

$$M_\lambda = \frac{C_1}{\lambda^5} \cdot \frac{1}{e^{C_2/\lambda T} - 1} \tag{2.1.12}$$

其中，λ 为辐射波长，T 为物体的绝对温度，C_1、C_2 是第一、第二辐射常数。

根据 Stefan-Boltzmann 定律，单位表面积辐射的全波段辐射出射度为

$$M = \varepsilon\sigma T^4 \qquad\qquad (2.1.13)$$

其中，σ 是 Stefan-Boltzmann 常量，ε 是该辐射表面的辐射度。因此，对理想黑体而言，辐射交换的热量同物体的绝对温度的四次方成正比。

衍射是辐射能波动本性的结果，它是一列波与障碍物之间的一种相互作用。红外辐射在传输时，衍射现象比可见光更明显，波动性更强。

热成像系统中，红外辐射经光学系统会聚于探测器敏感面上，探测器的输出信号为

$$V_s = \int_{\Delta\lambda} R_\lambda \phi_\lambda \mathrm{d}\lambda \qquad\qquad (2.1.14)$$

其中，R_λ 表示探测器光谱响应度，ϕ_λ 表示入射的光谱辐射通量，$\Delta\lambda$ 是系统的光谱响应波段。式 (2.1.14) 表明，系统对景物的辐射响应随着景物辐射的增强而单调增加。

按照线性系统理论，热成像系统的空间响应模型为

$$I(i,j,t) = O(i,j,t) * W(i,j,t) \qquad\qquad (2.1.15)$$

其中，$I(i,j,t)$、$O(i,j,t)$ 分别表示像方、物方时空域分布函数，$W(i,j,t)$ 为系统的响应函数或点扩散函数 (PSF)，i、j、t 分别表示空间域和时间域坐标。

根据上述理论，结合实际热成像系统的输出结果，对热红外图像可以得到以下定性结论：

(1) 红外热图像表征景物的温度分布，是灰度图像，没有彩色或阴影 (立体感觉)，故对人眼而言，分辨率低、分辨潜力差。

(2) 景物热平衡、波长长、传输距离远、大气衰减等原因，造成红外图像空间相关性强、对比度低、视觉效果模糊。

(3) 热成像系统的探测能力和空间分辨率低于可见光 CCD 阵列，使得红外图像的清晰度低于可见光图像。

(4) 外界环境的随机干扰和热成像系统的不完善，给红外图像带来多种多样的噪声，如热噪声、散粒噪声、$1/f$ 噪声、光子电子涨落噪声等。这些分布复杂的噪声使得红外图像的信噪比比普通电视图像低。

(5) 红外探测器各探测单元的响应特性不一致、光机扫描系统缺陷等原因，造成红外图像的非均匀性，体现为图像的固定图案噪声、串扰、畸变等。

红外图像的信噪比一般比可见光 CCD 电视图像低，而且噪声情况十分复杂，不论是外界环境的随机干扰，还是内部物理量的随机变化均可产生图像噪声。

红外热图像的噪声除了有随机闪烁的颗粒噪声外，还有固定图案噪声。随机闪烁的颗粒噪声主要由红外背景辐射的光子起伏、红外探测器光电转换噪声和信号读出与处理电路的附加噪声引起，而固定图案噪声则主要由红外探测器本身响应率的不均匀、成像缺陷和杂波干扰所产生。噪声来源多样，类型繁多，这些都造成红外热图像上噪声的不可预测的分布复杂性。但固定图案噪声的影响远大于随机噪声。

通常用三维噪声模型来分析热成像系统的噪声情况。三维噪声分析所需的实验数据是以一个均匀恒定的背景为目标，热成像系统用其采集的连续数字化图像组成噪声数据组。三维噪声分析随机响应模型为

$$U(t,v,h) = S + N_{\mathrm{T}}(t) + N_{\mathrm{V}}(v) + N_{\mathrm{H}}(h) + N_{\mathrm{TV}}(t,v)$$

$$+ N_{\mathrm{TH}}(t,h) + N_{\mathrm{VH}}(v,h) + N_{\mathrm{TVH}}(t,v,h) \tag{2.1.16}$$

$U(t,v,h)$ 代表获得的实验数据的总值，是时间、垂直方向和水平方向的函数；S 是三维数据组中所有点的总平均值。

(1) 固定像素噪声 $N_{\mathrm{VH}}(v,h)$：由空间双向的零点平均值随机变化构成，无时间响应。其对应于成像中的二维固定空间图形。固定图案噪声即属于这一类，它在凝视探测器中占主导地位。

(2) 固定行噪声 $N_{\mathrm{V}}(v)$：描述了仅在垂直方向上零点平均值的变化，在时间上固定不变且在水平方向上无响应。一般来讲，它表示数据在行与行之间固定的非均匀性。这种噪声主要来自于通道间增益或电平的不适当校正及 $1/f$ 噪声。

(3) 固定列噪声 $N_{\mathrm{H}}(h)$：代表仅在水平方向上零点平均值的变化，是时间和水平方向上每列数据的平均值变化。

(4) 帧间噪声 $N_{\mathrm{T}}(t)$：仅代表与时间有关的随机噪声，在数据组中以帧与帧的平均值为变量。

(5) 时间行噪声 $N_{\mathrm{TV}}(t,v)$：由时间和垂直方向上零点平均值随机变化构成，在水平方向上无响应。在数据组中，它表示时间上和垂直方向上每行数据的平均值变化。

(6) 时间列噪声 $N_{\mathrm{TH}}(t,h)$：代表时间和水平方向上的零点平均值变化，主要来自于 $1/f$ 噪声和其他一些低频噪声。

(7) 时间像素噪声 $N_{\mathrm{TVH}}(t,v,h)$：代表三维坐标系中三个方向上零点平均值的变化，与典型的电子探测器噪声很相近。这种噪声开始有时间性，通过成像系统时，在扫描装置和焦平面的垂直与水平方向均有表现。在热成像系统中，光子散粒噪声、电阻热噪声、放大器噪声等均属于这类噪声。

2.2　基于局部稀疏结构的降噪增强模型

微光图像的噪声分布特性复杂,同时包括了稀疏噪声和非稀疏噪声,这使得目前基于高斯噪声分布假设的稀疏降噪方法难以实现良好的微光图像降噪效果。同时,自然图像细节丰富、结构复杂,现有稀疏降噪方法中无论系数独立性[8] 还是空间方向稀疏性均不能充分、准确地模拟自然图像特征,难以有效保持自然图像中的细微结构[9]。

为了解决上述问题,本节阐述一种局部结构保持稀疏编码 (Local Structure Preserving Sparse Coding, LSPSc) 算法,充分利用微光图像中的噪声不变特征,实现局部结构稀疏表示。本节还阐述 LSPSc 的核化算法 (kernel LSPSc, K-LSPSc),将 LSPSc 扩展到核空间,利用核方法的非线性特征削弱线性结构约束对非线性数据的影响,提高非线性结构数据处理能力。LSPSc/K-LSPSc 对夜视图像信息具有良好的表征性和稳定性。在此基础上,构建了一种局部稀疏结构降噪 (Local Sparse Structure Denoising, LSSD) 模型,通过稀疏结构字典学习、局部结构保持稀疏量化和重建去除冗余噪声。与传统稀疏降噪方法相比,LSSD 模型可以更好地实现强噪声损坏图像修复,并且较好地保留图像细节。

2.2.1　局部结构保持稀疏编码

为了保持空间局部信息,在稀疏编码过程中须整合一项有效先验,即局部区域内图像块间的结构关系,如图 2.2.1 所示。本节将图像邻域几何结构作为一种先验信息引入到稀疏编码的目标函数中,约束图像空间与稀疏编码空间所对应的局部邻域关系一致,实现具有局部结构保持功能的稀疏嵌入过程。

首先需要研究一种有效测度估计图像块的邻域几何结构关系。在流形几何分析方法中,LLE 可通过局部线性匹配复原全局非线性结构,并且其优化过程不存在局部极值干扰。LLE 假设各数据点及其邻域关系符合或近似于一种局部线性流形结构[10],受此启发,本节利用邻域图像块对中心图像块的线性重构关系描述图像块间的局部几何结构。

将所有图像块的局部流形结构矩阵表示为 $\boldsymbol{W} \in R^{N \times N}$,$\boldsymbol{W}$ 中各元素 w_{ij} 即为邻域图像块对中心图像块的重构权值,通过最小化局部结构重构误差计算而得。将其作为一种规范化先验对稀疏编码过程进行约束,LSPSc 的编码目标函数可表示为

$$\min_{\boldsymbol{B},\boldsymbol{S}} \sum_i \|\boldsymbol{x}_i - \boldsymbol{B}\boldsymbol{s}_i\|^2 + \lambda \sum_i \|\boldsymbol{s}_i\|_1 + \beta \sum_i \left\|\boldsymbol{s}_i - \sum_j w_{ij}\boldsymbol{s}_j\right\|^2 \tag{2.2.1}$$

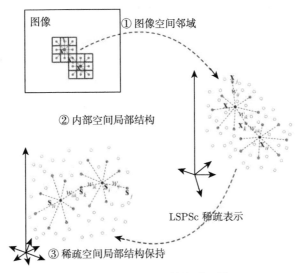

图 2.2.1 LSPSc 算法原理图

约束条件 $\|b_i\|^2 \leqslant c, i = 1, 2, \cdots, M$，$c$ 是约束常量 (本节设为 1)。定义 $\boldsymbol{W} = [\boldsymbol{w}_1, \boldsymbol{w}_2, \cdots, \boldsymbol{w}_N]^{\mathrm{T}}$，$\boldsymbol{w}_i = [w_{i1}, w_{i2}, \cdots, w_{iN}]$，对于 $\boldsymbol{x}_j \notin \boldsymbol{\Omega}_i$ 有 $w_{ij} = 0$，对于所有 $\boldsymbol{x}_j \in \boldsymbol{\Omega}_i$ 有 $\sum_{\boldsymbol{x}_j \in \boldsymbol{\Omega}_i} w_{ij} = 1$，其中 $\boldsymbol{\Omega}_i$ 为任意图像块 $\boldsymbol{x}_i$ 的空间 K 近邻域。定义局部结构约束矩阵 $\boldsymbol{M} = (\boldsymbol{I} - \boldsymbol{W})^{\mathrm{T}}(\boldsymbol{I} - \boldsymbol{W})$，式 (2.2.1) 可表示为矩阵形式

$$\min_{\boldsymbol{B},\boldsymbol{S}} \|\boldsymbol{X} - \boldsymbol{BS}\|^2 + \lambda \sum_i \|\boldsymbol{s}_i\|_1 + \beta \mathrm{tr}(\boldsymbol{SMS}^{\mathrm{T}}) \tag{2.2.2}$$

当字典 $\boldsymbol{B}$ 固定，LSPSc 的编码目标函数为

$$\min_{\boldsymbol{S}} \|\boldsymbol{X} - \boldsymbol{BS}\|^2 + \lambda \sum_i \|\boldsymbol{s}_i\|_1 + \beta \mathrm{tr}(\boldsymbol{SMS}^{\mathrm{T}}) \tag{2.2.3}$$

下面论述 LSPSc 与组稀疏编码和 LSc 的区别：

组稀疏编码和 LSc 均侧重于解决相似性保持问题。组稀疏编码通过研究分组字典约束，实现稳定稀疏编码，然而该编码中样本被强制分到不同的非重叠组群，容易导致多组样本之间的一致性信息丢失，如果分割样本到重叠的组群则编码目标函数的优化计算量庞大。LSc 通过在传统稀疏编码公式中增加相似性保持约束避免了上述问题，对于全局相似样本其稀疏编码一致，但 LSc 忽略了非相似性保持问题，可能导致在同一样本流形上非相似数据获得近似的稀疏表示。

而在局部图像空间，基于 LLE 思想，LSPSc 算法约束样本与其稀疏编码具有一致的邻域结构重构权值。若相邻图像块间的重构权值大则其稀疏编码相似，反

之则其稀疏编码不相似。因此相似的图像块获得一致的稀疏编码，而不相似的图像块编码差异较大，即 LSPSc 同时实现了相似性和非相似性的保持。

此外，组稀疏编码和 LSc 单独考虑各样本的稳定稀疏表示，易于丢失样本间的结构信息，而在局部或全局图像分析中，图像块间的结构相关性具有重要意义。LSPSc 通过图像块及其邻域结构的稀疏约束，能够实现单一图像块的稳定稀疏表示，同时保持局部区域内近邻图像块的结构相关性。

2.2.2　核化局部结构保持稀疏编码

受启发于核方法的非线性泛化能力[11,12]，将 LSPSc 拓展为核化 LSPSc 算法 (K-LSPSc)。K-LSPSc 假设一个隐式的映射函数 $\phi(\cdot)$，将输入图像块和字典基映射到高维核空间，并寻求映射样本在映射字典下的 LSPSc 稀疏表示：

$$X \to X_\phi = [\phi(x_1), \phi(x_2), \cdots, \phi(x_N)]$$

$$B \to B_\phi = [\phi(b_1), \phi(b_2), \cdots, \phi(b_M)] \tag{2.2.4}$$

相应地，LSPSc 中的局部结构权值也应该在核空间获得，因此需要计算核空间图像块 X_ϕ 间的局部结构重构权值。这里假设空间近邻关系在映射过程中保持不变：

$$W \to W_\phi \tag{2.2.5}$$

在获得结构先验基础上，K-LSPSc 本质上即为求解核空间的 LSPSc 稀疏系数 $\hat{S}$。根据式 (2.2.3)，K-LSPSc 的编码目标函数表示为

$$\min_{B_\phi, \hat{S}} \|X_\phi - B_\phi \hat{S}\|^2 + \lambda \sum_i \|\hat{s}_i\|_1 + \beta \mathrm{tr}(\hat{S} M_\phi \hat{S}^{\mathrm{T}}) \tag{2.2.6}$$

其中，约束条件为 $\|\phi(b_i)\|^2 \leqslant c$, $i = 1, 2, \cdots, M$。局部结构约束矩阵核化为 $M_\phi = (I - W_\phi)^{\mathrm{T}}(I - W_\phi)$，同样需要在核空间规范化重构权值 $\sum\limits_{x_j \in \Omega_i} w_{\phi ij} = 1$。若核字典 B_ϕ 固定，K-LSPSc 编码目标函数表示为

$$\min_{\hat{S}} \|X_\phi - B_\phi \hat{S}\|^2 + \lambda \sum_i \|\hat{s}_i\|_1 + \beta \mathrm{tr}(\hat{S} M_\phi \hat{S}^{\mathrm{T}}) \tag{2.2.7}$$

K-LSPSc 与 LSPSc 的区别在于：一方面，核空间局部结构的稀疏性增强，有利于局部稀疏结构编码的收敛加速。另一方面，LSPSc 假设自然图像块的局部结构满足一种线性重构关系，而 K-LSPSc 假设局部图像块在高维核空间符合线性关系，这样核空间数据被非线性映射回低维输入空间时，数据结构是非线性的，与实际数据分布情况相似。因此，核化处理能够降低局部重构误差，使得图像信号的结构稀疏量化更加准确、编码目标收敛值更小。

2.2.3 编码实现

2.2.3.1 LSPSc 算法

1) 局部结构重构权值矩阵 $\boldsymbol{W}$ 的计算

通过计算最小化重构误差，获得各邻域图像块 $\{\boldsymbol{x}_j | j = 1, 2, \cdots, K\}$ 到中心图像块 $\boldsymbol{x}_i$ 的重构权值 $\boldsymbol{w}_i$，其代价函数表示为

$$\min_{\boldsymbol{W}} \sum_{i=1}^{N} \left\| \boldsymbol{x}_i - \sum_{j=1}^{K} w_{ij} \boldsymbol{x}_j \right\|^2$$

$$\text{s.t.} \sum_{j} w_{ij} = 1 \tag{2.2.8}$$

其中，$\boldsymbol{W} = [\boldsymbol{w}_1, \boldsymbol{w}_2, \cdots, \boldsymbol{w}_N]$，$\boldsymbol{w}_i = [w_{i1}, w_{i2}, \cdots, w_{iK}]^{\text{T}}$。约束条件 $\boldsymbol{e}^{\text{T}} \boldsymbol{w}_i = 1$ 下的代价函数优化实际上是一个约束最小二乘问题[10]。令

$$f(\boldsymbol{w}_i) = \left\| \boldsymbol{x}_i - \sum_{j=1}^{K} w_{ij} \boldsymbol{x}_j \right\|^2, \quad \boldsymbol{G}_i = [\boldsymbol{x}_i - \boldsymbol{x}_{i1}, \cdots, \boldsymbol{x}_i - \boldsymbol{x}_{iK}] \tag{2.2.9}$$

则有

$$f(\boldsymbol{w}_i) = \|\boldsymbol{G}_i \boldsymbol{w}_i\|^2 = \boldsymbol{w}_i^{\text{T}} \boldsymbol{G}_i^{\text{T}} \boldsymbol{G}_i \boldsymbol{w}_i \tag{2.2.10}$$

这样式 (2.2.8) 的优化问题即转换为约束条件 $\boldsymbol{e}^{\text{T}} \boldsymbol{w}_i = 1$ 下的 $\min \boldsymbol{w}_i^{\text{T}} \boldsymbol{G}_i^{\text{T}} \boldsymbol{G}_i \boldsymbol{w}_i$ 优化求解。通过计算拉格朗日乘子 $\ell(\boldsymbol{w}_i) = \boldsymbol{w}_i^{\text{T}} \boldsymbol{G}_i^{\text{T}} \boldsymbol{G}_i \boldsymbol{w}_i + \eta(\boldsymbol{w}_i^{\text{T}} \boldsymbol{e} - 1)$ 对 $\boldsymbol{w}_i$ 的一阶偏导

$$\partial \ell(\boldsymbol{w}_i) / \partial \boldsymbol{w}_i = \boldsymbol{G}_i^{\text{T}} \boldsymbol{G}_i \boldsymbol{w}_i + \eta \boldsymbol{e} = 0 \tag{2.2.11}$$

可推导出各重构权值计算公式：

$$\boldsymbol{G}_i^{\text{T}} \boldsymbol{G}_i \boldsymbol{w}_i = \boldsymbol{e}, \quad \boldsymbol{G}_i^{\text{T}} \boldsymbol{G}_i = [(\boldsymbol{x}_i - \boldsymbol{x}_{it1})(\boldsymbol{x}_i - \boldsymbol{x}_{it2})]_{t1,t2=1,\cdots,K} \tag{2.2.12}$$

将各重构权值规范化获得局部结构重构权值矩阵 $\boldsymbol{W}$。

2) LSPSc 算法的实现

通过固定其中一个量，交替优化字典 $\boldsymbol{B}$ 和稀疏系数 $\boldsymbol{S}$。基于特征符号搜索方法 (Feature-sign Search)[13] 求解式 (2.2.2) 的优化问题。

(1) 学习稀疏系数 $\boldsymbol{S}$，固定字典 $\boldsymbol{B}$，式 (2.2.2) 的优化问题转换为式 (2.2.3)。基于交替优化思想，优化系数 $\boldsymbol{s}_i$ 时固定其余稀疏系数 $\boldsymbol{s}_j (j \neq i)$：

$$\min_{\boldsymbol{s}_i} J(\boldsymbol{s}_i) + \lambda \|\boldsymbol{s}_i\|_1$$

$$J(\boldsymbol{s}_i) = \|\boldsymbol{x}_i - \boldsymbol{B} \boldsymbol{s}_i\|^2 + \beta \left\| \boldsymbol{s}_i - \sum_{j} w_{ij} \boldsymbol{s}_j \right\|^2 \tag{2.2.13}$$

将传统稀疏编码的稀疏重构误差项转换为 $J(\boldsymbol{s}_i)$，基于特征符号搜索方法优化式 (2.2.13)，则 LSPSc 算法的稀疏系数计算方法如图 2.2.2(算法 LSPSc-Fss) 所示。因为规范化 $\sum\limits_j w_{ij} = 1$，则 $\boldsymbol{s}_i^{\mathrm{T}}\boldsymbol{s}_i = \sum\limits_j w_{ij}\boldsymbol{s}_i^{\mathrm{T}}\boldsymbol{s}_i$，$J(\boldsymbol{s}_i)$ 可进一步表示为

$$
\begin{aligned}
J(\boldsymbol{s}_i) &= (\boldsymbol{x}_i - \boldsymbol{B}\boldsymbol{s}_i)^{\mathrm{T}}(\boldsymbol{x}_i - \boldsymbol{B}\boldsymbol{s}_i) + \beta\left(\boldsymbol{s}_i - \sum_j w_{ij}\boldsymbol{s}_j\right)^{\mathrm{T}}\left(\boldsymbol{s}_i - \sum_j w_{ij}\boldsymbol{s}_j\right) \\
&= \boldsymbol{s}_i^{\mathrm{T}}\boldsymbol{B}^{\mathrm{T}}\boldsymbol{B}\boldsymbol{s}_i - \boldsymbol{x}_i^{\mathrm{T}}\boldsymbol{B}\boldsymbol{s}_i - \boldsymbol{s}_i^{\mathrm{T}}\boldsymbol{B}^{\mathrm{T}}\boldsymbol{x}_i + \beta\left[\left(\sum_j w_{ij}\boldsymbol{s}_i^{\mathrm{T}}\boldsymbol{s}_i - \sum_j w_{ij}\boldsymbol{s}_i^{\mathrm{T}}\boldsymbol{s}_j\right)\right. \\
&\quad \left. + \left(\sum_j w_{ij}\boldsymbol{s}_i^{\mathrm{T}}\boldsymbol{s}_i - \sum_j w_{ij}\boldsymbol{s}_j^{\mathrm{T}}\boldsymbol{s}_i\right) - \boldsymbol{s}_i^{\mathrm{T}}\boldsymbol{s}_i\right] + f(\boldsymbol{s}_j) \\
&= \boldsymbol{s}_i^{\mathrm{T}}\boldsymbol{B}^{\mathrm{T}}\boldsymbol{B}\boldsymbol{s}_i - \boldsymbol{x}_i^{\mathrm{T}}\boldsymbol{B}\boldsymbol{s}_i - \boldsymbol{s}_i^{\mathrm{T}}\boldsymbol{B}^{\mathrm{T}}\boldsymbol{x}_i + \beta[\boldsymbol{s}_i^{\mathrm{T}}(\boldsymbol{S}\boldsymbol{L}_i) \\
&\quad + (\boldsymbol{S}\boldsymbol{L}_i)^{\mathrm{T}}\boldsymbol{s}_i - \boldsymbol{s}_i^{\mathrm{T}}\boldsymbol{L}_{ii}\boldsymbol{s}_i] + f(\boldsymbol{s}_j) \quad\quad\quad (2.2.14)
\end{aligned}
$$

其中，$f(\boldsymbol{s}_j) = \boldsymbol{x}_i^{\mathrm{T}}\boldsymbol{x}_i + \beta\left(\sum\limits_j w_{ij}\boldsymbol{s}_j\right)^{\mathrm{T}}\left(\sum\limits_j w_{ij}\boldsymbol{s}_j\right)$，$\boldsymbol{L} = \boldsymbol{I} - \boldsymbol{W}$。$\boldsymbol{I}$ 为单位矩阵，$\boldsymbol{L}_i$ 为矩阵 $\boldsymbol{L}$ 的第 i 列，事实上因为 $w_{ii} = 0$，有 $\boldsymbol{L}_{ii} = 1$。

算法 LSPSc-Fss 中 $J(\boldsymbol{s}_i)$ 关于 $\boldsymbol{s}_i$ 的一阶和二阶偏导为

$$
\begin{aligned}
\partial J(\boldsymbol{s}_i)/\partial \boldsymbol{s}_i &= -2\boldsymbol{B}^{\mathrm{T}}\boldsymbol{x}_i + 2\boldsymbol{B}^{\mathrm{T}}\boldsymbol{B}\boldsymbol{s}_i + \beta(2\boldsymbol{S}_{-i}\boldsymbol{L}_{i,-i} - 2\boldsymbol{L}_{ii}\boldsymbol{s}_i) \\
\partial^2 J(\boldsymbol{s}_i)/\partial \boldsymbol{s}_i^2 &= 2\boldsymbol{B}^{\mathrm{T}}\boldsymbol{B} - 2\beta\boldsymbol{L}_{ii}\boldsymbol{I} \quad\quad\quad (2.2.15)
\end{aligned}
$$

其中，$\boldsymbol{S}_{-i}$ 是 $\boldsymbol{S}$ 去除第 i 列的子矩阵，$\boldsymbol{L}_{i,-i}$ 是向量 $\boldsymbol{L}_i$ 去除第 i 个元素的子向量。

近期研究工作表明，若采用一些启发方式初始化稀疏系数 $\boldsymbol{S}$，编码目标函数可获得更快的收敛。因此采用标准稀疏编码结果初始化算法 LSPSc-Fss 的稀疏系数 $\boldsymbol{S}$。

算法 LSPSc-Fss　基于特征符号搜索方法优化公式 (2.2.13)

---

1. **输入**: $\boldsymbol{X}$ 中第 i 个样本 $\boldsymbol{x}_i$；字典 $\boldsymbol{B}$；初始化的稀疏编码 $\boldsymbol{S}$ 以及 LSPSc 参数 λ 和 β。
   输出: 样本 $\boldsymbol{x}_i$ 的 LSPSc 稀疏编码 $\boldsymbol{s}_i$。
2. **初始化**: 采用传统编码方法初始化稀疏矩阵 $\boldsymbol{S}$，设置符号集 $\boldsymbol{\theta} = \mathrm{sign}(\boldsymbol{s}_i)$，有效集 $\boldsymbol{\varOmega} = \mathrm{find}(\boldsymbol{s}_i \neq 0)$。
3. 通过式 (2.2.12) 计算 $\boldsymbol{x}_i$ 对应的局部结构重构权值向量 $\boldsymbol{w}_i$ 以及 $\boldsymbol{L}_i$。
4. 从 $\boldsymbol{s}_i$ 的 0 系数中选择 $rm = \arg\max\limits_r \left|\Delta_{\boldsymbol{s}_i}^r\right|$，$\Delta_{\boldsymbol{s}_i} = \partial J(\boldsymbol{s}_i)/\partial \boldsymbol{s}_i$。$\boldsymbol{v}^r$ 表示向量 $\boldsymbol{v}$ 的第 r 个元素。
   如果 $\Delta_{\boldsymbol{s}_i}^{rm} > \lambda$，设置 $\boldsymbol{\theta}^{rm} = -1$，有效集 $\boldsymbol{\varOmega} = \{rm\} \cup \boldsymbol{\varOmega}$。

如果 $\Delta_{\boldsymbol{s}_i}^{rm} < -\lambda$，设置 $\boldsymbol{\theta}^{rm} = 1$，有效集 $\boldsymbol{\Omega} = \{rm\} \cup \boldsymbol{\Omega}$。

5. **特征符号更新：**

计算无约束 QP 问题 $\min_{\boldsymbol{s}_{i\boldsymbol{\Omega}}} J(\boldsymbol{s}_{i\boldsymbol{\Omega}}) + \lambda\boldsymbol{\theta}_{\boldsymbol{\Omega}}^{\mathrm{T}}\boldsymbol{s}_{i\boldsymbol{\Omega}}$ 的解析解：

$\boldsymbol{s}_{i\boldsymbol{\Omega}\text{new}} = ((\boldsymbol{\Delta}_{\boldsymbol{s}_i\boldsymbol{s}_i})_{\boldsymbol{\Omega}})^{-1}(2\boldsymbol{B}_{\boldsymbol{\Omega}}^{\mathrm{T}}\boldsymbol{x}_i - 2\beta(\boldsymbol{S}_{-i}\boldsymbol{L}_{i,-i})_{\boldsymbol{\Omega}} - \lambda\boldsymbol{\theta}_{\boldsymbol{\Omega}})$

$\boldsymbol{v}_{\boldsymbol{\Omega}}$ 表示向量 $\boldsymbol{v}$ 对应有效集 $\boldsymbol{\Omega}$ 的子向量，$\boldsymbol{M}_{\boldsymbol{\Omega}}$ 为矩阵 $\boldsymbol{M}$ 中有效集 $\boldsymbol{\Omega}$ 对应列构成的子矩阵，$\Delta_{\boldsymbol{s}_i\boldsymbol{s}_i} = \partial^2 J(\boldsymbol{s}_i)/\partial\boldsymbol{s}_i^2$。

在封闭线段 $\boldsymbol{s}_{i\boldsymbol{\Omega}}$ 到 $\boldsymbol{s}_{i\boldsymbol{\Omega}\text{new}}$ 上执行离散线搜索：

计算 $\boldsymbol{s}_{i\boldsymbol{\Omega}\text{new}}$ 和所有系数符号变化点的目标值。

更新 $\boldsymbol{s}_{i\boldsymbol{\Omega}}$(以及 $\boldsymbol{s}_{i\boldsymbol{\Omega}}$ 中相应元素) 为最小目标值对应的点。

从有效集 $\boldsymbol{\Omega}$ 中去除 $\boldsymbol{s}_{i\boldsymbol{\Omega}}$ 的 0 系数对应量，并且更新 $\boldsymbol{\theta} = \mathrm{sign}(\boldsymbol{s}_i)$。

6. **最优条件检验：**

(a) 非零系数的最优条件：$\Delta_{\boldsymbol{s}_i}^r + \lambda\mathrm{sign}(\boldsymbol{s}_i^r) = 0$，$\forall\ \boldsymbol{s}_i^r \neq 0$。

如果条件 (a) 不满足转到步骤 5；否则检验条件 (b)。

(b) 零系数的最优条件：$\left|\Delta_{\boldsymbol{s}_i}^r\right| \leqslant \lambda$，$\forall\ \boldsymbol{s}_i^r \neq 0$。

如果条件 (b) 不满足转到步骤 4；否则返回 $\boldsymbol{s}_i$，以当前 $\boldsymbol{s}_i$ 更新 LSPSc 的稀疏系数矩阵 $\boldsymbol{S}$。

图 2.2.2 算法 LSPSc-Fss，LSPSc 稀疏系数计算的伪代码

(2) 更新字典基 $\boldsymbol{B}$，固定稀疏系数 $\boldsymbol{S}$，式 (2.2.2) 的优化问题转换为

$$\begin{aligned}&\min_{\boldsymbol{B}} \|\boldsymbol{X} - \boldsymbol{B}\boldsymbol{S}\|^2\\&\text{s.t.}\ \|\boldsymbol{b}_i\|^2 \leqslant c, \quad i = 1, 2, \cdots, M\end{aligned} \tag{2.2.16}$$

这是一个二次约束的最小二乘问题。采用共轭梯度法求解拉格朗日对偶问题，可得出字典基 $\boldsymbol{B}$ 更新的计算方法如下：

$$\boldsymbol{B}^{\mathrm{T}} = (\boldsymbol{S}\boldsymbol{S}^{\mathrm{T}} + \boldsymbol{\Lambda})^{-1}(\boldsymbol{X}\boldsymbol{S}^{\mathrm{T}})^{\mathrm{T}} \tag{2.2.17}$$

其中，$\boldsymbol{\Lambda}$ 为对偶变量的对角矩阵，本节将其设为单位矩阵。

2.2.3.2 K-LSPSc 算法

1) 核局部结构重构权值矩阵 $\boldsymbol{W}_\phi$ 的计算

图像块 $\boldsymbol{x}_i$ 在核空间表示为 $\phi(\boldsymbol{x}_i)$，则核局部结构重构权值计算的代价函数转换为

$$\begin{aligned}&\min_{\boldsymbol{W}_\phi} \sum_{i=1}^{N} \left\|\phi(\boldsymbol{x}_i) - \sum_{j=1}^{K} w_{\phi ij}\phi(\boldsymbol{x}_j)\right\|^2\\&\text{s.t.} \sum_j w_{\phi ij} = 1\end{aligned} \tag{2.2.18}$$

令

$$f(\boldsymbol{w}_{\phi i}) = \left\| \phi(\boldsymbol{x}_i) - \sum_{j=1}^{K} w_{\phi i j} \phi(\boldsymbol{x}_j) \right\|^2$$

$$\boldsymbol{G}_{\phi i} = [\phi(\boldsymbol{x}_i) - \phi(\boldsymbol{x}_{i1}), \cdots, \phi(\boldsymbol{x}_i) - \phi(\boldsymbol{x}_{iK})] \tag{2.2.19}$$

则有

$$f(\boldsymbol{w}_{\phi i}) = \| \boldsymbol{G}_{\phi i} \boldsymbol{w}_{\phi i} \|^2 = \boldsymbol{w}_{\phi i}^{\mathrm{T}} \boldsymbol{G}_{\phi i}^{\mathrm{T}} \boldsymbol{G}_{\phi i} \boldsymbol{w}_{\phi i} \tag{2.2.20}$$

在核空间 $\boldsymbol{w}_{\phi i} = [w_{\phi i1}, w_{\phi i2}, \cdots, w_{\phi iK}]^{\mathrm{T}}$ 且权值需规范化 $\boldsymbol{e}^{\mathrm{T}} \boldsymbol{w}_{\phi i} = 1$。如上所述，通过计算拉格朗日乘子 $\ell(\boldsymbol{w}_{\phi i}) = \boldsymbol{w}_{\phi i}^{\mathrm{T}} \boldsymbol{G}_{\phi i}^{\mathrm{T}} \boldsymbol{G}_{\phi i} \boldsymbol{w}_{\phi i} + \lambda(\boldsymbol{w}_{\phi i}^{\mathrm{T}} \boldsymbol{e} - 1)$ 对 $\boldsymbol{w}_{\phi i}$ 的一阶偏导可推导出重构权值计算公式：

$$\boldsymbol{G}_{\phi i}^{\mathrm{T}} \boldsymbol{G}_{\phi i} \boldsymbol{w}_{\phi i} = \boldsymbol{e} \tag{2.2.21}$$

将各重构权值规范化获得核空间局部结构重构权值矩阵 $\boldsymbol{W}_{\phi}$。

在核方法中，将两个映射样本的内积形式 $k(x, y) = \langle \phi(x), \phi(y) \rangle$ 定义为核函数，核函数必须是正定的，因此有

$$\boldsymbol{G}_{\phi i}^{\mathrm{T}} \boldsymbol{G}_{\phi i} = [1 - k(\boldsymbol{x}_i, \boldsymbol{x}_{it1}) - k(\boldsymbol{x}_i, \boldsymbol{x}_{it2}) + k(\boldsymbol{x}_{it1}, \boldsymbol{x}_{it2})]_{t1, t2 = 1, \cdots, K} \tag{2.2.22}$$

2) K-LSPSc 算法的实现

除了核映射部分，K-LSPSc 与 LSPSc 一致，因此采用与 LSPSc 相同的方法进行 K-LSPSc 编码优化。

(1) 固定式 (2.2.6) 中的核字典 $\boldsymbol{B}_{\phi}$，学习核稀疏系数 $\hat{\boldsymbol{S}}$，这等效于在核空间求解式 (2.2.13)，核稀疏系数优化目标函数表示如下：

$$\min_{\hat{\boldsymbol{s}}_i} J_{\phi}(\hat{\boldsymbol{s}}_i) + \lambda \| \hat{\boldsymbol{s}}_i \|_1$$

$$J_{\phi}(\hat{\boldsymbol{s}}_i) = \| \phi(\boldsymbol{x}_i) - \boldsymbol{B}_{\phi} \hat{\boldsymbol{s}}_i \|^2 + \beta \left\| \hat{\boldsymbol{s}}_i - \sum_j w_{\phi i j} \hat{\boldsymbol{s}}_i \right\|^2 \tag{2.2.23}$$

同样在核空间规范化权值矩阵 $\sum_j w_{\phi i j} = 1$，则 $J_{\phi}(\hat{\boldsymbol{s}}_i)$ 可转换为

$$J_{\phi}(\hat{\boldsymbol{s}}_i) = \hat{\boldsymbol{s}}_i^{\mathrm{T}} \boldsymbol{B}_{\phi}^{\mathrm{T}} \boldsymbol{B}_{\phi} \hat{\boldsymbol{s}}_i - \phi(\boldsymbol{x}_i)^{\mathrm{T}} \boldsymbol{B}_{\phi} \hat{\boldsymbol{s}}_i - \hat{\boldsymbol{s}}_i^{\mathrm{T}} \boldsymbol{B}_{\phi}^{\mathrm{T}} \phi(\boldsymbol{x}_i)$$

$$+ \beta [(\hat{\boldsymbol{s}}_i^{\mathrm{T}} (\hat{\boldsymbol{S}} \boldsymbol{L}_{\phi i}) + (\hat{\boldsymbol{S}} \boldsymbol{L}_{\phi i})^{\mathrm{T}} \hat{\boldsymbol{s}}_i - \hat{\boldsymbol{s}}_i^{\mathrm{T}} \boldsymbol{L}_{\phi ii} \hat{\boldsymbol{s}}_i)] + f(\hat{\boldsymbol{s}}_j) \tag{2.2.24}$$

式中，子项 $f(\hat{\boldsymbol{s}}_j)$ 和 $\boldsymbol{L}_{\phi}$ 分别为

$$f(\hat{\boldsymbol{s}}_j) = \phi(\boldsymbol{x}_i)^{\mathrm{T}} \phi(\boldsymbol{x}_i) + \beta \left(\sum_j w_{\phi i j} \hat{\boldsymbol{s}}_j \right)^{\mathrm{T}} \left(\sum_j w_{\phi i j} \hat{\boldsymbol{s}}_j \right) \tag{2.2.25}$$

$$\boldsymbol{L}_{\phi} = \boldsymbol{I} - \boldsymbol{W}_{\phi}$$

基于核函数性质，式 (2.2.24) 的子项 $\boldsymbol{B}_\phi^{\mathrm{T}}\boldsymbol{B}_\phi$、$\boldsymbol{B}_\phi^{\mathrm{T}}\phi(\boldsymbol{x}_i)$、$\phi(\boldsymbol{b}_m)^{\mathrm{T}}\phi(\boldsymbol{b}_n)$ 和 $\phi(\boldsymbol{b}_m)^{\mathrm{T}}\phi(\boldsymbol{x}_i)$ 分别表示为

$$\boldsymbol{B}_\phi^{\mathrm{T}}\boldsymbol{B}_\phi = \left\{\phi(\boldsymbol{b}_m)^{\mathrm{T}}\phi(\boldsymbol{b}_n)\right\}_{m,n=1,2,\cdots,M}$$
$$\boldsymbol{B}_\phi^{\mathrm{T}}\phi(\boldsymbol{x}_i) = [\phi(\boldsymbol{b}_1)^{\mathrm{T}}\phi(\boldsymbol{x}_i),\cdots,\phi(\boldsymbol{b}_m)^{\mathrm{T}}\phi(\boldsymbol{x}_i),\cdots,\phi(\boldsymbol{b}_M)^{\mathrm{T}}\phi(\boldsymbol{x}_i)]_{m=1,2,\cdots,M}$$
$$\phi(\boldsymbol{b}_m)^{\mathrm{T}}\phi(\boldsymbol{b}_n) = \langle\boldsymbol{b}_m,\boldsymbol{b}_n\rangle = k(\boldsymbol{b}_m,\boldsymbol{b}_n), \quad \phi(\boldsymbol{b}_m)^{\mathrm{T}}\phi(\boldsymbol{x}_i) = \langle\boldsymbol{b}_m,\boldsymbol{x}_i\rangle = k(\boldsymbol{b}_m,\boldsymbol{x}_i)$$
$$\tag{2.2.26}$$

$J_\phi(\hat{\boldsymbol{s}}_i)$ 关于 $\hat{\boldsymbol{s}}_i$ 的一阶和二阶偏导如下：

$$\partial J_\phi(\hat{\boldsymbol{s}}_i)/\partial\hat{\boldsymbol{s}}_i = -2\boldsymbol{B}_\phi^{\mathrm{T}}\phi(\boldsymbol{x}_i) + 2\boldsymbol{B}_\phi^{\mathrm{T}}\boldsymbol{B}_\phi\hat{\boldsymbol{s}}_i + \beta(2\hat{\boldsymbol{S}}_{-i}\boldsymbol{L}_{\phi i,-i} + 2\boldsymbol{L}_{\phi ii}\hat{\boldsymbol{s}}_i)$$
$$\partial^2 J_\phi(\hat{\boldsymbol{s}}_i)/\partial\hat{\boldsymbol{s}}_i^2 = 2\boldsymbol{B}_\phi^{\mathrm{T}}\boldsymbol{B}_\phi + 2\beta\boldsymbol{L}_{\phi ii}\boldsymbol{I}$$
$$\tag{2.2.27}$$

式中，各符号下标定义如上。

采用算法 LSPSc-Fss 求解式 (2.2.23) 的优化问题，其中的输入量与初始化值与 LSPSc 一致，但在步骤 3~6 中，需进行以下替换：$\boldsymbol{x}_i \to \phi(\boldsymbol{x}_i)$、$\boldsymbol{B} \to \boldsymbol{B}_\phi$、$\boldsymbol{s}_i \to \hat{\boldsymbol{s}}_i$、$\boldsymbol{S} \to \hat{\boldsymbol{S}}$、$\boldsymbol{w}_i \to \boldsymbol{w}_{\phi i}$、$\boldsymbol{L}_i \to \boldsymbol{L}_{\phi i}$、$J(\boldsymbol{s}_i) \to J_\phi(\hat{\boldsymbol{s}}_i)$、$\Delta_{\boldsymbol{s}_i} \to \Delta_{\hat{\boldsymbol{s}}_i} = \partial J_\phi(\hat{\boldsymbol{s}}_i)/\partial\hat{\boldsymbol{s}}_i$、$\Delta_{\boldsymbol{s}_i\boldsymbol{s}_i} \to \Delta_{\hat{\boldsymbol{s}}_i\hat{\boldsymbol{s}}_i} = \partial^2 J_\phi(\hat{\boldsymbol{s}}_i)/\partial\hat{\boldsymbol{s}}_i^2$。

(2) 固定核稀疏系数 $\hat{\boldsymbol{S}}$，更新核字典 $\boldsymbol{B}_\phi$，则式 (2.2.6) 的优化问题转换为

$$\min_{\boldsymbol{B}_\phi}\left\|\phi(\boldsymbol{X}) - \boldsymbol{B}_\phi\hat{\boldsymbol{S}}\right\|^2$$
$$\text{s.t.} \|\phi(\boldsymbol{b}_i)\|^2 \leqslant c, \quad i = 1,2,\cdots,M$$
$$\tag{2.2.28}$$

同样基于共轭梯度法解拉格朗日对偶问题以求解上式，得出字典基 $\boldsymbol{B}$ 更新如下：

$$\boldsymbol{B}_\phi^{\mathrm{T}} = (\hat{\boldsymbol{S}}\hat{\boldsymbol{S}}^{\mathrm{T}} + \boldsymbol{\Lambda})^{-1}(\phi(\boldsymbol{X})\hat{\boldsymbol{S}}^{\mathrm{T}})^{\mathrm{T}}$$
$$\tag{2.2.29}$$

需要说明的是，因为映射函数未知，式 (2.2.29) 中核字典 $\boldsymbol{B}_\phi$ 无法得出数值结果，在算法 LSPSc-Fss 中 $\boldsymbol{B}_{\phi\Omega}$ 表示为 $\boldsymbol{B}_{\phi\Omega} = \phi(\boldsymbol{X})[\hat{\boldsymbol{S}}^{\mathrm{T}}(\hat{\boldsymbol{S}}\hat{\boldsymbol{S}}^{\mathrm{T}} + \boldsymbol{\Lambda})^{-1}]_\Omega$，无法进行数值计算。然而在核稀疏系数 $\hat{\boldsymbol{S}}$ 的第 n 次优化中，可采用核字典 $\boldsymbol{B}_\phi$ 的第 $n-1$ 次更新结果计算式 (2.2.24)，其中与 $\boldsymbol{B}_\phi$ 有关的两项可表示为

$$\boldsymbol{B}_\phi^{\mathrm{T}}\phi(\boldsymbol{x}_i) = [(\hat{\boldsymbol{S}}\hat{\boldsymbol{S}}^{\mathrm{T}} + \boldsymbol{\Lambda})^{-1}(\phi(\boldsymbol{X})\hat{\boldsymbol{S}}^{\mathrm{T}})^{\mathrm{T}}]_{\text{last}}\phi(\boldsymbol{x}_i) = [(\hat{\boldsymbol{S}}\hat{\boldsymbol{S}}^{\mathrm{T}} + \boldsymbol{\Lambda})^{-1}\hat{\boldsymbol{S}}]_{\text{last}}\phi(\boldsymbol{X})^{\mathrm{T}}\phi(\boldsymbol{x}_i)$$
$$= [(\hat{\boldsymbol{S}}\hat{\boldsymbol{S}}^{\mathrm{T}} + \boldsymbol{\Lambda})^{-1}\hat{\boldsymbol{S}}]_{\text{last}}[k(\boldsymbol{x}_1,\boldsymbol{x}_i),\cdots,k(\boldsymbol{x}_i,\boldsymbol{x}_i),\cdots,k(\boldsymbol{x}_N,\boldsymbol{x}_i)] \tag{2.2.30}$$
$$\boldsymbol{B}_\phi^{\mathrm{T}}\boldsymbol{B}_\phi = [(\hat{\boldsymbol{S}}\hat{\boldsymbol{S}}^{\mathrm{T}} + \boldsymbol{\Lambda})^{-1}(\phi(\boldsymbol{X})\hat{\boldsymbol{S}}^{\mathrm{T}})^{\mathrm{T}}]_{\text{last}}[(\hat{\boldsymbol{S}}\hat{\boldsymbol{S}}^{\mathrm{T}} + \boldsymbol{\Lambda})^{-1}(\phi(\boldsymbol{X})\hat{\boldsymbol{S}}^{\mathrm{T}})^{\mathrm{T}}]_{\text{last}}^{\mathrm{T}}$$
$$= [(\hat{\boldsymbol{S}}\hat{\boldsymbol{S}}^{\mathrm{T}} + \boldsymbol{\Lambda})^{-1}\hat{\boldsymbol{S}}]_{\text{last}}\phi(\boldsymbol{X})^{\mathrm{T}}\phi(\boldsymbol{X})[(\hat{\boldsymbol{S}}\hat{\boldsymbol{S}}^{\mathrm{T}} + \boldsymbol{\Lambda})^{-1}\hat{\boldsymbol{S}}]_{\text{last}}^{\mathrm{T}} \tag{2.2.31}$$

通过核运算这两项均可给出数值结果，因此非数值的核字典 $\boldsymbol{B}_\phi$ 更新不影响算法 LSPSc-Fss 中核稀疏系数 $\hat{\boldsymbol{S}}$ 的优化数值计算。

本节采用径向基核函数 (Radial Basis Function, RBF)，$k(x,y)=\exp(-\|x-y\|^2/2\sigma_k^2)$，从该式可见 RBF 能够估计输入信号的非线性相似度，并且对于 $i=1,2,\cdots,M$ 有 $\|\phi(\boldsymbol{b}_i)\|^2=1$，这样式 (2.2.6) 的约束条件可省略。这里高斯方差 σ_k 为常量，本节设为 1。

2.2.4　局部稀疏结构降噪模型

下面介绍 LSSD 模型构成并分析其对可见光和微光图像的降噪性能。图 2.2.3 给出 LSSD 模型框架，包括全局/自适应局部稀疏结构字典生成、LSPSc/K-LSPSc 稀疏量化和重建这三个部分。

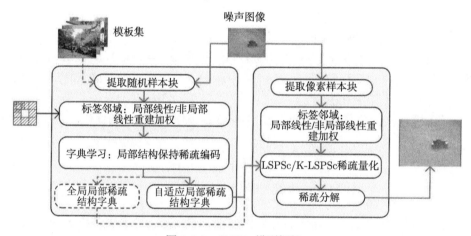

图 2.2.3　LSSD 模型框架

局部稀疏结构字典生成、LSPSc/K-LSPSc 稀疏量化和重建

1) 基于 LSPSc 的 LSSD 模型 (LSPSc-LSSD)

采用 $\boldsymbol{X}$ 和 $\boldsymbol{Y}$ 表示纯信号图像和含噪声图像，$\boldsymbol{V}$ 为叠加噪声，则含噪声图像可表示为 $\boldsymbol{Y}=\boldsymbol{X}+\boldsymbol{V}$。图像降噪即是从 $\boldsymbol{Y}$ 中重构 $\boldsymbol{X}$。对于固定字典 $\boldsymbol{B}$，基于 LSPSc 的 LSSD 模型可表示为

$$\{\boldsymbol{S},\boldsymbol{X}\}=\arg\min_{\boldsymbol{S},\boldsymbol{X}}\mu\|\boldsymbol{Y}-\boldsymbol{X}\|^2+\lambda\sum_i\|\boldsymbol{s}_i\|_1$$

$$+\beta\sum_i\left\|\boldsymbol{s}_i-\sum_j w_{ij}\boldsymbol{s}_j\right\|^2+\sum_i\|\boldsymbol{B}\boldsymbol{s}_i-\boldsymbol{R}_i\boldsymbol{X}\|^2 \tag{2.2.32}$$

　　与传统方法一致[14]，本节利用局部图像块代替全局图像进行稀疏分解降噪。令 $\boldsymbol{X} = [\boldsymbol{x}_1, \boldsymbol{x}_2, \cdots, \boldsymbol{x}_N] \in R^{P \times N}$，$\boldsymbol{Y} = [\boldsymbol{y}_1, \boldsymbol{y}_2, \cdots, \boldsymbol{y}_N] \in R^{P \times N}$，其中 $\boldsymbol{x}_i = \boldsymbol{R}_i \boldsymbol{X}$ 和 $\boldsymbol{y}_i = \boldsymbol{R}_i \boldsymbol{Y}$ 为 P 维列向量，分别表示从纯信号图像 $\boldsymbol{X}$ 和加噪图像 $\boldsymbol{Y}$ 中空间局部位置截取的第 i 个图像块，$\boldsymbol{R}_i$ 是方形窗口算子，$\boldsymbol{S} = [\boldsymbol{s}_1, \boldsymbol{s}_2, \cdots, \boldsymbol{s}_N] \in R^{M \times N}$ 是稀疏系数矩阵。

　　在式 (2.2.32) 中，初始化 $\boldsymbol{X} = \boldsymbol{Y}$，则有

$$\boldsymbol{S} = \arg\min_{\boldsymbol{S}} \sum_i \|\boldsymbol{B}\boldsymbol{s}_i - \boldsymbol{R}_i\boldsymbol{X}\|^2 + \lambda \sum_i \|\boldsymbol{s}_i\|_1 + \beta \sum_i \left\|\boldsymbol{s}_i - \sum_j w_{ij}\boldsymbol{s}_j\right\|^2 \quad (2.2.33)$$

　　基于 LSPSc 算法求解稀疏系数 $\boldsymbol{S}$ 和字典 $\boldsymbol{B}$，获得所有图像块稀疏表示，则信号图像 $\boldsymbol{X}$ 求解转换为

$$\boldsymbol{X} = \arg\min_{\boldsymbol{X}} \mu \|\boldsymbol{Y} - \boldsymbol{X}\|^2 + \sum_i \|\boldsymbol{B}\boldsymbol{s}_i - \boldsymbol{R}_i\boldsymbol{X}\|^2 \quad (2.2.34)$$

这是一个简单的二次项，对其求解获得降噪图像为

$$\boldsymbol{X} = \left(\mu\boldsymbol{I} + \sum_i \boldsymbol{R}_i^{\mathrm{T}}\boldsymbol{R}_i\right)^{-1} \left(\mu\boldsymbol{Y} + \sum_i \boldsymbol{R}_i^{\mathrm{T}}\boldsymbol{B}\boldsymbol{s}_i\right) \quad (2.2.35)$$

其中，μ 是经验常数，取决于噪声等级 δ，设置 $\mu = 30/\delta$。

　　2) 基于 K-LSPSc 的 LSSD 模型 (K-LSPSc-LSSD)

　　基于 K-LSPSc 的 LSSD 模型需要在核空间求解式 (2.2.32)，因此将其转换为

$$\left\{\hat{\boldsymbol{S}}, \boldsymbol{X}_\phi\right\} = \arg\min_{\hat{\boldsymbol{S}}, \boldsymbol{X}_\phi} \mu \|\boldsymbol{Y}_\phi - \boldsymbol{X}_\phi\|^2 + \lambda \sum_i \|\hat{\boldsymbol{s}}_i\|_1 + \beta \sum_i \left\|\hat{\boldsymbol{s}}_i - \sum_j w_{\phi ij}\hat{\boldsymbol{s}}_j\right\|^2$$
$$+ \sum_i \|\boldsymbol{B}_\phi\hat{\boldsymbol{s}}_i - (\boldsymbol{R}_i\boldsymbol{X})_\phi\|^2 \quad (2.2.36)$$

其中，$\boldsymbol{Y}_\phi = [\phi(\boldsymbol{y}_1), \phi(\boldsymbol{y}_2), \cdots, \phi(\boldsymbol{y}_N)]$，$\boldsymbol{X}_\phi$、$\boldsymbol{B}_\phi$ 和 $\boldsymbol{W}_\phi$ 定义如 2.2.2 节。由于假设空间位置映射不变，有 $(\boldsymbol{R}_i\boldsymbol{X})_\phi = \boldsymbol{R}_i\boldsymbol{X}_\phi$。

　　与 LSPSc-LSSD 模型策略一致，在式 (2.2.36) 中初始化 $\boldsymbol{X} = \boldsymbol{Y}$，有

$$\hat{\boldsymbol{S}} = \arg\min_{\boldsymbol{S}} \sum_i \|\boldsymbol{B}_\phi\hat{\boldsymbol{s}}_i - \boldsymbol{R}_i\boldsymbol{X}_\phi\|^2 + \lambda \sum_i \|\hat{\boldsymbol{s}}_i\|_1 + \beta \sum_i \left\|\hat{\boldsymbol{s}}_i - \sum_j w_{\phi ij}\hat{\boldsymbol{s}}_j\right\|^2$$
$$(2.2.37)$$

此即为式 (2.2.37)，因此基于 K-LSPSc 算法计算核字典 $\boldsymbol{B}_\phi$ 和核稀疏系数 $\hat{\boldsymbol{S}}$，核空间降噪图像 $\boldsymbol{X}_\phi$ 表示为

$$\boldsymbol{X}_\phi = \left(\mu\boldsymbol{I} + \sum_i \boldsymbol{R}_i^{\mathrm{T}}\boldsymbol{R}_i\right)^{-1}\left(\mu\boldsymbol{Y}_\phi + \sum_i \boldsymbol{R}_i^{\mathrm{T}}\boldsymbol{B}_\phi\hat{\boldsymbol{s}}_i\right) \tag{2.2.38}$$

其中，映射函数 $\phi(\cdot)$ 未知，$\boldsymbol{X}_\phi$ 难以反投影回输入空间。K-LSPSc 的核心思想是在核稀疏编码中保持结构信息，因此核空间中 $\boldsymbol{X}_\phi$ 可由各图像块的邻域稀疏表示重建，并且由式 (2.2.21) 中 $\boldsymbol{G}_{\phi i} = [\phi(\boldsymbol{x}_i) - \phi(\boldsymbol{x}_{i1}), \cdots, \phi(\boldsymbol{x}_i) - \phi(\boldsymbol{x}_{iK})]$ 可知，核空间局部结构权值 $w_{\phi ij}$ 取决于中心环境相似度。将这种思想应用于低维输入空间，各图像块的修复值 $\boldsymbol{x}_i$ 可近似由其邻域噪声图像块 $\boldsymbol{y}_j$ 进行重构计算，重构系数取决于中心 $\boldsymbol{x}_i$ 与近邻 $\boldsymbol{y}_j$ 的相似度，则低维空间的 $\boldsymbol{x}_i$ 可表示为

$$\boldsymbol{x}_i = \frac{1}{C(i)}\sum_j \exp\left(-\frac{\|\boldsymbol{x}_i - \boldsymbol{y}_j\|^2}{\sigma_k^2}\right)\boldsymbol{y}_j \tag{2.2.39}$$

式中，$C(i)$ 是归一化因子

$$C(i) = \sum_j \exp(-\|\boldsymbol{x}_i - \boldsymbol{y}_j\|^2/\sigma_k^2) \tag{2.2.40}$$

其中，应用了高斯相似性测度 $\exp(-\|\boldsymbol{x}_i - \boldsymbol{y}_j\|^2/\sigma_k^2)$ 衡量图像空间的重构系数。

核空间与图像空间的关联是非线性的，结合径向基核函数有

$$\boldsymbol{x}_i = \frac{1}{C(i)}\sum_j k(\boldsymbol{x}_i, \boldsymbol{y}_j)\boldsymbol{y}_j = \frac{1}{C(i)}\sum_j \phi(\boldsymbol{x}_i)^{\mathrm{T}}\phi(\boldsymbol{y}_j)\boldsymbol{y}_j \tag{2.2.41}$$

通过隐式关联将核空间稀疏表示过渡到图像空间降噪，最终推导出基于 K-LSPSc 的 LSSD 模型降噪输出，即根据式 (2.2.38) 将上式进一步转换为

$$\boldsymbol{x}_i = \frac{1}{C(i)}\sum_j [(\mu+1)^{-1}(\mu\boldsymbol{y}_{i\phi}^{\mathrm{T}}\phi(\boldsymbol{y}_j) + \hat{\boldsymbol{s}}_i^{\mathrm{T}}\boldsymbol{B}_\phi^{\mathrm{T}}\phi(\boldsymbol{y}_j))]\boldsymbol{y}_j \tag{2.2.42}$$

式中，子项 $C(i)$、$\boldsymbol{y}_{i\phi}^{\mathrm{T}}\phi(\boldsymbol{y}_j)$ 和 $\boldsymbol{B}_\phi^{\mathrm{T}}\phi(\boldsymbol{y}_j)$ 分别表示为

$$C(i) = \sum_j k(\boldsymbol{x}_i, \boldsymbol{y}_j), \quad \boldsymbol{y}_{i\phi}^{\mathrm{T}}\phi(\boldsymbol{y}_j) = \phi(\boldsymbol{y}_i)^{\mathrm{T}}\phi(\boldsymbol{y}_j) = k(\boldsymbol{y}_i, \boldsymbol{y}_j)$$

$$\boldsymbol{B}_\phi^{\mathrm{T}}\phi(\boldsymbol{y}_j) = [(\hat{\boldsymbol{S}}\hat{\boldsymbol{S}}^{\mathrm{T}} + \boldsymbol{\Lambda})^{-1}\hat{\boldsymbol{S}}]_d\phi(\boldsymbol{X}_d)^{\mathrm{T}}\phi(\boldsymbol{y}_j) = [(\hat{\boldsymbol{S}}\hat{\boldsymbol{S}}^{\mathrm{T}} + \boldsymbol{\Lambda})^{-1}\hat{\boldsymbol{S}}]_d k(\boldsymbol{X}_d, \boldsymbol{y}_j)$$

$$\tag{2.2.43}$$

式中，下标 d 表示用于字典训练的图像块集合 $\boldsymbol{X}_d$ 和稀疏系数 $[(\hat{\boldsymbol{S}}\hat{\boldsymbol{S}}^{\mathrm{T}} + \boldsymbol{\Lambda})^{-1}\hat{\boldsymbol{S}}]_d$。

图 2.2.3 中 LSSD 模型包含两个重要步骤：全局/自适应局部稀疏结构字典生成和 LSPSc/K-LSPSc 稀疏量化和降噪。

1) 全局/自适应局部稀疏结构字典生成

为了与传统方法对比，本节基于 LSPSc/K-LSPSc 算法训练全局和自适应局部稀疏结构字典，该字典反映了训练图像中块稀疏成分和结构信息。全局字典由一个无噪声干扰的自然图像集 (与测试图像无关) 训练所得，自适应字典直接由待测受损图像自身训练所得。

为了兼顾图像稀疏信息和结构特征，各图像块尺寸设为 8×8。若图像块较小则局部结构不具表征性，若图像块较大则提取特征的稀疏性较弱。从全局无噪声图像集或噪声图像中逐像素采样图像块，在实际应用中，为减少计算量，只采用部分样本训练字典[15]，因此 LSSD 模型在所有采样图像块中随机选取其中的 25%。由于随机采样，各图像块的非重叠近邻像块数目可能过少，为确保各中心像块能获得足够的近邻像块，准确地计算局部结构关系，标记各像块最近邻的 64 个邻域像块 (如图 2.2.3 所示，邻域像块与中心像块不重叠)。

在获得训练图像块集基础上，基于 LSPSc 和 K-LSPSc 算法学习全局/自适应局部稀疏结构字典。根据标记的局部近邻关系，由式 (2.2.12) 和式 (2.2.21) 计算图像块间的邻域重构权值，进而采用算法 LSPSc-Fss 迭代优化稀疏系数，再由式 (2.2.17) 和式 (2.2.29) 计算字典更新。需要说明的是 LSPSc 字典 $\boldsymbol{B}^{\mathrm{T}} = [(\boldsymbol{S}\boldsymbol{S}^{\mathrm{T}} + \boldsymbol{\Lambda})^{-1}\boldsymbol{S}]_d\boldsymbol{X}_d^{\mathrm{T}}$ 可数值计算，而 K-LSPSc 字典 $\boldsymbol{B}_\phi^{\mathrm{T}} = [(\hat{\boldsymbol{S}}\hat{\boldsymbol{S}}^{\mathrm{T}} + \boldsymbol{\Lambda})^{-1}\hat{\boldsymbol{S}}]_d\phi(\boldsymbol{X}_d)^{\mathrm{T}}$ 不可数值计算，但这不影响后续处理，具体将在下面解释。

2) LSPSc/K-LSPSc 稀疏量化和降噪

利用学习的全局/自适应局部稀疏结构字典，基于 LSSD 模型计算测试图像的稀疏表示，并进行降噪。对测试图像逐像素采样 8×8 大小的图像块，标记各图像块最近邻的 64 个邻域像块 (同上)。由式 (2.2.12) 和式 (2.2.21) 计算各图像块与其空间近邻的重构权值。基于已学习的全局/自适应字典，通过 LSPSc/K-LSPSc 算法量化各图像块稀疏表示。根据式 (2.2.35) 计算 LSPSc-LSSD 模型的降噪结果，根据式 (2.2.42) 计算 K-LSPSc-LSSD 模型的降噪结果。

虽然 K-LSPSc 计算的字典 $\boldsymbol{B}_\phi$ 不是数值的，算法 LSPSc-Fss 中 $\Delta_{\hat{\boldsymbol{s}}_i}$ 和 $\Delta_{\hat{\boldsymbol{s}}_i\hat{\boldsymbol{s}}_i}$ 与 $\boldsymbol{B}_\phi$ 有关的子项 $\boldsymbol{B}_\phi^{\mathrm{T}}\boldsymbol{B}_\phi$ 和 $\boldsymbol{B}_\phi^{\mathrm{T}}\phi(\boldsymbol{x}_i)$ 可通过该函数表示为 $\boldsymbol{B}_\phi^{\mathrm{T}}\phi(\boldsymbol{x}_i) = [(\hat{\boldsymbol{S}}\hat{\boldsymbol{S}}^{\mathrm{T}} + \boldsymbol{\Lambda})^{-1}\hat{\boldsymbol{S}}]_d k(\boldsymbol{X}_d, \boldsymbol{x}_i)$ 和 $\boldsymbol{B}_\phi^{\mathrm{T}}\boldsymbol{B}_\phi = [(\hat{\boldsymbol{S}}\hat{\boldsymbol{S}}^{\mathrm{T}} + \boldsymbol{\Lambda})^{-1}\hat{\boldsymbol{S}}]_d k(\boldsymbol{X}_d, \boldsymbol{X}_d)[\hat{\boldsymbol{S}}^{\mathrm{T}}(\hat{\boldsymbol{S}}\hat{\boldsymbol{S}}^{\mathrm{T}} + \boldsymbol{\Lambda})^{-1}]_d$，这两项都是可数值计算的。这里 $\boldsymbol{x}_i$ 是采样的测试图像块 $(\boldsymbol{X} = \boldsymbol{Y})$，$\boldsymbol{X}_d$ 是用于字典生成的图像块集合。因此 LSPSc 的稀疏量化 $\boldsymbol{S}$ 和 K-LSPSc 的稀疏量化 $\hat{\boldsymbol{S}}$ 均是数值的。相应的，式 (2.2.35) 和式 (2.2.42) 均可数值计算。

LSPSc/K-LSPSc-LSSD 模型的主要特点在于，它力图同时保持图像局部区域内各图像块稀疏性和像块间结构的稀疏性。对比基于图像空间方向特征和字典空间特征的稀疏模型，LSSD 模型降噪具有更佳的有效性和鲁棒性。

2.3　基于分层的红外图像增强模型

传统的图像增强视觉计算模型主要涉及图像的内容成分，其中直方图均衡化是最经典的图像增强算法，它通过对图像中像素个数多的灰度级进行展宽，对像素个数少的灰度级进行约束，从而有效地扩展图像的动态范围。由于直方图均衡化算法的有效性，它的改进模型被阐述，并用来处理各种图像场景视觉增强[16]。Thomas 等通过增强分辨率来增强图像的对比度，该方法表现出较好的视觉增强效果[17]。简单的物理学知识通过融入相关的视觉机制来提高图像的对比度，表现出较好的增强效果[18]。Zhang 等研究了新的图像增强方法，该方法能够保留丰富的纹理细节，并且提高图像的对比度[19]。Zeng 等提出一种形态学的滤波方法，该方法利用形态学分析图像的像素信息，有效提高了图像的清晰度[20]。Bai 等研究出自适应形态学和多尺度信息相互作用的模型，该模型能有效地提高图像的对比度[21]。通过分析频域信息、流行模型和视觉特征使得图像增强，该方法表现出较好的图像细节增强效果[22]。Carlos 等提出一种能量转换的增强方法，该方法分析图像的能量分布信息，可有效地增强红外图像的对比度[23]。Holland 提出一种基于数学形态学理论的图像增强方法，该方法可以有效地增强图像的细节，提高图像的视觉质量[18]。Highnam 等提出一种新的滤波方法，该方法能提高图像的空间分辨率[24]。Holland 等通过研究热传导方程来分析图像的成分信息，有效提高图像的视觉效果[18]。在红外图像中，指导性滤波能够分析图像数据信息，显示出较好的增强效果，提高图像对比度并减少噪声干扰[25]。

上述图像增强模型虽然在一定程度上能提高简单图像的对比度，但其增强效果在短波红外图像场景中仍有待改善。特别在复杂短波红外场景中，已有图像增强模型难以有效分析图像结构和纹理信息，容易丢失必要的图像细节，降低图像视觉效果。

为了解决上述问题、提高短波红外图像的对比度，本节阐述了一种基于分层的红外图像增强视觉计算模型。该模型重点分析两个图像层 (即结构层和纹理层) 的细节成分，通过结构约束先验知识来整合这两种图像层的信息，从而获得较好的图像增强效果，其算法流程如图 2.3.1 所示。本节模型首先将输入图像分解为两个图像层：结构层和纹理层。对于结构层，探索了一种基于高斯混合的图像结

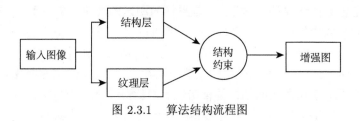

图 2.3.1　算法结构流程图

构层分解模型，从而获得清晰的结构信息；对于纹理层，考虑到理想的纹理层包含丰富的场景细节，探索了一种有效的结构滤波模型，可以滤除杂乱的纹理噪声。为了充分发挥这两种图像层模型的优势，研究出一种结构约束的整合框架，以获得高质量的红外图像增强效果。

图 2.3.1 给出本节算法流程图。将输入图像分解为两个图像层：结构层和纹理层，输入图像可以表示为两个图像层的线性整合，即

$$I = I_{\mathrm{S}} + I_{\mathrm{T}} \tag{2.3.1}$$

其中，I_{S} 表示图像的结构层，I_{T} 表示图像的纹理层。

2.3.1 图像结构层

本节模型将输入图像看作是图像结构层和图像纹理层的线性组合，利用简单的边缘感知平滑操作能获得结构信息 I_{S}，并且计算出相应的纹理层图像，即 $I_{\mathrm{T}} = I - I_{\mathrm{S}}$。理想的结构层拥有清晰的结构细节，包含了图像的重要细节成分。受 Aujol 等的启发，通过最小化目标函数得到结构层图像 I_{S}[26]：

$$\min_{I_{\mathrm{S}}} \sum_i \left(I_{S_i} - I_i\right)^2 + \alpha \left|f'(I_{S_i})\right| \tag{2.3.2}$$

其中，i 为像素索引，α 为规则化参数，f' 为梯度算子。

但对于红外图像场景，传统的方法难以获得较好的图像结构层信息，如图 2.3.2 所示。从图 2.3.2(b) 中可以看出，传统方法获得的初始图像结构层信息较模糊，并且平滑了图像边缘高频区域。

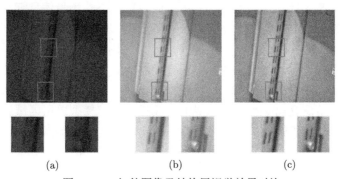

(a)   (b)   (c)

图 2.3.2 红外图像及结构层视觉效果对比

(a) 红外图像；(b) 初始的图像结构层；(c) 改进的结构层

式 (2.3.2) 表明传统方法获得的图像结构层信息较弱，丢失了必要的结构层细节。由于图像的结构信息会影响图像的视觉质量，本节研究出一种结构高斯混合

的图像结构层分解模型，该模型能编码图像中像素块状的协方差矩阵信息，可以有效地分析图像的结构信息，获得相对清晰的图像结构层 I_S^e。因此，本节重新定义式 (2.3.2) 如下：

$$\min_{I_S} \sum_i (I_{S_i} - I_i)^2 + \alpha |f'(I_{S_i})| - \sum_i \log(\text{GMM}(P_i I_{S_i})) \tag{2.3.3}$$

其中，P_i 表示简单的线性操作，即从结构层图像 I_S 中提取第 i 个图像块，GMM 表示高斯混合函数，定义为

$$\text{GMM}(P_i I_{S_i}) = \sum_{j=1}^{N} e_j \aleph(P_i I_{S_i}; 0, \boldsymbol{D}_j) \tag{2.3.4}$$

其中，$\boldsymbol{D}_j$ 表示一个 7×7 的协方差矩阵，该协方差矩阵已经在已有的工作中显示出较好的结构特性[27]。$\aleph$ 表示一个零均值 49 维的高斯分布函数，主要将产生的数值映射到可控的范围中，使得模型的输出相对稳定。

　　Zoran 等提出的方法无法较好地表示图像结构，降低了图像的视觉质量[28]。式 (2.3.4) 中，在 Zoran 等的基础上引入协方差矩阵 $\boldsymbol{D}_j$ 编码红外图像的内部结构信息，并引入加权系数 e_j 规则化高斯分布函数，该方法可以有效保留图像的结构信息，减少噪声的干扰。图 2.3.2(c) 给出了本节改进方法的视觉效果，从图中可以看出，改进后的图像结构层能保留相对清晰的结构成分，并保留显著的结构细节，这为基于结构约束整合框架提供重要的结构层信息。

2.3.2　图像纹理层

　　通常情况下，图像纹理层包含丰富的场景细节和杂乱的背景噪声。本节方法主要是移除这些杂乱的噪声干扰，并尽可能保留完整的场景信息细节。本节在得到改进后的图像结构层信息 I_S^e 的基础上，计算得到初始的图像纹理层 I_T。图 2.3.3 给出了红外图像及纹理层的视觉效果图。从图 2.3.3(b) 中可以看出，纹理细节淹没在背景噪声中，其图像的视觉质量相对较低，这是因为初始的纹理层直接通过输入图像和改进后的图像结构层线性相减获得，且线性变换容易导致噪声过大。因此，本节研究出一种感知边界的滤波模型，该模型采用区域协方差分析纹理信息，引入加权的结构指导信息，并结合感知滤波移除噪声：

$$J(x) = \sum \phi(x) I_T / \sum \phi(x) \tag{2.3.5}$$

其中，权重 $\phi(x)$ 函数用来编码纹理层中像素 x 的纹理细节。

　　针对权重 $\phi(x)$，本节研究出一种结构滤波的方法，该方法可以有效地移除纹理噪声，即

$$\phi(x) = \sum \|I_T \otimes f(x)\| h_{\sum_T}(x) \tag{2.3.6}$$

其中，h 表示协方差矩阵，用图像块大小为 7×7 的协方差矩阵编码中心像素点 x 的纹理——结构信息。f 表示不同的导数滤波，并采用两种不同方向的滤波 (第一阶 $f = [-1, 1]$，第二阶 $f = [-1, 1]^{\mathrm{T}}$)，$\otimes$ 表示简单的二维卷积操作。

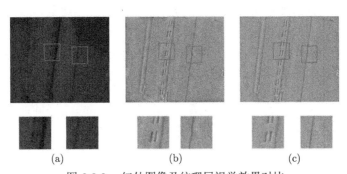

$$\text{(a)} \qquad\qquad\qquad\qquad \text{(b)} \qquad\qquad\qquad\qquad \text{(c)}$$

图 2.3.3 红外图像及纹理层视觉效果对比

(a) 红外图像；(b) 初始纹理层图像；(c) 改进后纹理层图像

显著的目标边界通常拥有相对较大的梯度信息，并分布在连线长并稀少的脊状区域。因此，本节利用边界权重先验知识加权该区域的纹理细节，即

$$w_{ij} = \exp\left(-\frac{g(x_i, x_j)^2}{2\sigma_1^2}\right) \tag{2.3.7}$$

其中，$g(x_i, x_j)$ 度量相邻区域协方差矩阵的相似性，σ_1 表示控制矩阵相似性的程度。

式 (2.3.7) 中，权重数值越大表示图像中相邻区域的相似性越小。本节重新定义权重 $\phi(x)$ 如下：

$$\phi(x) = \sum_{i,j,i\neq j} \phi(x_i) \times w_{ij} \tag{2.3.8}$$

式 (2.3.8) 能较好地保留显著的边界信息，并能有效抑制背景噪声的干扰。基于上述结构滤波的考虑，本节重新定义一种新的纹理层模型

$$I_T^e(x) = \sum_x \|(I_T \otimes f)(x)\| + \lambda \sum_x w(x)\|(I_T \otimes f)(x)\| + J(x) \tag{2.3.9}$$

式中第一项保持了纹理层的梯度信息，该项利用导数策略移除初始纹理层中的噪声信息。第二项保留了丰富的边界区域梯度成分，该项在移除噪声的同时加权边界信息，可以保留目标边缘的高频细节。

式 (2.3.9) 可有效地抑制背景噪声的干扰，保留较多的纹理细节，以提高图像纹理层的视觉效果，图 2.3.3(c) 给出了改进后纹理层的视觉效果。

2.3.3   基于结构约束的图像层整合

基于以上研究得出，图像中结构层和纹理层的信息是相辅相成、相互补充的。为了实现两种信息的优势互补，本节研究一种基于结构约束的整合方法，该方法利用线性叠加吸收两种图像层的优势，提高了图像的视觉质量。

受到先验特征融合理论的启发，目前主流的整合方式是类似于一种图像信息加权平均或者乘积组合，这种传统的整合方式很难有效地发挥自身优势。为此，本节研究出一种结构约束的整合模型，该整合模型分析图像中的结构信息和纹理信息，利用结构约束先验知识整合这两种图像层的信息，提高了图像的对比度，改善了图像的视觉效果。在已得两种图像层 I_S^e、I_T^e 的基础上，本节获得最终的整合效果 I^e，即

$$\sigma_2 I_S^e + (1 - \sigma_2) I_T^e + E_S \tag{2.3.10}$$

其中，σ_2 表示整合的平衡因子，它与结构层信息和纹理层信息有关。

同时，为了有效地发挥两种图像层的优势，该模型引入了结构约束先验知识 E_S，即

$$E_S = \max \left(0, \sqrt{\sin(\pi \| d(R_{I_S}, R_{I_T}) \|)^2} \right) \tag{2.3.11}$$

其中，R_{I_S} 表示在结构层中的局部块协方差值，R_{I_T} 代表在纹理层中的局部块协方差值，d 表示度量协方差的相似性[27]。sin 函数值越大表明在整合的框架中结构信息贡献值越大，进一步表明本节阐述的图像增强视觉计算模型保留的结构成分越多。

2.4   基于元胞自动机的红外图像增强模型

元胞自动机是模拟动态系统演变过程的重要工具，它的每个单元状态由当前状态和先前状态更新决定，它通过将更新的状态传播到系统中，使得该系统包含新的数据信息[29]。鉴于元胞自动机的有效性，已将其成功地运用到显著区域检测中，有效地抑制背景噪声，并展现出较好的显著性检测性能[30]。在显著性检测框架中，利用元胞自动机更新显著区域和背景区域像素信息，可达到背景像素的抑制和显著区域的突出。

鉴于元胞自动机的重要性，本节将元胞自动机引入到红外图像增强领域中，并结合梯度分布理论，阐述一种基于元胞自动机的红外图像增强视觉计算模型，该模型利用图像梯度分布和梯度分布残差先验知识分析图像的梯度成分，并结合元胞自动机有效地更新像素梯度值，提高了红外图像的对比度。在图像增强模型中，本节利用梯度分布和梯度分布残差能分析图像的细节成分，保留重要的图像信息。这种梯度分布知识在视觉任务中得到广泛的应用，能够较好地分析图像重要的细

节信息，如图像平滑[31]、去模糊[32] 和图像复原[33]。接下来，本节研究出一种迭代准则，该准则能有效地整合这两种先验知识，更新梯度分布和梯度分布残差中每个像素的状态，有效提高显著细节的对比度。

2.4.1 基于梯度分布的先验知识

梯度分布概率比其他先验知识能更好地表示图像的梯度统计分布。梯度分布能很好地用于图像视觉相关的研究，并显示出优越的性能。因此，本节分析图像中的梯度分布，假设图像 $I(x,y)$ 为像素 (x,y) 的灰度信息，并将图像转化为 8bit 的灰度级，因此梯度分布 $G(x,y)$ 被定义为

$$G(x,y) = \left(\frac{\mathrm{d}I(x,y)}{\mathrm{d}x}, \frac{\mathrm{d}I(x,y)}{\mathrm{d}y} \right) \tag{2.4.1}$$

其中，$\mathrm{d}I(x,y)/\mathrm{d}x$ 和 $\mathrm{d}I(x,y)/\mathrm{d}y$ 表示图像沿 x 和 y 方向的梯度信息。

由式 (2.4.1) 可以得到二维的梯度直方图：G_x 和 G_y。因此，本节计算图像概率密度函数 (PDF)，即

$$p(G_k) = \frac{n_k}{n} \tag{2.4.2}$$

其中，n 表示图像像素的数目，$k \in L$ 表示图像的柱状数，即将灰度图像分为 $\{I_0, I_1, \cdots, I_{L-1}\}$。

在概率密度函数的基础上，本节计算累积分布函数 (CDF)，即

$$C^1(G) = \int_{-255}^{u} \int_{-255}^{v} p(m,n) \mathrm{d}m \mathrm{d}n \tag{2.4.3}$$

最终，可得二维的累积分布函数：C_x^1 和 C_y^1。

在元胞自动机框架中，本节将累积分布函数值表示为框架中每个元胞的状态，该值表示某一时刻的图像梯度值，但无法表示元胞自动机框架中不同状态的值，并且其在元胞自动机中的数值是离散的。为了分析不同状态下梯度之间的关系、有效地传递不同元胞状态的信息，本节假设元胞自动机中新的元胞状态能够代表红外图像像素信息，该元胞状态利用它本身和当前邻域的梯度状态来决定像素关系，这种像素关系计算量比较复杂，但像素信息分布效果比较突出，可以计算新的元胞状态，即

$$C_{\mathrm{new}}^1 = \frac{u+v}{2}, \quad \mathrm{s.t.} \ \ u - v \geqslant \varepsilon \tag{2.4.4}$$

其中，ε 用来控制两种状态的大小关系，$u \in [0,1]$，$v \in [0,1]$ 表示在元胞自动机中的两个新状态的取值范围，定义为

$$\{u_{uu^2 > vv^2}, v_{\mathrm{otherwise}}\} = \begin{cases} u + \dfrac{v-u}{2}, & uu^2 \geqslant vv^2 \\ v - \dfrac{v-u}{2}, & \text{其他} \end{cases} \tag{2.4.5}$$

其中，uu 和 vv 表示控制两种状态的大小关系，即

$$uu = C_x^1 - \exp\left(u + \frac{v-u}{2}\right), \quad vv = C_y^1 - \exp\left(v - \frac{v-u}{2}\right) \tag{2.4.6}$$

在下一个元胞状态中，$v \in [0,1]$ 和 $u \in [0,1]$ 是不断变化的。

在元胞自动机框架中，本节的梯度分布先验知识通过演化系统来更新红外图像中每个像素的梯度信息，分析红外图像中目标和背景的梯度分布信息，保留红外图像的显著结构成分。

2.4.2 基于梯度分布残差的先验知识

由上节研究发现，梯度分布先验知识能够保留红外图像的结构梯度细节，但在元胞自动机更新状态的同时，背景噪声也被相应地保留，并传播到新的状态中，这严重影响了红外图像的视觉质量。为了移除这种噪声成分、提高红外图像的信噪比，本节利用残差信息模拟噪声分布，这能有效地抑制噪声的干扰，保留丰富的纹理细节。

残差信息已成功地运用到显著性检测中，它通过对边界信息与非边界信息建立残差模型，进而估计目标区域的显著值。受此启发，本节通过分析显著结构的边缘区域和非边缘区域的关系，利用梯度分布残差模拟噪声分布，以实现噪声的抑制。为此，本节探索研究出一种基于累积分布函数的梯度分布残差先验知识模型，该模型能编码图像的细节成分，并减少噪声的影响，即

$$C^2 = \int_{-255}^{u} \int_{-255}^{v} p(m,n) - p(m,n)n\mathrm{d}m\mathrm{d}n \tag{2.4.7}$$

由于梯度分布信息能够在元胞自动机中得到传播，它能获得丰富的图像结构信息。同样，本节的梯度分布残差先验知识通过元胞自动机传播残差信息，该方法不断更新像素信息，以获得新的梯度分布残差先验信息。根据式 (2.4.4) 和 (2.4.5) 可以得到新的元胞状态，即新的梯度分布残差值 C_{new}^2。

2.4.3 迭代准则

为了发挥梯度分布先验知识和梯度分布残差先验知识的优势，需要采用信息整合的方法获得最终的视觉增强效果。传统的信息整合方式一般分为线性整合和加权整合，但简单的整合方式无法获得最佳的增强。因此，为了有效地发挥两种先验知识的优势，本节研究出一种迭代准则更新两种先验知识，它能有效地整合梯度分布信息和梯度分布残差信息，获得最终的增强效果，即

$$I_{\mathrm{en}}^{t+1} = \mathrm{mean}(I^t) + I^t(\alpha C_t^1 + (1-\alpha)C_t^2) \tag{2.4.8}$$

其中，α 表示两种先验知识的权重，mean() 表示均值函数，用来平衡图像的像素值。当 $t=0$ 时，I^t 就指初始图像。

图 2.4.1 给出了红外图像及 α 值效果对比。经过 N 次元胞状态更新，可以得到最终的增强效果。

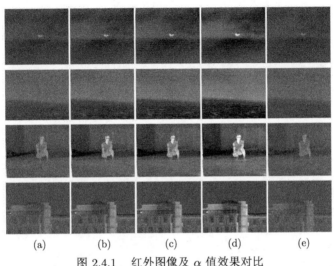

图 2.4.1 红外图像及 α 值效果对比

(a) 输入图像；(b) $\alpha = 0.2$；(c) $\alpha = 0.4$；(d) $\alpha = 0.6$；(e) $\alpha = 0.8$

2.5 实验结果与分析

2.5.1 基于局部稀疏结构降噪模型

2.5.1.1 定性评价

为了试验 LSSD 模型对更加复杂环境下的微光图像降噪能力，选取自然场景下的强噪声微光图像进行测试。图 2.5.1 给出 LSPSc/K-LSPSc-LSSD 模型对噪声严重干扰图像的降噪结果，图中从上到下是噪声等级 4 下的微光图像、LSPSc-LSSD 模型降噪输出和 K-LSPSc-LSSD 模型输出。可见降噪图像能够很好地保留尖锐边缘和轮廓 (树、人体、坦克模型和自行车)、纹理和细节 (细小树枝、树叶和草) 以及同质区域 (树干内部和道路)。仔细观察可发现，K-LSPSc-LSSD 模型降噪图像比 LSPSc-LSSD 模型降噪图像更好地保留了细微结构，这是因为 K-LSPSc 能够获得比 LSPSc 更加精确的局部稀疏结构。

图 2.5.2 给出了不同场景、不同噪声级下的微光图像基于 LSSD 模型和其他方法的降噪效果对比，图中采用自适应字典对高斯噪声叠加图像 ($\sigma = 30$) 和微光图

(a)　　　　　(b)　　　　　(c)　　　　　(d)　　　　　(e)　　　　　(f)

图 2.5.1　　采用自适应字典的 LSSD 模型对强噪声微光图像的降噪效果

(a) LLL_image1；(b) LLL_image2；(c) LLL_image3；(d) LLL_image4；(e) LLL_image5；

(f) LLL_image6

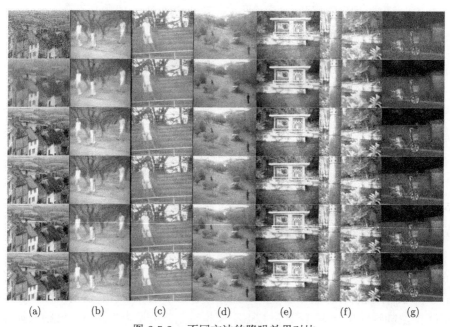

(a)　　　(b)　　　(c)　　　(d)　　　(e)　　　(f)　　　(g)

图 2.5.2　　不同方法的降噪效果对比

(a) 可见光加噪图像；(b)~(g) 不同场景下的微光图像

像进行测试，从上至下依次是噪声图像、K-SVD[15]、CASD[9]、BM3D[34]、LSPSc-LSSD 和 K-LSPSc-LSSD 模型降噪效果。图中可见，K-SVD 方法产生了模糊边缘和轮廓。CASD 和 BM3D 方法通过局部方向和非局部相似性，一定程度上保留了图像块间的结构相关性，较好地保留了尖锐边缘和轮廓；然而它们对纹理区域和均匀噪声区域处理效果不佳，同时保留了部分纹理和噪声，在建筑物和人造物的光滑区域尤其明显。LSPSc 和 K-LSPSc 算法能够准确计算空间流形上的局部结构相关性，并且整合稀疏编码，能更好地区分噪声和纹理，实现不同噪声等级下自然图像块的准确稀疏结构分解，因此基于 LSPSc/K-LSPSc 的 LSSD 模型较其他方法能更好地抑制噪声，同时保全图像的细微结构。

2.5.1.2 定量评价

1) LSPSc/K-LSPSc 和 LSSD 的降噪特性分析

(1) LSPSc 的结构保持能力分析。

采用数据集 Caltech 101 测试 LSPSc 算法性能，该数据集包含 256 种物体类别 (http://www.vision.caltech.edu/Image_Datasets/Caltech101/Caltech101.html)。设置 LSSD 模型的字典尺寸为 256，变量 λ 为 0.3，β 为 0.2(2.5.1 节将深入讨论模型参数设置)，实验验证 LSPSc 算法能够保持图像结构信息，包括局部图像块间相似性和非相似性信息。

为了评估 LSPSc 算法的结构保持能力，将其与传统的稀疏编码 (Sc) 方法和 LSc 算法进行对比，其中 Sc 方法基于 K-SVD 训练字典基，再基于正交匹配追踪 (orthogonal matching pursuit, OMP) 计算稀疏系数。首先从 Caltech 101 数据集的 Leopards 类别 (200 幅图) 中随机选取 30 幅图像，从中密集网格采样 1.74×10^4 个图像块，分别基于 K-SVD、LSc 和 LSPSc 算法学习对应的稀疏字典；其次从剩余 170 幅图像中密集网格采样 9.86×10^4 个图像块，基于 OMP、LSc 和 LSPSc 算法和相应的字典计算各图像块的稀疏表示。图 2.5.3 比较了这三种方法，其中 X 轴为原始图像块间的局部重构权值 (测试样本的相似性估计)，Y 轴为图像块稀疏表示空间的局部重构权值 (测试样本稀疏表示的相似性估计)。

如图 2.5.3(a) 所示，基于 Sc 方法的稀疏表示完全损坏了图像块间的相似性。LSc 算法采用 KNN(K 近邻) 计算图像块的全局相似性，高度相似图像块间的编码一致性约束较强，它们的稀疏表示也较相似，然而 LSc 忽视了弱相似或不相似图像块间的编码约束。需要说明的是虽然 LSc 采用的是全局相似性约束，而图 2.5.3(b) 使用的是局部相似性评估，但这不影响 LSc 的性能阐述，因为局部图像块间的相似性评估等效于全局图像块间的相似性评估。LSPSc 通过保持图像空间和稀疏编码空间的近邻图像块重构权值一致，实现了图像局部结构保持约束，图像块与其稀疏表示的局部重构权值一致表明：若邻域像块对中心像块的重构权值大 (图像块相似)，它们的稀疏表示也相似；若邻域像块对中心像块的重构权值小 (图像块不相似)，它们的稀疏表示也不相似。相比 LSc 中单独的相似性约束，LSPSc 同时考虑了相似性和非相似性约束，因此图 2.5.3(c) 中图像块相似性和其稀疏表示相似性之间的关系展现出更加明显的线性趋势。这就证明了 LSPSc 能够更好地提取图像块间的结构信息，有利于在降噪过程中保留图像细节。

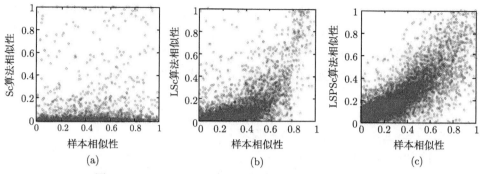

图 2.5.3　Sc，LSc 和 LSPSc 算法的相似性保持性能分析

(a) Sc 算法结果；(b) LSc 算法结果；(c) LSPSc 算法结果

(2) LSSD 模型在加噪可见光图像和微光图像中的降噪能力分析。

测试 LSPSc/K-LSPSc 在不同等级混合噪声下的稀疏量化鲁棒性。如图 2.5.4 所示，采用泊松噪声和高斯噪声叠加的可见光图像 (Barbara，高斯噪声系数 $\sigma = 20$ 和 $\sigma = 40$) 和微光图像 (LLL_face)，选取其中的纹理和边缘图像块进行测试评估，分别基于 CASD、LSPSc 和 K-LSPSc 算法学习图 2.5.4 中噪声图像的自适应字典。由于图像噪声大、噪声分布特征复杂 (相比单高斯噪声)，图像中方向信息严重受损，导致 CASD 方法在不同噪声等级下的稀疏量化差异较大 (绿色)。纹理区域 (蓝绿色标记块) 的方向性弱、受噪声影响大，边缘区域 (橙色标记块) 方向性强、受噪声影响小，因此在不同噪声等级下轮廓区域的 CASD 稀疏量化一致性较纹理区域略高。图像局部稀疏结构不易受噪声影响，而且像块邻域相关性越强，局部结构约束越强，这使得 LSPSc 能够削弱噪声影响、增强稀疏表示稳定性，因此不同噪声等级下轮廓和纹理图像块的 LSPSc 稀疏量化一致性略高 (蓝色)。

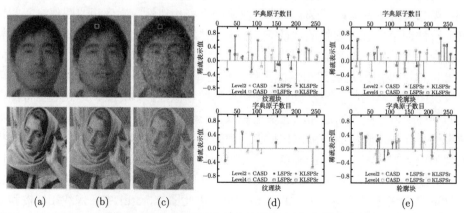

图 2.5.4　LSPSc/K-LSPSc 稀疏表示的不变性和鲁棒性分析 (扫描本书封底二维码可见彩图)

(a) 无噪声图像；(b) 噪声等级 2 图像；(c) 噪声等级 4 图像；(d) 和 (e) 是标记图像块的稀疏表示

LSPSc 假设图像块可由其邻域线性重构, K-LSPSc 将数据非线性映射到高维核空间, 假设高维空间局部结构满足线性关系, 这样相应的低维输入空间结构复杂, 符合真实数据分布特性。因此在相同参数配置下, K-LSPSc 较 LSPSc 获得更准确的局部结构约束, 这种非线性结构约束使得 K-LSPSc(红色) 比 LSPSc 具有更强的鲁棒性, 如图 2.5.4 所示。此外, 如图 2.5.5 所示, 对于两种噪声等级下的微光图像 LLL_face, K-LSPSc 的平均目标函数收敛值比 LSPSc 更小。图 2.5.5 中 Y 轴是两种噪声等级下微光图像 (LLL_face) 所有像块 LSPSc 和 K-LSPSc 稀疏表示的平均目标值 (基于自适应字典), X 轴是迭代次数。

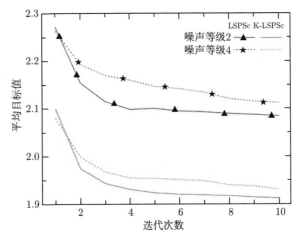

图 2.5.5　基于自适应字典的 LSPSc 和 K-LSPSc 算法收敛性比较

结构相似性 (structural similarity, SSIM) 原理认为自然图像信号是高度结构化的, 像素间具有较强的相关性[35], 尤其对于空间近邻的像素, 这种相关性包含视觉场景下目标结构的重要信息, 因此 SSIM 可用于评估降噪方法性能。对图 2.5.3 中噪声等级 4 图像分别采用 CASD、LSPSc-LSSD 和 K-LSPSc-LSSD 模型进行降噪, 降噪图与无噪声图像的 SSIM 如图 2.5.6(a1)~(a3) 所示, 这些模型较 K-SVD 方法的 SSIM 增益如图 2.5.6(b1)~(b3) 所示, SSIM 图由噪声图像和无噪声图像中各像元对应的图像块结构相似度计算所得。由图 2.5.6 可见, LSSD 模型降噪的结构相似度高于 CASD 和 K-SVD 方法, 值得注意的是, 对于局部同质区域 (前额、脸颊和均匀条纹区域), 由于各向同性约束, LSSD 模型较其他两种方法的结构相似度略低 (存在微小的结构变形)。

2) LSSD 参数设置

式 (2.2.35) 和式 (2.2.42) 中的参数 $\mu = 30/\delta$ 取决于噪声等级 δ, 而微光图像噪声等级未知, 为了简化问题并与现有方法做比较, 本章假设微光图像各噪声等

级下有 $\delta = \sigma$，其中 σ 是叠加的高斯噪声方差。因此，噪声等级 1 对应 $\delta = 10$，噪声等级 2 对应 $\delta = 20$，噪声等级 3 对应 $\delta = 30$，噪声等级 4 对应 $\delta = 40$。

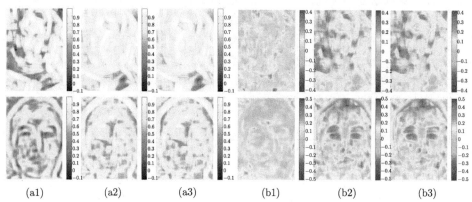

(a1)　　　　(a2)　　　　(a3)　　　　(b1)　　　　(b2)　　　　(b3)

图 2.5.6　基于 SSIM 的 K-SVD、CASD、LSPSc-LSSD 和 K-LSPSc-LSSD 降噪性能比较
(扫描本书封底二维码可见彩图)

(a1) CASD；(a2) LSPSc-LSSD；(a3) K-LSPSc-LSSD 模型的降噪图与无噪声图像的 SSIM
比较；(b1)～(b3) 三种模型对比 K-SVD 方法的 SSIM 增益

在 LSPSc/K-LSPSc 公式中主要有 3 个变量：字典尺寸、稀疏项比例 λ 和结构保持项比例 β。已有一些研究给出了字典尺寸和稀疏项比例与降噪效果的关系，本节利用高斯噪声损坏图像和微光图像 (LLL 数据库) 研究这 3 个参数对降噪模型性能的影响，如图 2.5.7 所示，图中从上到下依次是 Lena、LLL_indoor 和 LLL_outdoor 图像。

直观来看，如果字典尺寸过小，LSSD 模型可能会损失对各种局部结构的分辨和重构能力，如果字典尺寸过大，LSSD 模型的计算量庞大。采用图 2.4.1 中的噪声图像，分别利用自适应和全局字典，表 2.5.1 给出了 K-SVD 方法和 LSPSc/K-LSPSc-LSSD 模型在不同字典尺寸下的降噪图像峰值信噪比 (peak signal to noise ratio, PSNR)，其中采用粗体标注出 PSNR 值。分析可知，对于有杂乱、复杂纹理细节的图像，字典尺寸应较大，如对于 LLL_outdoor 图像，LSSD 模型降噪信噪比随字典尺寸增加 (增至 512) 而提升。然而对于结构简单的图像，字典尺寸增加对信噪比提升没有明显的帮助，如对于 Lena 和 LLL_indoor 图像，在字典尺寸为 256 时，信噪比达到峰值。此外，对于自适应和全局字典下的 4 种噪声等级图像降噪，随字典尺寸从 128 增加到 512，LSSD 模型的 PSNR 变化小于 0.2dB，可以推论 LSSD 模型对字典尺寸变化具有一定的稳定性。因此在下面的实验中设置字典尺寸为 256，以获得较好的降噪性能和较高的计算效率。

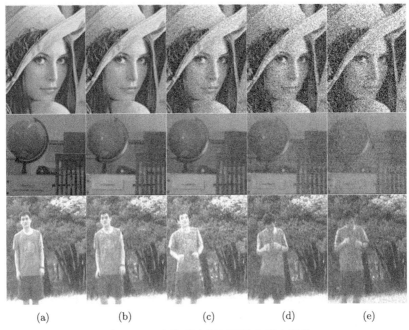

(a)   (b)   (c)   (d)   (e)

图 2.5.7 高斯噪声损坏图像和微光图像

(a) 无噪声图像；(b) 噪声等级 1 图像 ($\sigma = 10$)；(c) 噪声等级 2 图像 ($\sigma = 20$)；(d) 噪声等级 3 图像
($\sigma = 30$)；(e) 噪声等级 4 图像 ($\sigma = 40$)

表 2.5.1 自适应和全局字典尺寸对 K-SVD 方法和 LSPSc/K-LSPSc-LSSD 模型的
降噪效果影响

(a) 自适应字典尺寸分析

噪声等级	图像	自适应字典								
		128			256			512		
		K-SVD	LSPSc	K-LSPSc	K-SVD	LSPSc	K-LSPSc	K-SVD	LSPSc	K-LSPSc
等级 1	Lena	**35.00**	34.82	34.97	34.98	**34.99**	**34.99**	34.96	34.79	**34.98**
($\sigma = 10$,	LLL_indoor	31.24	32.09	**32.26**	31.23	32.18	**32.28**	31.20	32.01	**32.21**
LLL1)	LLL_outdoor	30.23	30.50	**30.59**	30.25	30.58	**30.63**	30.24	30.59	**30.63**
等级 2	Lena	**31.46**	**31.46**	31.41	31.35	31.37	**31.42**	**31.47**	31.23	31.42
($\sigma = 20$,	LLL_indoor	29.86	30.98	**31.06**	29.77	30.96	**31.09**	29.76	30.78	**30.99**
LLL2)	LLL_outdoor	28.15	29.55	**29.79**	28.10	29.62	**29.81**	28.10	29.56	**29.84**
等级 3	Lena	30.48	30.79	**30.85**	30.45	30.83	**30.91**	30.40	30.65	**30.91**
($\sigma = 30$,	LLL_indoor	27.13	29.18	**29.60**	27.13	29.20	**29.65**	27.06	29.07	**29.57**
LLL3)	LLL_outdoor	24.27	26.87	**27.19**	24.23	26.89	**27.24**	24.20	26.90	**27.28**
等级 4	Lena	28.68	29.51	**29.65**	28.61	29.55	**29.72**	28.55	29.48	**29.68**
($\sigma = 40$,	LLL_indoor	23.64	27.25	**27.89**	23.56	27.31	**27.94**	23.50	27.18	**27.86**
LLL4)	LLL_outdoor	21.36	25.41	**25.86**	21.31	25.43	**25.95**	21.22	25.46	**25.98**

(b) 全局字典尺寸分析

噪声等级	图像	全局字典								
		128			256			512		
		K-SVD	LSPSc	K-LSPSc	K-SVD	LSPSc	K-LSPSc	K-SVD	LSPSc	K-LSPSc
等级 1	Lena	34.93	34.74	**34.95**	34.91	34.92	**34.98**	**34.95**	34.70	34.94
($\sigma = 10$,	LLL_indoor	31.14	32.00	**32.20**	31.15	32.11	**32.21**	31.13	31.96	32.14
LLL1)	LLL_outdoor	30.12	30.41	**30.48**	30.13	30.46	**30.54**	30.14	30.50	30.55
等级 2	Lena	**31.37**	31.29	31.30	31.26	31.26	**31.31**	31.34	31.16	**31.38**
($\sigma = 20$,	LLL_indoor	29.74	30.85	**30.97**	29.67	30.84	**30.98**	29.64	30.68	30.91
LLL2)	LLL_outdoor	28.04	29.44	**29.65**	28.00	29.51	**29.69**	28.01	29.44	29.74
等级 3	Lena	30.37	30.67	**30.75**	30.35	30.73	**30.80**	30.30	30.58	30.81
($\sigma = 30$,	LLL_indoor	27.01	29.06	**29.49**	27.01	29.09	**29.55**	26.97	29.00	29.49
LLL3)	LLL_outdoor	24.13	26.73	**27.08**	24.11	26.79	**27.12**	24.11	26.80	27.18
等级 4	Lena	28.59	29.43	**29.57**	28.53	29.49	**29.65**	28.49	29.42	29.63
($\sigma = 40$,	LLL_indoor	23.52	27.19	**27.80**	23.47	27.23	**27.86**	23.45	27.12	27.81
LLL4)	LLL_outdoor	21.26	25.32	**25.77**	21.20	25.33	**25.86**	21.15	25.39	25.90

　　另外，从表 2.5.1 可以看出，自适应字典学习了待测图像的具体特性，因此较全局训练的字典获得更高的信噪比。对于自适应和全局字典，K-LSPSc-LSSD 模型降噪效果均优于 LSPSc-LSSD 模型。对低噪声和简单结构图像 (噪声等级 1 和等级 2 下的 Lena 和 LLL_indoor 图像)，LSSD 模型和 K-SVD 方法获得近似的降噪效果；而对于强噪声干扰和复杂纹理结构的图像 (噪声等级 3 和等级 4 下的 LLL_outdoor 图像)，LSSD 模型具有显著降噪优势。

　　稀疏项比例 λ 控制稀疏性约束程度，结构项比例 β 约束图像局部信息保持程度，为评估这两个参数对模型降噪性能的影响，对图 2.5.7 中噪声等级 2 和等级 4 图像进行不同参数设置的 LSSD 模型降噪实验。如图 2.5.8 所示 (采用自适应字典，字典尺寸为 256)，λ 对降噪结果影响较小，而 β 对降噪结果影响较大。

　　从图 2.5.8 可见，当 λ 取值 0.3~0.5，β 取值 0.2~0.4 时，LSPSc/K-LSPSc-LSSD 降噪信噪比较高。随着 β 增加，PSNR 先增后减，对于高噪声的 LLL_outdoor 图像，其纹理细节丰富且局部结构受损严重，过度的结构约束使得模型难以收敛，导致了 PSNR 降低。对于低噪声的 Lena 和 LLL_indoor 图像，其局部结构相对简单，适度的结构约束能够提高 PSNR。因此对于室内和低噪声图像，设置模型参数 λ 为 0.5、β 为 0.4；对于室外和高噪声图像，设置模型参数 λ 为 0.3、β 为 0.2(表 2.5.1 就是采用这种参数设置)。此外，在相同参数配置下，K-LSPSc 性能总体优于 LSPSc。本实验采用的是自适应字典，对于全局字典有类似结论。

　　3) LSSD 微光图像降噪性能分析

　　为了对比 LSSD 模型和几种先进的稀疏降噪方法性能，采用图 2.5.7 所示的不同噪声等级图像，计算各方法降噪图像的 SSIM 值，并在图 2.5.9 中绘制它们相对于 K-SVD 方法 (图 2.5.9 中的基线) 的 SSIM 值增益，图中基线 (baseline) 对应于 K-SVD 方法, △ 代表 BM3D 方法, ▽ 代表 CASD 方法, ○ 代表自适应字典的 K-LSPSc-LSSD 模型, □ 代表自适应字典的 LSPSc-LSSD 模型, ☆ 代表全局字典的 K-LSPSc-LSSD 模型, * 代表全局字典的 LSPSc-LSSD 模型, 这里计算的是降噪图像和"干净"图像之间整体的 SSIM 值。在低噪声等级下, LSSD 和 BM3D、CASD 获得相似的 SSIM 值, 近似于 K-SVD 方法的结果。在高噪声等级下, BM3D 由于

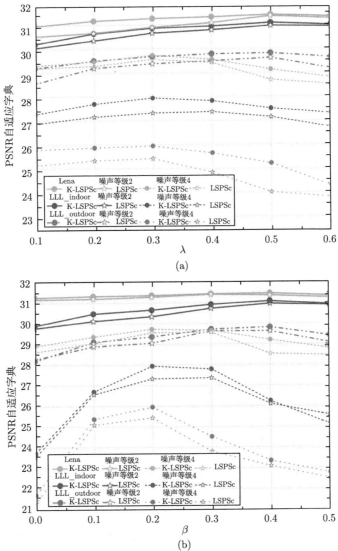

图 2.5.8 稀疏项比例 λ 和结构项比例 β 对 LSSD 模型降噪效果的影响 (扫描本书封底二维码可见彩图)

(a) $\beta = 0.3$; (b) $\lambda = 0.4$

整合了图像自相似特性比 K-SVD 和 CASD 方法获得更好的降噪效果, 并且对于纹理细节少、结构简单的 Lena 和 LLL_indoor 图像, BM3D 方法也略优于全局字典下的 LSSD 模型。对于 LLL_outdoor 图像, 自适应字典的 LSSD 模型较其他方法具有显著优越性,LLL_outdoor 图像中有较多的复杂自然纹理结构 (树枝、树叶和草), 它们易受噪声干扰影响, 因此在高噪声等级下, BM3D 和 CASD 相对于 K-SVD 方法的 SSIM 增益下降, 由于局部稀疏结构不易受噪声影响,LSSD 模型的 SSIM 增益增加。

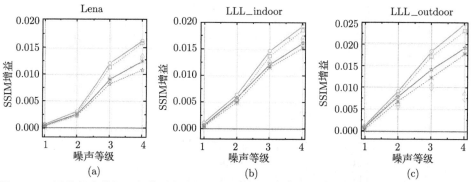

图 2.5.9   四种噪声等级下各模型方法相对于 K-SVD 的 SSIM 增益曲线图 (扫描本书封底二维码可见彩图)

(a) Lena 图像; (b) LLL_indoor 图像; (c) LLL_outdoor 图像

图 2.5.10 给出了 K-SVD、BM3D、CASD 和 LSSD 模型方法的降噪 PSNR 结果, 图中 ◇ 代表 K-SVD 方法,△ 代表 BM3D 方法,▽ 代表 CASD 方法,○ 代表自适应字典的 K-LSPSc-LSSD 模型,□ 代表自适应字典的 LSPSc-LSSD 模型,☆代表全局字典的 K-LSPSc-LSSD 模型, * 代表全局字典的 LSPSc-LSSD 模型。在图 2.5.10 中, 对于自然微光图像, 基于全局和自适应字典的 LSSD 模型降噪效果优于其他方法。K-SVD 方法只追求信号稀疏性, 而丢失图像细节, 在自然微光图像降噪方面难以获得满意效果。由于噪声严重且分布特性复杂,CASD 方法采用的方向特征受干扰明显, 因此在 LLL_image1、LLL_image2、LLL_image3、LLL_image4 和 LLL_image6 图像中,CASD 方法获得较小的 PSNR 值。图像中细微自然纹理结构受噪声损坏严重, 使得 BM3D 中采用的相似性分组结果不准确, 因此在 LLL_image1、LLL_image2、LLL_image3 和 LLL_image4 图像中,BM3D 方法的 PSNR 值小于 LSSD 模型。LSSD 模型在稀疏降噪过程中融合了稀疏结构约束, 有效提高了杂乱噪声干扰下纹理结构稀疏表示的鲁棒性, 因此 LSSD 能够保留细微纹理, 获得较好的自然微光图像降噪效果。此外, 自适应字典的 LSSD 模型比全局字典的 LSSD 获得更高的 PSNR 值,K-LSPSc-LSSD 降噪效果优于 LSPSc-LSSD 且性能稳定, 这些结论与前面的实验结果一致。

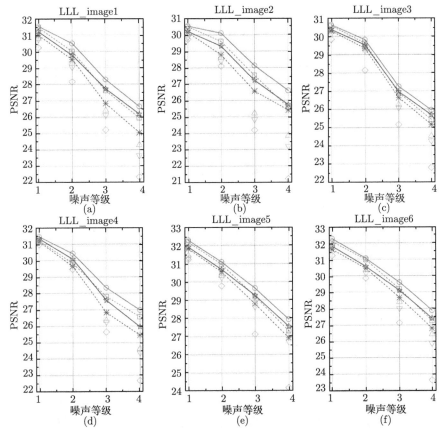

图 2.5.10　各模型对四种噪声等级微光图像的降噪 PSNR 曲线 (扫描本书封底二维码可见彩图)

2.5.2　基于分层的红外图像增强模型

在仿真实验中,采取三组红外图像进行视觉定性分析,这三组红外图像分别来自于短波红外摄像机,所采取的短波红外图像来自于真实的室外和室内场景。本节对图像增强算法 (AM 算法[36],CLAHE 算法[22],DT 算法[37],GF 算法[25]) 利用两种评测标准,即采用峰值信噪比和结构相似性,并给出模型相应的参数分析。在定性分析中,用方框提取效果图中的部分区域,以更加直观地进行视觉效果对比。

2.5.2.1　定性评价

1) 产品包装盒红外图像场景

图 2.5.11 和图 2.5.12 给出某产品包装盒红外图像及表面、边界视觉效果对比,即 AM 算法、CLAHE 算法、DT 算法、GF 算法与本节算法获得的红外图像增强

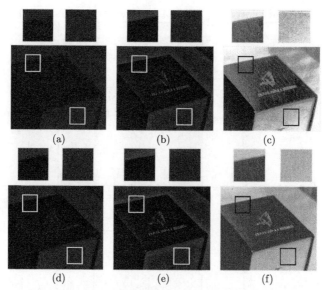

图 2.5.11　产品包装盒红外图像及表面视觉效果对比

(a) 低对比度红外图像；(b) AM 算法；(c) CLAHE 算法；(d) DT 算法；(e) GF 算法；(f) 本节算法模型

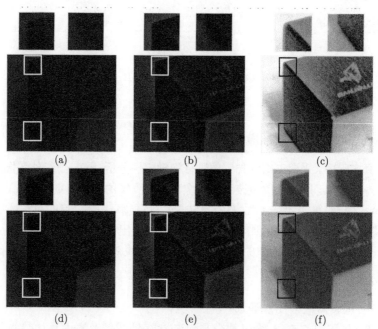

图 2.5.12　产品包装盒红外图像及边界视觉效果对比

(a) 低对比度红外图像；(b) AM 算法；(c) CLAHE 算法；(d) DT 算法；(e) GF 算法；(f) 本节算法模型

效果对比。从图 2.5.11(f) 和 2.5.12(f) 中可以看出,本节算法能提高红外图像的清晰度,且抑制噪声能力较好,获得的增强效果图更接近人的视觉感知,这主要是因为本节算法能分析图像结构层和图像纹理层的特征,在统一的整合框架下有效地发挥各自的优势,获得了高质量的视觉效果图。从图 2.5.11(b)~ 图 2.5.11(e) 和图 2.5.12(b)~ 图 2.5.12(e) 中可以看出,其他四种图像增强模型在红外场景中产生的增强质量较低,获得的增强效果不太理想。AM 算法和 DT 算法获得低质量的红外图像,某产品包装盒表面的纹理信息淹没在噪声中,且边缘结构细节仍然比较模糊。CLAHE 算法和 GF 算法虽能提高红外图像的对比度,但噪声也得到扩大,这严重降低了红外图像的视觉质量。其中,CLAHE 算法通过滤除噪声来提高图像的信噪比,当然这可能导致边界高频细节不同程度地被滤波。

2) 灯泡红外图像场景

图 2.5.13 给出某灯泡红外图像及视觉效果对比,即 AM 算法、CLAHE 算法、DT 算法、GF 算法与本节算法获得的红外图像增强效果对比。在图 2.5.13(f) 中,本节算法能获得相对清晰的结构细节,有效地抑制背景噪声的干扰,这是因为本节算法利用纹理层的特性探索纹理细节,并结合结构层的内部结构信息,获得的增强效果图相对清晰,且抑制噪声能力较好。图 2.5.13(f) 中桌面上灰色区域的

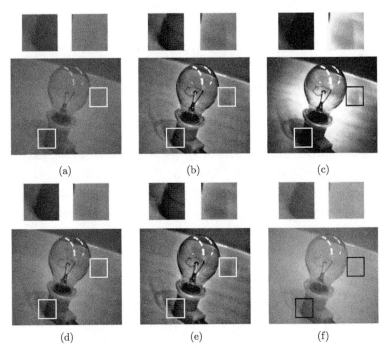

图 2.5.13　灯泡红外图像及视觉效果对比

(a) 低对比度红外图像;(b) AM 算法;(c) CLAHE 算法;(d) DT 算法;(e) GF 算法;(f) 本节算法模型

噪声并没有在增强过程中得到扩大，这是因为纹理层的特性分析了桌面灰色区域和周围区域纹理信息的关系，这大大降低了噪声被扩大的可能性。在图 2.5.13(b)～图 2.5.13(e) 中，AM 算法、CLAHE 算法、DT 算法和 GF 算法在增强显著细节的同时，不可避免地扩大了噪声，降低了红外图像的视觉质量，这是因为这四种算法没有针对性地分析结构层和纹理层的特性，容易扩大背景噪声，出现大面积的噪声干扰，降低了红外图像的增强效果。其中，DT 算法采用滤波的方法，该方法在滤除出噪声的同时滤除显著的图像细节，获得的增强图比较模糊。

2.5.2.2　定量评价

本节将红外图像增强视觉计算模型在真实的红外图像场景上进行测试，对包括本节视觉计算模型在内的五种算法进行定量评测，其评测标准包括峰值信噪比 (PSNR) 和结构相似性 (SSIM)[35]。PSNR 用来评价重建图像符合原始图像的程度，定义为

$$PSNR = 10 \times \log(255^2/MSE) \tag{2.5.1}$$

其中，MSE 表示度量重建图像与参考图像之间的偏差程度。PSNR 主要反映重建图像与输入图像之间灰度信息的相似程度，其值越大表示重建图像的质量越好。

SSIM 用于评价图像的相似结构信息，定义为

$$SSIM = \frac{(2\mu_{f_1}\mu_{f_2} + C_1)(2\sigma_{f_1 f_2} + C_2)}{(\mu_{f_1}^2 + \mu_{f_2}^2 + C_1)(\sigma_{f_1}^2 + \sigma_{f_2}^2 + C_2)} \tag{2.5.2}$$

其中，μ_{f_1} 表示参考图像的灰度平均值，μ_{f_2} 表示重建图像的灰度平均值，σ_{f_1} 表示参考图像的方差，σ_{f_2} 表示重建图像的方差，$\sigma_{f_1 f_2}$ 表示参考图像和重建图像的协方差，C_1 和 C_2 表示常数，保证分母为非零值。在式 (2.5.2) 中，SSIM 数值越大，表示图像表面结构信息损失失真越少，即获得的图像视觉质量越好。

表 2.5.2 给出图像增强算法效果的对比，评价准则为 PSNR 和 SSIM。从表中可以看出，本节模型获得的红外图像增强效果最好，在三种红外场景下，本节算法均获得最高的 PSNR 和 SSIM 值 (PSNR/SSIM，21.18/0.764，20.21/0.736，17.28/0.698)，高评价准则数值表明该图像增强模型获得增强图的质量最好。与其他图像增强模型相比，本节增强模型能够有效地增强图像的显著细节，保留较多的纹理信息，且抑制噪声能力较强。

表 2.5.2　图像增强算法效果对比

增强算法	AM	CLAHE	DT	GF	本节算法
场景 1	(18.24,0.714)	(16.36,0.684)	(17.51,0.674)	(19.29,0.735)	(21.18,0.764)
场景 2	(17.13,0.687)	(16.04,0.642)	(17.21,0.611)	(18.34,0.711)	(20.21,0.736)
场景 3	(16.32,0.642)	(15.87,0.631)	(16.57,0.622)	(17.03,0.681)	(17.28,0.698)

2.5.3 基于元胞自动机的红外图像增强模型

为了评价本节图像增强视觉计算模型的性能,将其与先前的四种图像增强视觉计算模型进行对比评测,包括 HE 算法[38]、CLAHE 算法[22]、MGF 算法[39] 和 RLBHE 算法[40]。

2.5.3.1 定性评价

1) 房屋红外图像场景

图 2.5.14 给出了某房屋红外图像及视觉效果对比,即 HE 算法、CLAHE 算法、MGF 算法、RLBHE 算法与本节算法获得的红外图像增强效果对比。图 2.5.14(a) 是输入图像,该图像整体亮度比较低,背景区域相对复杂。图 2.5.14(f) 是本节算法的视觉效果图,从图中可以清晰地看出,图像中房屋边界区域比较清晰,其高频信息保持相对尖锐,图像的整体细节相对清晰,表明本节算法能有效地提高图像的对比度,且抑制噪声能力较好。图 2.5.14(b) 和 (c) 给出 HE 和 CLAHE 算法的增强效果图,目标区域 (房屋) 被过度增强,房屋表面细节比较模糊,背景区域 (树木) 的噪声也被扩大,这严重降低了图像的视觉质量。这是因为这两种增强方法采用了全局的增强策略,忽略了对背景噪声的抑制。图 2.5.14(d) 是 MGF 算法的增强效果图,房屋的细节比较模糊,房屋周边的纹理细节无法分辨,这导致图像的视觉质量较低。图 2.5.14(e) 是 RLBHE 算法的增强效果图,房屋边界区域细节丢失严重,房屋表面纹理细节几乎无法分辨,背景树木层次比较模糊。

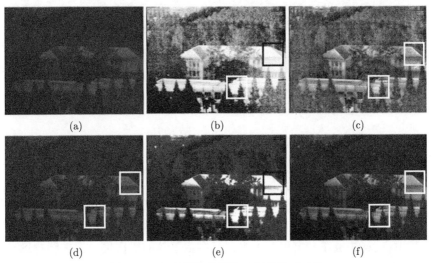

图 2.5.14 房屋红外图像及视觉效果对比

(a) 输入图像;(b) HE 算法;(c) CLAHE 算法;(d) MGF 算法;(e) RLBHE 算法;(f) 本节算法模型

2) 飞机红外图像场景

图 2.5.15 给出了某飞机红外图像及视觉效果对比，飞机的亮度比较微弱。从图 2.5.15(f) 中可以清晰地看出，本节算法能有效地提高飞机的对比度，保留更加丰富的结构信息和纹理细节，且抑制噪声能力较好。图 2.5.15(b) 是 HE 算法的增强效果图，HE 算法利用全局的增强策略来提高图像对比度，扩大背景噪声的干扰，这严重降低了图像的视觉质量。图 2.5.15(c)、(e) 给出 CLAHE 和 RLBHE 算法的增强效果，飞机区域的亮度仍然比较微弱，飞机轮廓的结构细节比较模糊。在图 2.5.15(d) 中，MGF 算法能提高飞机的对比度，但其效果较弱，这是因为 MGF 算法阐述了一种引导性滤波的方法，滤除了飞机表面的纹理细节和轮廓结构信息，且抑制背景噪声能力较弱，这严重降低了图像的视觉质量。

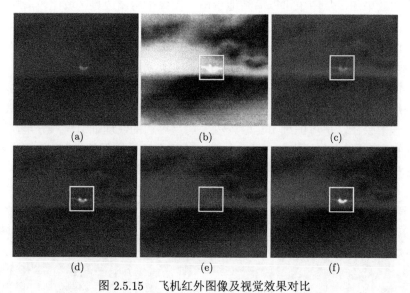

图 2.5.15   飞机红外图像及视觉效果对比

(a) 输入图像；(b) HE 算法；(c) CLAHE 算法；(d) MGF 算法；(e) RLBHE 算法；(f) 本节算法模型

3) 汽雾笼罩下房屋红外图像场景

图 2.5.16 给出了汽雾笼罩下某房屋红外图像及视觉效果对比。图 2.5.16(a) 是输入图像，该图像处于模糊状态，汽雾干扰严重。图 2.5.16(b)~(e) 分别给出 HE 算法、CLAHE 算法、MGF 算法和 RLBHE 算法的视觉增强效果图，从图中可以清楚地看出，HE 算法在提高图像对比度的同时，扩大了背景噪声的干扰。CLAHE 算法和 MGF 算法虽在一定程度上提高了图像整体的对比度，但抑制背景噪声能力较弱。RLBHE 算法获得的增强效果图质量较低。这是因为这四种图像增强算法在复杂的红外场景下未能较好地发挥各自优势，获得的效果图像质量较低。在图 2.5.16(f) 中，本节算法通过元胞自动机框架分析梯度分布和梯度分析残差先验

信息，有效地提高了汽雾环境下人体的对比度，保留相对较多的纹理细节，这进一步表明了本节算法的优越性和鲁棒性。

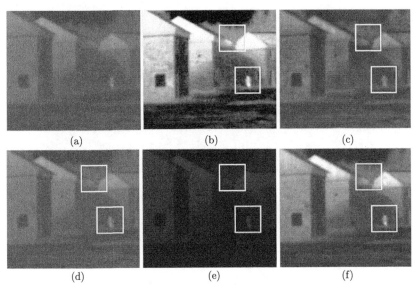

图 2.5.16   汽雾笼罩下房屋红外图像及视觉效果对比

(a) 输入图像；(b) HE 算法；(c) CLAHE 算法；(d) MGF 算法；(e) RLBHE 算法；(f) 本节算法模型

2.5.3.2   定量评价

表 2.5.3 给出了图像增强算法的效果对比，即 PSNR 和 SSIM 数值对比。从表中可以看出，本节算法在三种红外场景中都取得了最好的效果 (PSNR/SSIM，19.18/0.746，16.99/0.734，15.01/0.603)，获得的评测数值远远高于其他算法，这充分表明本节算法的图像增强性能较强。高评测数值表明本节增强模型在三种红外场景中表现出的增强性能较强，即本节算法能获得比较清晰的结构成分，能保留较多的纹理细节，且减少噪声的干扰。图 2.5.17 给出了房屋红外图像及两种先验知识、迭代效果的对比，从图中可以看出，三次迭代能够有效地提高图像的视觉质量，通过这三次迭代过程可以有效地抑制背景噪声的干扰，保留较多的纹理细节，提高显著目标的对比度。

表 2.5.3   图像增强算法效果对比

增强算法	HE	CLAHE	MGF	RLBHE	本节算法
场景 1	(17.22,0.681)	(17.36,0.691)	(17.51,0.721)	(17.41,0.701)	(19.18,0.764)
场景 2	(16.14,0.654)	(16.34,0.671)	(16.82,0.700)	(16.64,0.684)	(16.99,0.734)
场景 3	(14.34,0.512)	(14.65,0.566)	(14.93,0.589)	(14.71,0.572)	(15.01,0.603)

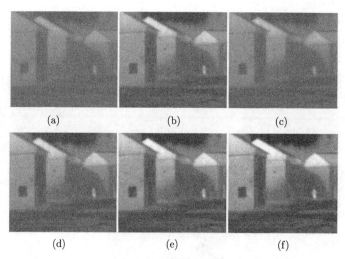

图 2.5.17　房屋红外图像及两种先验知识、迭代效果对比
(a) 输入图像；(b) 梯度分布先验知识；(c) 梯度分析残差先验知识；(d) 第一次迭代效果；(e) 第二次迭代效果；
(f) 第三次迭代效果

2.6　本章小结

本章是对夜视图像增强视觉计算模型的研究，阐述了三种简单高效的夜视图像视觉计算模型，这三种模型能提高夜视图像显著细节的对比度，保留较多的结构信息和纹理细节，有效改善了夜视图像的视觉质量。

(1) K-LSPSc 微光图像降噪增强视觉计算模型。该模型通过核函数来实现非线性转换，避免数据转换的冗余性，提高了非线性结构数据处理能力，实现微光图像增强。

(2) 基于分层的短波红外图像增强视觉计算模型。该模型分析图像结构层和纹理层信息，通过结构约束来整合这两种图像层信息，吸收这两种图像层的优点，提高了短波红外图像的对比度。

(3) 基于元胞自动机的红外图像增强视觉计算模型。该模型利用梯度分布和梯度分布残差分析图像梯度成分，通过元胞自动机更新梯度值，保留了较多的图像细节，改善了红外图像的视觉质量。

参 考 文 献

[1] Karali A O, Aytac T. A comparison of different infrared image enhancement techniques for sea surface targets[C]. Signal Processing and Communications Applications Conference, 2009: 765-768.

[2]   Yin S F, Cao L C, Ling Y S, et al. One color contrast enhanced infrared and visible image fusion method[J]. Infrared Physics & Technology, 2010, 53(2): 146-150.

[3]   Qidwai U. Infrared image enhancement using bounds for surveillance applications[J]. IEEE Transactions on Image Processing, 2008, 17(8): 1274-1282.

[4]   Han J, Yue J, Zhang Y, et al. Local sparse structure denoising for low-light-level image[J]. IEEE Transactions on Image Processing, 2015, 24(12): 5177-5192.

[5]   韩静. 基于仿生视觉模型和复杂信息学习的多光谱夜视目标识别技术 [D]. 南京理工大学博士学位论文, 2014.

[6]   Qi W, Han J, Zhang Y, et al. Hierarchical image enhancement[J]. Infrared Physics & Technology, 2016, 76: 704-709.

[7]   Qi W, Han J, Zhang Y, et al. Infrared image enhancement using Cellular Automata[J]. Infrared Physics & Technology, 2016, 76: 684-690.

[8]   Shang L. Denoising natural images based on a modified sparse coding algorithm[J]. Applied Mathematics and Computation, 2008, 205(2): 883-889.

[9]   Ren J, Liu J Y, Guo Z M. Context-aware sparse decomposition for image denoising and super-resolution[J]. IEEE Transactions on Image Processing, 2013, 22(4): 1456-1469.

[10] Pan Y Z, Ge S S, Mamun A A. Weighted locally linear embedding for dimension reduction[J]. Pattern Recognition, 2009, 42(5): 798-811.

[11] Chen Y, Nasrabadi N M, Tran T D. Hyperspectral image classification via kernel sparse representation[J]. IEEE Transactions on Geoscience and Remote Sensing, 2013, 51(1): 217-231.

[12] Kang C C, Liao S C, Xiang S M, et al. Kernel sparse representation with local patterns for face recognition[C]. 2011 18th IEEE International Conference on Image Processing, 2011: 3009-3012.

[13] Lee H, Battle A, Raina R, et al. Efficient sparse coding algorithms[C]. Advances in Neural Information Processing Systems, 2006, 19: 801-808.

[14] Elad M, Aharon M. Image denoising via sparse and redundant representations over learned dictionaries[J]. IEEE Transactions on Image Processing, 2006, 15(12): 3736-3745.

[15] Aharon M, Elad M, Bruckstein A. K-SVD: An algorithm for designing overcomplete dictionaries for sparse representation[J]. IEEE Transactions on Signal Processing, 2006, 54(11): 4311-4322.

[16] Wang B J, Liu S Q, Li Q, et al. A real-time contrast enhancement algorithm for infrared images based on plateau histogram[J]. Infrared Physics & Technology, 2006, 48(1): 77-82.

[17] Thomas D, Ryan C, Robert V, et al. Achieving increased resolution and more pixels with superresolution optical fluctuation imaging SOFI[J]. Optics Express, 2010, 18(18): 18875-18885.

[18] Holland S D, Renshaw J. Physics-based image enhancement for infrared thermography[J]. NDT & E International, 2010, 43(5): 440-445.

[19] Zhang F F, Xie W, Ma G R, et al. High dynamic range compression and detail en-hancement of infrared images in the gradient domain[J]. Infrared Physics & Technology, 2014, 67: 441-454.

[20] Zeng M, Li J X, Peng Z. The design of top-hat morphological filter and application to infrared target detection[J]. Infrared Physics & Technology, 2006, 48(1): 67-76.

[21] Bai X Z, Zhou F G, Xue B D. Infrared image enhancement through contrast enhance-ment by using multiscale new top-hat transform[J]. Infrared Physics & Technology, 2011, 54(2): 61-69.

[22] Huang K Q, Wang Q, Wu Z Y. Natural color image enhancement and evaluation algo-rithm based on human visual system[J]. Computer Vision and Image Understanding, 2006, 103(1): 52-63.

[23] Villasenor-Mora C, Sanchez-Marin F J, Garay-Sevilla M E. Contrast enhancement of mid and far infrared images of subcutaneous veins[J]. Infrared Physics & Technology, 2008, 51(3): 221-228.

[24] Highnam R, Brady M. Model-based image enhancement of far infra-red images. Physics-Based Modeling in Computer Vision, 1995, 19(4): 40.

[25] He K M, Sun J, Tang X O. Guided image filtering[C]. European Conference on Com-puter Vision, 2010, 35(6): 1-14.

[26] Aujol J. Gilboa G, Chan T, et al. Structure texture image decomposition: modeling, algorithms, and parameter selection[J]. International Journal of computer Vision, 2006, 67(1): 111-136.

[27] Erdem E, Erdem A. Visual saliency estimation by nonlinearly integrating features using region covariances[J]. Journal of Vision, 2013, 13(4): 11.

[28] Zoran D, Weiss Y. From learning models of natural image patches to whole image restoration. IEEE International Conference on Computer Vision, 2011, 6669(5): 479-486.

[29] Neumann J V. The general and logical theory of automata[J]. Cerebral Mechanisms in Behavior, 1951: 1-41.

[30] Qin Y, Lu H C, Xu Y Q, et al. Saliency detection via cellular automata[C]. IEEE Conference on Computer Vision and Pattern Recognition, 2015: 110-119.

[31] Xu L, Lu C W, Xu Y, et al. Image smoothing via L0 gradient minimization[J]. ACM Transactions on Graphics, 2011, 30(6): 174.

[32] Shan Q, Jia J Y, Agarwala A. High-quality motion deblurring from a single image[J]. ACM Transactions on Graphics, 2008, 27(3): 1-10.

[33] Cho T S, Zitnick C L, Joshi N, et al. Image restoration by matching gradient dis-tributions[J]. IEEE Transactions on Pattern Analysis and Machine Intelligence, 2012, 34(4): 683-694.

[34] Dabov K, Foi A, Katkovnik V, et al. Image denoising by sparse 3-D transform-domain collaborative filtering[J]. IEEE Transactions on Image Processing, 2007, 16(8): 2080-2095.

[35] Wang Z, Bovik A C, Sheikh H R, et al. Image quality assessment: From error visibility to structural similarity[J]. IEEE Transactions on Image Processing, 2004, 34(4): 600-612.

[36] Gastal E SL, Oliveira M M. Adaptive manifolds for real-time high-dimensional filtering[J]. ACM Transactions on Graphics, 2012, 31(4): 1-3.

[37] Gastal E SL, Oliveira M M. Domain transform for edge-aware image and video processing. ACM Transactions on Graphics, 2011, 30(4): 69.

[38] Wan Y, Shi D B. Joint exact histogram specification and image enhancement through the wavelet transform[J]. IEEE Transactions on Image Processing A Publication of the IEEE Signal Processing Society, 2007, 16(19) 2245.

[39] Liu N, Zhao D X. Detail enhancement for high-dynamic-range infrared images based on guided image filter[J]. Infrared Physics & Technology, 2014, 67: 138-147.

[40] Zuo C, Chen Q, Sui X B. Range limited bi-histogram equalization for image contrast enhancement[J]. Optik, 2013, 124(5): 425-431.

第 3 章　夜视图像视觉特征提取

　　随着多光谱夜视成像技术的发展，其智能化场景理解和目标感知需求日益增加，针对多光谱图像的有效视觉特征提取是实现准确夜视环境 感知的重要保障[1]。本章针对复杂场景下的多波段、多光谱视觉轮廓提取与分割，首先基于视觉抑制和易化机制优化非经典感受野模型，阐述了有效的 nCRF 校正抑制[2] 和 nCRF 复合调制方法[3]，在抑制背景噪声、纹理的同时能有效连接间断轮廓，从微光红外自然场景图像中提取完整的显著轮廓；然后基于主动轮廓模型理论，以包含二维空间信息的红外图像分割处理为基础[4]，进一步探讨研究整合光谱数据信息的多光谱图像分割方法，在充分利用二维空间多维特征的同时融入三维光谱信息，获得良好的红外多光谱图像分割性能[5]。

3.1　活动轮廓模型

　　主动轮廓模型 (Active Contour Model) 作为一种可变形的模型，在计算机视觉、计算机图形学以及图像分析等各个领域都得到了广泛的研究与应用。在图像分析中，同一类目标在形状上大多具有一定的相似性，可以通过控制使其在相应的条件下变形而得到另一个目标形状，进而可以分析相似性并进行分类。如果在图像中放入变形面，再利用图像的诸如梯度、灰度以及张量等特征来控制目标的形变，使它向图像中的目标变化，最终提取出图像中的感兴趣目标，这就是基于主动轮廓进行图像分割的基本原理。根据曲线表示方法的不同，主动轮廓模型被分为参数型和几何型。

　　参数主动轮廓模型以 Kass 等阐述的 Snake 模型为典型代表[6]，其主要依据变分法思想对参数曲线进行演化，求取能量泛函最小的闭合曲线，既包含了上层信息，又在曲线和图像匹配过程中体现了底层特征。而几何主动轮廓模型主要利用的是水平集方法来将曲线的演化转变为三维曲面的演化，它克服了参数主动轮廓模型的不足。在水平集理论中，初始轮廓线被隐式地表达为高维空间中零水平集，然后利用水平集函数进行迭代实现曲线的演化，直到水平集函数演化至目标的边缘时停止。下面主要针对两种几何主动轮廓模型进行相关的介绍。

3.1.1　SLGS 模型

　　Zhang 等利用灰度信息阐述了 SLGS 模型，这一模型结合了图像的边界信息和区域信息[7,8]，在测地主动轮廓模型和 CV 模型的基础上进行改进。

在 SLGS 模型中，水平集函数被初始化为常数，这个常数在轮廓内外符号相反，水平集函数 ϕ 的初始化表达式如下：

$$\phi(x, t=0) = \begin{cases} -\rho, & x \in \Omega_0 - \partial\Omega_0 \\ 0, & x \in \partial\Omega_0 \\ \rho, & x \in \Omega - \Omega_0 \end{cases} \tag{3.1.1}$$

其中，$\rho > 0$ 是一个常量，Ω_0 是图像区域 Ω 的一个子集，$\partial\Omega_0$ 是 Ω_0 的边界。

此模型区别于上述模型中的符号距离函数，重新构造了基于区域全局灰度信息的符号压力函数 (Signed Pressure Function，SPF)，它的取值范围为 $[-1, 1]$。符号压力函数的作用在于控制目标区域内、外作用力朝哪个方向演化，如图 3.1.1 所示，当曲线位于目标外时，轮廓向内收缩；当曲线在目标内时，轮廓向外扩张。因此，基于符号压力函数，可以建立水平集演化方程，表达式如下：

$$\frac{\partial \phi}{\partial t} = \mathrm{spf}(I(x)) \cdot \alpha \left| \nabla \phi \right|, \quad x \in \Omega \tag{3.1.2}$$

其中，$I(x)$ 为原始图像，Ω 为图像区域，α 为常系数，其需要根据不同的图像场景及大小进行调整，具体的参数分析过程将在下面给出。$\mathrm{spf}(I(x))$ 为构造的符号压力函数，其表达式如下：

$$\mathrm{spf}(I(x)) = \frac{I(x) - \dfrac{c_1 + c_2}{2}}{\max\left(\left| I(x) - \dfrac{c_1 + c_2}{2} \right|\right)}, \quad x \in \Omega \tag{3.1.3}$$

其中，c_1 和 c_2 分别为图像在区域外 $\{\phi > 0\}$ 和区域内 $\{\phi < 0\}$ 中的平均灰度值。

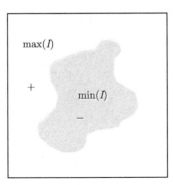

图 3.1.1　符号压力函数示意图

SLGS 模型用于分割图像的具体实施步骤包括：

(1) 利用式 (3.1.1) 初始化水平集函数；

(2) 计算图像目标轮廓内外的灰度均值，并将其代入式 (3.1.3) 确定符号压力函数；

(3) 将符号压力函数代入水平集方程式 (3.1.2) 进行演化；

(4) 若要实现选择性地分割不同的目标，$\phi > 0$，则令 $\phi = 1$；反之，$\phi = -1$(这一步并不是必要的)；

(5) 利用高斯滤波器与待分割图像进行卷积运算，即 $\phi = \phi * G_\sigma$，从而达到正则化的目的；

(6) 迭代水平集方程直至收敛，否则返回步骤 (2) 继续迭代。

SLGS 模型构造的符号压力函数中常值 c_1 和 c_2 是一种全局量，包含了图像的全局信息而没有包含图像的任何局部信息，且利用的仍然是轮廓内外的图像灰度，因此它对于灰度不均匀的图像会产生误分割，难以得到准确的结果。如图 3.1.2(c) 所示，由 SLGS 模型得到的分割结果中，用红色圆圈标记出的区域 1、2、3 并未准确得到其相应的边界。以区域 2 为例，根据 SLGS 模型计算图像的全局信息，得到其分割出的轮廓内平均灰度值大小 $c_1 = 45.2198$，轮廓外平均灰度值大小 $c_2 = 83.4135$。而由于图像具有灰度不均匀的特点，实际上，在目标边界内的平均灰度值为 79.6000，目标边界外的平均灰度值为 92.6483。在构造符号压力函数的过程中，如果直接代入 c_1 和 c_2，所求得的全局灰度信息均值并不能代表某一局部区域的特征信息，使得真正的目标边界无法检测出。因此，为解决 SLGS 模型无法分割灰度不均匀图像的问题，在下文中构造包含更多局部特征信息的符号压力函数，即阐述了一种基于多维特征的自适应主动轮廓红外图像模型。

(a)　　　　　　　　　　(b)　　　　　　　　　　(c)

图 3.1.2　SLGS 模型分割结果分析 (扫描本书封底二维码可见彩图)

(a) 原始图像；(b) 分割结果；(c) 未分割及误分割边界

3.1.2　LBF 模型

针对 CV 模型的局限性，Wang 等阐述了仅包含局部图像信息的 LBF 模型[9,10]，这一模型能够有效分割灰度分布不均匀的图像，并且不需要重新初始化。

LBF 模型是一种由局部区域分布进而扩展的二值能量拟合模型。一幅图像 $I : \Omega \to R, \Omega \to R$ 为图像区域，其中轮廓外区域为 Ω_1，轮廓内区域为 Ω_2，对于

任一点 $x \in \Omega$，零水平集局部拟合能量方程定义如下：

$$\varepsilon_x^{\text{fit}}(\phi, f_1(x), f_2(x)) = \sum_{i=1}^{2} \lambda_i \int K_\sigma(x-y) |I(y) - f_i(x)|^2 M_i(\phi(y)) \mathrm{d}y \quad (3.1.4)$$

其中，λ_1 和 λ_2 为正整数；$M_1(\phi) = H(\phi)$，$M_2(\phi) = 1 - H(\phi)$，$H(\phi)$ 为 Heaviside 函数；$f_1(x)$ 和 $f_2(x)$ 分别为在区域 Ω_1 和 Ω_2 的加权平均灰度。K_σ 为 $\sigma > 0$ 的高斯核函数，可表示为

$$K_\sigma(x) = \frac{1}{(2\pi)^{n/2} \sigma^n} \mathrm{e}^{-|x|^2/2\sigma^2} \quad (3.1.5)$$

将当前像素点 x 扩展到整个图像区域，其总的能量函数为

$$\varepsilon(\phi, f_1(x), f_2(x)) = \int \varepsilon_x^{\text{fit}}(\phi, f_1(x), f_2(x)) \mathrm{d}x \quad (3.1.6)$$

利用梯度下降法求解最小化能量泛函式 (3.1.6)，当能量函数 ε 最小时，$f_1(x)$ 和 $f_2(x)$ 满足以下欧拉–拉格朗日方程

$$\int K_\sigma(x-y) M_i(\phi(x))(I(y) - f_i(x)) \mathrm{d}y = 0 \quad (3.1.7)$$

对式 (3.1.7) 求解得到在像素点 x 的邻域内轮廓内外的灰度平均拟合值：

$$f_i(x) = \frac{K_\sigma(x) * [M_i(\phi(x)) I(x)]}{K_\sigma(x) * M_i(\phi(x))}, \quad i = 1, 2 \quad (3.1.8)$$

LBF 模型利用局部图像空间信息，在对强度分布不均匀的图像进行分割时取得较好的效果。然而，该算法只考虑图像的局部均值信息，对轮廓初始化很敏感且在处理弱边界图像时得不到理想的分割结果。

3.2　基于 nCRF 的夜视图像显著轮廓提取

在高分辨率可见光图像中，侧抑制区的仿生模型能够较好地去除背景纹理产生的虚假边缘，提取出图像显著轮廓，然而它们对夜视图像的轮廓检测效果不佳。相对于高质量的可见光图像，微光图像受噪声干扰严重，红外图像细节模糊。一方面，低信噪比、低对比度导致夜视图像轮廓提取不准确、背景纹理抑制不充分；另一方面，抑制模型没有对中心–环境进行综合特征差异分析，不能很好地解决异

质区域互抑制 (如目标与背景、轮廓与纹理等) 和轮廓元素自抑制问题。因此抑制作用削弱夜视图像轮廓强度, 导致轮廓断裂, 影响后续的目标识别。

为解决上述问题, 本节基于非经典感受野的视觉注意机制, 阐述了一种 WKPCA 同质度校正 nCRF 抑制模型和一种 nCRF 复合调制模型。WKPCA 同质度校正抑制模型能够有效削弱微光噪声和奇异数据干扰, 提高背景抑制精度, 实现准确的微光图像显著轮廓提取。为进一步增强轮廓响应, 连接断裂轮廓, 同时降低计算复杂度, nCRF 复合调制模型整合了非经典感受野的抑制和易化机理, 可针对微光和红外图像特征, 快速有效地提取复杂自然场景下夜视图像完整的显著轮廓。

3.2.1　基于 WKPCA 同质度校正 nCRF 抑制模型的微光图像显著轮廓提取

V1 区神经元感受野的刺激响应受其大外周抑制, 抑制程度取决于神经元和其大外周的最佳响应方向差异, 当 CRF 与 nCRF 存在一致的最佳方向时, 抑制作用最强 [11-13], 随着两者方向差异的增加, 抑制作用减弱[11,12,14,15]。空间频率[15] 和对比度 [16] 差异也会产生相似的效果, 即大多数细胞的 nCRF 起抑制作用, 当 CRF 与 nCRF 区域拥有一致的图像特征时抑制活动最强, 当两者存在差异时抑制活动减弱或消失。因此 nCRF 不仅影响 CRF 的响应强度, 而且与 CRF 构成一个特征选择单元, 通过两者的相互作用综合评估图像的特征差异。

为了解决现有非经典感受野模型中采用单一方向差加权抑制方式提取图像轮廓的不足, 本章引入微光图像多维特征分析, 根据 CRF 与 nCRF 区域的特征分布差异, 优化传统的 nCRF 抑制模型。

3.2.1.1　WKPCA 同质度校正 nCRF 抑制模型

为了提高大外周对中心抑制的准确性, 确保与中心同质的大外周像元提供较大抑制、与中心异质的大外周像元不对中心抑制或抑制很小, 如图 3.2.1 所示, 本节研究了一种加权 KPCA (Weighted KPCA, WKPCA) 算法来评估中心–环境的同质度 (Degree of Homogeneity, DH), 并根据同质度值对环境抑制成分进行校正, 提高非经典感受野抑制精度。

基于上述思想, 首先需要给出 CRF 与 nCRF 的同质度定义及其计算方法。一种有效的方案是使用主成分分析法 (PCA) 计算出 CRF 区域内像元特征主成分, 将 nCRF 各像元特征向量在 CRF 主成分上投影, 即可评估两者的相似性, 此投影值定义为环境像元与中心的同质度。然而, 一方面主成分分析法是一种线性方法, 难以精确分析 CRF 中非线性数据特性; 另一方面 CRF 中可能存在奇异数据干扰, 如噪声背景中夹杂的目标数据、目标中夹杂的背景数据等, 这些都会影响中心主成分提取的准确性。

为解决上述问题, 采用非线性方法 KPCA 计算 CRF 主成分。此外考虑 CRF 与 nCRF 区域内各像元的多维特征综合评估, 阐述了一种特征向量角匹配 (Feature Vector Angle Matching, FAM) 方法检测 CRF 中各像元的可靠性,基于 FAM 测度 WKPCA 算法,提高 CRF 主成分分析精度。WKPCA 能够充分利用微光图像的多维特征差异,削弱或去除奇异点对中心主成分的贡献,因此基于 WKPCA 可准确计算中心–环境同质度,并根据同质度值控制 nCRF 中各像元对 CRF 的抑制程度,从而使得基于同质度修正的优化抑制模型能够更准确地分离显著区域与背景、抑制纹理和噪声,实现复杂自然场景下的微光图像显著轮廓提取。

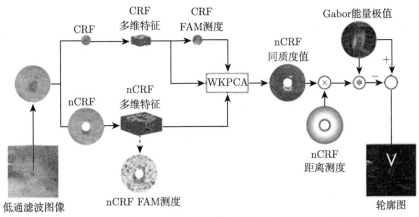

图 3.2.1 WKPCA 同质度校正 nCRF 抑制模型流程图 (扫描本书封底二维码可见彩图)

下面详细介绍多维特征分析,WKPCA 算法和基于 WKPCA 的同质度计算方法以及同质度修正的 nCRF 抑制模型。

1) 多维特征分析

传统的环形 nCRF 结构在各方位上同等抑制 (各向同性),这会导致异质像元及轮廓元素之间相互抑制,削弱轮廓响应及破坏轮廓完整性。不同于各向同性和各向异性的模型,蝶形抑制模型采用一种环境–中心方位差加权方法,在抑制纹理细节的同时减少共线轮廓元素间的相互作用[17–19]。该模型中相同方向像元间的抑制大、不同方向像元间的抑制小。而该模型中,抑制程度单一地取决于 CRF 与 nCRF 的方向对比度,这会导致相似朝向的异质像元间可能存在互抑制,不同朝向的同质像元间却不产生抑制。此外,微光图像中边缘受噪声干扰,局部方向能量不准确甚至无明显方向性,因此仅依赖于方向差加权的蝶形抑制,无法很好提取微光图像轮廓。

生物实验表明,当 CRF 和 nCRF 之间的图形特征一致时,抑制作用最强,而当两者之间存在差异时,抑制作用减弱或消失,这种相关特征包括方位、空间频率和对比度等[11–16]。因此,如图 3.2.2 所示,为弥补单一方向差加权抑制的不足,本节采用多维特征分析[20],从而在特征空间更全面地评估 nCRF 与 CRF 的差异。

　　众多统计特征可用于描述微光图像特性，但是统计量的选取应具有几何不变性，且在最少冗余下具有最优分辨能力[21]。为有效地表示微光图像特征，这里选取各像素 5×5 邻域内的 4 个旋转不变的统计特征以及方向作为该像素的特征集，这 4 个统计特征包括空间频率、对比度、灰度共生统计熵和灰度共生统计相关性[21-23]。特征集中方向表示梯度信息；空间频率和对比度反映局部灰度统计分布；当像元间距设为 1 或 2 时，灰度共生统计特性能够描述局部高频信息，且不同于 Gabor 滤波器采用高斯函数对局部区域加权，灰度共生统计特性假设兴趣窗口内为均匀分布，对局部叠加噪声不敏感。

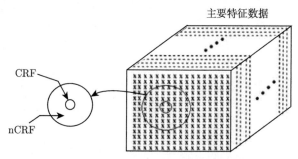

图 3.2.2　　特征空间中的非经典感受野结构

　　定义 $\boldsymbol{x} = [O_c, \mathrm{SF}_c, \mathrm{CON}_c, \mathrm{cooE}_c, \mathrm{cooCOR}_c]^\mathrm{T}, \boldsymbol{y} = [O_{nc}, \mathrm{SF}_{nc}, \mathrm{CON}_{nc}, \mathrm{cooE}_{nc},$ $\mathrm{cooCOR}_{nc}]^\mathrm{T}$ 分别表示 CRF 和 nCRF 内像元特征向量，其中 O_c, O_{nc}, SF_c, SF_{nc}, CON_c, CON_{nc}, cooE_c, cooE_{nc}, cooCOR_c 和 cooCOR_{nc} 分别表示 CRF 和 nCRF 内各像元归一化的偏好方向、空间频率、对比度及灰度共生统计熵和相关性。

　　如图 3.2.3 所示，计算轮廓区域大/小抑制尺度下 CRF 和 nCRF 窗口内的 5 种特征值，其中小尺度下 CRF 和 nCRF 窗口尺寸分别是 3 和 7，大尺度下分别是 7 和 21；由该图可知，只通过优化方向很难有效区分 CRF 和 nCRF，尤其在大尺度下两者的方向对比度小，而结合另外 4 种特征，在大/小尺度下均可准确区分。

2) 同质性分析

　　为计算特征空间中 nCRF 各环境像元与 CRF 中心的差异，定义中心–环境同质度为环境像元特征向量到中心主成分的投影，并采用 KPCA 算法计算中心像元特征集的主成分。KPCA 利用多维特征间的相关性，将线性空间特征信号映射到高维核空间，在高维核空间假设数据满足高斯分布并进行主成分分析。由于映射过程是非线性的，高维高斯分布数据反映射到低维输入空间后，数据分布复杂，与真实情况符合。因此 KPCA 可以挖掘多维特征间的非线性信息[24,25]，有效区分轮廓和背景。

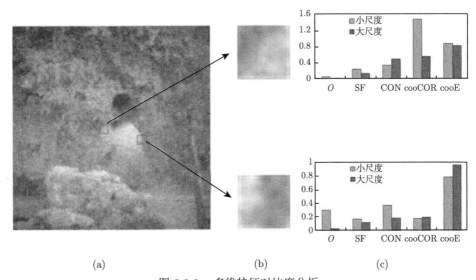

图 3.2.3 多维特征对比度分析

(a) 原始图像；(b) 21 × 21 像素的框选区域放大图；(c) 大/小抑制尺度下 CRF
和 nCRF 内的不同特征差异

(1) KPCA。

KPCA 算法以检测点为中心，计算其 CRF 和 nCRF 数据在高维核空间的差异。设子空间维度为 P，定义 $P \times N_c$ 矩阵 $\boldsymbol{X} = [\boldsymbol{x}_1 \ \boldsymbol{x}_2 \ \cdots \ \boldsymbol{x}_{N_c}]$ 表示 CRF 区域内的多维特征数据，样本 $\boldsymbol{x}_i$ 为 P 维特征向量 $\boldsymbol{x}_i = [O_c, \mathrm{SF}_c, \mathrm{CON}_c, \mathrm{cooE}_c, \mathrm{cooCOR}_c]_i^{\mathrm{T}}$，$N_c$ 为 CRF 内像元数目；$P \times N_{nc}$ 矩阵 $\boldsymbol{Y} = [\boldsymbol{y}_1 \ \boldsymbol{y}_2 \ \cdots \ \boldsymbol{y}_{N_{nc}}]$ 表示 nCRF 区域内的多维特征数据，样本 $\boldsymbol{y}_j$ 为 P 维特征向量 $\boldsymbol{y}_j = [O_{nc}, \mathrm{SF}_{nc}, \mathrm{CON}_{nc}, \mathrm{cooE}_{nc}, \mathrm{cooCOR}_{nc}]_j^{\mathrm{T}}$，$N_{nc}$ 为 nCRF 内像元数目。

根据 PCA 原理，CRF 的主成分由其协方差矩阵的特征值和对应的特征向量计算所得，该协方差矩阵由 $\boldsymbol{X}$ 中样本构成，而 KPCA 算法计算高维核空间内各测试像元的 CRF 和 nCRF 区域的同质性。因此利用非线性映射函数 $\phi(\cdot)$ 将特征矩阵 $\boldsymbol{X}$ 和 $\boldsymbol{Y}$ 映射到高维核空间，$\boldsymbol{C}_\phi$ 定义为核空间 CRF 的协方差：

$$\boldsymbol{C}_\phi = \sum_{i=1}^{N_c} (\phi(\boldsymbol{x}_i) - \boldsymbol{\mu}_\phi)(\phi(\boldsymbol{x}_i) - \boldsymbol{\mu}_\phi)^{\mathrm{T}} / N_c \tag{3.2.1}$$

其中，$\boldsymbol{\mu}_\phi = \sum_{i=1}^{N_c} \phi(\boldsymbol{x}_i) / N_c$。$\boldsymbol{V}_\phi$ 为 $\boldsymbol{C}_\phi$ 非零特征值 $\boldsymbol{\Lambda}_\phi$ 对应的特征向量，$\boldsymbol{V}_\phi$ 为 CRF 的主成分。

nCRF 中各像元与 CRF 中心同质度 $\mathrm{DH}(\boldsymbol{r})$ 定义为高维核空间中 nCRF 各像元的特征向量 $\phi(\boldsymbol{r})$ 到中心主成分 $\boldsymbol{V}_\phi$ 的投影距离：

$$\mathrm{DH}(\boldsymbol{r}) = (\phi(\boldsymbol{r}) - \boldsymbol{\mu}_\phi)^{\mathrm{T}} \boldsymbol{V}_\phi \boldsymbol{V}_\phi^{\mathrm{T}} (\phi(\boldsymbol{r}) - \boldsymbol{\mu}_\phi) \tag{3.2.2}$$

其中，$\boldsymbol{r} \in \boldsymbol{Y}$ 为 nCRF 中各像元的特征向量。

(2) WKPCA。

尽管 KPCA 较 PCA 更有效地提取和利用了数据的非线性特征，但 KPCA 也存在一定的缺陷。一般情况下，奇异点数目较少且目标和背景分布是统计均匀的，因此可以近似认为 CRF 的协方差矩阵只表示目标或背景，即式 (3.2.1) 中 CRF 的所有像元对其高维核空间协方差矩阵 $\boldsymbol{C}_\phi$ 的贡献权重一致 (都为 1)。但若中心数据为病态分布、中心组成为背景数据掺杂少量目标点或目标数据掺杂少量背景点，$\boldsymbol{C}_\phi$ 主成分就不能准确表征 CRF 数据的特性。

为解决这一问题，在核空间以检测点为中心的 CRF 区域的协方差矩阵 $\boldsymbol{C}_\phi$ 中，各像素特征向量需自适应地引入权重因子，抑制或去除目标数据中的背景点或奇异点、背景数据中的目标点或奇异点对 $\boldsymbol{C}_\phi$ 的影响，这样 $\boldsymbol{C}_\phi$ 就能更准确地描述目标或背景数据分布特性。因此阐述了一种特征角匹配 (FAM) 方法计算 $\boldsymbol{C}_\phi$ 中各像元特征向量对应的权值因子。定义 FAM 值为核空间中 $\boldsymbol{C}_\phi$ 各像元特征向量 $\phi(\boldsymbol{x}_i)$ 与数据中心向量均值 $\boldsymbol{\mu}_\phi$ 夹角的余弦，若某像元的 FAM 值较大，其高维特征向量 $\phi(\boldsymbol{x}_i)$ 与 $\boldsymbol{\mu}_\phi$ 特征相似，该像元获得较大权值，其特征向量对 $\boldsymbol{C}_\phi$ 贡献大，反之获得较小权重因子。

核空间中 CRF 的 FAM 加权协方差矩阵 $\boldsymbol{C}_{\phi w}$ 表示为

$$\boldsymbol{C}_{\phi w} = \frac{1}{N_c} \sum_{i=1}^{N_c} w_{\boldsymbol{x}_i} (\phi(\boldsymbol{x}_i) - \boldsymbol{\mu}_\phi)(\phi(\boldsymbol{x}_i) - \boldsymbol{\mu}_\phi)^{\mathrm{T}} \Big/ \sum_{i=1}^{N_c} w_{\boldsymbol{x}_i} \tag{3.2.3}$$

其中，$w_{\boldsymbol{x}_i}$ 为 CRF 各像元的 FAM 权重因子

$$w_{\boldsymbol{x}_i} = \cos(\phi(\boldsymbol{x}_i),\ \boldsymbol{\mu}_\phi) = \frac{\phi^{\mathrm{T}}(\boldsymbol{x}_i)\boldsymbol{\mu}_\phi}{\|\phi^{\mathrm{T}}(\boldsymbol{x}_i)\| \cdot \|\boldsymbol{\mu}_\phi\|}$$

$$= \frac{\displaystyle\sum_{m=1}^{N_c} k(\boldsymbol{x}_i, \boldsymbol{x}_m)/N_c}{\sqrt{k(\boldsymbol{x}_i, \boldsymbol{x}_i)} \sqrt{\displaystyle\sum_{m=1}^{N_c} \sum_{n=1}^{N_c} k(\boldsymbol{x}_m, \boldsymbol{x}_n)/N_c^2}} \tag{3.2.4}$$

式中，$i = 1, \cdots, N_c$。这里利用了核函数性质：$k(\boldsymbol{x}, \boldsymbol{y}) = \langle \phi(\boldsymbol{x}), \phi(\boldsymbol{y}) \rangle$。

如图 3.2.4 所示，为计算核空间中各像元特征向量与 CRF 中心均值向量间的 FAM 权值三维图，其中设置感受野尺度因子 $\sigma = 3.0$，对应 CRF 窗口半径 5，nCRF 窗口半径 20。结构图中 CRF 窗口内主要为目标像元，其均值特征向量

近似目标特性，因此 FAM 三维图中 CRF 窗口和 nCRF 环形窗口内目标像元的 FAM 值较大 (红色)，背景像元的 FAM 值较小 (蓝色)。可见 FAM 权重因子能够削弱 CRF 协方差矩阵中的大部分奇异数据干扰。

WKPCA 算法即计算核空间 CRF 加权协方差矩阵 $\boldsymbol{C}_{\phi w}$ 的特征向量 $\boldsymbol{V}_{\phi w}$ 以及 nCRF 内各像元特征向量 $\phi(\boldsymbol{r})$ 在 $\boldsymbol{V}_{\phi w}$ 上的投影 $\langle \boldsymbol{V}_{\phi w}, \phi(\boldsymbol{r}) \rangle$。

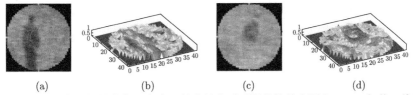

图 3.2.4 真实目标轮廓像元为中心的非经典感受野结构放大图和 FAM 权值三维图
$(\sigma = 3.0)$(扫描本书封底二维码可见彩图)

(a), (c) 目标区域的非经典感受野结构图；(b), (d) FAM 权值三维图

令 $\displaystyle\sum_{i=1}^{N_c} w_{\boldsymbol{x}_i} = w$，核空间加权样本表示为

$$\phi_w(\boldsymbol{X}) = [\phi_w(\boldsymbol{x}_1),\ \phi_w(\boldsymbol{x}_2),\ \cdots,\ \phi_w(\boldsymbol{x}_{N_c})]$$
$$\left\{ \phi_w(\boldsymbol{x}_i) = \sqrt{w_{\boldsymbol{x}_i}/w}(\phi(\boldsymbol{x}_i) - \boldsymbol{\mu}_\phi) \right\}_{i=1}^{N_c} \tag{3.2.5}$$

则式 (3.2.3) 可转换为

$$\boldsymbol{C}_{\phi w} = \sum_{i=1}^{N_c} \phi_w(\boldsymbol{x}_i)\phi_w(\boldsymbol{x}_i)^{\mathrm{T}}/N_c \tag{3.2.6}$$

$\boldsymbol{C}_{\phi w}$ 非零特征值构成的对角矩阵为 $\boldsymbol{\Lambda}_{\phi w} = \mathrm{diag}([\lambda_w^1\ \lambda_w^2\ \cdots\ \lambda_w^{N_c}])$，各特征值对应的特征向量为 $\boldsymbol{V}_{\phi w} = [\boldsymbol{V}_{\phi w}^1, \boldsymbol{V}_{\phi w}^2, \cdots, \boldsymbol{V}_{\phi w}^{N_c}]$，其中每个特征向量 $\boldsymbol{V}_{\phi w}^l\big|_{l=1,2,\cdots,N_c}$ 都在 $\phi_w(\boldsymbol{X})$ 的度量空间内，因此 $\boldsymbol{V}_{\phi w}^l$ 可以表示成 $\{\phi_w(\boldsymbol{x}_i)\}_{i=1}^{N_c}$ 的线性组合[26]：

$$\boldsymbol{V}_{\phi w}^l = \sum_{i=1}^{N_c} \alpha_i^l \phi_w(\boldsymbol{x}_i) = \phi_w(\boldsymbol{X})\boldsymbol{\alpha}^l \tag{3.2.7}$$

其中，$\boldsymbol{\alpha}^l = [\alpha_1^l, \alpha_2^l, \cdots, \alpha_{N_c}^l]^{\mathrm{T}}$，$l = 1, 2, \cdots, N_c$。

将式 (3.2.6) 和式 (3.2.7) 代入 $\lambda_w^l \boldsymbol{V}_{\phi w}^l = \boldsymbol{C}_{\phi w}\boldsymbol{V}_{\phi w}^l$，可得

$$N_c \lambda_w^l \phi_w(\boldsymbol{X})\boldsymbol{\alpha}^l = \phi_w(\boldsymbol{X})\phi_w^{\mathrm{T}}(\boldsymbol{X})\phi_w(\boldsymbol{X})\boldsymbol{\alpha}^l \tag{3.2.8}$$

将上式两边左乘 $\phi_w^{\mathrm{T}}(\boldsymbol{X})$，并令 $\boldsymbol{K}_w = \phi_w^{\mathrm{T}}(\boldsymbol{X})\phi_w(\boldsymbol{X})$，可得 $N_c\lambda_w^l\boldsymbol{\alpha}^l = \boldsymbol{K}_w\boldsymbol{\alpha}^l$。因此核矩阵 $\boldsymbol{K}_w$ 的特征值为协方差矩阵 $\boldsymbol{C}_{\phi w}$ 的 N_c 倍，$\boldsymbol{K}_w$ 对应的特征向量为 $\boldsymbol{D}_w = [\boldsymbol{\alpha}^1, \boldsymbol{\alpha}^2, \cdots, \boldsymbol{\alpha}^{N_c}]$。利用核函数 $k(\cdot)$ 性质将 $\boldsymbol{K}_w$ 进一步表示为

$$
\begin{aligned}
\boldsymbol{K}_w &= \boldsymbol{D}_w N_c \boldsymbol{\Lambda}_{\phi w} \boldsymbol{D}_w^{\mathrm{T}} = [\phi_w^{\mathrm{T}}(\boldsymbol{x}_i)\phi_w(\boldsymbol{x}_j)]_{N_c \times N_c} \\
&= \left[\sqrt{w_{\boldsymbol{x}_i}w_{\boldsymbol{x}_j}}/w \cdot (\phi(\boldsymbol{x}_i) - \boldsymbol{\mu}_\phi)^{\mathrm{T}}(\phi(\boldsymbol{x}_j) - \boldsymbol{\mu}_\phi)\right]_{N_c \times N_c} \\
&= \left[\sqrt{w_{\boldsymbol{x}_i}w_{\boldsymbol{x}_j}}/w \cdot \left(k(\boldsymbol{x}_i, \boldsymbol{x}_j) - \frac{1}{N_c}\sum_{m=1}^{N_c} k(\boldsymbol{x}_i, \boldsymbol{x}_m) - \frac{1}{N_c}\sum_{m=1}^{N_c} k(\boldsymbol{x}_m, \boldsymbol{x}_j)\right.\right. \\
&\quad \left.\left. + \frac{1}{N_c^2}\sum_{m=1}^{N_c}\sum_{n=1}^{N_c} k(\boldsymbol{x}_m, \boldsymbol{x}_n)\right)\right]_{N_c \times N_c}, \quad i, j = 1, \cdots, N_c \quad (3.2.9)
\end{aligned}
$$

由式 (3.2.7) 和式 (3.2.8) 的结论可得，核空间中 nCRF 各像元特征向量 $\phi(\boldsymbol{r})$ 在 CRF 加权协方差矩阵 $\boldsymbol{C}_{\phi w}$ 的特征向量 $\boldsymbol{V}_{\phi w}$ 上的投影表示为

$$
\langle \boldsymbol{V}_{\phi w}, \phi(\boldsymbol{r})\rangle = \boldsymbol{D}_w^{\mathrm{T}}\phi_w^{\mathrm{T}}(\boldsymbol{X})\phi(\boldsymbol{r}) = \boldsymbol{D}_w^{\mathrm{T}}k_w(\boldsymbol{X}, \boldsymbol{r})
$$

$$
k_w(\boldsymbol{X}, \boldsymbol{r}) = \phi_w^{\mathrm{T}}(\boldsymbol{X})\phi(\boldsymbol{r}) = \left[\sqrt{w_{\boldsymbol{x}_i}/w}\left(k(\boldsymbol{x}_i, \boldsymbol{r}) - \frac{1}{N_c}\sum_{m=1}^{N_c} k(\boldsymbol{x}_m, \boldsymbol{r})\right)\right]_{N_c \times 1}, \quad i = 1, \cdots, N_c
$$

$$(3.2.10)$$

结合式 (3.2.2)，核空间 nCRF 各像元与 CRF 中心同质度 $\mathrm{DH}_w(\boldsymbol{r})$ 可表示为

$$
\begin{aligned}
\mathrm{DH}_w^{-1}(\boldsymbol{r}) &= (\phi(\boldsymbol{r}) - \boldsymbol{\mu}_\phi)^{\mathrm{T}}\boldsymbol{V}_{\phi w}\boldsymbol{V}_{\phi w}^{\mathrm{T}}(\phi(\boldsymbol{r}) - \boldsymbol{\mu}_\phi) \\
&= (\phi(\boldsymbol{r}) - \boldsymbol{\mu}_\phi)^{\mathrm{T}}\phi_w(\boldsymbol{X})\boldsymbol{D}_w\boldsymbol{D}_w^{\mathrm{T}}\phi_w^{\mathrm{T}}(\boldsymbol{X})(\phi(\boldsymbol{r}) - \boldsymbol{\mu}_\phi) \\
&= \left(k_w(\boldsymbol{X}, \boldsymbol{r}) - \frac{1}{N_c}\sum_{i=1}^{N_c} k_w(\boldsymbol{X}, \boldsymbol{x}_i)\right)^{\mathrm{T}}\boldsymbol{D}_w\boldsymbol{D}_w^{\mathrm{T}}\left(k_w(\boldsymbol{X}, \boldsymbol{r}) - \frac{1}{N_c}\sum_{i=1}^{N_c} k_w(\boldsymbol{X}, \boldsymbol{x}_i)\right)
\end{aligned}
$$

$$(3.2.11)$$

因此选择合适的核函数 $k(\cdot)$ 构造正定的核矩阵 $\boldsymbol{K}_w$，计算其特征向量 $\boldsymbol{D}_w$，即可得出各环境像元与中心的同质度 $\mathrm{DH}_w(\boldsymbol{r})$。通过多次实验选用径向基 RBF 核函数 $k(\boldsymbol{x}, \boldsymbol{y}) = \exp[(-\|\boldsymbol{x} - \boldsymbol{y}\|^2)/2\sigma_k^2]$，它能够表征特征向量间的能量差异，采用 FAM 函数能够表征特征向量曲线的形状差异，如此 WKPCA 算法既考虑了像元间特征能量差异，也考虑了像元间特征曲线形状差异，能够更全面地区分多维特征数据。实验中 RBF 核函数的标准方差设为 $\sigma_k = 0.5$。

3) 同质度校正抑制

将所有 DH 值规范化, 获得抑制量的修正系数 $AC_{DH}(x,y)$, 仍然考虑抑制量随 CRF 中心的距离衰减特性, 结合 DH 修正系数 $AC_{DH}(x,y)$ 和距离衰减函数 $\omega_\sigma(x,y)$, 校正 nCRF 中各像元到 CRF 中心的抑制量, 将传统 nCRF 模型的环境抑制量修正为 $T_\sigma(x,y)$

$$T_\sigma(x,y) = E_\sigma(x,y) * (AC_{DH}(x,y)\omega_\sigma(x,y)) \qquad (3.2.12)$$

其中, $E_\sigma(x,y)$ 为 Gabor 方向能量极值

$$E_\sigma(x,y) = \max\{E_\sigma(x,y;\theta_i)|i=0,1,\cdots,N_\theta-1\} \qquad (3.2.13)$$

最后, 同质度修正的 nCRF 抑制模型的输出为

$$R_\sigma(x,y) = |E_\sigma(x,y) - pT_\sigma(x,y)|^+ \qquad (3.2.14)$$

其中, p 为控制模型的抑制比例。

由于引入了微光图像的多维特征, 基于 WKPCA 计算的 CRF 主成分更具表征性, DH 有效衡量了中心与外周的同质性。

各像元主要受与其同质的区域抑制, 对于检测点为背景内部像元的情况, 虽然自然纹理方向能量小且分布杂乱, 测试点处 nCRF 与 CRF 中心 DH 值大的有效抑制像元数目多, 因此同质区域较大, 式 (3.2.12) 的抑制量大, 严重削弱 CRF 中心测试点响应。

同样目标内部检测点也被较大程度地抑制, 内部纹理方向能量小且分布杂乱, 具有高同质度值的有效抑制像元数取决于测试点处 nCRF 与 CRF 中心同质的区域大小 (即目标大小), 因此若目标较大, 则 nCRF 中同质区大, CRF 中心目标像元受较大抑制而响应弱; 若目标较小则 nCRF 中同质区小, CRF 中心目标像元受抑制小, 保留整体小目标。

对于轮廓处的检测点, 由于 WKPCA 去除了干扰数据, CRF 主成分与目标或背景特征吻合程度高, nCRF 中目标内部或背景像元的同质度值高。轮廓像元的多维特征区别于目标和背景, 其特征向量与中心主成分产生偏差, 导致轮廓像元本身 DH 值较低。而方向能量在轮廓像元处较大, 在目标和背景内部像元处较小。因此中心轮廓像元主要受源自同一轮廓的像元抑制, 有效抑制像元数目小且同质度值较低, 加之距离衰减调制, 轮廓处测试点几乎不受抑制因而响应强。

因此, WKPCA 同质度校正抑制能够准确抑制纹理、检测轮廓, 且最大限度减少轮廓自抑制, 保留完整显著轮廓。

3.2.1.2　微光图像显著轮廓提取实验分析

下面介绍多维特征分析中采用的各特征计算方法。给定局部图像 I，大小为 $M \times N$，M 和 N 是图像行数和列数。各像元 (y, x) 处的优化方向为其最大局部方向能量对应的方向：

$$O = \arg\max \{E_\sigma(y, x; \theta_i) \,|\, i = 0, 1, \cdots, N_\theta - 1\} \tag{3.2.15}$$

局部对比度 (CON) 测量中心和环境窗口的局部变化，CON 实际定义为局部标准差

$$\text{CON} = \sqrt{\frac{1}{MN} \sum_{y=0}^{M-1} \sum_{x=0}^{N-1} [I(y, x) - \mu]^2} \tag{3.2.16}$$

这里，μ 是局部灰度均值。

空间频率 (SF) 表示局部图像的活跃程度，其中行向和列向频率为

$$\text{Row\_Freq} = \sqrt{\frac{1}{MN} \sum_{y=0}^{M-1} \sum_{x=0}^{N-1} [I(y, x) - I(y, x - 1)]^2}$$

$$\text{Column\_Freq} = \sqrt{\frac{1}{MN} \sum_{y=0}^{M-1} \sum_{x=0}^{N-1} [I(y, x) - I(y - 1, x)]^2} \tag{3.2.17}$$

总频率为

$$\text{SF} = \sqrt{(\text{Row\_Freq})^2 + (\text{Column\_Freq})^2} \tag{3.2.18}$$

共生统计评估指定的像素对在灰度共生矩阵 GLCM 中出现的联合概率。这里计算 4 个方向 $(0°, 45°, 90°, 135°)$ 和 2 个像素偏移的 GLCM。

共生统计相关性 (cooCOR) 衡量 GLCM 矩阵中元素在行向和列向的相似性，它能够反映局部图像的灰度相关性，即

$$\text{cooCOR} = \sum_{i=1}^{k} \sum_{j=1}^{k} \frac{i \cdot j \cdot G(i, j) - u_i u_j}{s_i s_j} \tag{3.2.19}$$

其中，

$$u_i = \sum_{i=1}^{k} \sum_{j=1}^{k} i \cdot G(i, j), \quad u_j = \sum_{i=1}^{k} \sum_{j=1}^{k} j \cdot G(i, j) \tag{3.2.20}$$

$$s_i^2 = \sum_{i=1}^{k} \sum_{j=1}^{k} G(i, j)(i - u_i)^2, \quad s_j^2 = \sum_{i=1}^{k} \sum_{j=1}^{k} G(i, j)(j - u_j)^2 \tag{3.2.21}$$

这里，G 即为 GLCM 矩阵，G 的行、列数为 k。若 GLCM 中元素值均匀，则 cooCOR 值较大；若 GLCM 中元素值差异大，则 cooCOR 值较小。因此共生统计相关性可以评估图像纹理的一致性。

共生统计熵 (cooH) 测量 GLCM 中对角方向元素分布的紧密度，即

$$\text{cooH} = \sum_{i=1}^{k} \sum_{j=1}^{k} \frac{G(i,j)}{1+(i-j)^2} \tag{3.2.22}$$

GLCM 中对角元素大则 cooH 值大，即图像区域的灰度一致则其 cooH 值大。因此共生统计熵评估图像纹理的局部均匀性。

1) 模拟数据和微光数据分析

本节通过模拟数据和真实微光数据，对比 PCA、KPCA 和 WKPCA 算法，并比较不同方法计算的 CRF 与 nCRF 区域同质性。采用式 (3.2.11) 计算 WKPCA 同质度，采用下式计算 PCA 同质度：

$$\text{DH}_{\text{PCA}}^{-1}(\boldsymbol{r}) = (\boldsymbol{r}-\boldsymbol{\mu})^{\text{T}} \boldsymbol{v}\boldsymbol{v}^{\text{T}}(\boldsymbol{r}-\boldsymbol{\mu}) \tag{3.2.23}$$

式中，$\boldsymbol{\mu}$ 为 CRF 中心像元特征的均值向量，$\boldsymbol{v}$ 为采用 PCA 算法选定的主成分。采用下式计算 KPCA 同质度：

$$\text{DH}_{\text{KPCA}}^{-1}(\boldsymbol{r}) = \left(k(\boldsymbol{Z},\boldsymbol{r}) - \frac{1}{N_c}\sum_{i=1}^{N_c} k(\boldsymbol{Z},\boldsymbol{x}_i) \right)^{\text{T}} \boldsymbol{w}\boldsymbol{w}^{\text{T}} \left(k(\boldsymbol{Z},\boldsymbol{r}) - \frac{1}{N_c}\sum_{i=1}^{N_c} k(\boldsymbol{Z},\boldsymbol{x}_i) \right) \tag{3.2.24}$$

其中，

$$k(\boldsymbol{Z},\boldsymbol{r}) = \phi^{\text{T}}(\boldsymbol{X})\phi(\boldsymbol{r}) = \left[k(\boldsymbol{x}_i,\boldsymbol{r}) - \frac{1}{N_c}\sum_{m=1}^{N_c} k(\boldsymbol{x}_m,\boldsymbol{r}) \right]_{N_c \times 1}, i=1,\cdots,N_c \tag{3.2.25}$$

式中，$\boldsymbol{w}$ 为 KPCA 算法选定的主成分。

图 3.2.5 测试比较了 PCA、KPCA 和 WKPCA 算法对模拟数据的分辨能力。与线性 PCA 相比，非线性 KPCA 一定程度上区分了目标和背景，但无法进一步对不同分布目标分类，而 WKPCA 不仅能够分离目标和背景，而且能够有效区分不同分布的目标。

图 3.2.6 进一步比较了 PCA、KPCA 和 WKPCA 算法对真实微光图像的同质性分析结果。微光图像数据分布复杂，使得 KPCA 比 PCA 的分析更为准确，如图 3.2.6(a) 所示。CRF 中心以目标为主，受奇异数据 (噪声和目标中的少量背景数据等) 干扰，KPCA 主成分产生偏差，导致目标和背景内部像元的同质度均较低。而目标轮廓周边像元的多维统计特征同时包含了目标和背景信息，其特征

向量与干扰主成分近似，导致目标轮廓周围像素点的同质度较高，如图 3.2.6(b) 所示。然而这些高同质度像元并非准确的轮廓元素，且明显多于真实轮廓像素数，这容易导致轮廓元素间的抑制量增加。

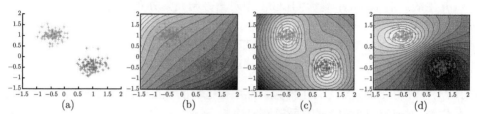

图 3.2.5   PCA、KPCA、WKPCA 算法对混合高斯数据的分类效果比较 ($\sigma = 3.0$)(扫描本书封底二维码可见彩图)

(a) 二维混合高斯数据集；(b) PCA；(c) KPCA；(d) WKPCA

WKPCA 去除了奇异数据干扰，中心主成分准确地描述了目标特性，因而目标内部同质度较高；轮廓像元的灰度统计特征同时包含目标与背景信息，其特征向量与中心 WKPCA 主成分不一致而同质度稍低；背景像元特征向量与中心 WKPCA 主成分差异较大，其同质度低可忽略，如图 3.2.6(c) 所示。根据式 (3.2.12)，轮廓像元处的 WKPCA 同质度校正抑制量显著少于 KPCA。

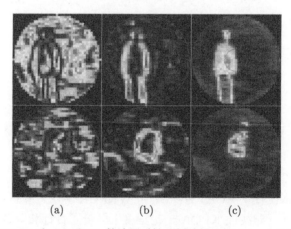

图 3.2.6   PCA、KPCA 和 WKPCA 算法同质性分析结果比较 ($\sigma = 3.0$)(扫描本书封底二维码可见彩图)

(a)PCA；(b)KPCA；(c)WKPCA

针对自然场景中的微光图像，验证 WKPCA 同质度校正抑制模型的合理有效性，结果如图 3.2.7 所示，图中从上到下依次是原始图像、WKPCA 同质度值、方向能量和有效抑制输出 (同质度值和方向能量的乘积)。对于背景纹理区域 (图 3.2.7(a1) 和 (a2))，nCRF 与 CRF 同质度高 (第二行)，Gabor 方向能量极

值杂乱 (第三行), 导致 nCRF 大部分像元对中心抑制, 由于有效抑制像元数目多且各像元抑制值大 (第四行), 因此背景内部像元响应弱。对于目标内部区域 (图 3.2.7(b1) 和 (b2)), nCRF 中同一目标部分与 CRF 同质度高 (第二行), Gabor 方向能量极值集中于边缘与目标内部 (第三行), 导致 nCRF 中目标像元均以较大值对中心抑制, 有效抑制像元数目取决于目标大小、抑制值大 (第四行), 因此目标内部像元响应弱。轮廓部分 (图 3.2.7(c1) 和 (c2)) 受 WKPCA 作用, nCRF 中与 CRF 主成分一致的目标部分同质度高 (第二行), 轮廓部分同质度稍低, Gabor 方向能量极值主要集中于边缘 (第三行), 目标内部的虚假边缘 (第五列第三行)、背景纹理 (第六列第三行) 的 Gabor 能量较低, 因此轮廓像元主要受源自同一轮廓的像元抑制, 有效抑制像元数目小且同质度值较小 (第四行), 加之距离衰减校正, 轮廓像元受到的抑制总量小, 从而使得轮廓中心响应强。

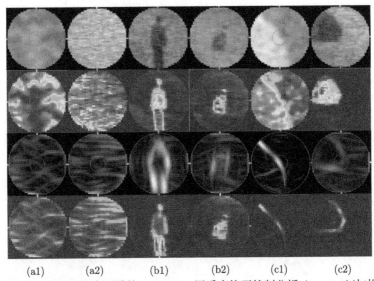

(a1)　　　(a2)　　　(b1)　　　(b2)　　　(c1)　　　(c2)

图 3.2.7　背景、目标和轮廓区域的 WKPCA 同质度校正抑制分析 ($\sigma = 3.0$)(扫描本书封底二维码可见彩图)

(a1)、(a2) 背景区域; (b1)、(b2) 目标区域; (c1)、(c2) 轮廓区域

为了进一步验证 WKPCA 同质度校正抑制模型的轮廓提取性能, 将其与蝶形抑制、PCA/KPCA 同质度校正抑制模型进行比较, 实验采用高斯噪声叠加的可见光图像和微光图像, 其中参数设置为 $p = 0.8$ 和 $\sigma = 3.0$。如图 3.2.8 所示, 预处理中采用 LSSD 降噪, 后处理中进行非极大值抑制和二值化排除虚假边缘, 选择较高响应且较大长度的边缘作为轮廓输出, 图中从上到下依次是加噪可见光图像 basket 和 buffalo, 微光图像 LLL1、LLL2、LLL3 和 LLL4。尽管纹理结构、噪声分布、场景复杂度和目标显著性等因素均存在不确定性, 但本模型能有效抑制

背景，尽可能地保留完整轮廓。

即使经过 LSSD 降噪仍存在噪声干扰，蝶形抑制残留了大量纹理和虚假边缘；线性 PCA 同质度校正抑制由于考虑了多维特征，一定程度上降低了噪声干扰；KPCA 同质度校正抑制采用非线性映射，提高了中心主成分准确度，可更有效地区分目标和背景，进一步削弱了部分纹理和虚假边缘响应；WKPCA 同质度校正抑制减少奇异数据干扰，提高了中心与大外周的抑制精度，显著抑制纹理、增强轮廓响应。

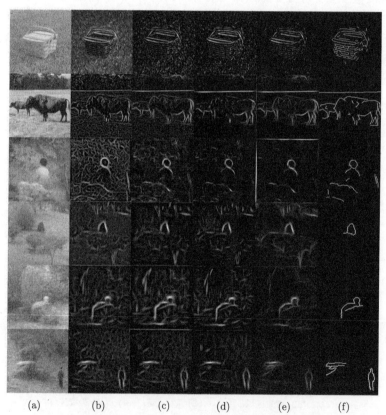

  (a)   (b)   (c)   (d)   (e)   (f)

图 3.2.8 各模型对复杂自然场景下微光图像轮廓提取效果的比较

(a) 原图；(b) 蝶形抑制；(c)PCA 同质度校正抑制；(d)KPCA 同质度校正抑制；
(e)WKPCA 同质度校正抑制；(f) 提出模型的二值输出

2) 模型参数分析与讨论

WKPCA 同质度校正抑制模型中有两个重要参数影响模型性能，即抑制尺度 σ 和抑制比例 p。

采用 Grigorescu 提出的方法讨论参数对所阐述模型的影响，定义真实的显著

轮廓的点集为 c_t，真实背景边缘的点集为 b_t，模型提取的轮廓点集为 c_e，模型提取的背景边缘点集为 b_e，那么正确检测的轮廓点集为 $c_e \cap c_t$，漏报点集为 $b_e \cap c_t$，误报点集为 $c_e \cap b_t$。本章定义三个新的测度：轮廓提取能力 $C = A_r - F_r$，正确率 $A_r = \mathrm{num}(c_e \cap c_t)/\mathrm{num}(c_t + b_t)$，错误率 $F_r = \mathrm{num}(b_e \cap c_t)/\mathrm{num}(c_t + b_t) + \mathrm{num}(c_e \cap b_t)/\mathrm{num}(c_e \cap c_t)$。

抑制尺度 σ 决定了 CRF 和 nCRF 的窗口尺寸，会直接影响模型的计算时间。对图 3.2.8 中的 LLL1 和 LLL4 图像进行测试，从而对轮廓提取能力 C 与尺度 σ 的变化关系进行讨论，效果如图 3.2.9 所示。

尺度较小时抑制作用微弱，正确率 A_r 随之提高的同时错误率 F_r 也增加，而且增加幅度更大，导致 $A_r - F_r$ 降低。随着尺度增加，部分轮廓响应被削弱，纹理抑制增强，A_r 和 F_r 同时降低，但 WKPCA 同质度作用使得纹理抑制大而轮廓削弱程度小，因此 F_r 降低速度比 A_r 快，从而使得 $A_r - F_r$ 在最佳尺度位置获得最大值。当尺度进一步增加，CRF 和 nCRF 覆盖范围变大，抑制作用加强，F_r 进一步降低同时 A_r 也减小，此时残余纹理较少，F_r 降低缓慢。在大尺度情况下，LLL4 中目标尺寸小，小目标在 CRF 中占据比例少，因此 CRF 主成分与背景相似，CRF 中心的目标像元被 nCRF 区域的大量背景抑制，导致 LLL4 的 A_r 和 $A_r - F_r$ 下降较快；LLL1 中目标尺寸大，虽然大目标的轮廓响应有受影响，但被削弱的程度较弱，因此 LLL1 的 $A_r - F_r$ 下降速度相对缓慢。

此外，尺度越大计算时间越长，如图 3.2.9 所示，为了同时确保图像中不同尺寸目标的轮廓提取效果，折中选取 $\sigma = 3.0$，前面实验中的参数也是如此设置的。

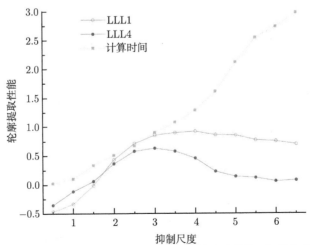

图 3.2.9　轮廓提取能力 C 和计算时间随抑制尺度 σ 的变化曲线 (扫描本书封底二维码可见彩图)

抑制比例 p 也会影响轮廓提取性能，如果抑制程度过大，弱小目标响应微弱，而减少抑制程度会导致大量的纹理边缘被保留。因此 p 取值很大程度上取决于场景中显著目标结构，场景中目标尺寸较大时应该设置大的 p 值，场景中目标尺寸较小时应该选择小的 p 值。基于场景目标的自适应抑制比例参数选取需要进一步开展深入研究。

为了测试所阐述模型参数的鲁棒性，对 91 组不同参数组合 ($\sigma = [0.5 : 0.5 : 6.5]$, $p = [0.2 : 0.1 : 0.8]$) 下模型性能进行统计分析，分别绘制蝶形抑制、PCA/KPCA 同质度校正抑制和 WKPCA 同质度校正抑制的轮廓提取性能盒状图，其中轮廓提取性能定义为 $P = \text{num}(c_e \cap c_t)/(\text{num}(c_e \cap c_t) + \text{num}(b_e \cap c_t) + \text{num}(c_e \cap b_t))$，它可以定量评估模型的轮廓提取效果[27]。图 3.2.10 表示前面实验所采用的 6 幅图像的统计盒状图，每个须顶表示一幅图像计算的 91 个 P 值中的最大结果，须中盒子内的水平线显示了 91 个测量 P 值的平均，盒子的上下边分别反映上下中位数。

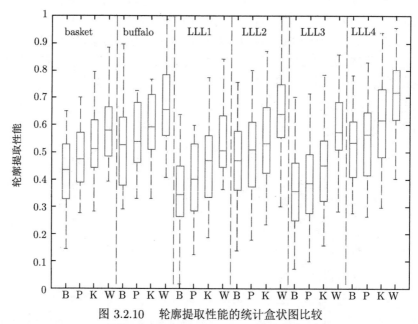

图 3.2.10　轮廓提取性能的统计盒状图比较

B 表示蝶形抑制模型；P 代表 PCA 校正抑制模型；K 代表 KPCA 校正抑制模型；W 是阐述的模型

对于所有测试图像，同质度校正模型的须顶明显高于蝶形模型。WKPCA 同质度校正模型产生的性能测量中值较高，且它的盒子高度 (上下中位数之间的范围) 较小，对于微光图像尤其明显，说明本节阐述的模型对复杂自然场景下微光图像显著轮廓提取性能较好，且对参数变化的稳健性较强。

3.2.2 基于 nCRF 复合模型的复杂场景下夜视图像显著轮廓提取

夜视图像的低信噪比 (微光) 和低对比度 (红外) 容易导致错误轮廓或轮廓间断,上一节针对微光图像噪声和奇异数据干扰,阐述了 WKPCA 同质度校正抑制模型,旨在提高轮廓检测精度,并在一定程度上降低轮廓断裂的可能性,然而模型复杂度较高且无法实现间断轮廓连接。

本节首先在上述多维特征分析基础上,阐述了多维特征对比度 (Multi-Feature Contrast, MFC) 加权抑制模型,有效简化模型计算复杂度;其次为解决由噪声、背景干扰或细节模糊导致的轮廓响应微弱和轮廓间断问题,阐述了一种模糊连接 (Fuzzy Connection, FC) 易化模型;最后结合一种多尺度迭代注意方法实现优化的 nCRF 复合调制模型,有效提取复杂自然场景下微光和红外图像的完整显著轮廓。

对于易化模型,现有方法基本采用一种编组约束进行轮廓整合,然而单一的编组规则难以进行精确轮廓连接,因此本章在易化机制中引入更全面的轮廓编组约束,阐述了一种基于编组显著度的模糊连接易化模型,增强弱轮廓、连接断裂轮廓,以保持显著轮廓的完整性。

下面详细介绍 nCRF 复合调制模型及其在夜视图像显著轮廓提取中的应用,具体包括 MFC 加权抑制模型、FC 易化模型和多尺度迭代注意方法。

3.2.2.1 nCRF 复合调制模型

nCRF 复合调制模型结构如图 3.2.11 所示,该模型同步执行 MFC 加权抑制模型和 FC 易化模型进行背景纹理抑制和间断轮廓连接,并将抑制和易化结果输入到多尺度迭代注意方法中,实现动态调制过程,提取多尺度目标轮廓,对复杂自然场景下的夜视图像显著轮廓提取具有良好作用。

1) MFC 加权抑制模型

各向同性、异性的环形抑制结构和只具有方向差加权的蝶形抑制方法无法很好地提取夜视图像轮廓。结合夜视图像多维特征分析,本节阐述了一种简单易行的 MFC 加权抑制模型,根据夜视图像多维特征向量,快速有效地计算 CRF 与 nCRF 区域差异。

与高质量可见光图像相比,微光图像噪声严重、信噪比低,无明显方向性,但轮廓局部空间频率仍比均匀背景噪声突出;红外图像细节模糊,方向性弱,但轮廓局部对比度较背景环境显著。与 3.2.1 节一致,结合生物实验依据,本节仍采用 CRF 与 nCRF 区域内的归一化的偏好方向、空间频率、对比度及灰度共生统计熵和相关性构成多维特征向量,检测夜视图像中 CRF 与 nCRF 差异。CRF 和 nCRF 特征向量分别表示为 $\boldsymbol{x} = [O_c, \mathrm{SF}_c, \mathrm{CON}_c, \mathrm{cooE}_c, \mathrm{cooCOR}_c]^{\mathrm{T}}$, $\boldsymbol{y} = [O_{nc}, \mathrm{SF}_{nc}, \mathrm{CON}_{nc}, \mathrm{cooE}_{nc}, \mathrm{cooCOR}_{nc}]^{\mathrm{T}}$。MFC 权值取决于 CRF 与 nCRF 在特征空间中的方位与能

力差异，即特征向量夹角 θ_Δ 和欧氏距离 d_Δ，因此 MFC 权值定义如下

$$\omega_{\mathrm{mfc}}(\boldsymbol{x}, \boldsymbol{y}) = \exp\left(-\frac{(1 - \cos\theta_\Delta)^2 + \varepsilon_1 d_\Delta^2}{2\sigma_\Delta^2}\right) \qquad (3.2.26)$$

式中，子项 $\cos\theta_\Delta$ 和 d_Δ 分别表示为

$$\cos\theta_\Delta = \langle\boldsymbol{x}, \boldsymbol{y}\rangle/(\|\boldsymbol{x}\| \cdot \|\boldsymbol{y}\|), \quad d_\Delta = \|\boldsymbol{x} - \boldsymbol{y}\| \qquad (3.2.27)$$

其中，ε_1 控制多维特征差异中特征向量的欧氏距离 d_Δ 和向量夹角 θ_Δ 的比例，高斯标准差 σ_Δ 决定 MFC 权值 $\omega_{\mathrm{mfc}}(\boldsymbol{x}, \boldsymbol{y})$ 随多维特征差异的衰减程度。

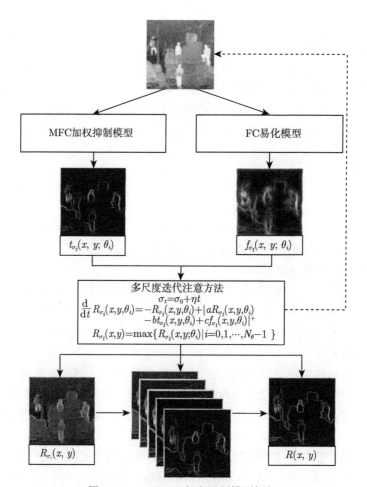

图 3.2.11　nCRF 复合调制模型框架

为证实多维特征分析对微光和红外图像的有效性,在图 3.2.3 基础上增加红外图像局部区域多维特征分析,如图 3.2.12 所示。计算大/小尺度下 CRF 和 nCRF 窗口内多种特征差异,包括方向、空间频率、对比度、灰度共生统计熵和灰度共生统计相关性,其中小尺度下 CRF 和 nCRF 窗口尺寸为 3 和 7,大尺度下为 7 和 21,参数 ε_1 设为 0.4、σ_Δ 设为 0.5。与图 3.2.3 一致,在弱轮廓区域通过方向特征难以区分中心–环境差异,然而结合另外 4 种特征,在大/小尺度下均可有效区分。

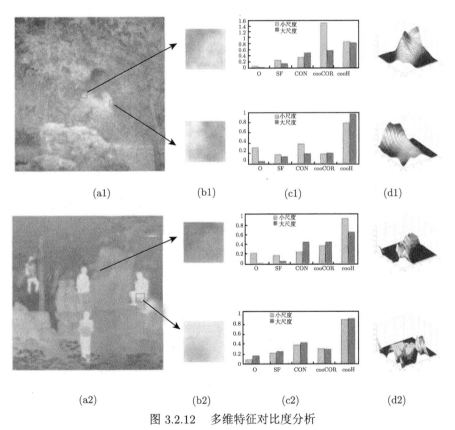

(a1)　　　　　　(b1)　　　　　　(c1)　　　　　　(d1)

(a2)　　　　　　(b2)　　　　　　(c2)　　　　　　(d2)

图 3.2.12　　多维特征对比度分析

(a1)、(a2) 原始微光和红外图像;(b1)、(b2) 框选区域的放大图 (21 × 21 像素);(c1)、(c2) 大/小尺度下中心–环境的不同特征差异;(d1)、(d2) 框选区域内 $1 - \omega_{\mathrm{mfc}}$ 值的 3D 网格图

多维特征能较好地区分中心–环境特性,式 (3.2.26) 定义的 MFC 权值由多维特征向量距离和夹角构成,因此它能够有效评估 CRF 和 nCRF 的区域差异。图 3.2.12 证明在强噪声 (图 3.2.12(b1)) 和低对比度 (图 3.2.12(b2)) 的情况下,轮廓点的 MFC 权值较突出 (图 3.12(d1)、(d2))。通过分析中心–环境多维特征,在

同质区域 CRF 和 nCRF 窗口内像元具有相似特征向量，从而获得较小 θ_Δ 和 d_Δ 值，对应的 ω_{mfc} 值大；轮廓像元具有不同特征向量，从而获得较大 θ_Δ 和 d_Δ 值，产生相对较小的 ω_{mfc} 值，使得 MFC 权值在轮廓与背景间产生显著差异。

考虑到抑制强度随 nCRF 像元与 CRF 中心距离衰减 $\omega_\sigma(\boldsymbol{x}, \boldsymbol{y})$ 以及方向选择机制 $\sum_{j=1}^{N_\theta} \cos(\theta_i - \theta_j)$，MFC 加权抑制量 $t_\sigma(\boldsymbol{x}, \boldsymbol{y}; \theta_i)$ 最终输出如下：

$$t_\sigma(\boldsymbol{x}, \boldsymbol{y}; \theta_i) = \omega_{mfc}(\boldsymbol{x}, \boldsymbol{y}) \cdot \sum_{j=1}^{N_\theta} \cos(\theta_i - \theta_j) \cdot [\omega_\sigma(\boldsymbol{x}, \boldsymbol{y}) * E_\sigma(\boldsymbol{x}, \boldsymbol{y}; \theta_j)] \quad (3.2.28)$$

式中，θ_i 和 θ_j 分别表示 CRF 和 nCRF 中的像元方向。

相比原始抑制形式 $\omega_\sigma(\boldsymbol{x}, \boldsymbol{y}) * E_\sigma(\boldsymbol{x}, \boldsymbol{y}; \theta_i)$，式 (3.2.28) 增加了方向对比度 $\sum_{j=1}^{N_\theta} \cos(\theta_i - \theta_j)$ 和 MFC 权值 $\omega_{mfc}(\boldsymbol{x}, \boldsymbol{y})$，以提高环境抑制精度。同质区域 MFC 权值大，抑制程度强，异质区域 MFC 权值小，抑制程度弱，因此能够尽可能多地抑制纹理细节，保留主要轮廓。

对比现有方法中的方向选择机制，MFC 加权抑制模型考虑了偏好方向、空间频率、对比度和灰度共生统计特征，具有更强的表征性，更适用于夜视图像。图 3.2.13 给出各模型抑制结果 (抑制比例 0.6)，其中第一行为微光图像 (近景微光 1)，参数设置为 $\varepsilon_1 = 0.4$、$\sigma_\Delta = 0.5$、$\sigma = 3.0$；第二、三行为红外图像 (远景红外 1 和近景红外 1)，参数设置为 $\varepsilon_1 = 0.4$、$\sigma_\Delta = 0.5$、$\sigma = 2.5$。图 3.2.13 中多维特征分析的引入可以进一步降低轮廓元素间的互抑制，增强轮廓响应，MFC 加权抑制能够有效抑制噪声和纹理，从背景中分割轮廓，且尽量少地产生错误边缘。对比图 3.2.13 和图 3.2.8 中的微光图像轮廓抑制结果 (由于抑制比例不同，模型输出存在差异)，MFC 加权抑制模型比 WKPCA 同质度校正抑制模型计算简单，然而 MFC 加权抑制模型对纹理背景的抑制没有 WKPCA 同质度校正模型充分。

2) FC 易化模型

由于微光和红外图像成像特性和过度的环境抑制，图 3.2.13 中的轮廓图存在较多错误边缘和断裂轮廓线，因此如何平衡背景抑制和完整轮廓保留成为迫切需要解决的问题。轮廓编组致力于从随机方向场中提取连续结构，编组原理可用于增强轮廓响应、组织局部边缘片段成完整轮廓线。因此本节基于编组原理阐述了一种模糊连接 (FC) 易化模型，与抑制作用不同，易化调制旨在解决两方面的问题：微光图像中连贯结构受随机杂乱环境干扰；红外图像中由细节模糊或纹理抑制造成的轮廓间断，以实现平滑连续的轮廓提取。

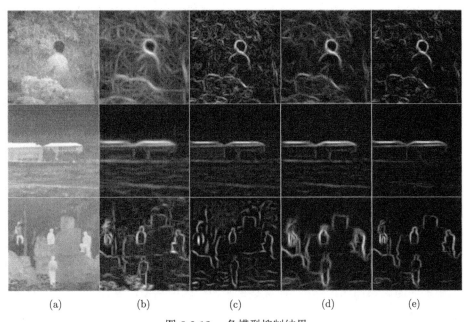

(a) (b) (c) (d) (e)

图 3.2.13 各模型抑制结果

(a) 原图；(b) 蝶形抑制图；(c) 方向选择抑制；(d) 双尺度抑制；(e)MFC 加权抑制

根据心理学 Gestalt 原理[28,29]，人类视觉系统趋于将所提取到的图像特征按照某种规律编组为更高层的结构，这些规律总体上可归纳为：曲率恒定性，曲线延伸部分的曲率和原曲率一样；小曲率延伸，倾向于用小曲率曲线连接曲线片段；近邻性，偏向于近邻连接。Geisler 通过对自然图像的边缘共生统计表明：共圆约束 (即两个成分与同一个圆相切) 为自然场景中轮廓聚集确定了一个最大似然局部编组函数，属于同一物理轮廓上的边缘成分在很大程度上满足共圆约束。与曲率恒定性一致，共圆约束要求两个元素正切于同一圆，如图 3.2.14 所示，如果 A 的偏好方位为 $\theta_i (0 \leqslant \theta_i < \pi)$，那么的 B 的方位 $\theta_j (0 \leqslant \theta_j < \pi)$ 根据共圆几何关系应满足：

$$\begin{cases} \theta_j = 2\theta_{AB} - \theta_i \pm \delta, & 0 \leqslant 2\theta_{AB} - \theta_i < \pi \\ \theta_j = 2\theta_{AB} - \theta_i + \pi \pm \delta, & 2\theta_{AB} - \theta_i < 0 \\ \theta_j = 2\theta_{AB} - \theta_i - \pi \pm \delta, & 2\theta_{AB} - \theta_i \geqslant \pi \end{cases} \quad (3.2.29)$$

式中，δ 是偏差量，可设置为 π / N_θ。

根据 Gestalt 规则[29]，共圆约束并不全面，因此本节在共圆约束基础上，结合视觉感知对曲率一致、低曲率和近邻的偏好特性，设计一种优化编组约束，连接具有一致排列的局部线段。基于优化编组准则计算 nCRF 中各像元与 CRF 中心像元的连接概率，以判断该中心像元的轮廓编组显著度，进而阐述 FC 易化模型用于夜视图像轮廓整合。

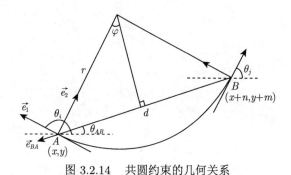

图 3.2.14　共圆约束的几何关系

(1) 连接概率。

根据低曲率和局部近邻性，连接概率函数应随距离和曲率衰减，因此图 3.2.14 中像素 A 和 B 的连接概率定义如下：

$$|\overrightarrow{P_{B\to A}}(\theta_i,\theta_j)| \,=\, \exp\left(-\frac{s^2+\varepsilon_2 k^2}{2\sigma^2}\right) \tag{3.2.30}$$

式中，$\overrightarrow{P_{B\to A}}(\theta_i,\theta_j)$ 是连接矢量，$|\overrightarrow{P_{B\to A}}(\theta_i,\theta_j)|$ 是连接概率值，连接方向为 $\theta_{AB}(0\leqslant\theta_{AB}<\pi)$，$\varepsilon_2>0$ 是调节系数，调整距离和曲率对连接概率的影响比例，σ 为感受野尺寸因子，影响连接域的大小。为保持曲率一致，仍考虑共圆约束，所以像素 A、B 间的几何关系仍满足式 (3.2.29)。A、B 间的空间距离为 $d=\sqrt{m^2+n^2}=2r\sin\varphi$，弧长 $s=\varphi d/\sin\varphi$，曲率 $k=1/r=2\sin\varphi/d$。

相比文献 [19]，本节所阐述的新模型采用弧长代替欧氏距离来测量局部近邻性。断裂的轮廓段实际上是由沿着正切方向的曲线进行连接的，因此采用弧长表示的两点连接距离比欧氏距离更加准确。

图 3.2.15 给出弧长连接和欧氏距离连接的几何分析。若采用欧氏距离衡量局部近邻性，由于 $d_{op}>d_{oq}$，o 点趋于与 q 点连接；若使用弧长测量局部近邻性，由于 $s_{op}<s_{oq}$，o 点趋于与 p 点连接。根据低曲率特性，o 点更适合与 p 点连接，因此弧长连接更为准确且更符合 Gestalt 规则。图 3.2.15 中有 $s=\vartheta r$，$s_{op}=\vartheta(a+a/\tan\vartheta)=\vartheta a(\sin\vartheta+\cos\vartheta)/\sin\vartheta$，$d_{op}>d_{oq}$，$s_{oq}=\pi a/2$，因此若 $\vartheta\geqslant\pi/4$ 有 $s_{op}\geqslant s_{oq}$，若 $\vartheta<\pi/4$ 有 $s_{op}<s_{oq}$。

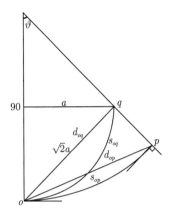

图 3.2.15 弧长连接和欧氏距离连接的几何分析 $(\vartheta < \pi/4)$

(2) 约束条件。

图 3.2.16 是由式 (3.2.30) 计算所得直线段 (单位长度) 的兴奋连接概率分布场。连接概率随着光滑路径的长度而衰减, 倾向于保持直线方向的连续性。其中 ε_2 调节曲率和弧长的比例 $(0 < \varepsilon_2 \leqslant 1)$, ε_2 越大, 兴奋连接越平坦。此外, 图 3.2.14 中 $\overrightarrow{e_{BA}}$ 和 $\overrightarrow{e_1}$ 的偏差角 $|\theta_i - \theta_{AB}|$ 也影响兴奋连接概率。分析 ε_2 和 $|\theta_i - \theta_{AB}|$ 对连接场的影响关系, 可得连接概率只在一定偏差角范围内显著。

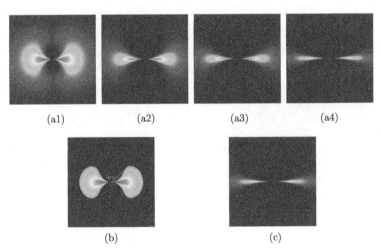

图 3.2.16 直线的兴奋连接概率分布场 $(\sigma = 0.5, 0 < \varepsilon_2 \leqslant 1)$(扫描本书封底二维码可见彩图)
(a1)$\varepsilon_2 = 0.1$; (a2)$\varepsilon_2 = 0.3$; (a3) $\varepsilon_2 = 0.6$; (a4) $\varepsilon_2 = 1$; (b) $\varepsilon_2 = 0.1, P \geqslant 0.3$;
(c) 文献 [42] 的连接场分布

根据文献 [19], 若偏差角 $|\theta_i - \theta_{AB}| > \pi/4$ 则不能确保曲率随方向对比度降低而减小, 因此约束 $|\theta_i - \theta_{AB}| \leqslant \pi/4$。本节根据数值分析证明 FC 易化模型中

的约束范围可扩展至 $(|\theta_i - \theta_{AB}| \leqslant \pi/4) \cup (3\pi/4 \leqslant |\theta_i - \theta_{AB}| \leqslant \pi)$。如图 3.2.16 (a1)~(a4) 所示，$\pi/2 < |\theta_i - \theta_{AB}| \leqslant \pi$ 与 $|\theta_i - \theta_{AB}| \leqslant \pi/2$ 的连接场是完全对称的，当 $|\theta_i - \theta_{AB}| \leqslant \pi/2$，中心–环境的方向对比度越小，共圆点的曲率越小；当 $\pi/2 < |\theta_i - \theta_{AB}| \leqslant \pi$，中心–环境的方向对比度越小，共圆点的曲率越大。如图 3.2.16(b) 所示，当约束 $\varepsilon_2 = 0.1$ 和 $P_{B \to A} \geqslant 0.3$ 时，最大偏差角为 43.6°，且无论 ε_2 如何取值，在 $\pi/4 < |\theta_i - \theta_{AB}| < 3\pi/4$ 内几乎无连接响应。因此新约束 $(|\theta_i - \theta_{AB}| \leqslant \pi/4) \cup (3\pi/4 \leqslant |\theta_i - \theta_{AB}| \leqslant \pi)$ 能够确保有效连接，进而合理假设只有 $0 \leqslant |\theta_i - \theta_{AB}| \leqslant \pi/4$ 和 $3\pi/4 \leqslant |\theta_i - \theta_{AB}| \leqslant \pi$ 时存在连接，式 (3.2.29) 可修正为

$$
\begin{cases}
\theta_j = 2\theta_{AB} - \theta_i \pm \delta, \varphi = (\theta_i - \theta_j)/2, & 0 \leqslant \theta_i < \pi/2, 0 \leqslant |\theta_i - \theta_{AB}| \leqslant \pi/4 \\
\qquad \pi/2 \leqslant \theta_i < \pi, & 3\pi/4 \leqslant |\theta_i - \theta_{AB}| \leqslant \pi \\
\theta_j = 2\theta_{AB} - \theta_i + \pi \pm \delta, \ \varphi = \pi/2 + (\theta_i - \theta_j)/2, & 0 \leqslant |\theta_i - \theta_{AB}| \leqslant \pi/4 \\
\theta_j = 2\theta_{AB} - \theta_i - \pi \pm \delta, \ \varphi = \pi/2 - (\theta_i - \theta_j)/2, & 3\pi/4 \leqslant |\theta_i - \theta_{AB}| \leqslant \pi
\end{cases}
$$
$$(3.2.31)$$

对比 FC 易化模型和文献 [19] 模型的连接场 (图 3.2.16(c))，文献 [19] 模型更倾向于平缓连接，其连接场与 $\varepsilon_2 = 1$ 时的 FC 易化模型相似，这样难以实现高曲率拐点处的断裂轮廓连接。FC 易化模型中参数 ε_2 可调，因此可以获得平滑或高曲率连接，ε_2 取值将在 3.2.2.2 节中讨论。如图 3.2.17 所示，FC 易化模型在拐点处连接较好，其中参数为 $\sigma = 2.5, \varepsilon_2 = 0.6$。

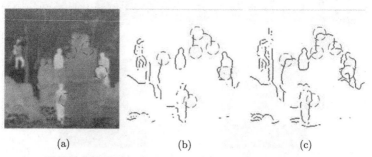

图 3.2.17   不同易化模型的轮廓提取效果比较 (扫描本书封底二维码可见彩图)

(a) 红外图像；(b) 文献 [42] 的易化模型；(c)FC 易化模型

此外，如果环境方向过度偏离中心方向，可能难以形成一致结构，因此在连接概率中进一步约束连接方向 $\overrightarrow{e_{BA}}$ 与 A 点偏好方向 $\overrightarrow{e_1}$ 的夹角，连接概率修正为
$P_{B \to A}(\theta_i, \theta_j) = \exp(-(s^2 + \varepsilon_2 k^2)/2\sigma^2) \cdot \cos(|\theta_i - \theta_{AB}|^+), \ |\theta_i - \theta_{AB}|^+ = \min(|\theta_i -$

$\theta_{AB}|, \pi - |\theta_i - \theta_{AB}|)$，这样连接概率最终计算如下：

$$P_{B \to A}(\theta_i, \theta_j) = \begin{cases} \exp\left(-\dfrac{s^2 + \varepsilon_2 k^2}{2\sigma^2}\right) \cdot \cos(|\theta_i - \theta_{AB}|^+) \\ \qquad (0 < |\theta_i - \theta_{AB}| \leqslant \pi/4) \cup (3\pi/4 \leqslant |\theta_i - \theta_{AB}| < \pi) \\ \exp\left(-\dfrac{d^2}{2\sigma^2}\right) \\ \qquad (|\theta_i - \theta_{AB}| = 0) \cup (|\theta_i - \theta_{AB}| = \pi) \end{cases}$$

$$\tag{3.2.32}$$

(3) 编组显著。

在元素 A 连接场范围内的所有点 (如图 3.2.14 中元素 B) 均可能与 A 连接，叠加 A 点处的所有连接矢量即可获得 A 处的轮廓编组显著度。对于 CRF 中心像元，只有与其满足式 (3.2.31) 几何关系的 nCRF 像元才存在一定的连接概率，并且 nCRF 像元在其响应方向 θ_j 上应具有较大的 Gabor 能量，以避免同质区域的相互连接。因此结合优化编组约束和局部方向能量定义 A 点的轮廓编组显著度 $\omega_{fc}(\boldsymbol{x}, \boldsymbol{y}, \theta_i)$：

$$\omega_{fc}(\boldsymbol{x}, \boldsymbol{y}, \theta_i) = \sum_{B \in S_{nc}, j \in [0, N_\theta)} P_{B \to A}(\theta_i, \theta_j) \cdot E_\sigma(B; \theta_j) \tag{3.2.33}$$

现有的一些易化模型只考虑环境像元对中心像元的叠加连接，而忽略了中心像素本身的属性。对于背景纹理区域，环境像元在各方向上的 Gabor 能量小，对于目标边缘区域，环境像元在部分方向上的 Gabor 能量大，而易化作用是一个累积结果，由各环境像元在各方向上对中心像元连接概率的叠加计算所得，这就可能导致轮廓区域和同质区域获得相似的易化响应。因此，若中心像元是潜在轮廓，则需增强其易化响应。FC 易化模型在环境像元叠加连接基础上，进一步考虑中心像元的 Gabor 能量，FC 易化强度 $f_\sigma(\boldsymbol{x}, \boldsymbol{y}; \theta_i)$ 计算如下：

$$f_\sigma(\boldsymbol{x}, \boldsymbol{y}; \theta_i) = \omega_{fc}(\boldsymbol{x}, \boldsymbol{y}, \theta_i) \cdot E_\sigma(\boldsymbol{x}, \boldsymbol{y}; \theta_i) \tag{3.2.34}$$

FC 易化结果取决于中心像元的轮廓编组显著度与其 Gabor 能量，中心像元自身具有强 Gabor 能量 (潜在轮廓)，则具有较高的被连接概率，反之被连接概率低，这可以进一步区分背景和轮廓的易化响应。如图 3.2.18 所示，第一行为文献 [19] 的空间易化模型，第二行为 FC 易化模型输出。可以看出，文献 [19] 的易化结果边缘模糊，而 FC 模型获得的边缘更清晰，易化轮廓更显著。图中微光图像参数设置为 $\varepsilon_2 = 0.6$、$\sigma = 3.0$，红外图像为 $\sigma = 2.5$。

夜视图像中，对于同质区域像素，各连接点具有随机方向且 Gabor 能量小，因此易化响应弱；边缘像素相互连接的 Gabor 能量高且排列一致，因此编组显著度较高, 易化响应强。在图 3.2.18 中, FC 易化有效保留了规则编组的轮廓, 进一步降低了噪声干扰, 可见模糊连接对弱轮廓的响应增强和边缘间隙填充有显著作用。

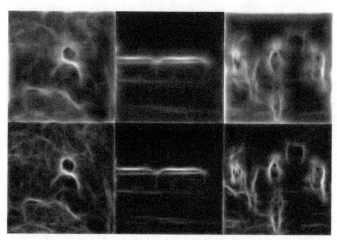

图 3.2.18　夜视图像易化结果

3) 多尺度迭代注意方法

生理学研究表明, 视皮层的神经元以一种动态灵活的方式来实现某种特殊视觉任务[30], 长时间刺激感受野外的区域, 可使感受野的面积增加[31,32]。受这种生理特性启发, 本节阐述了一种迭代注意方法, 模拟非经典感受野的动态调制过程。

感受野的面积取决于尺度因子 σ, 大尺度使得感受野作用范围大, 能提取大目标轮廓, 但也导致小目标轮廓响应弱; 小尺度使得调制过程更具局部性, 有助于保留小目标, 但也容易残留纹理和噪声。多尺度迭代注意方法在迭代过程中不断增加感受野尺度, 以注意不同尺寸目标的显著轮廓, 同时不断抑制背景。

在每一步迭代过程中进行抑制和易化调制, 定义迭代方程:

$$\frac{\mathrm{d}}{\mathrm{d}t}R_{\sigma_t}(\boldsymbol{x},\boldsymbol{y},\theta_i) = -R_{\sigma_t}(\boldsymbol{x},\boldsymbol{y},\theta_i) + |aR_{\sigma_t}(\boldsymbol{x},\boldsymbol{y},\theta_i) - bt_{\sigma_t}(\boldsymbol{x},\boldsymbol{y},\theta_i) + cf_{\sigma_t}(\boldsymbol{x},\boldsymbol{y},\theta_i)|^+ \tag{3.2.35}$$

式中, 用 σ_t 代替了前面的 σ, σ_t 随迭代次数线性增长 $\sigma_t = \sigma_0 + \gamma t$, t 是迭代次数, 各方向的调制结果为 $R_{\sigma_t}(\boldsymbol{x},\boldsymbol{y},\theta_i)$, 最终输出 $R_{\sigma_t}(\boldsymbol{x},\boldsymbol{y})$ 为各方向响应极值:

$$R_{\sigma_t}(\boldsymbol{x},\boldsymbol{y}) = \max\{R_{\sigma_t}(\boldsymbol{x},\boldsymbol{y};\theta_i)|i=0,1,\cdots,N_\theta-1\} \tag{3.2.36}$$

这里, a, b 和 c 用于调节抑制和易化比例, R_{σ_t} 初始值设为 E_{σ_0}。

单一尺度难以准确完整地提取不同尺寸目标的轮廓。小尺度作用能够抑制同质区域, 保留小目标轮廓, 轮廓间隙少, 易化作用也能实现更加自然连续的间断连接，但会残留大量的纹理边缘。大尺度能较大程度上地抑制纹理保留主要轮廓，但容易损失小目标轮廓且轮廓间隙大，易化作用难以自然连续地进行准确连接。

在多次迭代注意方法中,将小尺度输出进行大尺度处理,并且不断迭代增加尺度。由于目标轮廓连续,纹理边缘杂乱,小尺度抑制使得小目标轮廓保留,易化作用使轮廓完整。大尺度更大程度抑制纹理,保留大目标轮廓,同时区别于杂乱的环境纹理边缘,连续的小目标轮廓在大尺度抑制下得以保持,结合易化作用,小目标轮廓在迭代过程中不断被加强。因此迭代过程有能力不断抑制纹理边缘,增强小目标轮廓,保留大目标轮廓,逐步增加的易化尺度也使得断裂轮廓的连接更加自然准确。

如图 3.2.19 所示,小尺度下小目标保留 (图 3.2.19(a)、(b) 中圆圈标记区域),同时残留大量纹理;大尺度丢失小目标轮廓 (图 3.2.19(c)、(d) 中圆圈标记区域),但纹理残留少,这就是采用单一尺度进行不同尺寸目标轮廓提取所面临的矛盾问题。然而多尺度迭代注意方法能够自适应地控制尺度大小以适应所有目标,小目标轮廓被有效增强,大目标轮廓也得以保留 (图 3.2.19(e) 中圆圈标记区域)。

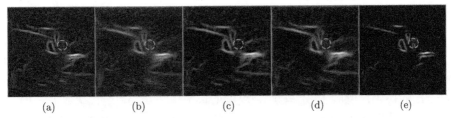

图 3.2.19　小尺度模型、大尺度模型和多尺度迭代注意方法比较

(a) 小尺度抑制结果; (b) 小尺度抑制 + 易化结果; (c) 大尺度抑制结果;
(d) 大尺度抑制 + 易化结果; (e) 迭代结果

图 3.2.20 利用一个高斯噪声叠加的模拟圆论述轮廓提取的迭代效果,其中参数设置为 $\sigma_0 = 0.5$, $\eta = 0.35$, $a = 1$, $b = 0.6$, $c = 0.4$, $t = 10$。在多尺度分析过程中,MFC 加权抑制削弱同质背景和不规则噪声,逐步突出主要轮廓;FC 易化不断增强兴奋连接,确保轮廓连续。多尺度迭代注意方法对强噪声干扰下的轮廓提取具有良好性能。

3.2.2.2　复杂场景下夜视图像显著轮廓提取实验分析

1) 模型分析

(1) 易化模型中的 "模糊连接" 和 "模糊" 策略。

抑制模型可能导致轮廓断裂,若间断情况严重则必须进行轮廓连接。如果根据抑制后的不连续轮廓分析其编组信息,进而决定连接情况,则连接信息完全取决于抑制输出,可能导致叠加误差。因而直接根据原图分析其编组易化信息,计算所有潜在轮廓像元的被连接概率 (从 FC 模型可见潜在轮廓段具有较高的被连接概率)，这样易化作用不依赖于抑制输出，有利于避免叠加误差。同时，抑制和易化作用相互独立，可以利用并行处理提高计算效率。

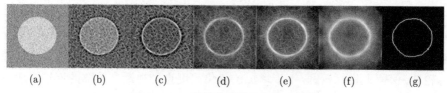

(a)　　　(b)　　　(c)　　　(d)　　　(e)　　　(f)　　　(g)

图 3.2.20　　模拟数据的迭代注意结果

(a) 原图；(b) 第二次迭代输出；(c) 第四次迭代输出；(d) 第六次迭代输出；(e) 第八次迭代输出；
(f) 第十次迭代输出；(g) 二值化轮廓

模糊连接能够实现原始图像的编组易化分析。从 FC 易化模型公式可见，图像中任意点均能获得其邻域对它的 "投票"，这些 "投票" 累积为该点的编组连接概率。因此图像中各点并非只有连接和不连接两种状态，而是以一定的概率进行连接，这就是 "模糊连接" 的概念。计算各点的连接概率，作为 "模糊" 测度评估其编组显著度，进而得出模糊连接易化输出，结合抑制结果增强轮廓辨别力。

(2) 参数分析和讨论。

在 nCRF 复合调制模型中，设置 MFC 加权抑制模型的比例系数为 $\varepsilon_1 = 0.4$，高斯标准差为 $\sigma_\Delta = 0.5$；FC 易化模型的曲率比例系数为 $\varepsilon_2 = 0.6$；多尺度迭代注意方法的初始尺度因子 $\sigma_0 = 0.5$，尺度增长率 $\gamma = 0.35$，迭代次数 $t = 10$ 以及抑制和易化比例分别为 $a = 1$，$b = 0.6$，$c = 0.4$。这里包含很多自由参数，其中 3 个重要参数对模型性能影响较大。

对于轮廓输出结果，采用非极大值抑制和二值化去除伪边缘，选取调制响应高和一定长度的显著轮廓。采用 3.2.1 节中定义的测度讨论 nCRF 复合调制模型的参数影响。

① 曲率权重 ε_2 决定了 FC 易化模型的轮廓连接结构，曲率越大，轮廓连接越平滑。结合图 3.2.16，讨论轮廓提取正确率 A_r 随 ε_2 的变化，如图 3.2.21(a) 所示。从图 3.2.16 可知直线连接概率最高，远景红外 1 图像主要以直线轮廓段为主 (图 3.2.13 第二行图像)，因此 ε_2 越大易化正确率越高；近景红外 1 图像中高曲率连接点较多 (图 3.2.13 第三行图像)，使其在 ε_2 取值较低时获得较好的易化结果；近景微光 1 图像中存在许多曲线轮廓段 (图 3.2.13 第一行图像)，ε_2 取值范围介于上面两者之间。对于未知的夜视图像，很难预测其中的轮廓结构，因此在实验中将曲率权值折中设置为 $\varepsilon_2 = 0.6$。

② 迭代次数 t 会影响轮廓提取准确率和误判率，并能决定多尺度迭代注意方法的计算时间。图 3.2.21(b) 讨论了轮廓提取能力 C 随 t 的变化情况。若 t 较小，

由尺度因子决定的调制覆盖范围小，同时保留了轮廓和纹理，使得正确率 A_r 较高，错误率 F_r 更高，因此 $A_r - F_r$ 较低。若 t 增加，尺度因子增长，部分轮廓响应减弱，同时纹理抑制增强，导致 A_r 和 F_r 均降低。抑制和易化的结合使得纹理抑制程度大，而轮廓响应被削弱的程度小，因此 F_r 降低速度比 A_r 快，$A_r - F_r$ 在最佳迭代次数位置获得最大值。在后续迭代中，t 继续增加，尺度因子将大于部分目标，F_r 和 A_r 会进一步降低。这时，由于残留纹理少，F_r 下降缓慢，尽管执行了易化作用，互抑制使得轮廓响应不断减弱，A_r 减小较快，因此 $A_r - F_r$ 在峰值后开始下降。如图 3.2.21(b) 所示，当 $t = 10$ 时，轮廓提取在不同场景下获得较好的性能。此外，t 越大计算时间越长。

③ 抑制比例 b 和易化比例 c 也会影响轮廓提取效果。在迭代过程中过度抑制可能使得目标响应减弱，而当偏好平滑连接的易化作用占主导时，角点容易被忽略，因此 b 和 c 的选值取决于场景中显著物体的轮廓结构。对于建筑物场景 (直线轮廓多)，抑制比例 b 可以设置得较大，而对于包含人和车辆的场景 (目标轮廓形状复杂)，则需要较大的易化比例 c。基于场景的比例参数选择、自适应抑制和易化调制需要进一步地深入研究。

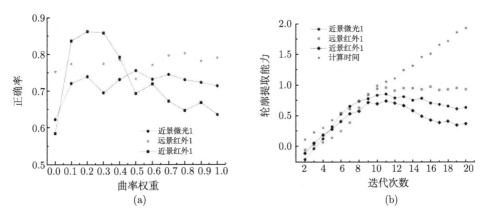

图 3.2.21　模型参数对其性能影响的分析
(a) 正确率 A_r 随曲率权值 ε_2 的变化曲线；
(b) 轮廓提取能力 C 随迭代次数 t 的变化曲线

2) 性能评估

将 nCRF 复合调制模型应用于夜视图像显著轮廓提取。如图 3.2.22 所示，小尺度抑制输出存在较多纹理边缘 (图 3.2.22(a))；经过抑制 + 易化作用后，杂乱纹理的编组显著度低，而有序排列轮廓的编组显著度较高 (图 3.2.22(b))；逐步增加迭代次数以加大尺度因子，小尺度输出中的背景在大尺度抑制中进一步被削弱 (图 3.2.22(c))；抑制 + 易化规则增强了显著轮廓响应 (图 3.2.22(d))；最终

图 3.2.22(e) 是迭代结果, 图 3.2.22(f) 是二值化轮廓输出。实验结果验证了多尺度分析的有效性, 其中模型参数设置为 $\sigma_0 = 0.5$, $\eta = 0.35$, $a = 1$, $b = 0.6$, $c = 0.4$, $t = 10$。

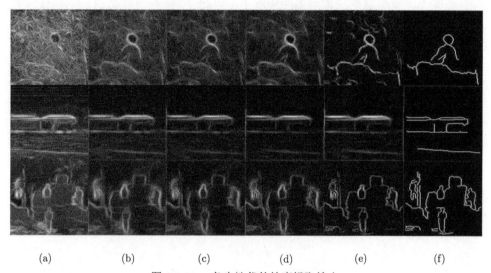

| (a) | (b) | (c) | (d) | (e) | (f) |

图 3.2.22　　各步迭代的轮廓提取输出

(a) 第一次迭代的抑制结果; (b) 第一次迭代的抑制 + 易化结果; (c) 第六次迭代的抑制结果; (d) 第六次迭代的抑制 + 易化结果; (e) 最终迭代输出; (f) 轮廓二值化结果

为更好地论证 nCRF 复合调制模型性能, 将其与蝶形抑制、双尺度抑制和文献 [19] 模型进行对比, 比较它们对不同自然场景下高斯噪声叠加可见光图像、真实微光和红外图像的轮廓提取效果。如图 3.2.23 所示, 尽管纹理结构、噪声分布、场景复杂度和目标显著性不同, nCRF 复合调制模型较其他模型能更好地抑制环境, 提取多尺度目标轮廓并保留轮廓完整性。因此在自然场景下, nCRF 复合调制模型能够从严重噪声和丰富背景纹理中分离出目标边缘, 连接微光和红外图像中的间断轮廓, 突出完整的显著轮廓。图中从上到下分别是噪声 hyena、近景红外 2、远景红外 2、远景微光 1 和远景微光 2 图像, 其中模型参数设置为 $\varepsilon_1 = 0.4$, $\sigma_\Delta = 0.5$, $\varepsilon_2 = 0.6$, $\sigma_0 = 0.5$, $\eta = 0.35$, $a = 1$, $b = 0.6$, $c = 0.4$, $t = 10$。

采用统计分析方法测试 nCRF 复合调制模型的鲁棒性, 计算复合模型在 180 种参数组合 ($\varepsilon_2 = [0:0.2:1]$, $t = [2:2:20]$, $b/c = [0.5, 1, 2]$) 下的轮廓提取效率 P 值, 并绘制蝶形抑制、双尺度抑制、文献 [42] 的调制模型和复合模型的统计盒状图, 如图 3.2.24 所示。与图 3.2.10 相似, 对于各测试图像, 复合模型的须顶明显高于其他模型, 性能测量中值也较高, 盒高较其他模型小, 这些特点在微光和红外图像中更为突出, 充分说明复合模型对复杂场景下的夜视图像显著轮廓提取表现出良好的性能, 且对参数变化保持有一定的稳定性。

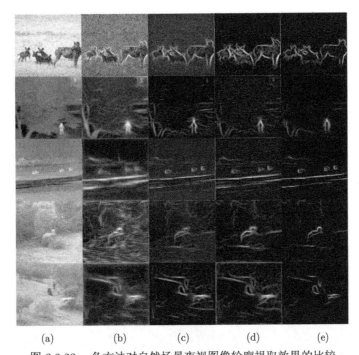

图 3.2.23 各方法对自然场景夜视图像轮廓提取效果的比较

(a) 原始图像；(b) 蝶形抑制；(c) 双尺度抑制；(d) 文献 [42] 的模型；(e) 复合模型

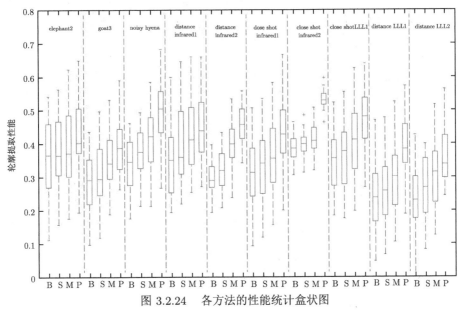

图 3.2.24 各方法的性能统计盒状图

B 表示蝶形抑制模型；S 表示双尺度抑制模型；M 是文献 [42] 的模型；P 是阐述的复合模型

3.2.3　两种模型对降噪前后微光图像轮廓提取效果比较

前面几小节对阐述的两种模型在微光和红外图像的轮廓提取效果进行了分析，这里进一步分析这两种模型对 LSSD 稀疏降噪前后微光图像的轮廓提取效果。

图 3.2.25 给出了原始微光图像 (图 3.2.25(a1))、LSPSc-LSSD 降噪微光图像 (图 3.25(a2)) 和 K-LSPSc-LSSD 降噪微光图像 (图 3.2.25(a3)) 的两种模型轮廓提取效果比较。可以看出，降噪处理明显提高了微光图像轮廓提取质量。一方面，LSSD 降噪有效抑制了噪声在均匀区域产生的干扰，降噪后树叶、草地、道路、砖块等区域内虚假边缘较少。尤其对于 nCRF 复合调制模型，噪声导致的虚假边缘会被易化作用增强，从而产生虚假轮廓 (对比图 3.2.25(c1) 和 (c2)、(c3))。另一方面，LSSD 降噪有效地保留了图像局部结构，削弱了噪声对图像主体轮廓的影响，使降噪后目标轮廓更加显著完整，如降噪后人体、坦克模型等弱边缘的轮廓响应增强，轮廓连续性和完整性增加。尤其对于 WKPCA 同质度校正 nCRF 抑制模型，严重噪声干扰使弱边缘检测不准确、不连续，容易丢失感兴趣目标轮廓 (对比图 3.2.25(b1) 和 (b2)、(b3))。

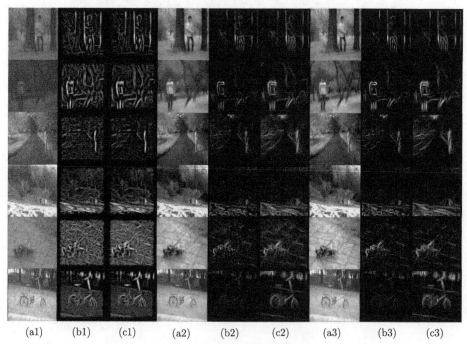

| (a1) (b1) (c1)   (a2) (b2) (c2)   (a3) (b3) (c3) |

图 3.2.25　降噪前后微光图像轮廓提取效果对比

(a1) 微光图像；(a2)LSPSc-LSSD 模型微光降噪图像；(a3)K-LSPSc-LSSD 模型微光降噪图像；
(b1)、(b2)、(b3) 分别是 (a1)、(a2)、(a3) 基于 WKPCA 同质度校正抑制模型的输出；
(c1)、(c2)、(c3) 分别是 (a1)、(a2)、(a3) 基于 nCRF 复合调制模型的输出

3.3 基于主动轮廓模型的光谱图像分割

本节基于主动轮廓模型中的水平集方法原理，对红外多光谱图像轮廓分割进行了一系列的分析与改进。一方面充分利用二维空间分布多维特征信息，阐述了一种自适应的基于多维特征的主动轮廓模型用于分割红外图像；另一方面充分运用三维光谱数据信息，阐述了一种基于空间–光谱信息的主动轮廓模型实现多光谱图像的分割。

3.3.1 自适应的基于多维特征的主动轮廓模型

主动轮廓模型方法将基本知识约束，目标轮廓和图像数据统一于特征提取的过程中，相较于基于特定理论的图像分割算法，具有一定的优越性，因此被广泛运用到图像分割领域。然而，传统的主动轮廓模型仅利用图像的全局或局部灰度均值信息来驱动轮廓演化。由于红外图像具有边缘模糊、信噪比低、对比度低和灰度不均匀等特征，可考虑将现有活动轮廓模型的优势相结合，充分利用红外图像特征，从而实现红外图像的准确分割[33]。

SLGS 模型是基于图像区域灰度均匀为前提构造的模型，它能够实现对均匀图像的有效分割，并能较好地实现对弱边缘及模糊边缘的提取。然而，该模型在构造符号压力函数 (SPF) 的过程中只包含图像的全局灰度信息，忽略图像的任何局部信息，以及具有基于图像灰度均匀假设的固有缺陷，因此无法处理灰度严重不均匀和对比度低的红外图像。LBF 模型利用局部图像信息，能对强度分布不均匀的图像进行分割，但该算法只考虑到单一的局部特征信息，使得该模型对背景噪声敏感，容易忽略弱边界，无法始终得到正确的轮廓。

为了弥补上述不足，本节阐述了一种基于多维特征的自适应主动轮廓分割 (Adaptive Multi-Feature Segmentation, AMFS) 模型，用于处理边界模糊、对比度低且分布不均匀的红外图像。在构造符号压力函数时，将原始特征信息进一步细化，以包含更多的局部特征信息来实现理想的分割。因此，加入了纹理信息、局部极差、局部标准差作为特征构造特征向量，通过分别计算比较轮廓内外局部特征向量与轮廓上特征向量之间的余弦夹角测度，确定驱动轮廓运动演化力的大小及方向，从而构造出包含多维特征的符号压力函数 (Multi-Feature Signed Pressure Function, MFSPF)。与此同时，引入自适应权重系数来改进水平集公式，将包含局部信息的 MFSPF 和包含全局信息的符号压力函数整合到新的水平集公式中，根据权重系数大小的变化来决定全局信息或局部信息的主导地位。这样使所建立的 AMFS 模型既包含全局信息，又包含局部信息，从而得到相对准确而完整的红外图像目标轮廓。

AMFS 模型可以用结构图 3.3.1 来描述。首先，确定待分割图像中每个像素点在其邻域窗口内对应的灰度、局部极差、局部标准差以及纹理信息，将这些局部特征信息组成特征向量 $\boldsymbol{f}(x,y)$，利用高斯核函数和 Heaviside 函数来计算图像中任一个像素点在轮廓内外的特征向量 $\boldsymbol{f}_{\text{in}}(x,y)$ 和 $\boldsymbol{f}_{\text{out}}(x,y)$。其次，分别计算 $\boldsymbol{f}(x,y)$ 与 $\boldsymbol{f}_{\text{in}}(x,y)$、$\boldsymbol{f}(x,y)$ 与 $\boldsymbol{f}_{\text{out}}(x,y)$ 之间的余弦夹角测度并进行比较，确定驱动轮廓运动的演化力的大小及方向，构造出一个新型的 MFSPF。最后，通过自适应权重系数改进原有的水平集演化方程，将构造的 MFSPF 作为局部特征项、原有的符号压力函数作为全局特征项代入，迭代直至函数收敛，从而得到目标的轮廓。

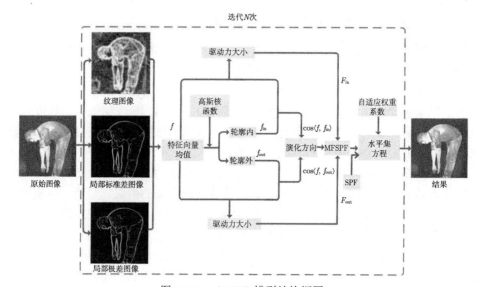

图 3.3.1　AMFS 模型结构框图

3.3.1.1　多维特征符号压力函数

由上一节所述，为了实现现有主动轮廓分割算法的优化，要构造出包含更多局部特征信息的 MFSPF。因此有必要将它所包含的原始特征信息细化，加入局部统计信息、对比度信息以及纹理信息，从而可以局部标准差表示统计信息、以局部极差表示对比度信息、以局部熵值表示纹理信息，以此构造特征向量。

红外图像的纹理特征可作为目标检测的依据，在图像的局部窗口内，目标引起的灰度变化可能会引起局部熵值产生较大的变化，因此选用局部熵值来表征纹理信息的变化，而纹理特征又可以反映灰度的不均匀程度和复杂程度。像素点 (x,y) 的纹理信息可用求取局部熵的方法来表示，纹理图像 $\text{tex}(x,y)$ 为

$$\text{tex}(x,y) = -\sum_{i=0}^{L-1} p_i \log p_i \quad \left(p_i = \frac{n_i}{9 \times 9} \right) \tag{3.3.1}$$

在求取局部特征的过程中，局部窗口 W 的大小设为 9×9，L 指的是局部窗口中总的灰度等级数，n_i 代表某一灰度值对应的像素点个数，p_i 为窗口 W 中灰度值为 i 的像素出现的概率。

局部标准差和局部极差反映了局部窗口内灰度值的变化程度。在图像灰度显著变化区域，其对应的标准差和极差较大，很可能出现图像边缘；而在较为平坦的区域，其对应的标准差和极差相对较小，则不太可能出现图像边缘。所以可根据图像的局部标准差和局部极差这两种统计信息，实现对图像潜在的边缘区域的有效区分，以及弱边界和模糊边界的提取。假设 $s(x,y)$ 表示图像中位置坐标为 (x,y) 的像素的灰度值，依旧选用大小为 9×9 的局部窗口 W，那么局部标准差图像 $\mathrm{std}(x,y)$ 可以定义为

$$\mathrm{std}(x,y) = \mathrm{sqrt}\left(\frac{1}{9 \times 9} \sum_{m=x-\frac{M-1}{2}}^{x+\frac{M-1}{2}} \sum_{n=y-\frac{N-1}{2}}^{y+\frac{N-1}{2}} (s(m,n) - \overline{s})^2\right) \tag{3.3.2}$$

其中，$\overline{s}$ 为局部窗口 W 内所有像素点灰度的平均值，可以表示为

$$\overline{s} = \frac{1}{M \times N} \sum_{m=x-\frac{M-1}{2}}^{x+\frac{M-1}{2}} \sum_{n=y-\frac{N-1}{2}}^{y+\frac{N-1}{2}} s(m,n) \tag{3.3.3}$$

其中，$m, n \geqslant 0$，M，N 均为奇数，且 $m \leqslant M-1, n \leqslant N-1$。

像素点 (x,y) 在局部窗口 W 中的局部极差即为 9×9 邻域内灰度最大值减去最小值，局部极差图像 $\mathrm{range}(x,y)$ 可定义为

$$\mathrm{range}(x,y) = \max(W) - \min(W) \tag{3.3.4}$$

为了说明多维特征联合驱动的优势，对红外图像不同结构区域的各类特征进行分析比较，分别给出对应的特征均值柱状图，如图 3.3.2 所示。选取三个 10×10 像素区域用方框标记，分别为头发、手臂和衣物区域，记为轮廓 1、轮廓 2 和轮廓 3。图 3.3.2(c)~(e) 中的柱状图分别对应于轮廓 1、轮廓 2 和轮廓 3，每一幅柱状图中的灰色柱体由左至右分别对应于轮廓外所选取的每块区域的纹理均值、标准差均值、极差均值以及灰度均值，黑色柱体由左至右对应的是轮廓内区域的纹理均值、标准差均值、极差均值以及灰度均值。头发区域的边界弱且包含更多的纹理信息，因而轮廓 1 内外的纹理信息差值比其余特征信息差值大。手臂区域具有对比度高、表面灰度均匀的特点，因此轮廓 2 内外的灰度差异是最明显的。而对于不均匀的衣物区域，其包含的褶皱和细节信息较多，轮廓 3 内外的标准差和极差的差值比其余的特征信息差值大。因此，不同特征信息在目标不同区域所发

挥的性能是有差异的。总的来说，单一的图像特征并不能检测所有类型的边缘轮廓，而综合后的统计信息特征相比灰度均值信息更加完善与优越。这就很好地解释了包含多维特征的 AMFS 模型在分割红外图像时为何具有更高的准确度。

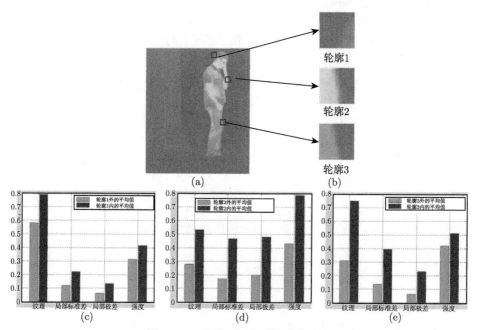

图 3.3.2　选取不同类型的局部区域

(a) 标记原始图像；(b) 红色标记区域的放大图；(c)～(e) 轮廓 1、2、3 分别对应的不同特征的均值柱状图

对于图像中像素点 (x, y)，根据其灰度值 $i(x, y)$、局部极差 $\mathrm{range}(x, y)$、局部标准差 $\mathrm{std}(x, y)$ 以及纹理 $\mathrm{tex}(x, y)$ 构造特征向量 $f(x, y) = (i(x, y), \mathrm{range}(x, y), \mathrm{std}(x, y), \mathrm{tex}(x, y))$。图 3.3.3 给出了原始图像所对应的纹理图像、局部标准差图像以及局部极差图像。

在 Chunming Li 等提出的 LBF 模型中，利用高斯核函数来嵌入局部图像灰度信息

$$f_i(x) = \frac{K_\sigma(x) * [M_i(\phi(x))I(x)]}{K_\sigma(x) * M_i(\phi(x))}, \quad i = 1, 2 \tag{3.3.5}$$

其中，$K_\sigma(x)$ 为高斯核函数，$f_1(x)$ 和 $f_2(x)$ 是图像在点 x 处的局部邻域内的加权平均灰度值，$M_1(\phi) = H(\phi)$，$M_2(\phi) = 1 - H(\phi)$。$H(\phi)$ 为 Heaviside 函数。

在 AMFS 模型中，沿用 LBF 模型的思路，同样利用高斯核函数 $K_\sigma(x)$ 来获取局部极差、局部标准差以及纹理信息的特征向量。依旧在 9×9 的局部窗口内，

将灰度信息、纹理信息、标准差以及极差组成的特征向量表示为 $\boldsymbol{f}(x,y)$

$$\boldsymbol{f}(x,y) = (i(x,y), \text{tex}(x,y), \text{std}(x,y), \text{range}(x,y)) \tag{3.3.6}$$

原始图像

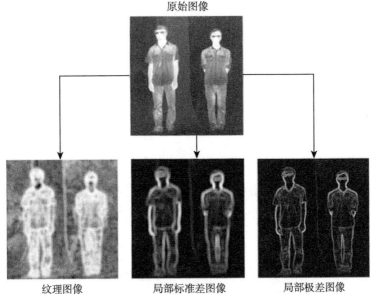

纹理图像　　　　　局部标准差图像　　　　局部极差图像

图 3.3.3　待处理图像对应的多维特征图像

将这一特征向量在轮廓内外的局部特征向量记为 $\boldsymbol{f}_{\text{in}}(x,y)$ 和 $\boldsymbol{f}_{\text{out}}(x,y)$，图 3.3.4 为轮廓内外特征向量的示意图。$\boldsymbol{f}_{\text{in}}(x,y)$ 和 $\boldsymbol{f}_{\text{out}}(x,y)$ 具体的表达式如下：

$$\boldsymbol{f}_i(x,y) = \begin{cases} i_i(x,y) = \dfrac{K_\sigma * [H_i(\varphi)I(x,y)]}{K_\sigma * H_i(\varphi)} \\[2mm] \text{tex}_i(x,y) = \dfrac{K_\sigma * [H_i(\varphi)\text{tex}(x,y)]}{K_\sigma * H_i(\varphi)} \\[2mm] \text{std}_i(x,y) = \dfrac{K_\sigma * [H_i(\varphi)\text{std}(x,y)]}{K_\sigma * H_i(\varphi)} \\[2mm] \text{range}_i(x,y) = \dfrac{K_\sigma * [H_i(\varphi)\text{range}(x,y)]}{K_\sigma * H_i(\varphi)} \end{cases} \tag{3.3.7}$$

其中，K_σ 是标准差为 σ 的高斯函数，$*$ 表示卷积。

当 $H_i(\phi) = H_\varepsilon(\phi)$ 时，将其代入式 (3.3.7) 可得 $\boldsymbol{f}_{\text{in}}(x,y)$，当 $H_i(\phi) = 1-H_\varepsilon(\phi)$ 时，代入可得 $\boldsymbol{f}_{\text{out}}(x,y)$。

另外，本模型还采用余弦相似性这一测度来衡量特征向量之间方向上的差异性，以此决定轮廓上每个像素点的演化方向。利用式 (3.3.8) 分别计算 $\boldsymbol{f}(x,y)$ 和

$\boldsymbol{f}_{\text{in}}(x,y)$ 以及 $\boldsymbol{f}(x,y)$ 和 $\boldsymbol{f}_{\text{out}}(x,y)$ 之间的夹角余弦，通过比较轮廓内外余弦值大小，得以确定轮廓曲线上各个像素点的演化方向：

$$\begin{cases} \cos\theta_{\text{in}} = \langle \boldsymbol{f}_{\text{in}}(x,y), \boldsymbol{f}(x,y) \rangle \\ \cos\theta_{\text{out}} = \langle \boldsymbol{f}_{\text{out}}(x,y), \boldsymbol{f}(x,y) \rangle \end{cases} \tag{3.3.8}$$

轮廓内外的驱动力 $F_{\text{in}}(x,y)$ 和 $F_{\text{out}}(x,y)$ 可定义为

$$\begin{cases} F_{\text{in}}(x,y) = \exp\left(-\dfrac{|\boldsymbol{f}_{\text{in}}(x,y) - \boldsymbol{f}(x,y)|}{\beta^2}\right) \in (0,1] \\ F_{\text{out}}(x,y) = \exp\left(-\dfrac{|\boldsymbol{f}_{\text{out}}(x,y) - \boldsymbol{f}(x,y)|}{\beta^2}\right) \in (0,1] \end{cases} \tag{3.3.9}$$

通过计算 $\boldsymbol{f}(x,y)$ 和 $\boldsymbol{f}_{\text{in}}(x,y)$ 以及 $\boldsymbol{f}(x,y)$ 和 $\boldsymbol{f}_{\text{out}}(x,y)$ 之间的余弦相似性测度，并将两者进行比较，从而判定每个像素点的演化方向。利用演化方向和驱动力的大小，将 MFSPF 定义为

$$\text{MFSPF} = \begin{cases} +F_{\text{in}}(x,y), \cos\theta_{\text{in}} \geqslant \cos\theta_{\text{out}} \\ -F_{\text{out}}(x,y), \text{其他} \end{cases} \tag{3.3.10}$$

本模型中所构造的 MFSPF 同时考虑了距离信息和余弦信息，可分别表示轮廓内外特征向量的形状差异和幅值差异，从而能够更准确地评价轮廓内外的差异性以确定轮廓曲线的演化过程。

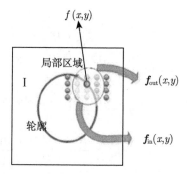

图 3.3.4　像素点 (x,y) 邻域内特征向量示意图

3.3.1.2　自适应水平集方程

为使所构建的主动轮廓模型同时包含全局信息和局部特征信息，引入自适应的权重系数 w，将上述构造的全局 SPF 和局部 MFSPF 代入，得到新的水平集

演化方程:

$$\frac{\partial \phi}{\partial t} = [w\text{spf} + (1-w)\text{mfspf}]\alpha |\Delta\phi| \tag{3.3.11}$$

其中, 自适应权重系数可表示为

$$w = (1 + \lambda |I'(x,y)|)^{-1} \tag{3.3.12}$$

其中, $|I'(x,y)|$ 表示图像 I 中的灰度梯度, λ 为根据图像强度分布不均匀的程度来设定的常数。当图像局部区域趋于平坦或远离目标边界时, $|I'(x,y)|$ 相对较小, 权重接近于 1, 此时改进的水平集公式以全局 SPF 为主导; 当图像局部区域灰度不均匀的程度较大或处于边界附近时, $|I'(x,y)|$ 相对较大, 权重趋于 0, 此时水平集公式则以局部 MFSPF 为主导。

为更好地描述本节阐述的 AMFS 模型, 将这一算法的主要步骤概括如下:

(1) 对初始图像 I, 利用式 (3.1.9) 对其初始化;

(2) 根据式 (3.3.1)、(3.3.2)、(3.3.4) 分别求得红外图像任意点对应的纹理信息、局部标准差和局部极差;

(3) 对于图像中的每个像素, 根据式 (3.3.7) 计算其对应的均值特征向量 $\boldsymbol{f}_{\text{in}}(x,y)$ 和 $\boldsymbol{f}_{\text{out}}(x,y)$;

(4) 根据式 (3.1.11) 构造全局 SPF, 再利用式 (3.3.8)~(3.3.10) 构造 MFSPF;

(5) 将 MFSPF 和 SPF 代入式 (3.3.11) 演化水平集方程;

(6) 迭代达到事先设定的次数后, 退出循环结束分割, 得到目标轮廓曲线; 否则继续转到步骤 (2) 重复执行。

3.3.1.3 实验结果与分析

1) 参数分析

本节所有的仿真实验均在配置为 2.30-GHz Intel(R) Core(TM) i5-2410M 的计算机上以 Matlab 7.8.0 测试运行。在进行参数设置时, 沿用 LBF 模型中的标准差大小设定, 将用来嵌入局部特征信息的高斯函数 K_σ 设为 $\sigma = 3.0$, timestep $= 1.0$。此外, 在 AMFS 模型中, 利用高斯滤波器来实现水平集函数的正则化, 简化了每次迭代需要重新初始化的步骤, 高斯核正则化的过程表示为

$$\phi^{n+1} = \phi^n * G_{\sigma\_\phi} \tag{3.3.13}$$

其中, G_{σ_φ} 是高斯核函数, 它的标准差为 σ_ϕ。

高斯函数中的标准差 σ_ϕ 是一个关键的参数, 需设置为一个合理的值。如果标准差过小, 演化过程会缺乏稳定性, 且对噪声较敏感; 反之, 如果标准差过

大，可能会造成错误分割。在仿真实验中，通常 K 的经验值小于 6，本模型中将 σ_ϕ 设为 1.0 以得到较好的分割结果。

通过评价不同参数大小下分割结果的准确性，来设置水平集方程式 (3.3.11) 和式 (3.3.12) 中参数 α 和 λ 的大小。首先，手动提取出原始图像中的目标区域，并将目标和背景二值化得到理想参考图。然后，将不同参数下分割得到的轮廓区域提取出来，再次对目标与背景进行二值化处理，得到实际分割图[34]。最后，将各模型的实际分割图与理想参考图进行对比计算，通过式 (3.3.14)~(3.3.16) 得到对应的综合评价指标 (F 值)，作为判断不同模型分割效果的衡量依据。F 值越大，分割结果越精确。

$$F = \frac{2 \cdot \text{Precision} \cdot \text{Recall}}{\text{Precision} + \text{Recall}} \tag{3.3.14}$$

$$\text{Precision} = \frac{A_T}{A_S} \tag{3.3.15}$$

$$\text{Recall} = \frac{A_T}{A_R} \tag{3.3.16}$$

其中，A_R 表示理想参考图中的目标域，A_S 表示由 AMFS 模型分割得到的目标域，A_T 表示实际被正确分割所得的区域，$A_T = A_R \cap A_S$。

用于分割的红外图像可以分为三类场景：背景简单且成像质量较好的不均匀图像、分辨率低的图像、背景复杂的图像。针对这三种类型的实验场景，由图 3.3.5 和图 3.3.6 可以得出 α 和 λ 在不同场景下的合理范围。

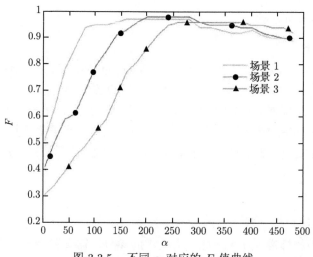

图 3.3.5　不同 α 对应的 F 值曲线

图 3.3.5 中的收敛曲线表明，对于具有不同特征的红外图像，要将参数 α 设置得相对较大以得到理想的分割结果，但不能超过 800，否则会影响分割的效率。根据图 3.3.6 可以看出，参数 λ 在一定的合适范围内能得到最佳分割效果。对于不同类型的场景，所选取的 λ 的合理范围有所不同。具体分析结果如下：当处理背景简单且成像质量好的不均匀红外图像时，自适应权重系数 w 小于 0.5，其局部特征信息所占的比重大于全局信息，λ 值在 [50, 80] 之间较为合适；对于低分辨率的弱边界图像，自适应权重系数趋向于 1，此时全局信息为主导，λ 值的合理范围为 [10, 50] 左右；对于背景复杂的图像，局部特征信息的比重远远高于全局信息，将 λ 设置在 90~200 能得到最佳分割效果。

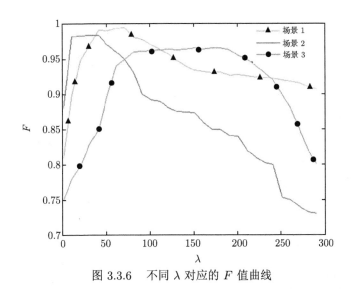

图 3.3.6 不同 λ 对应的 F 值曲线

2) 实验结果分析

分别将 AMFS、GAC、SLGS、LBF 模型以及边缘检测 Sobel 算子对实验室红外相机采集到的单谱段红外图像进行处理，图 3.3.7～图 3.3.9 分别给出了得到的仿真结果。

由图 3.3.7 可知，GAC 模型由于一味地收敛，无法实现精准的分割，会形成过度分割与伪轮廓。Sobel 边缘检测算子提取图像轮廓并没有严格依据人的视觉生理特征，无法得到连续的边缘，也存在过分割，同时细化效果也不理想。SLGS 模型仅考虑了全局区域信息，对于边界较为模糊的情况 (如脚部区域)，轮廓演化会错过目标的局部区域。LBF 模型仅利用单一的局部灰度均值信息，造成背景区域和目标区域都产生过多的杂散轮廓线。而本节阐述的 AMFS 模型包含了多种特征信息，无论是对于不均匀的局部区域或是边界较弱的局部区域，不受内部细节和背景噪声的影响，始终能够得到正确的演化轮廓，内部细节与背景结构对轮廓的演化生长产生的影响较小。总而言之，AMFS 模型中包含的全局特征减少了背景噪声对分割结果的影响，局部特性则保证了其能够对灰度不均匀图像实现有效分割，因此总能得到完整且正确的轮廓。

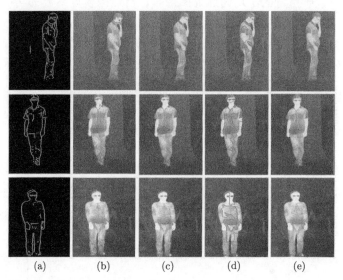

图 3.3.7　不同模型的分割结果对比 (扫描本书封底二维码可见彩图)

(a) Sobel 算子；(b) GAC 模型；(c) SLGS 模型；(d) LBF 模型；(e) AMFS 模型

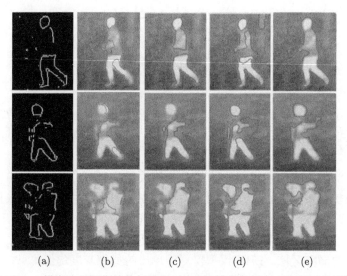

图 3.3.8　模糊边界图像的分割结果对比 (扫描本书封底二维码可见彩图)

(a) Sobel 算子；(b) GAC 模型；(c) SLGS 模型；(d) LBF 模型；(e) AMFS 模型

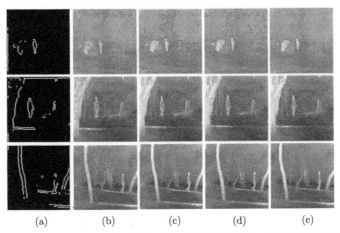

图 3.3.9　复杂场景分割结果对比 (扫描本书封底二维码可见彩图)

(a) Sobel 算子；(b) GAC 模型；(c) SLGS 模型；(d) LBF 模型；(e) AMFS 模型

　　为了进一步论证 AMFS 模型的优越性，对分辨率较低的相机所拍摄的红外图像也进行了实验测试，结果如图 3.3.8 所示。Sobel 算子的分割结果依旧存在边缘断开的问题，无法得到连续的轮廓。很明显可以看出，受图像质量与场景噪声的影响，GAC 模型在灰度不均匀处存在错误的分割，无法提取出准确且完整的目标轮廓。SLGS 模型的全局性，造成轮廓在收敛过程中错过不均匀区域的弱边界，分割所得结果显示目标不完整，并被分成了多个不相交的子目标块。而对于仅包含单一灰度信息的 LBF 模型，背景噪声干扰严重，在背景区域和目标区域存在多处错误分割且目标不完整。而本节阐述的 AMFS 模型由于包含了多种局部统计特征，在较为模糊的边缘附近也可以准确地收敛至边界，实现有效的分割。

　　上文对于简单场景下的较为显著的单一目标进行了对比与分析，接下来用 AMFS 模型来处理更为复杂的场景。从图 3.3.9 可以清楚地看出，在复杂场景下，GAC 模型产生了很多的错误分割，无法提取出目标。SLGS 模型受到背景噪声的影响，会错过模糊的目标轮廓，并伴随有错误分割。LBF 模型虽然不存在目标的漏检问题，但它对背景噪声非常敏感，尤其在复杂的背景下，造成大量错误和过度分割。Sobel 算子提取的目标轮廓不完整并存在少许误分割。而 AMFS 模型在复杂的背景中实现多目标的分割，且保证了轮廓的完整性。

　　对于三种实验场景，通过计算 F 值定量地评估 GAC 模型、SLGS 模型、LBF 模型和 AMFS 模型的分割效果。从图 3.3.10 可清晰地看出，相比于其他模型，本节阐述的 AMFS 模型在上述三种场景下都能得到最好的分割效果。

　　图 3.3.11 中展示了初始轮廓位置对 SLGS 模型、LBF 模型和 AMFS 模型分割结果的影响。可以看出，初始轮廓位置的不同对 SLGS 模型造成了一定的影响，

而对 LBF 模型的影响相对较小，但它们依旧缺乏分割精度，存在误分割与过分割现象。GAC 模型的初始轮廓总是向内部收缩，初始轮廓必须要包含所有目标对象才能实现完整分割，且初始轮廓越小收缩越剧烈。因此在 GAC 模型中，初始轮廓的大小及位置设置对分割结果影响较大。相比而言，AMFS 模型对初始轮廓位置具有鲁棒性。

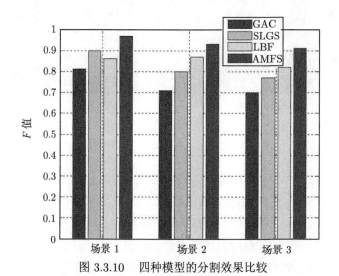

图 3.3.10　四种模型的分割效果比较

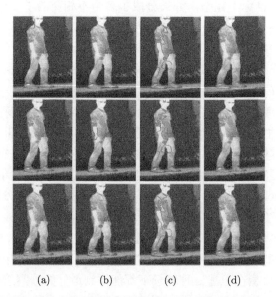

(a)　　　　(b)　　　　(c)　　　　(d)

图 3.3.11　不同的初始轮廓位置对分割结果的影响 (扫描本书封底二维码可见彩图)

(a) 初始轮廓；(b) SLGS 模型；(c) LBF 模型；(d) AMFS 模型

Meng Li 等在文献 [35] 提出的模型中采用灵活的初始轮廓方案，即使用不同的零水平集函数实现轮廓的初始化，并且证明其模型在不同的初始条件下都可以得到相同的结果。本节上述实验采用的是二值函数作为初始水平集函数，另外式 (3.3.17) 中的非零常值函数和式 (3.3.18) 中的符号距离函数也可以用来初始化水平集方程：

$$\phi_0(x,y) = k, \quad (x,y) \in \Omega \tag{3.3.17}$$

其中，k 为非零常数。

$$\phi_0(x,y,t) = \begin{cases} -d((x,y),C), & (x,y) \in \text{in}(C) \\ 0, & (x,y) \in C \\ +d((x,y),C), & (x,y) \in \text{out}(C) \end{cases} \tag{3.3.18}$$

其中，C 为轮廓曲线，而 $d((x,y),C)$ 表示的是像素点 (x,y) 到轮廓曲线 C 的欧氏距离。

为了验证 AMFS 模型在不同零水平集函数下的稳定性，在三种初始方案下对其进行实验。图 3.3.12 说明了 AMFS 模型在这三种初始化函数的方法下都可以得到满意的演化结果。由此可见，不论变化来源于初始轮廓位置或是初始轮廓本身 (零水平集函数)，都不会影响最终的分割结果，本模型对初始化条件具有鲁棒性。

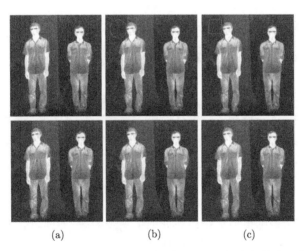

图 3.3.12 不同的轮廓初始化方案对分割结果的影响 (扫描本书封底二维码可见彩图)
(a) 非零常值函数；(b) 符号距离函数；(c) 二值函数

表 3.3.1 给出了各模型轮廓曲线对应的水平集方程演化至收敛过程中所需的迭代次数，可以看出，AMFS 模型相比另外三种经典主动轮廓模型，收敛至目标轮廓所需的迭代次数最少。

表 3.3.1　各主动轮廓模型迭代次数的比较

	GAC 模型	SLGS 模型	LBF 模型	AMFS 模型
图 3.3.7 第一行	260	100	120	48
图 3.3.7 第三行	270	120	160	80
图 3.3.8 第二行	300	120	150	60
图 3.3.9 第一行	320	100	164	72

　　图 3.3.7~ 图 3.3.9 中进行仿真测试的红外图像大小分别为 $240\times280, 87\times139,$ 107×106。在相同的计算环境下，表 3.3.2 给出了不同模型的计算时间。对于本节阐述的 AMFS 模型，其运行时间与图像大小直接相关。由表中所列数据可以发现，虽然 AMFS 模型的收敛速度比 SLGS 模型慢，但是比其余三种模型都要快。结合上述对分割效果的对比分析，更倾向于选择 AMFS 模型，因为它同时具备一定的效率与最佳的分割效果。在接下来的工作中，还需要进一步提高 AMFS 模型的时效性。

表 3.3.2　各模型计算时间的对比

	GAC 模型	SLGS 模型	LBF 模型	AMFS 模型
图 3.3.7 第一行	52.92s	3.30s	32.77s	29.18s
图 3.3.8 第二行	59.76s	2.25s	13.45s	6.70s
图 3.3.9 第一行	71.20s	4.13s	13.89s	10.41s

3.3.2　基于空间-光谱信息的主动轮廓分割模型

　　3.3.1 节中探讨了针对单谱段红外图像的主动轮廓模型。近年来，国内外学者对多光谱图像的研究十分活跃和深入。随着水平集的引入，主动轮廓模型将曲线的演化转变为水平集曲面的演化，产生了质的飞跃[36,37]。而大部分主动轮廓模型只针对单谱段图像进行处理，目前还缺乏成熟的多光谱图像分割方法来实现精确的分割，因此，探究一种多光谱图像的主动轮廓分割技术是有必要的[38]。多光谱图像最大的特点在于其丰富的空间信息和光谱信息，如何将光谱信息应用于主动轮廓模型，这是本节研究的重点。本次实验中选取近红外谱段的低分辨率多光谱图像，它具有场景内容简单但分布不均匀，边界模糊且噪声大的特点。

　　若将经典主动轮廓模型直接用于处理多光谱图像，只能利用局部或全局的灰度信息，对每一单谱段图像分别进行处理，因此每一谱段的分割结果可能有所不同，这会造成光谱信息的损失以及分割质量的降低[39]。本节阐述了一种新的水平集模型来解决多光谱图像分割问题，其核心思想在于充分利用空间特征信息的基础上加上光谱信息，构造出新型的符号压力函数。一方面，通过计算比较轮廓内外主成分大小，作为符号压力函数中判断轮廓演化方向的准则；另一方面，动态调整权重，将代表距离测度的欧氏距离和代表光谱形状测度的光谱角余弦结合形成综合测度，由此计算相应方向的演化力大小，从而构造出一个包含光谱信息的符号压力函数，通过控制水平集方程的演化，得到多光谱图像的轮廓。

本节使用的水平集演化偏微分方程为

$$\frac{\partial \phi}{\partial t} = \mathrm{spf}(\boldsymbol{f}) \cdot \alpha \left| \nabla \phi \right| \tag{3.3.19}$$

式中的 f 与上一节中有所不同，指的是多光谱图像所组成的光谱数据，α 为根据图像信息调整的常量；符号压力函数的取值范围为 $[-1,1]$，它能够调节目标区域内、外作用力的大小与方向，控制轮廓曲线位于目标对象外部时以一定大小的驱动力收缩，当位于目标对象内部时以一定大小的驱动力扩张[40,41]。

此外，水平集函数可初始化为

$$\phi(\boldsymbol{x}, t=0) = \begin{cases} -\rho, & \boldsymbol{x} \in \Omega_0 - \partial\Omega_0 \\ 0, & \boldsymbol{x} \in \partial\Omega_0 \\ \rho, & \boldsymbol{x} \in \Omega - \Omega_0 \end{cases} \tag{3.3.20}$$

其中，$\rho > 0$ 为常数，Ω_0 为图像域的子集，其边界为 $\partial\Omega$。这里的 $\boldsymbol{x}$ 指的是所有谱段像素点所组成的光谱向量。

水平集算法流程如图 3.3.13 所示。首先，引入高斯核函数来分别对各谱段光谱数据求取轮廓内外的特征信息，并组成光谱向量，通过计算轮廓内外的主成分值并进行比较，以此判定轮廓演化的方向。其次，制定了动态调整权重系数的光谱角余弦–欧氏距离 (Spectral Angle Cosine-Euclidean Distance, SAC-ED) 综合

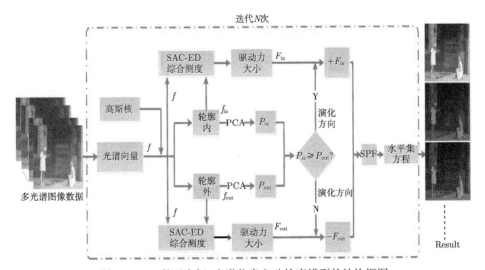

图 3.3.13　基于空间–光谱信息主动轮廓模型的结构框图

测度 [42]，由此来计算驱动力大小，从而同时包含空间信息和光谱信息的符号压力函数得以确定。最后，将其代入水平集方程驱动轮廓的演化，迭代特定的次数后可以得到最终的零水平集对应的轮廓。

3.3.2.1　新型符号压力函数的构造

在对单谱段图像的处理过程中，所构造的符号压力函数是使用图像轮廓内外的灰度均值信息，这一灰度信息是全局的，在处理灰度不均匀的图像时会引起错误的分割。因此，本节将基于区域信息的主动轮廓模型进一步延伸，以同样的思路将局部窗口中的每一像素点灰度扩展为谱段像元点光谱向量，通过确定每个位置像元点光谱向量的演化力大小及演化方向，完成对多光谱图像的轮廓演化。

1) 判断准则

对于多光谱图像区域 Ω_i，如图 3.3.14 所示，将任一像素点在不同谱段所组成的向量 $\boldsymbol{x}_i$ 作为中心，引入窗口函数 $W_k(\boldsymbol{x}_i)$，局部窗口大小设为 $9\times9\times n$，n 为谱段数。

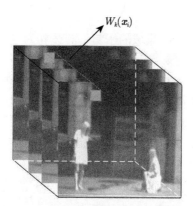

图 3.3.14　像素点向量的邻域窗口示意图

利用 LBF 模型中计算单谱段图像轮廓内外灰度信息均值的思路来整合多波段图像轮廓内外的灰度信息，分别组成轮廓内外光谱向量 $\boldsymbol{f}_{\mathrm{in}}$ 和 $\boldsymbol{f}_{\mathrm{out}}$：

$$\boldsymbol{f}_{\mathrm{in}}(\boldsymbol{x}_i) = \frac{K_\sigma(\boldsymbol{x}_i) * [H(\phi(\boldsymbol{x}_i))I(\boldsymbol{x}_i)]}{K_\sigma(\boldsymbol{x}_i) * H(\phi(\boldsymbol{x}_i))}, \quad i = 1, 2, \cdots, n \tag{3.3.21}$$

$$\boldsymbol{f}_{\mathrm{out}}(\boldsymbol{x}_i) = \frac{K_\sigma(\boldsymbol{x}_i) * [(1 - H(\phi(\boldsymbol{x}_i)))I(\boldsymbol{x}_i)]}{K_\sigma(\boldsymbol{x}_i) * (1 - H(\phi(\boldsymbol{x}_i)))}, \quad i = 1, 2, \cdots, n \tag{3.3.22}$$

其中，$*$ 表示卷积，$\boldsymbol{x}_i$ 表示像素点在各个谱段组成的向量，K_σ 表示高斯核函数。

主成分分析 (PCA) 是一种用作特征提取的常见方法，可以用这一经典理论来求取轮廓内外主成分大小并进行比较[43,44]。主成分分析的方法实质就是在能尽可能好地表示内在本质特征的情况下，将测试特征进行线性变换，映射至低维度空间中。

多光谱数据立方体可以视为一种矢量图像，每一个谱段的图像即为一个分量图像，其大小为 $M \times N$。

如图 3.3.15 所示，将每个谱段的大小为 $M \times N$ 的图像视作长度为 $M \times N$ 的向量，分别将所求得的 $\boldsymbol{f}_{\mathrm{in}}$ 和 $\boldsymbol{f}_{\mathrm{out}}$ 分别存为样本矩阵 $\boldsymbol{X}_{\mathrm{in}}$ 和 $\boldsymbol{X}_{\mathrm{out}}$，中心化后，对其求协方差矩阵 $\mathrm{Cov}(\boldsymbol{X}_{\mathrm{in}})$、$\mathrm{Cov}(\boldsymbol{X}_{\mathrm{out}})$ 并进行特征值分解，选取最大的特征值 k_{in}、k_{out} 对应的特征向量 $\boldsymbol{v}_{\mathrm{in}}$、$\boldsymbol{v}_{\mathrm{out}}$ 作为投影方向，将原始样本进行投影后的主成分值 P_{in} 和 P_{out} 为

$$\begin{cases} P_{\mathrm{in}} = \boldsymbol{f}_{\mathrm{in}}^{\mathrm{T}} \cdot \boldsymbol{v}_{\mathrm{in}} \\ P_{\mathrm{out}} = \boldsymbol{f}_{\mathrm{out}}^{\mathrm{T}} \cdot \boldsymbol{v}_{\mathrm{out}} \end{cases} \tag{3.3.23}$$

通过比较 P_{in} 和 P_{out} 的大小，可以确定每一个像素点向量的演化方向。当轮廓内主成分值小于轮廓外主成分值时，轮廓应向外演化；反之则向内演化。

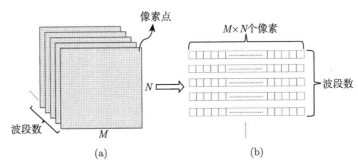

图 3.3.15　多光谱数据的表示方式示意图

(a) 多光谱数据立方体；(b) 像元点向量矩阵

2) 驱动力大小

在选取相应的距离测度作为符号压力函数驱动力大小的过程中，通常情况下，在多维波谱空间，用欧氏距离作为两个多维向量之间的差异性测度。考虑到欧氏距离主要描述光谱向量的亮度差异，表征光谱曲线的幅度特征，而光谱角余弦可以用来表征光谱曲线的形状。无论是欧氏距离还是光谱角余弦均不能准确地反映光谱向量之间的差异性，如若将两者结合，便提高了光谱向量间距离描述的准确性[45]。为了更加全面地描述轮廓内外的差异性，本模型引入权重系数 w 来将两种测度结合。在这结合的过程中，距离因子和形状因子对驱动力的影响是不断变化的，反映在曲线演化力大小的表达式中，即欧氏距离和光谱角余弦的权重是在变化的。因此，光谱相似性综合测度中的权重的合理值需要在具体场景下具体分析。

轮廓内外光谱向量 $\boldsymbol{f}_{\mathrm{in}}$、$\boldsymbol{f}_{\mathrm{out}}$ 分别和原始光谱数据 $\boldsymbol{f}$ 之间的光谱角余弦可

表示为

$$\begin{cases} \cos \theta_{\mathrm{in}} = \langle \boldsymbol{f}_{\mathrm{in}}, \boldsymbol{f} \rangle \\ \cos \theta_{\mathrm{out}} = \langle \boldsymbol{f}_{\mathrm{out}}, \boldsymbol{f} \rangle \end{cases} \tag{3.3.24}$$

另外，归一化之后的欧氏距离表示为

$$\begin{cases} d_{\mathrm{in}} = \dfrac{1}{1 + \sqrt{\sum (\boldsymbol{f}_{\mathrm{in}} - \boldsymbol{f})^2}} \\ d_{\mathrm{out}} = \dfrac{1}{1 + \sqrt{\sum (\boldsymbol{f}_{\mathrm{out}} - \boldsymbol{f})^2}} \end{cases} \tag{3.3.25}$$

为了调节驱动力大小，在表达式中引入了权重系数，可得光谱角余弦–欧氏距离 (SAC-ED) 综合相似性测度：

$$\begin{cases} M_{\mathrm{in}} = w d_{\mathrm{in}} + (1 - w) \cos \theta_{\mathrm{in}} \\ M_{\mathrm{out}} = w d_{\mathrm{out}} + (1 - w) \cos \theta_{\mathrm{out}} \end{cases} \tag{3.3.26}$$

轮廓内外驱动力 F_{in} 和 F_{out} 定义为

$$\begin{cases} F_{\mathrm{in}} = \exp \left(-\dfrac{M_{\mathrm{in}}}{\beta^2} \right) \in (0, 1] \\ F_{\mathrm{out}} = \exp \left(-\dfrac{M_{\mathrm{out}}}{\beta^2} \right) \in (0, 1] \end{cases} \tag{3.3.27}$$

通过比较轮廓内外主成分值 P_{in} 和 P_{out} 的大小，就可以确定轮廓曲线上各个像素点的演化方向。利用演化方向和驱动力的大小，光谱信息驱动的符号压力函数定义如下：

$$\mathrm{SPF} = \begin{cases} +F_{\mathrm{in}}(x, y), & P_{\mathrm{in}} > P_{\mathrm{out}} \\ -F_{\mathrm{out}}(x, y), & \text{其他} \end{cases} \tag{3.3.28}$$

本模型中所构造符号压力函数的同时考虑了距离信息和余弦信息，可以分别表示轮廓内外光谱曲线的形状差异和幅值差异，从而能够更准确地评价轮廓内外的差异性，以及确定轮廓曲线的演化过程。

为更好地描述本节阐述的基于光谱信息和空间信息的分割模型，将算法的主要步骤概括如下：

(1) 根据式 (3.3.20)，对初始多光谱图像进行初始化；

(2) 将多光谱图像立方体存为像元点向量光谱数据 $\boldsymbol{f}$，并利用式 (3.3.21)、(3.3.22) 对其分别求取轮廓内外的光谱均值向量 $\boldsymbol{f}_{\mathrm{in}}$ 和 $\boldsymbol{f}_{\mathrm{out}}$；

(3) 利用式 (3.3.23) 得到轮廓内外光谱向量的主成分值 P_{in} 和 P_{out}，判断两者大小，确定轮廓演化方向；

(4) 引入可动态调整的权重系数，利用式 (3.3.24)~(3.3.26) 得到光谱角余弦–欧氏距离综合测度，并由式 (3.3.27) 确定轮廓驱动力大小；

(5) 通过式 (3.3.28) 得到符号压力函数，代入式 (3.3.19) 中的水平集演化方程；

(6) 迭代达到事先设定的次数后，退出循环结束分割，得到目标轮廓曲线；否则继续转到步骤 (2) 重复执行。

3.3.2.2 实验结果及分析

1) 参数分析

本节所有的实验是在配置为 2.30-GHz Intel(R) Core(TM) i5-2410M 的计算机上进行的，仿真环境为 Matlab R2016a。

在进行参数设置时，沿用 RSF 模型中的标准差设定理论，将求取轮廓内外多波段图像灰度均值信息的高斯函数的标准差设为 $\sigma = 3.0$。此外，水平集方程中的 α 控制演化速度。对于所选两组场景，α 的范围控制在 1~5 能得到良好的分割效果。权重系数 w 需要针对不同类型场景做出调整，在 [0,1] 的范围内变化。

为了更加具体地针对不同场景来设置对应参数 α 和 w 的合理范围，这里同样利用 F 值来评价不同参数情况下分割结果的准确性。

根据实验场景的不同，如图 3.3.16 所示，将多光谱图像分为两类：场景一以人为目标，其背景较为简单，但图像灰度分布不均匀；场景二以景物为目标，其对比度低，背景较为复杂，目标不太突出。其中，图 3.3.16 (a) 中的三组图像都将人作为待分割目标区域，(b) 中的三组多光谱图像，第一行图像中将房屋屋顶作为待分割的目标区域，第二行图像将路标箭头与草地上放置的伪装网手动分割为目标区域，第三行图像将地面上设置的两块白板作为待分割的目标区域。针对这两类不同的场景，通过分割效果的定量比较可以得到参数 α 和 w 所对应的合理范围。

设置参数 α，一方面 α 控制了轮廓演化的速度，α 越大，轮廓演化到零水平集状态的速度就越快；另一方面 α 对分割效果的好坏也会产生影响，随着 α 的增大，分割准确率会下降。由图 3.3.17 可知，它们的 F 值曲线都呈下降趋势，且当 $\alpha \in [1,7]$ 大致范围内时，对于第一类场景的分割的效果相对较好；当大约 $\alpha \in [1,12]$ 时，第二类场景的分割准确率相对较高。因此，为了同时保证一定的分割效率与效果，需在合适范围内选取 α 的最大值。

权重系数 w 的大小决定了欧氏距离和光谱角余弦两种测度在驱动力大小中所占的比重。对于不同目标而言，它们各自的光谱曲线具有差异性。欧氏距离主要描述了光谱向量的亮度差异，是 n 维波段亮度差异的总贡献，对多光谱图像的

(a)   (b)

图 3.3.16   两种场景下的实验图像

(a) 场景一；(b) 场景二

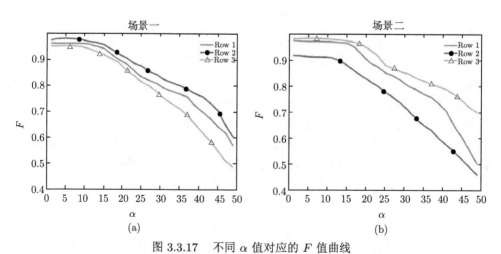

(a)   (b)

图 3.3.17   不同 α 值对应的 F 值曲线

(a) 对场景一中三组多光谱图像的分析；(b) 对场景二中三组多光谱图像的分析

亮度敏感。欧氏距离越小，表示轮廓内外光谱向量与原始光谱向量之间的亮度差异越小。而光谱角余弦则更多地表征光谱向量的方向或光谱曲线的形状差异，对多光谱图像的亮度差异不够敏感。

图 3.3.18 (a) 中对场景一的分析曲线表明，三组图像的 F 值曲线较为一致。w 值过小，则驱动力对轮廓内外亮度差异不敏感，演化过程会错过目标轮廓边界；w 值过大，则可能将背景中光谱曲线形状差异明显而亮度较暗的不相关杂散目标全部提取出来，造成误分割。针对这一场景，w 值选取范围在 $[0.5, 0.7]$ 之间较为适宜。

图 3.3.18 (b) 是对场景二中三组图像的结果分析。实验结果表明，w 值越小，轮廓曲线收缩程度越大。对于图 3.3.16 中的第一行和第二行图像，若 w 设置得过小，则驱动力受轮廓内外亮度差异的约束较小，会一味地向内收缩而错过目标屋顶部分，因而如图中谱段 2、谱段 1 曲线所示当 w 大致设为 $[0.6, 0.8]$ 时所得分割效果最好；对于第三行图像，由于放置的目标白板相对于背景而言较小，若 w 设置得过大，则会被周边的树叶光影所影响，故而需要将 w 值相对调小一些，谱段 3 曲线表明，大约在 $[0.4, 0.6]$ 时，能够收缩到面积很小的目标白板。简言之，无论针对何种场景，w 既不能过大也不能过小。对于轮廓内外亮度差异较大或范围较大的多个目标，可以将 w 调整为相对大一点的值，而对于单一且面积较小的目标，w 需要调整为相对较小的值。

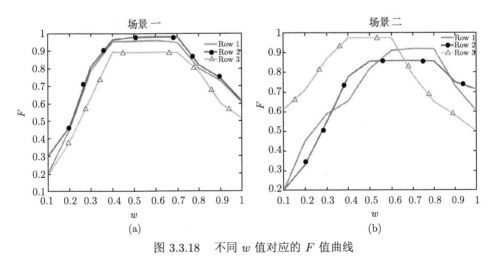

图 3.3.18   不同 w 值对应的 F 值曲线

(a) 对场景一中三组多光谱图像的分析；(b) 对场景二中三组多光谱图像的分析

2) 实验结果分析

本实验采用的多光谱数据由 AOTF 的高光谱成像系统拍摄得到，此设备可在近红外波段进行成像得到相应的光谱数据，单幅图像大小为 320×256。从所采集到的高光谱数据中选择成像效果相对较好的 3 个谱段的多光谱图像进行实验，并将分割结果在其中一个波段上显示。

　　一方面，根据已有的经典主动轮廓分割算法 (CV 模型、LBF 模型)，取多光谱图像中的单波段进行处理，并与本节所阐述的包含光谱信息的主动轮廓模型对多光谱图像的处理结果进行对比。图 3.3.19 所选取的实验场景相对简单，将人物作为目标较为明显，但背景不均匀。对于这 3 组多光谱图像，实验选取的 3 个谱段分别为 1130nm，1145nm，1160nm。实验对比结果如图 3.3.19 所示。从实验结果发现，由于多光谱图像中的单一波段图像具有灰度不均匀以及背景噪声大等特点，CV 模型的鲁棒性、抗噪性比较差，同时 LBF 模型仅使用单谱段图像的局部灰度信息来驱动轮廓的演化，两模型均出现了误分割与过分割的现象。此外，地面亮度与目标人物的亮度比较接近，也造成 CV 和 LBF 模型无法区分地面和目标人物的腿部，无法准确地分割出目标。而本节阐述的模型包含了光谱信息，针对不同目标的光谱曲线，能有效地区分这些光谱曲线之间的形状以及幅度差异，减少了冗余的轮廓，因而能从复杂背景中提取出目标较为完整且准确的轮廓。

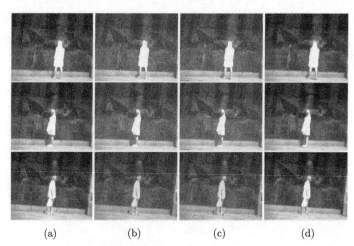

(a)　　　　　　　(b)　　　　　　　(c)　　　　　　　(d)

图 3.3.19　　不同模型对简单场景的分割结果的比较 (扫描本书封底二维码可见彩图)

(a) 原始图像；(b) CV 模型；(c) LBF 模型；(d) 本章模型

　　图 3.3.20 所选择的室外场景相对比较复杂，将静态建筑、大地或人为设置的小物体作为目标。对于这三组多光谱图像，第一行图像在实验中本模型所利用的三个谱段为 15366nm,1552nm,1569nm，第二行利用的三个谱段为 1324nm，1339nm，1355nm，第三行选取的三个谱段为 1115nm，1130nm，1145nm。可以从实验结果看出，CV 模型和 LBF 模型在阴影及其他背景噪声的干扰下会出现过分割。而本节阐述的算法由于充分利用了光谱结构信息，有效地避开了不相关的杂散目标，

能够收缩到零水平集状态下的目标轮廓，没有产生误分割和过分割。

另一方面，将这种对多光谱图像的分割结果与多光谱图像分类结果进行对比。图像分类算法包含非监督分类和监督分类。首先，将本节分割方法与非监督分类中经典的聚类算法 (ISODATA 聚类和 K-means 聚类) 作对比，将聚类算法的结果转化为伪彩色图像来显示。实验依旧针对图 3.3.16 中的场景一和场景二来进行，并选取和上述一样的三个波段的光谱图像，K-means 方法事先设定的类别数为 5，图 3.3.21 和图 3.3.22 分别给出了 K-means、ISODATA 算法在简单场景和复杂场景下的分类结果，其中第一行对应的是 K-means 聚类结果，第二行对应的是 ISODATA 聚类结果。通过对比实验结果可以发现，这两种非监督聚类方法都会将一些不必要的类别信息提取出来，受细节信息干扰比较严重，对于场景复杂或不均匀的多光谱图像较难提取出突出目标。K-means 聚类方法的结果受到所选聚类中心数目和其初始位置等因素的影响，并且在迭代的过程中又没有调整类别数的措施，因此不同的初始条件设置会得到不同的分类结果。ISODATA 虽然相比 K-means 聚类方法比较灵活，但存在更为严重的目标与背景混淆的情况，分类精度也较低。

本模型是对多个谱段图像进行处理，相对于 CV 模型和 LBF 模型对单谱段图像的分割，本模型的演化速度较慢。但是相较于同样处理多个波段的非监督分类法 (K-means 聚类与 ISODATA 聚类)，本模型的分割效率明显更高，其运行时间对比如表 3.3.3 所示。在接下的研究中，还需要进一步对模型进行改进，以提高本模型的效率。

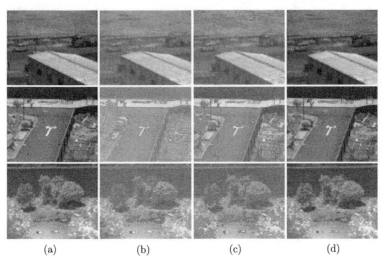

    (a)   (b)   (c)   (d)

图 3.3.20　不同模型对复杂场景的分割结果比较 (扫描本书封底二维码可见彩图)

(a) 原始图像；(b)CV 模型；(c)LBF 模型；(d) 本章模型

图 3.3.21   简单场景下 K-means 和 ISODATA 的分类结果 (扫描本书封底二维码可见彩图)

图 3.3.22   复杂场景下本模型与 K-means、ISODATA 的分类结果比较 (扫描本书封底二维码可见彩图)

表 3.3.3   本模型与非监督分类算法时间的对比

	K-means	ISODATA	本章模型
图 3.3.21 第一行	62s	81s	27s
图 3.3.22 第一行	64s	90s	39s

3.4   本章小结

本章首先针对基于 nCRF 的夜视图像显著轮廓提取问题展开相应研究, 并建立了两种模型:

(1) 阐述了一种加权核主成分同质度校正 nCRF 抑制模型。这一模型引入微光图像多维特征分析，根据 CRF 与 nCRF 区域的特征分布差异，优化传统的非经典感受野抑制模型。对噪声和奇异数据干扰的微光图像进行处理，结果表明：这一模型能够全面、准确地评估中心–环境差异，从而有效提高复杂场景下微光图像的显著轮廓提取精度。

(2) 阐述了一种 nCRF 复合调制模型。这一模型整合 nCRF 的抑制和易化作用，从而有效解决了夜视图像中细节模糊导致的轮廓断裂问题。对自然场景下的微光和红外图像进行实验，结果表明：这一模型能够增强弱边缘响应、连接间断轮廓，从而准确提取出完整的显著轮廓。

其次，为了实现光谱图像的分割，建立了两种主动轮廓模型：

(1) 阐述了一种自适应的基于多维特征的主动轮廓模型。对不同场景下的红外图像进行实验，并与传统的主动轮廓模型以及边缘检测算法进行对比，结果表明：该模型受背景噪声影响小，且更好地实现了对灰度不均匀、边界模糊和对比度低的红外图像的有效自适应分割。

(2) 阐述了一种综合空间灰度信息和光谱信息的主动轮廓分割模型。相比于对单一谱段进行处理的传统主动轮廓模型，该模型充分利用了丰富的光谱信息，分割精度更高；相比于经典多光谱图像非监督分类算法，该模型不受细节信息干扰，能得到更突出的多光谱图像目标轮廓。

上述模型都有效实现了夜视图像中显著目标轮廓的提取，为后续的图像处理工作打下了坚实的基础。

参 考 文 献

[1] 韩静. 基于仿生视觉模型和复杂信息学习的多光谱夜视目标识别技术 [D]. 南京理工大学博士学位论文, 2014.

[2] Zhang Y, Han J, Yue J, et al. Weighted KPCA degree of homogeneity amended nonclassical receptive field inhibition model for salient contour extraction in low-light-level image. IEEE Transaction on Image Processing, 2014, 23(6): 2732-2743.

[3] Han J, Yue J, Zhang Y, et al. Salient contour extraction from complex natural scene in night vision image. Infrared Physics & Technology, 2014, 63: 165-177.

[4] Zhang T T, Han J, Zhang Y, et al. An adaptive multi-feature segmentation model for infrared image. Optics Review, 2016, 23(2): 220-230.

[5] 张婷婷. 基于主动轮廓模型的光谱图像分割算法研究. 南京理工大学, 2017.

[6] Kass M, Witkin A, Terzopoulos D. Snakes: Active contour models[J]. IJCV, 1988, 1(4): 321-331.

[7] Zhang K, Zhang L, Song H, et al. Active contours with selective local or global segmentation: a new formulation and level set method[J]. Image and Vision Computing, 2010, 28(4): 668-676.

[8]   王新伟. 基于区域与边界结合的红外目标检测 [D]. 武汉：华中科技大学, 2012.

[9]   Wang P, Sun K, Chen Z. Local and global intensity information integrated geodesic model for image segmentation[C]//International Conference on Computer Science and Electronics Engineering. IEEE, 2012: 129–132.

[10]   Tian Y, Zhou M Q, Wu Z K,et al. A region-baseol active contour model for image seg-mentation[C]//Intelnational Conference on Computational Intelligence and Security. IEEE Computer Society, 2009: 376–380.

[11]   Sengpiel F, Sen A, Blakemore C. Characteristics of surround inhibition in cat area 17 [J]. Exp Brain Res, 1997, 116(2): 216-228.

[12]   Levitt J B, Lund J S. Contrast dependence of contextual effects in primate visual cortex [J]. Nature, 1997, 387(6628): 73-76.

[13]   Walker G A, Ohzawa I, Freeman R D. Asymmetric suppression outside the classical receptive field of the visual cortex [J]. J Neurosci, 1999, 19(23): 10536-10553.

[14]   Polat U, Mizobe K, Pettet M W, et al. Collinear stimuli regulate visual responses depending on cell's contrast threshold [J]. Nature, 1998, 391: 580-584.

[15]   Kapadia M K, Westheimer G, Gilbert C D. Spatial distribution of contextual interac-tions in primary visual cortex and in visual perception [J]. Journal of Neurophysiology, 2000, 84(4): 2048-2062.

[16]   Xing J, Heeger D J. Measurement and modeling of center-surround suppression and enhancement [J]. Vision Research, 2001, 41(5): 571-583.

[17]   Zeng C, Li Y J, Li C Y. Center-surround interaction with adaptive inhibition: A computational model for contour detection [J]. NeuroImage, 2011, 55: 49-66.

[18]   Zang C, Li Y J, Yang K F, et al. Contour detection based on a non-classical receptive field model with butterfly-shaped inhibition Subregions [J]. Neurocomputing, 2011, 74: 1527: 1534.

[19]   Tang Q L, Sang N, Zhang T X. Extraction of salient contours from cluttered scenes [J]. Pattern Recognition, 2007, 40: 3100-3109.

[20]   Martin D R, Fowlkes C C, Malik J . Learning to detect natural image boundaries using local brightness, color, and texture cues [J]. IEEE Transactions on Pattern Analysis and Machine Intelligence, 2004, 26(5): 530-549.

[21]   Clausi D A. An analysis of co-occurrence texture statistics as a function of grey level quantization [J]. Canadian Journal of Remote Sensing, 2002, 28(1): 45-62.

[22]   Clausi D A, Deng H. Design-based texture feature fusion using gabor filters and co-occurrence probabilities [J]. IEEE Transactions on Image Processing, 2005, 14(7): 925-936.

[23]   Geisler W S, Perry J S, Super B J, et al. Edge co-occurrence in natural images predicts contour grouping performance [J]. Vision Research, 2001, 41: 711-724.

[24]   John S T, Nello C. Kernel Methods for Pattern Analysis [M]. New York: Cambridge University Press, 2004.

[25]   Kazuhiro Hotta, Local co-ocurrence fatures in subspace obtained by KPCA of local

blob visual words for scene dassification[J]. Pattern Recognition, 45, 2012, 3687–3694.

[26] Strang G. Linear Algebra and Its Applications [M]. New York: Academic Press, 1988.

[27] Grigovescu C, Petkov N, Westenberg M A. Improved contour detection by non-classical receptive field inhibition[C]. Biologically Motivated Computer Vision Second International Workshop, 2002, 50-59.

[28] Ursino M, La Cara G E. A model of contextual interactions and contour detection in primary visual cortex [J]. Neural Networks, 2004, 17: 719-735.

[29] La Cara G E, Ursino M. A model of contour extraction including multiple scales, flexible inhibition and attention [J]. Neural Networks, 2008, 21: 759-773.

[30] Pragoi V, Sur M. Dynamic properties of recurrent in hibition visual cortex: contrast and orientation dependence of contextual effects[J]. Journal of Neurophysiology, 2000, 83(2): 1019-1030.

[31] Gilbert C D, Wiesel T N. The influence of contextual stimuli on the orientation selectivity of cells in primary visual cortex of the cat[J]. Vision Research, 1990, 30(11): 1689-1701.

[32] Petlet M W, Gilbert C D. Dynamic chcmges in receptive-field size in cat primary visual cortex[C]. Proc. National Academy of Sciences, 1992, 89: 8366-8370.

[33] 梅雪, 夏良正, 李久贤. 一种基于变分水平集的红外图像分割算法 [J]. 电子与信息学报, 2008, 30(7): 1700-1702.

[34] 汤茂飞. 基于主动轮廓模型的红外图像分割方法研究 [D]. 南京理工大学, 2015.

[35] Li M, He C, Zhan Y. Tensor diffusion level set method for infrared targets contours extraction. Infrared Phys Techn, 2012, 55(1): 19-25.

[36] Zhang K, Song H, Zhang L. Active contours driven by local image fitting energy[J]. Pattern Recognition, 2010, 43(4): 1199-1206.

[37] He C, Wang Y, Chen Q. Active contours driven by weighted region-scalable fitling energy based on local entropy[J]. Signal Processing, 2012, 92(2): 587-600.

[38] Li D, Li W, Liao Q. Active contours driven by local probability distributions [J]. Journal of Visual Communication L Image Representation, 2013, 24(5): 634-638.

[39] Osher S, Sethian J A. Fronts propagating with curvature-dependent speed: Algorithms based on Hamilton-Jacobi formulations[J]. Journal of Computational Physics, 1988, 79(1): 12-49.

[40] Keshava N. Distanle metrics and band selection in hyperspectral processing with applications to material identification and spectral libraries [J]. IEEE Transactions on Geoscience & Remote Sensing, 2004, 42(7): 1552-1565.

[41] Caselles V, Kimmel R, Sapiro G. Geodesic active contours[C]// International Conference on Computer Vision, 1995. Proceedings. IEEE, 1995: 61-79.

[42] 闻兵工, 冯伍法, 刘伟, 等. 基于光谱曲线整体相似性测度的匹配分类 [J]. 测绘科学技术学报, 2009, 26(2): 128-131.

[43] Plaza A, Benediktsson J A, Boardman J, et al. Advanced processing of hyperspectral images[C]// IEEE International Conference on Geoscience and Remote Sensing

Symposium. IEEE, 2006: 113-9.

[44] Jolliffe I T. Principal component analysis[J]. Springer Berlin, 1986, 87(100): 41-64.

[45] 安斌, 陈书海, 严卫东. SAM 法在多光谱图像分类中的应用 [J]. 中国体视学与图像分析, 2005, 10(1): 55-60.

第 4 章 数据驱动的夜视增强与特性建模

夜视低照度条件下，可见光器件对光子的捕获能力不足，进而导致图像细节模糊，色彩偏差严重；红外器件受限于探测器制造工艺，普遍存在低分辨、弱对比等问题。利用配对数据集进行监督学习建立可见、红外图像增强是常见方法，但在开放场景下其泛化性和可靠性受限于数据集的规模和丰富性，难以满足实际需求。本章将物理建模嵌入数据模型中，利用场景结构、目标位置等先验信息，挖掘数据集中的目标和环境的辐射反射特性，构建多波段图像增强与特性建模算法。

本章首先阐述基于照明场重建的低照度图像增强方法，利用渲染方程构建并推导照明场调制方程，设计照明场重建网络，实现可见图像亮度增强的同时，保持各亮度级图像的对比度；其次阐述基于高频退化模拟的红外图像增强方法，通过模拟真实图像的高低频退化模式构建配对数据集，实现无需真实配对数据的红外图像增强；最后阐述基于位姿感知的红外视图渲染与场景重建方法，利用红外多视图高频一致性，构建位姿感知与多视图重建模型，解决红外低分辨、弱对比图像难以准确重构隐式三维模型的问题。

4.1 基于照明场重建的低照度图像增强

从低照度环境下拍摄的单张图片中重建出重照明后的新场景是一项重要且具有挑战性的任务。现有的方法主要采用图像增强算法来提升场景图像的亮度实现重照明，然而这一方法忽略了场景空间、物体材质及光源之间的光影变化特性，因此增强结果难以满足真实重建需求。在这一背景下，本节基于渲染方程推导建立了照明场调制方程，分析重照明前后的空间亮度分布变化的影响因素；并通过渲染技术采集了包含不同照明等级的图像序列，构建结构化的数据集合。此外，基于照明场调制方程的表达形式提出了具有相应结构的照明场重建网络 (Illumination Field Reconstruction Network, IFRNet)，通过结构化经验的监督训练，有效地对输入的低照度图像进行场景理解与特征提取，从图像中隐式估计场景信息，实现对照明场调制方程的近似估计，从而重建出重照明结果。

4.1.1 重照明原理与定义

为了实现低照度图像的重照明，本节提出一种基于照明场重建算法的解决方案，如图 4.1.1 所示。在计算机图形学中，渲染方程描述了光线在场景中的分布和传输规律，是进行表面着色和光照计算的理论基础，一旦场景目标的属性被确定（如光源强度、光源分布、物体材质等信息)，即可通过渲染方程对场景进行重建并获得空间位置的出射光强度。对于图像而言，相机响应曲线 (Camera Response Function, CRF) 建立了空间位置的出射光强度与图像像素值之间的关系，这也就意味着一旦空间位置的出射光强度被确定，即可获得表示该场景的图像。在 4.1.2 节，将借助渲染方程对重照明任务进行解析，推导照明场调制方程，即描述空间中某一位置在场景亮度提升前后出射光强度的变化规律。

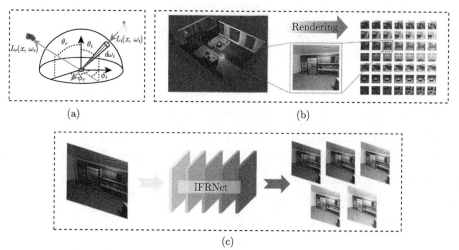

图 4.1.1　基于照明场重建的低照度图像重照明解决方案示意图
(a) 空间内任意一点的渲染示意图，(b) 采样相机 "A" 空间渲染过程，(c) IFRNet 网络示意图

　　由于在实际任务中，往往只能获取到一张低照度的图像，难以获得关于场景的复杂属性参数和相机的相机响应曲线，因此需要采用估计的方式来完成图像的重建。为了更好地实现重建估计，需要深入探究照明场的变化规律，因此构建多组包含不同照明强度的结构化图像序列，通过离散图像序列来归纳总结出结构化的经验规律。但是，现有的低照度图像增强、高动态范围成像等任务使用的公开数据集[1-4]几乎都是通过调整曝光时间采集到的，这种调整探测器参数的采集方式和重照明任务所期望的数据类型并不一致，同时在真实世界中调整场景的照明光源是非常困难的，尤其是室外场景，这几乎是不可能实现的。随着渲染理论与技术的快速发展，目前的渲染技术足以重建出逼真的场景模型，因此本节方案借助强大的渲染引擎进行数据集构建，收集到多组包含不同照明等级的图像序列，每一组图像序列都在固定场景下通过调整不同光源强度参数收集得到。为了更好地学习照明场变化规律，还记录了每组图像序列中每张图像相较于最低照度拍摄图像的光源强度增益值作为图像估计的标签。这一结构化的经验数据集可以帮助学

习照明场变化过程，并从中提炼出照明场的变化规律。

为了实现从结构化的经验数据集中归纳出照明场变化规律，采用深度学习方法对结构化图像序列进行特征建模，并以推导出的照明场调制方程作为物理先验来指导神经网络的设计。神经网络以原始低照度图像和不同的光源强度调制量作为输入，通过隐式特征计算的方式对复杂的场景信息进行理解，结合输入的光源强度调制量，生成相应光源强度条件下的重照明图像。这一任务可以定义为找到一个映射函数 F，在给定一张低照度图像 I 和任意光源强度增益 ΔL 的条件下，估计出 I 对应的三维场景在光源提升 ΔL 强度后，和 I 同视角下拍摄到的新的图像 I'，该过程可被建模为

$$I' = F_\theta(I, \Delta L) \tag{4.1.1}$$

其中，ΔL 代表着在当前照明强度的基础上，场景光源强度增益值，因此可以通过调整 ΔL 来实现当前照明场光照度的连续、任意的增强；映射函数 F 代表具有可训练参数 θ 的神经网络，其目的是通过训练找到最佳的网络参数 $\hat{\theta}$，使得估计值 I' 与真实值 $\hat{I}$ 之间的误差最小，即

$$\hat{\theta} = \operatorname{argmin} L\left(I', \hat{I}\right) \tag{4.1.2}$$

其中，L 为损失函数，驱动着网络的优化，在 4.1.4 节将详细介绍。在物理先验的引导下，大量的结构化经验数据能够帮助网络充分地完成对场景信息的特征挖掘，有效地挖掘出照明场的变化特性，更精确地重建出新照明强度下的图像。

4.1.2 光线传播与渲染过程

在计算机图形学领域，渲染方程[5]描述了光能在场景中的传输过程，根据光的物理学原理，在理论上给出了场景在光照条件下着色点的入射与反射辐射亮度的采样关系，能够表达光线在场景传播所产生的效果。其公式表示为

$$L_o\left(x, \omega_o\right) = L_e\left(x, \omega_o\right) + \int_\Omega f_r\left(x, \omega_i, \omega_o\right) L_i\left(x, \omega_i\right)\left(n \cdot \omega_i\right) \mathrm{d}\omega_i \tag{4.1.3}$$

式中，$L_o\left(x, \omega_o\right)$ 是照明场中一点 x 以立体角 ω_o 方向出射到相机的出射光亮度，即最终渲染的颜色；$L_e\left(x, \omega_o\right)$ 是 x 点自发光出射到相机的亮度；积分项是半球面内所有入射光方向 ω_i 对出射方向 ω_o 的辐射量的总和，$f_r\left(x, \omega_i, \omega_o\right)$ 是双向反射分布函数 (Bidirectional Reflectance Distribution Function, BRDF)，用来定义给定入射方向上的辐射照度如何影响给定出射方向上的辐射率，即反映了物体表面的材质信息；$L_i\left(x, \omega_i\right)$ 反映了来自 ω_i 方向照射到 x 点的入射光的光照强度；$\left(n \cdot \omega_i\right)$ 代表 x 点的法线与光线的入射方向的余弦值。

　　假定当前场景所有自发光源的亮度提升 ΔL，那么在新的光源条件下，相机观测到 x 点的出射光亮度 $L_o'(x, \omega_o)$ 为

$$L_o'(x, \omega_o) = L_e'(x, \omega_o) + \int_\Omega f_r(x, \omega_i, \omega_o) L_i'(x, \omega_i)(n \cdot \omega_i)\, \mathrm{d}\omega_i \qquad (4.1.4)$$

　　与公式 (4.1.3) 相比，空间位置、立体角、BRDF 均没有发生改变，只有三项和光源强度有关的 L 变量发生了改变。为简化表示，在后续的公式推导中均省略括号里的变量。将两式相减，可以得到

$$L_o' - L_o = L_e' - L_e + \int_\Omega (f_r' L_i' - f_r L_i)(n \cdot \omega_i)\, \mathrm{d}\omega_i \qquad (4.1.5)$$

式中，$L_e' - L_e$ 反映了 x 点自发光出射到相机的光照强度差异，即 ΔL；积分项内变量表示了来自 ω_i 方向照射到 x 点的入射光的光照强度差异，是一个与 ΔL 和场景原始亮度 L_o 有关的函数。因此，无论是哪一类入射光，都可以近似用一个函数 $R(\Delta L)$ 来表示入射光的光照强度差异。

　　基于上述分析，可将公式 (4.1.5) 进行化简：

$$L_o' - L_o = \Delta L + \int_\Omega R(\Delta L, L_o)(n \cdot \omega_i)\, \mathrm{d}\omega_i \qquad (4.1.6)$$

　　此时观察等式右边，发现对于确定的相机位置与观测位置而言，只有 ΔL 一个变量，其他均为确定值。因此可以将等式右边的两项用一个函数 $R'(\Delta L)$ 来表示，通过化简可以得到

$$L_o' = L_o + R'(\Delta L, L_0) \qquad (4.1.7)$$

　　上式给出了空间中一点 x 在受到 ΔL 增益前后出射光强度的变化关系，称之为照明场调制方程。照明场调制方程表明，在一个场景参数确定的空间内，空间内一点在重照明后的出射光强度仅受到原始出射光强度 L_o 和亮度增益 ΔL 的影响，在已知场景参数条件下，仅通过上述两个变量即可计算出重照明后的出射光强度。

4.1.3　照明场重建网络设计

　　利用照明场调制方程的先验知识，可以充分发挥神经网络的潜能，实现低照度图像的重照明。如图 4.1.2 所示，给出了照明场重建网络 IFRNet 的整体框架。IFRNet 是端到端训练的，整体采用了双分支融合的设计架构，与照明场调制方程的公式表达形式较为相似，IFRNet 的输入端也分成两路分支分别进行特征计算，一路以低照度图像作为输入，通过堆叠多个 3×3 卷积层的特征映射模块实现图像

到特征的映射；另一路则将低照度图像与照度增益因子 ΔL 进行点乘编码，输入到照度增益模块中获得照度增益特征。接下来，两路特征信息通过逐像素相加的方式进行融合，并通过两个卷积层将特征逆映射回图像，此时获取到的图像即为重照明后的图像。

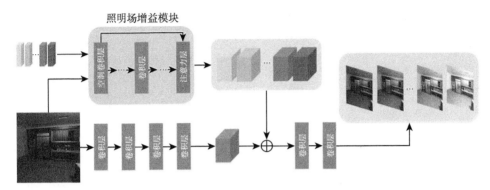

图 4.1.2   基于双分支融合的 IFRNet 网络结构

在照明场调制方程中，对于一个已知参数的场景来说，出射光强度 L'_o 可以通过 L_o 和 $R'(\Delta L, L_o)$ 计算得到，前者是原始出射光强度，后者是一个关于原始出射光强度和亮度增益的函数，这与 IFRNet 的两部分输入正好对应。但是在 $R'(\Delta L, L_o)$ 这一函数的计算过程中，需要已知复杂的场景参数，然而这些参数在实际任务中通常难以获取。而在 IFRNet 中，照明场增益模块能够有效地提取图像特征，在监督样本的约束下学习到图像所在场景的关键信息，在不依赖于事先提供的复杂场景参数的条件下，计算出照度增益特征。

如图 4.1.3 照明场增益模块采用了经典的编码器–解码器架构，编码器对编码输入进行特征提取以生成更高维度的抽象特征表达，再通过解码器对高维特征进行降维，生成最终所需的照度增益特征。同时通过跳层连接[6] 将编码器和解码器在同一维度上的特征信息进行特征融合，促进网络之间的信息流动，以便于网络更好地收敛。考虑到在编码器-解码器架构中对卷积层进行简单的堆叠难以实现高保真度的重建，重建图像容易出现空间亮度分布不均、重建图像失真等现象，因此分别对 Encoder 和解码器进行了优化设计。

在编码阶段，网络应着重于对不同尺度、不同维度的特征提取，尤其应该着重关注纹理与局部细节信息，因此编码器的每一层都采用了空洞卷积 (Dilated Convolution)。空洞卷积层首先通过一个步长为 2 的 3×3 卷积层进行降采样，降采样后的特征通过三个不同系数 (1,2,4) 的空洞卷积。三路不同的空洞卷积进行连接 (concatenate) 后，通过跳层连接传递到解码器中；空洞系数为 1 的卷积层输出的特征也会传递到下一个空洞卷积层。通过不同系数的空洞卷积的提取，可以获得具有不同感受野的特征信息，捕获到更多差异化特征和局部细节信息。

　　和编码器较为类似，解码器由四个注意力层组成，每一个注意力层对前一层输出特征进行上采样，并和跳层连接得到的特征进行连接，为了使特征具有更好的自适应能力，对不同层次的特征进行有效融合，使网络聚焦于重要特征；对连接之后的特征分别采用通道层、空间层的注意力引导策略，通过注意力引导的方式解决因空间亮度分布不均匀而产生的伪影情况，提高重建图像的视觉平滑度，有利于高质量图像的生成。

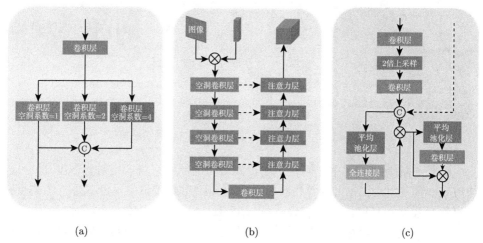

　　(a)　　　　　　　　　　　(b)　　　　　　　　　　　(c)

图 4.1.3　照明场增益模块示意图：(a) 空洞卷积层结构，(b) 照明增益模块整体结构，(c) 注意力层结构

4.1.4　算法结果分析

　　训练网络并进行结果评估需要大量的数据集作为支撑，为了能够通过数据驱动的方式学习到照明场的变化规律，数据集应该涵盖不同场景、天候以及不同光源分布。同时，根据任务的需求，数据集的每组图像应包括在同一场景下、不同光源强度的图像采样序列，收集这些图像序列的采集往往需要在静态场景中严格控制光源摆放位置与照明强度，而这一严苛的操作在现实中往往是难以实现的，尤其是在室外场景中。得益于现有的先进渲染技术，可以通过 3D 建模的方式来建立真实世界的模型，并通过调节光源的照明功率以实现差异化的照明条件。

　　通过三维图形图像软件 Blender 构建了一个包含 200 组图像序列的数据集，其中室内场景和室外场景各占一半，室内场景主要为各种各样的公寓场景，采用"点光"和"面光"作为光源；室外场景包括园林、雪地、街道、乡村等场景，主要采用"日光"照明。数据集的每组图像序列包含 1 张原始低照度图像和 6 张重照明后的图像，所有图像的空间分辨率为 1536×1536，每张重照明后的图像都是在原始低照度环境下通过提升场景光源照明强度后渲染获得，记录光源相较于原始照明下强度增益量，即前文所述的 ΔL。由于在场景建模中用于表示"点光""面光"和"日光"的照明强度单位不同，对 ΔL 进行标准化处理，对于表示"点光""面光"照明强度的"能量"，每单位量 ΔL 代表 10W；对于表示"日光"照明强度的"强度"，每单位量 ΔL 代表 0.1 单位量的强度。数据集中 ΔL 所覆盖的范围为 0~120，覆盖从低照度图像到高亮度图像。

为了训练 IFRNet，采集到的虚拟数据集按照 9:1 进行随机划分，将 180 组图像序列作为训练集，20 组作为测试集。网络训练 200 个 epoch，采用 Adam 优化器进行优化，补丁大小设置为 512×512。初始学习率设置为 $1e^{-4}$，权值衰减为 0.0001，100epoch 后学习率下降 $5e^{-5}$，在 Nvidia GeForce RTX 3090 GPU 上进行训练。

图 4.1.4 展示了模型在仿真测试集上的效果。为了与增强算法进行对比，测试了几种不同类型的低照度增强算法，包括 RetinexNet[35]、EnlightenGAN[36]、Zero-DCE[37]、RetinexDIP[38] 四种方法，其中 RetinexNet 采用了配对数据进行训练的监督学习策略，EnlightenGAN 采用了非配对数据进行无监督学习，Zero-DCE 通过精心定义的损失函数进行 Zero-shot 学习，RetinexDIP 则基于 Retinex 理论采用非学习的方式进行训练增强。尽管上述方法能够实现低照度图像的有效亮度提升，但是仅能够实施一对一的增强，无法实现动态可调节的增强效果。

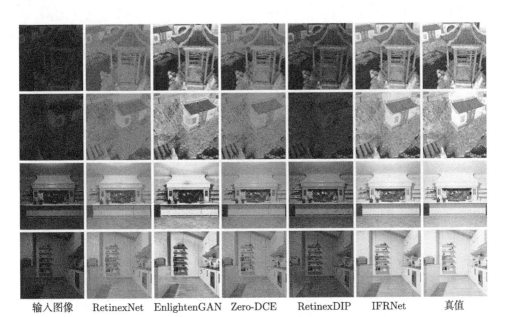

| 输入图像 | RetinexNet | EnlightenGAN | Zero-DCE | RetinexDIP | IFRNet | 真值 |

图 4.1.4 重建结果可视化效果图 (扫描本书封底二维码可见彩图)

　　如图 4.1.5 从可视化结果来看，IFRNet 能够有效地重建出真实的新照明场分布下的图像，同时还能够较好地保留图像结构信息与高频细节，并且对伪影有较好的抑制。对于低照度图像而言，图像的颜色往往会出现较大程度的退化与衰减，给重建任务带来较大的挑战，可视化结果表明 IFRNet 能够尽可能地还原出真实的颜色属性，这也说明 IFRNet 模型在多照明等级的图像序列中学习到了颜色随光源强度的变化趋势。相比之下，RetinexNet 和 Zero-DCE 都能够有效提升图像亮度、增强场景细节，但是由于 RetinexNet 物理模型不健全，Zero-DCE 缺少有效的色彩约束条件，这两种方法都会出现整体色彩偏差过大、扭曲等现象；EnlightenGAN 在部分区域的色彩上增强效果较好，但会出现较为严重的伪影情况，且对抗网络的结构也难以对伪影进行有效的抑制；RetinexDIP 采用了非学习的方法进行图像增强，该算法在迭代过程中具备不稳定性，最终的增强效果只有

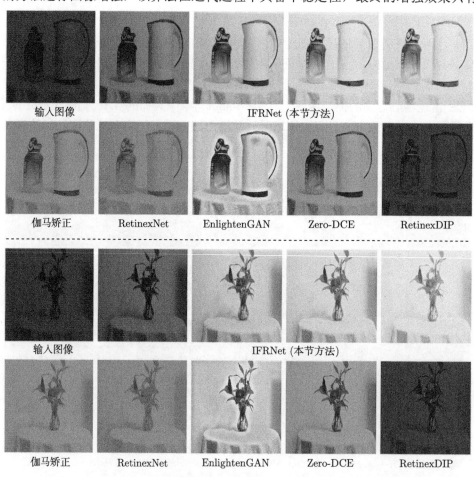

图 4.1.5　室内场景采样图像重建效果图 (扫描本书封底二维码可见彩图)

轻微的亮度提升，难以实现有效重建。

为了定量评估上述结果，采用经典的参考图像评价指标：峰值信噪比 (PSNR) 和结构相似度 (SSIM)[21] 来评价图像的生成质量，PSNR 和 SSIM 的指标越高，代表重建性能越好，和真实比较结果更为接近。由于这些对比算法仅能增强得到单张图像，因此将增强图像与多张真实的重建图像分别计算 PSNR 和 SSIM，取最佳结果作为增强结果的指标。表 4.1.1 展示了定量评价结果，IFRNet 重建算法 PSNR 和 SSIM 分别为 24.119 和 0.874，远超于所比较的算法，表明 IFRNet 重建算法更加符合真实重建结果。

表 4.1.1　重建结果的定量评估结果

方法	伽马变换	RetinexNet	EnlightenGAN	Zero-DCE	RetinexDIP	IFRNet
PSNR	21.602	17.482	18.057	20.484	20.967	24.119
SSIM	0.834	0.746	0.801	0.832	0.815	0.874

考虑到 IFRNet 模型是在仿真数据集上进行的训练，在真实世界的泛化性还需要进一步验证。为了验证 IFRNet 模型在真实世界的泛化能力，拍摄了室内场景进行可视化比较。从图中可以看出 IFRNet 在逐步提升亮度的基础上，能够较好的保持图像中的细节信息，避免了过度增强与伪影的出现，具备对在真实世界拍摄的低照度图像进行有效的重照明。

4.2　基于频率感知退化的红外图像增强

高分辨率对于红外成像技术的实际应用至关重要。目前已发展出众多基于深度学习的红外图像超分辨率方法，但大多数都是基于已知图像退化方式 (例如，双三次下采样) 的数据集进行训练 [1-12]，这种方式训练得到的模型对真实红外系统的泛化能力往往很差。本节提出针对红外的无监督超分辨率 (Super Resolution, SR) 框架，通过高准确率的退化建模来提升 SR 模型在真实红外系统上的性能。红外数据中高频影响细节、低频影响热对比度，受此物理先验启发，提出一种基于非配对低分辨率 (Low Resolution, LR)-高分辨率 (High Resolution, HR) 红外的频域感知退化模型 (Infrared Frequency-aware Degradation Generative Adversarial Networks, IFADGAN)。具体来说，HR 红外图像在退化之前被分解为低频分量和高频分量；通过对抗学习，高低频退化生成器分别对高频分量和低频分量从 HR 到 LR 的退化过程进行隐式建模，其中低频网络重点关注热对比度退化，高频网络重点关注细节退化。为了保证退化的稳定性，设计了一个跨频特征调制模块 (Cross-frequency Feature Modulation, CFFM)，嵌在高频网络与低频网络之间，通过低频特征引导高频特征的编码，以对齐不同频率成分之间的结构信息。退化后的低频分量和高频分量经逆变换得到与真实 LR 图像相似的退化图像；然后 SR 模型建立退化图像到对应 HR 图像的映射，以提升在真实红外数据上的泛化能力。在 IFADGAN-SR 框架中，退化模型和 SR 模型是独立训练的，任何的 SR 网络都可以与建立的退化模型联合使用。该方法解决了超分辨率重建中缺少配对数据集的问题，实验结果表明，该方法能够使得低分辨率红外相机实现高分辨率红外成像效果，并具有对实际红外系统和数据优异的超分辨率重建能力。

4.2.1 图像退化模型

为了得到高准确率的退化图像，需要了解 HR 红外图像如何变成 LR 红外图像。由先前的工作 [13,14] 可知，热成像过程会经历各种模糊，如成像光学系统衍射极限造成的光学模糊和图像探测器点扩散函数带来的探测器模糊等。图像的光学和探测器的模糊过程可以表示为

$$I_{hb} = I_h * \boldsymbol{B} \tag{4.2.1}$$

其中，I_h 是尺寸为 $m \times n$ 理想的 HR 红外图像，I_{hb} 是 HR 模糊红外图像，$\boldsymbol{B}$ 是模糊矩阵。其次，在红外图像采样过程中，传感器尺寸和传输带宽会降低图像分辨率：

$$I_{lb} = I_{hb} * \boldsymbol{S} \tag{4.2.2}$$

其中，I_{lb} 是尺寸为 $m/s \times n/s$ 的 LR 模糊红外图像，$\boldsymbol{S}$ 是尺度为 s 的下采样矩阵。此外，成像过程中的噪声也是不可忽略的。这些噪声可分为低频噪声和高频噪声，其中低频噪声主要为 $1/f$ 噪声，高噪声主要有散粒噪声和热噪声。综上，退化图像 I_l^{dg} 表示为

$$I_l^{dg} = I_h * \boldsymbol{B} * \boldsymbol{S} + N^{lf} + N^{hf} \tag{4.2.3}$$

其中，N^{lf} 是低频噪声矩阵，N^{hf} 是高频噪声矩阵。由于在实际场景中很难采集到理想的未退化 HR 红外图像，因此使用高分辨率高质量热探测器拍摄的红外图像代替。观察不同分辨率热探测器所拍摄的热图像，除了高频细节不同，在低频热对比度上也差异较大。所以对于红外图像，上述退化模型可以从频域的角度进行优化。在退化之前，将原始高分辨率图像分解为低频分量和高频分量：

$$I_h^{lf} = I_h^{\text{real}} \otimes f_l, \quad I_h^{hf} = I_h^{\text{real}} \otimes f_h \tag{4.2.4}$$

其中，I_h^{real} 是尺寸为 $m \times n$ 的高分辨率红外图像，f_l 和 f_h 分别表示低通滤波器和高通滤波器，I_h^{lf} 和 I_h^{hf} 分别表示原始图像的低频成分和高频成分。红外图像的低频和高频具有不同的退化过程：

$$\overline{I_l^{lf}} = D^{lf}\left(I_h^{lf}\right) = I_h^{lf} * C * \boldsymbol{S} + N^{lf}, \quad \overline{I_h^{hf}} = D^{lf}\left(I_h^{lf}\right) = I_h^{lf} * \boldsymbol{B} * \boldsymbol{S} + N^{hf} \tag{4.2.5}$$

其中 C 是热对比度变换矩阵, $\overline{I_l^{lf}}$ 和 $\overline{I_h^{lf}}$ 分别表示退化后的低频分量和高频分量, D^{lf} 和 D^{hf} 分别表示低频退化函数和高频退化函数。然后, 低频分量和高频分量经逆变换得到退化图像:

$$I_l^{dg} = \overline{I_l^{lf}} \oplus \overline{I_l^{hf}} \tag{4.2.6}$$

其中 $\oplus$ 表示逆变换过程。值得注意的是, 图像频率分解及其逆变换均不会带来额外的信息损耗。由于真实数据的退化是未知的, 因此采用隐式建模的方式来学习 HR 图像到 LR 图像的转换, 该过程无需对模糊矩阵、下采样矩阵、噪声矩阵和对比度矩阵进行显示的参数化表示。此外, 低频退化函数 D^{lf} 和高频退化函数 D^{hf} 是退化过程中的关键。在本节方法中, 通过与非配对 LR 红外图像的对抗学习, HR 红外图像的低频退化函数 D^{lf} 和高频退化函数 D^{hf} 被不同的网络分支拟合。

4.2.2 IFADGAN-SR 网络框架

本节介绍一种基于频域感知退化的无监督红外超分辨率框架 (Infrared Frequency-aware Degradation Generative Adversarial Networks for Super Resolution, IFADGAN-SR)。图 4.2.1 展示了这个框架, 该框架由退化过程和 SR 过程组成。给定真实高分辨率图像 I_h^{real} 和未配对低分辨率红外图像 I_l^{real}、I_h^{real}, 退化后的图像被表示为 I_l^{dg}、I_l^{real}, 超分后图像被表示为 I_h^{sr}。在退化过程中, IFADGAN 隐式建模 I_h^{real} 到非配对 I_l^{real} 的复杂退化过程, 生成退化图像 I_l^{dg}; 在 SR 训练阶段, 使用退化图像 I_l^{dg} 和高分辨率红外图像 I_h^{real} 组成的伪配对数据, 进行超分辨率模型 SR 训练。在 SR 推理阶段, SR 模型从真实低分辨率红外图像 I_l^{real} 中重建出高分辨率红外图像 I_h^{sr}。

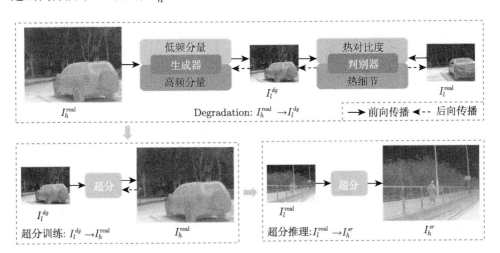

图 4.2.1 基于频域感知的无监督红外超分辨率模型框架 (IFADGAN-SR)

4.2.3　红外频域感知退化

本节将详细介绍红外频域感知退化模型 IFADGAN。IFADGAN 由一个双频退化生成器和一个双判别器组成。网络结构如图 4.2.2 所示：真实高分辨率红外图像 I_h^{real} 被下采样到真实低分辨率图像 I_l^{real} 相同尺寸，然后下采样图像通过双频退化生成器进行高频和低频的退化，在细节判别器和热对比度判别器的作用下，得到准确可靠的退化图像 I_l^{dg}。

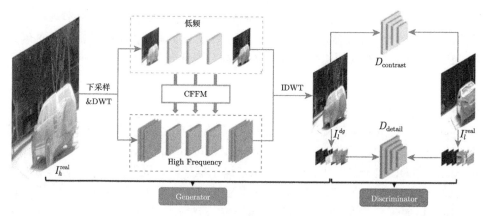

图 4.2.2　频域感知模型结构图

4.2.3.1　跨频特征调制模块

使用离散小波变换 (Discrete Wavelet Transform, DWT) 将图像分解为高频子带和低频子带，虽然子带图像的分辨率是原始图像 I 的一半，但由于 DWT 的双正交特性，可以通过逆离散小波变换 IDWT 准确地重建原始图像 I 且不损失信息。因为 Haar 小波具有强大的多频信息表征能力[15]，使用 Haar 小波作为 2dDWT 的基函数，其低通滤波器 f_L 和高通滤波器 f_H 定义如下：

$$f_L = \frac{1}{\sqrt{2}}\,[1,1]^{\mathrm{T}}, \quad f_H = \frac{1}{\sqrt{2}}\,[1,-1]^{\mathrm{T}} \tag{4.2.7}$$

在每一级的小波变换中，原始图像 I 分别沿行方向和列方向进行低通和高通滤波和下采样。变换后得到四个子带图像 I_{LL}、I_{LH}、I_{HL} 和 I_{HH}。第一个子带 I_{LL} 对应输入图像 I 的低频信息，其余子带 I_{LH}、I_{HL} 和 I_{HH} 分别对应于水平、垂直和对角方向的高频内容。高分辨率红外图像 I_h^{real} 对应的低频子带 I_h^{lf} 和高频子带 I_h^{hf} 分别为

$$I_h^{lf} = \{I_{LL}\}, \quad I_h^{hf} = \{I_{LH}, I_{HL}, I_{HH}\} \tag{4.2.8}$$

但在网络中，使用不同的网络分支退化低频子带和高频子带面临一个巨大挑战：由于低频分支关注图像热对比度、高频分支关注图像细节，导致不同分支可能会在对应位置产生不匹配的内容。在高频分支和低频分支之间不采用任何引导措施的情况下，退化图像可能会出现伪影和结构失真，相较于高频子带，低频子带的模值较大且包含丰富的结构信息。文献 [16] 论证了基于低频子带的区域特性的高频子带增强，可以得到良好的红外重建图像。受上述物理特性和 SEAN[17] 的启发，设计跨频特征调制模块 (Cross-frequency Feature Modulation, CFFM)，该模块保证了低频和高频的结构信息一致性，使退化效果更加自然和真实。

具体来说，CFFM 模块利用低频特征所学习的调制参数，对高频特征进行通道维度上的调制，以实现低频特征与高频特征的对齐。如图 4.2.3 所示，首先对高频特性进行归一化 [18]，这是因为卷积后特征的均值和方差对图像风格有显著影响。然后将从低频特征 $F^{lf} = \left\{ F_1^{lf}, \cdots, F_n^{lf} \right\}$ 学习到的尺度参数 γ^{lf} 和偏差参数 θ^{lf} 注入高频特征 $F^{hf} = \left\{ F_1^{hf}, \cdots, F_n^{hf} \right\}$。调制后高频特征 F^{hf*} 为

$$F^{hf*} = \gamma^{lf} \frac{F^{hf} - \mu^{hf}}{\sigma^{hf}} + \theta^{lf} \tag{4.2.9}$$

其中，μ^{hf} 和 σ^{hf} 是高频特征 F^{hf} 沿通道维度的均值和标准差，γ^{lf} 和 θ^{lf} 是可以更新的尺度参数和偏差参数。

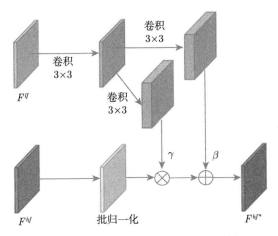

图 4.2.3　跨频特征调制模块基本结构

4.2.3.2　基于频域感知退化的生成器

双频退化生成器由两个不同的分支组成，分别用于计算低频退化函数 D^{lf} 和高频退化函数 D^{hf}，图 4.2.4 展示了它的结构。低频退化分支由一个编码器，9

个残差网络块 (Residual Networks, ResNet)[19] 和一个解码器组成。每个 ResNet 块包含两个卷积层 (内核大小为 3×3, 通道数为 64) 和中间的一个修正线性单元 (Rectified Linear Unit, ReLU) 激活函数。如图所示, 使用 CFFM 模块调制 ResNet 块中卷积层的尺度和偏差, 从而得到特征调制块。高频退化分支具有跟低频分支相似的结构, 将其中三个 ResNet 块替换为特征调制块。

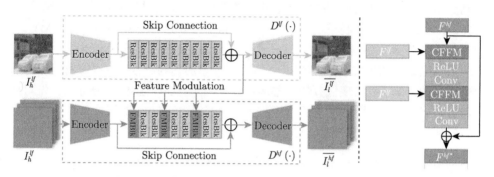

图 4.2.4　双频退化生成器 (左) 和特征调制块 (右)

输入图像的高频子带 I_h^{hf} 和低频子带 I_h^{lf} 被分别处理, 得到对应退化子带 $\overline{I_1^{lf}}$ 和 $\overline{I_1^{hf}}$。低频分支在完成退化学习的同时, 将最后一个 ResNet 块输出的低频特征经特征调制块注入高频分支。高频特征的编码被低频特征调制, 有效提升了高频信息与低频信息退化结果的结构一致性。然后两个 ResNet 块进一步提取高频信息的特征。经过三次特征调制后, 退化子带 $\overline{I_1^{lf}}$ 和 $\overline{I_1^{hf}}$ 通过逆离散小波变换得到退化图像。

4.2.3.3　对比度与细节判别器

该网络设计为双判别器, 包含一个热对比度判别器 D_{contrast} 和一个细节判别器 D_{detail}, 以增加退化图像与真实图像在模糊、噪声和热对比度上的相似性。全局尺度的判别对于调整图像对比度至关重要, 局部尺度的判别可以有效提升细节纹理的退化效果。因此, 热对比度判别器 D_{contrast} 和细节判别器 D_{detail} 分别从全局尺度和局部尺度对退化图像进行联合约束。其中, 细节判别器 D_{detail} 对分别从退化图像和真实 LR 图像中随机裁切的 6 个 48×48 图像块进行判别。为了指导生成器合成真实的退化图像, 热对比度判别器 D_{contrast} 与细节判别器 D_{detail} 均采用相对平均判别器[20]。相对平均判别器的标准函数为

$$D_{Ra}\left(I_l^{\text{real}}, I_l^{dg}\right) = \sigma\left(C\left(I_l^{\text{real}}\right) - E\left[C\left(I_l^{dg}\right)\right]\right) \tag{4.2.10}$$

$$D_{Ra}\left(I_l^{dg}, I_l^{\text{real}}\right) = \sigma\left(C\left(I_l^{dg}\right) - E\left[C\left(I_l^{\text{real}}\right)\right]\right) \tag{4.2.11}$$

其中，I_l^{real} 是真实低分辨率图像，I_l^{dg} 是退化图像，$D_{Ra}(\cdot)$ 代表判别器的最终输出，C 表判别器网络，$E[\cdot]$ 代表均值计算，$\sigma(\cdot)$ 代表 Sigmoid 激活函数。

4.2.3.4 退化模型损失函数设计

结合多个损失函数来训练红外退化模型。为了保持退化前后图像低频子带相似，使用低频损失 L_{lf} 来约束退化低频子带 $\overline{I_1^{lf}}$ 与下采样低频子带 I_h^{lf} 之间的距离：

$$L_{lf} = \frac{1}{N}\sum_{i=1}^{N}\left\|\left(\overline{I_1^{lf}}\right)_i - \left(I_h^{lf}\right)_i\right\|_1 + 1 - \frac{1}{N}\sum_{i=1}^{N}\text{SSIM}\left(\left(\overline{I_1^{lf}}\right)_i, \left(I_h^{lf}\right)_i\right) \quad (4.2.12)$$

其中，$\|\cdot\|_1$ 表示 $l1$ 范数，$\left(\overline{I_1^{lf}}\right)_i$ 和 $\left(I_h^{lf}\right)_i$ 表示退化图像和真实高分辨率降采样图像的第一级小波变换后的 i-th 低频子带。SSIM 为结构相似度。除此之外，使用 L_{tv}[22] 帮助退化效果更加自然。定义如下：

$$L_{tv} = \frac{1}{N}\sum_{i}^{N}(\|\nabla_h(I_l^{dg})_i\|_2 + \|\nabla_w(I_l^{dg})_i\|_2) \quad (4.2.13)$$

其中，∇_h 和 ∇_w 是计算 I_l^{dg} 的水平和垂直梯度的函数。总 loss 定义如下：

$$L_{\text{total}} = \alpha_1 L_{lf} + \alpha_2 L_{tv} + \alpha_3 L_{adv} \quad (4.2.14)$$

其中，α_1、α_2 和 α_3 表示每个损失的权重，根据经验分别设置为 1e^{-2}、1e^{-8} 和 1e^{-2}。L_{adv} 包含热细节判别器和热对比度判别器的损失。

4.2.4 基于退化生成的红外增强网络

SR 网络基于 IFADGAN 生成的退化图像进行训练。整个 IFADGAN-SR 模型框架是双步训练的，与退化和 SR 联合训练的方法相比，可以避免退化初期产生的不良结果对 SR 的干扰。其次，IFADGAN-SR 框架足够灵活，任意监督 SR 模型都可以与退化模型 IFADGAN 搭配以实现不同的超分效果。

本节选用面向像素损失方向的超分网络 PixelSR 和面向感知质量方向的超分网络 PerceSR 进行实验。PixelSR 以 TherISuRNet[23] 为例，该网络采用基于不对称残差学习的渐进式上采样策略，可以实现高效的红外超分。PerceSR 以 ESRGAG[24] 为例，该网络的生成器使用嵌套式残差密集块 (Residual-in-Residual Dense Block) 提取图像特征，并采用了 Relativistic GAN[25] 中的相对损失函数，可有效提升视觉质量。

4.2.5　实验测试与参数分析

使用 CVC-09 数据集[26] 制作合成红外图像数据集，使用 PBVS 数据集 [27] 作为真实世界红外图像数据集。从 CVC-09 数据集中随机选取 1900 张红外图像，其中 950 张图像作为高分辨率图像，另外 950 张经人工退化得到低分辨率图像，形成的 950 个非配对 LR-HR 数据作为训练集。退化方式如下，首先使用因子为 2 的双三次插值方法对高分辨率图像进行下采样，然后在下采样图像上添加均值为 0 且标准差为 10 的高斯噪声。再另外选取 50 张图像使用同样的退化方式得到低分辨率图像作为测试集。PBVS 数据集使用三个不同的相机采集了三种分辨率 (分别为 160×120，320×240，640×480) 图像，每种分辨率图像包含 951 张训练图片、50 张测试图片。值得注意的是，不同分辨率图像之间不是按照像素配准的。实验中使用 320×240 分辨率图像作为低分辨图像，使用 640×480 分辨率图像作为高分辨图像。

在无监督图像退化阶段，合成数据集和真实世界数据集采用相同的训练方案。对图像进行随机裁切和随机水平翻转，其中随机裁切的像素尺寸为 128×128 大小。对于总损失函数中的权重，设置 $\alpha=1$，$\beta=1$，$\gamma=1e^{-8}$。在网络中，使用 Adam[29] 优化器，批量大小 (batch size) 设置为 1，epoch 设置为 200，初始学习率设置为 $1e^{-4}$。在有监督图像超分阶段，PixelSR 和 PercepSR 均按照对应网络的默认参数设置进行训练。使用 NVIDIA TITAN RTX 实现上述训练过程。

4.2.5.1　定性分析

为了定量比较不同红外图像超分方法的性能，使用了不同的有参考图像评价方法，如峰值信噪比 (Peak Signal-to-noise Natio, PSNR) 和结构相似度 (Structural Similarity, SSIM)。由于真实世界数据集 PBVS 中 LR 图像与 HR 图像并不是完全像素配准的，直接对超分后 SR 图像和 HR 图像进行有参考的图像质量评价是不准确的。因此，评价图像之前，需要对 SR 图像和 HR 图像进行配准。选用 SIFT 算子[29] 获取 SR 图像和 HR 图像之间的特征关键点，然后基于这些特征点将两幅图像对齐。为了去除配准后图像周围黑色区域对图像评价的影响，只评估图像中心裁切区域 (50%)。

此外，我们还使用了图像对比度函数来计算灰度偏差。HR 与 SR 的对比度失真计算公式如下：

$$C(I) = \frac{1}{hw} \sum_{x=1}^{h} I^2(x,y) - \left| \frac{1}{hw} \sum_{x=1,y=1}^{h} I(x,y) \right|$$

$$\text{Contrast} = 10 * \left| \log_{10} C(SR) - \log_{10} C(HR) \right|$$

其中 w 为图像的宽度, h 为图像的高度, $I(x,y)$ 为 (x,y) 处像素的灰度值。$C(I)$ 表示图像的对比度,Contrast 表示对比度失真。对于 SR 图像和 HR 图像的测量,PSNR 值和 SSIM 值越高,表示 SR 图像失真越小;对比度失真越小意味着 SR 图像与 HR 图像的对比度越接近。

4.2.5.2 量化分析

在合成数据集上进行无监督训练之后,在测试集上进行超分辨率重建,表 4.2.1 显示了每个网络的测试结果。

表 4.2.1 合成数据集超分辨率量化指标对比

方法	PSNR	SSIM	常数
双三次插值	27.95	0.7659	1.6067
Bulat et al.[30]	26.01	0.8445	1.9850
FSSR[31]	28.71	0.8833	1.6955
DASR[32]	28.59	0.8926	1.7350
unsupervisedThSR[33]	28.21	0.8913	2.2993
IFADGAN-PercepSR (ours)	29.37	0.8941	1.9053
IFADGAN-PixelSR (ours)	30.28	0.9304	0.4465

图 4.2.5 显示了在合成数据中部分测试集上的超分结果。Bulat 等在放大图像的同时也放大了噪声,在合成 LR 图像上的超分辨率效果不理想。unsupervisedThSR 网络利用 CycleGAN 的结构有利于图像风格的转换,但对于图像细节纹理的恢复能力欠佳。FSSR 和 DASR 的 SR 结果出现了不同程度的模糊,因为退化过程中忽略了图像低频信息的作用。与其他方法相比,IFADGAN-PercepSR 具有更强的细节纹理恢复能力,在抑制图像噪声的同时依然能保持图像的真实观感。

图 4.2.5 合成数据及超分辨率效果对比

表 4.2.2 显示了多种 SR 方法在真实世界数据集上的测试结果。IFADGAN-

PercepSR 和 IFADGAN-PixelSR 在真实世界数据上取得了三个指标的所有最优和次优成绩。从表格中可以看出,IFADGAN-SR 框架具有较强的竞争力。

表 4.2.2　真实世界超分辨率量化指标对比

方法	PSNR	SSIM	常数
Bicubic	22.95	0.7431	1.0783
Bulat et al.[30]	20.58	0.7332	0.7434
FSSR[31]	22.75	0.7237	1.0175
DASR[32]	22.73	0.7264	1.0660
unsupervisedThSR[33]	23.43	0.7513	0.8068
IFADGAN-PercepSR (ours)	24.17	0.7610	0.6522
IFADGAN-PixelSR (ours)	24.27	0.7758	0.6337

图 4.2.6 展示了不同模型的 SR 结果。由于 Bulat et al. 的退化过程和 SR 过程是联合训练的,退化中的不良效果容易诱发 SR 产生伪影。unsupervisedThSR 的 SR 结果在细节恢复上出现失真,如图中汽车前照灯。由于没有对图像中高频信息和低频信息的进行合理引导,在 FSSR 和 DASR 的 SR 图像中噪声较多且物体边缘比较模糊。在所提出的无监督超分网络框架下,IFADGAN-PercepSR 和 IFADGAN-PixelSR 均表现出对真实 LR 红外优异的适应能力。IFADGAN-PercepSR 超分图像有更为清晰的纹理和细节,IFADGAN-PixelSR 超分图像噪声较少、观感自然。

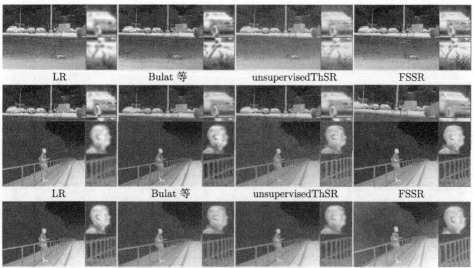

图 4.2.6　真实世界超分辨率效果对比

4.3 基于位姿感知的红外视图渲染与场景重建

神经辐射场 (Neural Radiance Fields, NeRF)[1] 是一种全连接的神经网络，可以基于部分的 2D 图像生成复杂的 3D 场景视图。NeRF 原理是利用渲染损失函数来训练网络，其将 5D 信息 (包括空间位置和视角方向) 作为输入，输出得到体密度和颜色，再利用体渲染过程来绘制新视角。NeRF 的输入是离散数据，而其可以渲染出完整的场景，是一种针对合成数据生成图像的高效方式。

利用可见光图像重建神经辐射场 (Neural Radiance Fields, NeRF)，并合成高质量的新视图的相关工作被广泛研究并取得了非常优异的效果。NeRF 通过从一组给定的多视角图像 $I = \{I_1, I_2, \cdots, I_N\}$ 捕获场景 N 个稀疏视点，并估计其相应的相机参数 $\Pi = \{\pi_1, \pi_2, \cdots, \pi_N\}$，包括相机的内参和 6 自由度位姿，随后利用多层感知机 (Multilayer Perceptron, MLP) 对场景进行隐式表示，根据给定新视角生成高真实度的合成图像。

红外图像的低分辨率、低纹理、边缘模糊等特性会导致高频信息较少、特征提取与匹配困难等问题，因此现有 NeRF 方案均不能有效地重建红外神经辐射场。为此，本节提出了一种基于指导性位姿融合与自适应采样的红外图像重建方法 (IF-NeRF)。首先，构建指导性选择位姿与场景协同优化渲染方案。运动恢复结构 (Structure from Motion, SfM) 算法[2] 是一种从图像序列中重建三维场景的技术，通过分析相机在不同视角下捕获的图像来推断场景的三维结构和摄像机的运动。利用 SfM 算法与联合优化两种方式协同作用，并引入评判置信度提高相机位姿准确性，避免了传统联合优化相机位姿与 3D 场景表示的方案中为获取高质量重建结果而牺牲位姿精度的问题；其次，本节提出了频域感知下的自适应高低频采样策略，该策略可以更好地利用红外图像中的高频信息，同时利用高频区域来弥补由自适应增益造成的低频区域的差异，从而在渲染中极大地解决伪影问题。通过短波、中波以及长波红外数据集实验，IF-NeRF 可获得准确相机位姿估计的同时优化神经辐射场，从而具备更好的三维重建能力，且在新视图合成任务上取得了良好效果。

本节详细阐述红外新视图合成以及神经辐射场的训练与重建框架。首先做几点合理假设：① 所有图像都是在符合局部光场融合 (Local Light Field Fusion, LLFF)[34] 和 NeRF 所述的在一定旋转和平移灵活性的前向设置中捕获的，以满足训练神经辐射场所需的数据获取方式；② 假设对于任何捕获的图像而言都是按照从射线采样获取 3D 点，并将其与观察方向 d 共同送入 MLP F_θ 中的方式进行神经辐射场训练，因此假设尽管红外辐射与可见光辐射存在差异，但是红外图像与可见光图像在神经辐射场重建中无显著区别。

IF-NeRF 方案首先利用 SfM 算法从一组输入的红外图像 I 中获取相机位姿并对其进行置信度评判，随后保留高置信度位姿并共同优化 3D 场景表示以及低置信度的相机位姿。而对于红外图像这类具有低分辨率、低纹理特性的图像，该方案利用频域感知下的自适应高低频采样策略来更好地捕获图像中的高频信息，从而在优化 3D 场景表示中取得更好的结果。

本书将在以下章节将详细介绍 IF-NeRF 方法。4.3.1 节中介绍其中的指导性位姿融合与场景协同优化渲染方案，然后在 4.3.2 节中介绍频域感知下的自适应高低频采样策略，最后在 4.3.3 节中对实验测试结果做出分析。整体流程如图 4.3.1 所示，上层为 NeRF 的基本结构，下层为提出的基于指导性位姿融合与自适应采样的红外图像重建算法。

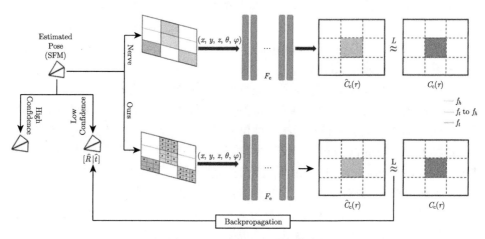

图 4.3.1   IF-NeRF 整体框架

4.3.1   位姿感知优化

由于低分辨率、低纹理图像 (如红外图像) 在特征提取与特征匹配过程相比于可见光图像更为困难，因此利用 SfM 算法获取精确的位姿是非常困难的，甚至有时可能由于特征太少而导致场景重建失败，进而无法估计相机位姿。目前针对未知相机位姿的基于 NeRF 的方案通常采用 3D 场景与相机位姿联合优化的方式来合成新颖视图，而这种估计位姿的方式又会导致为了渲染出更好的 3D 场景而损失位姿估计的准确性。因此，本书提出由置信度驱动的位姿场景协同优化渲染，在渲染出高质量 3D 场景的同时保证相机位姿的准确性。

位姿感知优化策略利用 SfM 重建算法可以初步获得存在部分误差的相机位姿 (参考 COLMAP[4]，其中 COLAMP 为一种通用的 SfM 管道，为有序和无序图像集合的重建提供了广泛的可能)，利用该位姿可以初步重建 3D 场景，并在这里引入置信度，利用重投影误差 (公式 (4.3.1)) 来评判估计位姿的准确性，为了简化算法，采用公式 (4.3.2) 来计算重投影误差：

$$E = \frac{1}{N} \sum_{i=1}^{N} \left(\frac{\left\| I\left(u_i, v_i\right) - \hat{I}\left(u_i, v_i\right) \right\|_2^2}{\sigma^2\left(u_i, v_i\right) + \hat{\sigma}^2\left(u_i, v_i\right)} \right) \tag{4.3.1}$$

$$E = \frac{1}{N} \sum_{i=1}^{N} \left\| I\left(u_i, v_i\right) - \hat{I}\left(u_i, v_i\right) \right\|_2^2 \tag{4.3.2}$$

其中，$I = \{I_1, I_2, \cdots, I_N\}$ 为输入图像，$\hat{I} = \left\{\widehat{I_1}, \widehat{I_2}, \cdots, \widehat{I_N}\right\}$ 为合成视图，(u_i, v_i) 表示第 i 个样本点在图像坐标系中的位置，$\sigma^2\left(u_i, v_i\right)$ 为输入图像在 (u_i, v_i) 位置处的方差，$\widehat{\sigma^2}\left(u_i, v_i\right)$ 为合成视图在 (u_i, v_i) 位置处的方差，N 为样本点总数。

本方案对于高置信度的相机位姿选择保留，而对于低置信度相机位姿则选择利用网络来估计，同时将位姿和 3D 场景进行联合优化。

相机内参　根据针孔相机模型，本方案将相机内参表示为焦距 f 以及相机模型中心点 (c_x, c_y)，通常为了方便起见，该模型令 $c_x = W/2$，$c_y = H/2$，其中 W 和 H 分别为图像的宽和高，因此，本策略只需要评估焦距。

相机外参　相机外参主要针对相机位姿，即从相机坐标系到世界坐标系的转换矩阵 $\boldsymbol{T}_{c2w}$，$\boldsymbol{T}_{c2w} = [\boldsymbol{R}|\boldsymbol{t}] \in SE(3)$，其包括旋转矩阵 $\boldsymbol{R} \in \mathrm{SO}(3)$ 和平移矩阵 $\boldsymbol{t} \in \boldsymbol{R}^3$。旋转矩阵 $\boldsymbol{R}$ 可以由 Rodrigues 公式计算，即：

$$\boldsymbol{R} = I + \frac{\sin\alpha}{\alpha}W^{\wedge} + \frac{1 - \cos\alpha}{\alpha^2}W^{\wedge 2} \tag{4.3.3}$$

其中，W 为轴角，$W := \alpha\theta$，α 为旋转角度，θ 为旋转轴。$(\cdot)^{\wedge}$ 是将向量 "·" 转换为倾斜矩阵的倾斜算子。平移矩阵 t 是在欧几里得空间中定义的，因此可以将其设置为可训练参数。

本算法利用 SfM 算法估计的低置信度区域的相机位姿改为利用网络估计，并与 3D 场景进行联合优化。先前的工作证明了利用最小化光度误差可以同时优化相机位姿和 3D 场景：

$$\Theta^*, \Pi^* = \arg\min_{\theta, \Pi} L_{rgb}(\hat{I}, \widehat{\Pi} \mid I) \tag{4.3.4}$$

其中，$\widehat{\Pi}$ 代表优化过程中更新的相机参数。

4.3.2　高频不变注意力增强

在渲染过程中，如果沿着每条相机光线在 N 个查询点上密集评估神经辐射场会重复采样很多无效空间，这是非常低效的。而如果过度稀疏采样则会出现高频区域采样不充分等问题，对于低分辨率、低纹理特性、高频信息较少的图像 (如红外图像) 是非常致命的。针对可见光图像的基于 NeRF 的采样方式并不适用于红外图像输入，因为这类采样方式无法充分利用图像中的高频信息，从而导致渲染过程出现严重错误。因此，本节提出高低频自适应采样策略，如图 4.3.2 所示。NeRF 根据定义的边界 $[h_n, h_f]$，将其分为 N 个均匀间隔的集合，在每个集合中均匀且随机地抽取一个样本：

$$h_k \sim U\left[h_n + \frac{k-1}{N}\left(h_f - h_n\right), h_n + \frac{k}{N}\left(h_f - h_n\right)\right] \tag{4.3.5}$$

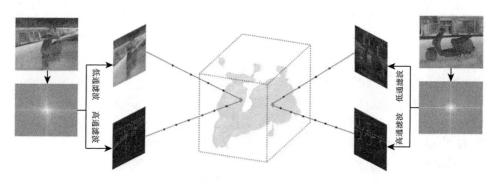

图 4.3.2　频域感知下的自适应高低频采样策略

本方案对于高频信息进行相对密集采样，对于低频信息进行相对稀疏采样，从而更好地利用图像中的高频信息并消除低频信息带来的冗余，同时利用高频信息补偿了自适应增益造成的低频信息差异。由于其在优化过程中 MLP 可以在连续位置约束，因此可以用离散的采样实现连续的积分，从而合成连续的场景表示。

之后利用傅里叶变换将给定一组输入图像 $I = \{I_1, I_2, \cdots, I_N\}$ 转换为频谱图像 $S = \{S_1, S_2, \cdots, S_N\}$，并根据其能量分布情况确定高频和低频成分的界限频率 f_h 和 f_l，在实验中利用网络确定 f_h 和 f_l，以便适应不同场景。在光线传递过程中，为每个沿着射线 $r(h) = o + hd$ 上的采样点分配一个权重 $w(h)$：

$$w(h) = \begin{cases} \alpha w_i, & f(h) > f_h \\ \beta w_i, & f_i < f(h) \leqslant f_h \\ \gamma w_i, & f(h) \leqslant f_i \end{cases} \tag{4.3.6}$$

其中，α、β、γ 作为超参数，根据公式 (4.3.4) 实现自适应权重，从而在不同场景学习到不同的权重系数，$w_i = T_i(1 - \exp(-\sigma_i\delta_i))$。为了使高频部分得到更充分地采样，而低频区域采样频率略低于高频区域，本方案令 $\alpha > \beta > \gamma$。利用这种方案，可以更好地利用图像中的高频信息并消除低频信息带来的冗余，同时利用高频信息补偿了自适应增益造成的低频信息差异。

NeRF 模型可以在每个采样点 $p(h)$ 处计算其相应的颜色 $c(h)$ 和体积密度 $\sigma(h)$。在进行采样过程中，NeRF 模型根据前一个采样点的颜色和体积密度以及当前采样点的颜色和体积密度，通过公式 (4.3.7) 和 (4.3.8) 来累积计算最终合成的颜色和深度：

$$C(h) = C(h - \Delta h) + w(h) \cdot (1 - \exp(-\sigma(h)\Delta h)) \cdot c(h) \qquad (4.3.7)$$

$$D(h) = D(h - \Delta h) + w(h) \cdot (1 - \exp(-\sigma(h)\Delta h)) \qquad (4.3.8)$$

其中，$C(h)$ 为在 h 处的累积颜色，$C(h - \Delta h)$ 表示上一个采样点处的累积颜色，$c(h)$ 是在 h 点处的颜色值，$D(h)$ 为在 h 处的累积深度，$D(h - \Delta h)$ 表示上一个采样点处的累积深度，Δh 是采样步长。

由于红外相机的成像机制通常会产生自适应增益，从而导致同一温度区域由于拍摄视角或环境温度不同而导致红外图像的灰度值不同。在实验中发现，这种自适应增益通常对低频信息影响较大，而对于高频信息几乎不存在影响，根据图 4.3.2 也可以发现，经过高通滤波后的红外图像几乎处在同一增益下，而低通滤波后的图像则存在较大差异。本节的频域感知下的自适应高低频采样策略可以通过密集采样高频信息来弥补由于自适应增益而造成的低频信息差异，从而在最终的渲染过程中得到优异结果。

通过上述公式，本节模型可以在光线传递过程中逐步累积颜色和深度信息，以最终得到图像渲染的结果，且采样点权重、颜色与体积密度全部参与到累积计算中。根据频域感知下的自适应高低频采样策略对不同频率范围的区域进行调整，从而更好地利用低分辨率、低纹理特性图片中值得珍惜的高频信息。

4.3.3 实验测试与参数分析

本节首先介绍一些实验设置，然后在下文的 (1) 中将 IF-NeRF 方法与目前未知相机位姿的基于 NeRF 的方法以及基于 NeRF 来优化 3D 场景表示从而解决伪影问题的先进方法进行比较，接下来，在下文的 (2) 中展示了 IF-NeRF 方案的泛化结果并提取出多边形网格 mesh，并与过去尝试过的贴图的方案进行了比较。

数据集 本实验采集多组近红外、中波红外和长波红外图像数据集，其均具有低分辨率、低纹理特性，非常符合实验需求。此外，本实验采用多个场景来评估新颖视图的合成质量 (包括室内和室外拍摄的场景)，其中近红外与长波红外图像的分辨率为 640×512，中波红外图像采用了 512×640 的分辨率。对于采集到的红外数据集还进行了限制对比度自适应直方图均衡化算法 (Contrast Limited

Adaptive Histogram Equalization，CLAHE) 增强，从而帮助 COLMAP 更好地估计相机位姿。遵循 NeRF，保留序列中 1/8 的图像用于新视图合成。

评价指标　本实验从几个方面来对提出的方法进行评估。首先，实验中采用了峰值信噪比 (PSNR) 和结构相似性 (SSIM) 以及学习感知图像块相似度 (LPIPS) 来评价新视图合成的渲染的质量；而后，本实验采用绝对轨迹误差 (Absolute Trajectory Error，ATE) 对联合优化的相机位姿进行评估 (主要针对 COLMAP 匹配出的低置信度位姿部分)。

实验细节　实验基于 PyTorch 实现 IF-NeRF 框架，且无特殊说明，均遵循 NeRF 的基本架构，采用了每批处理 4096 条射线等策略。在实验中设置初始学习率为 $1e^{-3}$，并在优化过程中逐渐衰减至 $5e^{-5}$(其他 Adam 超参数为默认值，$\beta_1 = 0.9$，$\beta_2 = 0.999$)。本实验采用单个 NVIDIA 3090Ti GPU，迭代次数设置为 50000 至 200000，其中单个场景 50000 次即可收敛 (大约需要 3 小时)，可以根据实际情况来决定是否继续优化场景而增加迭代次数。

4.3.3.1　三维场景表示结果分析

本实验将上述方法与未知相机位姿的基于 NeRF 的方法重建的 3D 场景表示及合成的新颖视图进行了比较，包括 NeRFmm 和 Nope-NeRF。

首先，本实验在每个基线方法上都进行了相同的预处理操作，即对图像进行 CLAHE 增强；而后输入到网络中并采用合适的训练方式 (参考了每种框架的最优训练方式)。上述方法不仅在获取到的最终的 3D 场景表示以及新视图合成质量很大程度上优于所有基线，而且渲染的视角也更加倾向于实际拍摄的相机位姿，换句话说，IF-NeRF 方案估计的位姿也更加准确，且在长波红外波段效果更加显著。定量结果见表 4.3.1，定性结果见图 4.3.3。

表 4.3.1　长波、中波和近红外图像进行新视图合成的定量结果

场景	Nope-Nerf			NeRFmm			本节方法		
	PSNR	SSIM	LPIPS	PSNR	SSIM	LPIPS	PSNR	SSIM	LPIPS
近红外	19.128	0.608	0.458	27.879	0.674	0.224	28.677	0.841	0.216
中波	26.442	0.651	0.244	26.127	0.657	0.308	32.025	0.713	0.1
长波	22.421	0.766	0.404	22.309	0.83	0.345	23.412	0.841	0.275

我们在实验中将每个方法均在原始设置下使用其公共代码进行训练，并使用相同的评估协议进行评估。根据上述结果显示，本节方案在上述三种指标下均表现出最佳结果。且实验将 IF-NeRF 方法与目前通过联合优化位姿与 3D 场景表示来提高新视图合成质量的方案进行可视化，每幅预测图像都为初始视角的图像。本方案评估的相机位姿范围与实际拍摄更接近，且合成的新视图质量最佳，伪影最少。

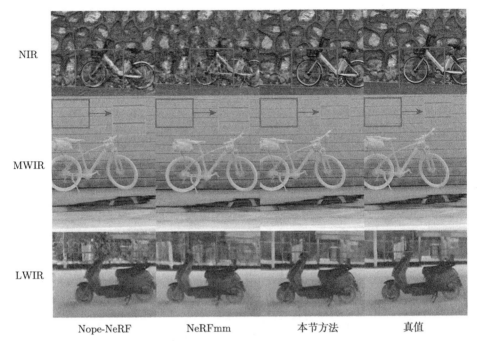

NIR

MWIR

LWIR

　　Nope-NeRF　　　　　　NeRFmm　　　　　　本节方法　　　　　　真值

图 4.3.3　长波、中波和近红外图像进行新视图合成的定性结果

　　根据上述结果可知，实验所采用的置信度驱动的位姿场景协同优化渲染方案可以让最终评估的相机位姿更加准确，其中以 NeRFmm 相比最为明显。通过置信度评价相机位姿，从而对低置信度的相机位姿进一步优化，使得估计的位姿与实际拍摄视角更加接近，最终渲染结果也更加真实。不仅如此，由于 IF-NeRF 采用了频域感知下的自适应高低频采样策略，其对图像中的高频信息更加敏感，在渲染过程中也可以让新视图质量更佳，本节方法甚至可以恢复中波红外图像中墙上的竖向细线，新视图合成质量显著。

4.3.3.2　优化渲染结果分析

　　本实验在这里将本节方法与目前基于 NeRF 的优化 3D 场景表示从而去除伪影和模糊等的先进方法进行比较，其中包括 Mip-NeRF、Deblur-NeRF。

　　由于使用的红外图像数据集 (包括近红外、中波红外与长波红外图像) 均具有低分辨率、低纹理特性，实验中可以将这类图像理解为一种一致性模糊，而目前先进的方法主要针对可见光波段范围内的图像，因此在处理红外图像这类输入时经常会出现严重的伪影，甚至合成的新视图被伪影及噪声湮没。而本节方法不仅使相机位姿估计得更加准确，还更加充分地利用了图像中的高频细节区域。此外，本节方案能够利用受成像器件影响较小的高频区域来弥补自适应增益带来的低频区域差异。因此方案在极大程度上改善了伪影问题，且这种去伪影现象在长波红外最为显著，其定量结果如表 4.3.2 所示，定性结果如图 4.3.4 所示。

表 4.3.2　长波、中波和近红外图像进行新视图合成的定量结果

场景	Mip-NeRF			Deblur-NeRF			本节方法		
	PSNR	SSIM	LPIPS	PSNR	SSIM	LPIPS	PSNR	SSIM	LPIPS
近红外	16.913	0.425	0.503	26.499	0.621	0.172	28.677	0.841	0.216
中波	22.242	0.622	0.439	28.277	0.685	0.157	32.025	0.713	0.1
长波	19.358	0.585	0.404	22.913	0.822	0.386	23.412	0.841	0.275

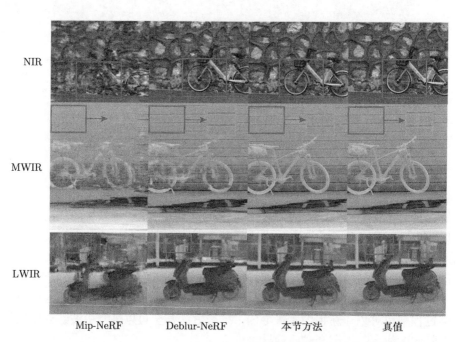

图 4.3.4　长波、中波和近红外图像进行新视图合成的定性结果

　　本实验将本节方法与目前优化 3D 场景表示的先进方法进行定量分析，并且保证每个基线方法都按照论文内的原始设置，使用公开代码进行训练，并且采用了相同的评估方案。本节方案在上述三种指标中均有提升。此外，本实验将目前去除伪影和模糊等问题来优化 3D 场景表示的先进方法与提出的方法进行可视化，本节方案合成的新颖视图质量最佳，在各个波段均有显著的效果提升，尤其是长波红外。

　　现有工作中，Mip-NeRF 主要是将沿射线采样改为沿圆锥采样，从而去除渲染过程中的伪影问题，Deblur-NeRF 主要解决了由于运动模糊和散焦模糊而造成训练 NeRF 时出现的伪影。但是这两种方案均在红外图像中出现失效。本节方案

相较于其他方案而言，采用了频域感知下的自适应高低频采样策略，这种方案可以更好地利用图像中的高频细节信息，针对红外图像这类具有低分辨率、低纹理特性的输入，可以更加有效地采样，而且这种方案可以避免自适应增益造成的图像差异，从而在后续的渲染过程中恢复出更加真实的细节信息，且最终的新视图合成效果显著优于其他方案。

4.3.3.3 三维重建结果分析

本节方案在其他场景中均能取得显著效果，其定量结果如表 4.3.3 所示，定性结果如图 4.3.5 所示。由于中波红外相机所采取的数据纹理特性较为明显，因此即使过去的部分方案也存在可以合成质量较高的新视图的情况，因此本文主要针对近红外和长波红外进行多场景泛化。本节方案针对红外图像进行渲染，合成的新视图质量高于目前其他方案。

表 4.3.3   本节方案与目前主流方案的泛化场景定量对比

	Scene	Nope-NeRF	NeRFmm	Mip-NeRF	Deblur-NeRF	本节方法
	Scene	Nope-NeRF	NeRFmm	Mip-NeRF	Deblur-NeRF	本节方法
PSNR	Car1	17.074	16.104	×	19.821	24.684
	Doll	18.815	17.141	17.888	17.993	21.719
	Bike	20.861	19.797	17.683	×	19.924
	Car2	18.663	19.095	16.993	18.900	27.468
	Scene	Nope-NeRF	NeRFmm	Mip-NeRF	Deblur-NeRF	本节方法
SSIM	Car1	0.408	0.394	×	0.525	0.756
	Doll	0.573	0.519	0.499	0.526	0.618
	Bike	0.816	0.773	0.674	×	0.732
	Car2	0.535	0.513	0.533	0.537	0.816
	Scene	Nope-NeRF	NeRFmm	Mip-NeRF	Deblur-NeRF	本节方法
LPIPS	Car1	0.449	0.501	×	0.339	0.213
	Doll	0.286	0.405	0.411	0.391	0.142
	Bike	0.212	0.195	0.319	×	0.205
	Car2	0.31	0.337	0.468	0.307	0.106

本节方案在除了 Bike 以外的场景均达到最佳指标。尽管在 Bike 下本节方案的指标略低于其他方案，但是相比于高指标方案估计位姿与实际更相符，综合来说本节提出的方案效果最佳。

根据上述实验，本节提出的方案对各种场景都有较强的泛化性，而且均表现出远超其他方案的高质量效果。尽管 Bike 下指标相对于个别方案略低，但是实验证明，估计的位姿范围与实际拍摄场景更加符合，因此，综合来讲，本方案依旧取得了最佳效果。

Nope-NeRF   NeRFmm   Mip-NeRF   Deblur-NeRF   本节方法   真值

图 4.3.5   方案与目前主流方案的泛化场景定性对比

本节提出的方案相比于目前先进的方法可以提取出相对准确的 mesh，这是因为相较于其他方案来说，本节方案具有更为准确的 3D 场景表示。实验曾经尝试过搭建共光轴红外-可见光系统来获取 mesh，利用红外相机、可见光相机以及分光镜实现可见光图像与红外图像配准，从而使两者相机位姿固定。在这种情况下，可以利用可见光图像重建 3D 场景表示，在提取出 mesh 后再利用红外图像进行贴图，在这里使用了 Geomagic Studio 以及 Reality Capture 来实现贴图操作 (其中 Geomagic Studio 可以通过扫描点云自动生成准确的数字模型，且具有曲面分析，曲面调整等功能；Reality Capture 通过拍照或扫描方式，快速、精确地将现实世界中的物体转化为三维模型)，但是最终获取的 mesh 质量较差。本节所提出的方案可以提取出质量较好的 mesh。

由于搭建共光轴系统需要考虑相机参数以及尺寸，因此本实验只对长波红外相机搭载到共光轴系统，但其效果明显差于本节方案提取出的 mesh，对于中波红外以及近红外，本节方案也提取出质量相对较好的 mesh，结果如图 4.3.6 所示。

根据实验结果可以看出，本节提出的方案提取的 mesh 精度更高，而利用共光轴系统进行纹理贴图的方案会造成表面极度不平滑，且会出现部分区域无法精确对齐的问题。而本节提出的方案在重建 mesh 方面都较为平滑，结果更尽人意。

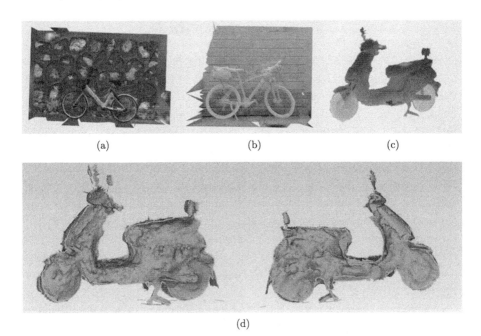

(a)   (b)   (c)

(d)

图 4.3.6   mesh 结果图

(a) 近红外重建 3D 场景提取 mesh，(b) 中波红外重建 3D 场景提取 mesh，(c) 长波红外重建 3D 场景提取 mesh，(d) 实验搭建的红外-可见光共光轴系统获取配准的红外-可见光图像后，利用可见光图像重建 3D 场景并使用红外图像贴图提取 mesh

4.4 本章小结

针对多源夜视图像弱对比、低分辨，融合新视角图像精度差的问题，本章介绍了以下几个方面的工作：

(1) 阐述基于照明场重建的弱光照图像重照明方法，该方法基于推导出的物理先验，通过数据驱动的方法实现了低照度图像在任意等级光源增益下的图像重建，保持图像对比特性的同时提升图像亮度。

(2) 阐述基于高频退化模拟的红外图像增强方法，该方法提出了双阶段无监督红外图像超分辨率重建方法，利用小波变换分离的图像高低频信息学习高低频信息的退化过程，并结合风格和纹理判别器生成与真实红外图像高度相似的退化图像，最终完成高精度配对数据生成和图像超分，保证了超分图像效果具有更好的视觉观感。

(3) 阐述基于位姿感知的红外视图渲染与场景重建方法，该方法结合了位姿感知优化和高频不变注意力增强机制，在渲染中极大地解决伪影问题，获得准确相机位姿估计的同时保障了高质量的新视角融合图像。

参 考 文 献

[1] Bychkovsky V, Paris S, Chan E, et al. Learning photographic global tonal adjustment with a database of input/output image pairs[C]. Computer Vision and Pattern Recognition 2011, (IEEE, 2011), 97–104.

[2] Liu J, Xu D, Yang W, et al. Benchmarking low-light image enhancement and beyond[C]. Int. J.Comput. Vis., 2021, 129(4): 1153–1184.

[3] Chen C, Chen Q, Do M N, et al. Seeing motion in the dark[C]. Proceedings of the IEEE/CVF International Conference on Computer Vision, 2019: 3185–3194.

[4] Jiang H, Zheng Y. Learning to see moving objects in the dark[C]. Proceedings of the IEEE/CVF International Conference on Computer Vision, 2019: 7324–7333.

[5] Kajiya J T. The rendering equation[C]. Proceedings of the 13th annual Conference on Computer Graphics and Interactive Techniques, 1986: 143–150.

[6] He K, Zhang X, Ren S, et al. Deep residual learning for image recognition[C]. Proceedings of the IEEE Conference on Computer Vision and Pattern Recognition, 2016: 770–778.

[7] Choi Y, Kim N, Hwang S, et al. Thermal image enhancement using convolutional neural network[C]. Proceedings of the 2016 IEEE/RSJ International Conference on Intelligent Robots and Systems, 2016: 223–230.

[8] He Z, Tang S, Yang J, et al. Cascaded deep networks with multiple receptive fields for infrared image super-resolution[J]. IEEE Trans. Circuits Syst. Video Technol. 2018, 29: 2310–2322.

[9] Suryanarayana G, Tu E, Yang, J. Infrared super-resolution imaging using multi-scale saliency and deep wavelet residuals[J]. Infrared Phys Technol. 2019, 97: 177–186.

[10] Chudasama V, Patel H, Prajapati K, et al. Therisurnet-a computationally efficient thermal image super-resolution network[C]. Proceedings of the IEEE/CVF Conference on Computer Vision and Pattern Recognition Workshops, 2020: 86–87.

[11] Zang H, Cheng G, Duan Z, et al. Automatic search dense connection module for super-resolution[J]. Entropy, 2022, 24: 489.

[12] Jiang Y, Liu Y, Zhan W, et al. Improved thermal infrared image super-resolution reconstruction method base on multimodal sensor fusion[J]. Entropy. 2023, 25: 914.

[13] Hardie R. C, Barnard K. J, Bognar J. G, et al. High-resolution image reconstruction from a sequence of rotated and translated frames and its application to an infrared imaging system[J]. Optical Engineering, 1998, 37: 247–260.

[14] Sung C. P, Min K. P, Moon G. K, et al. Super-resolution image reconstruction: a technical overview[J]. IEEE Signal Processing Magazine, 2003, 20: 21–36.

[15] Zou Y, Zhang L, Liu C, et al. Super-resolution reconstruction of infrared images based on a convolutional neural network with skip connections[J]. Optics and Lasers in Engineering, 2021, 146: 106717.

[16] Zhan B, Wu Y. Infrared image enhancement based on wavelet transformation and retinex[C]. Proceedings of the 2010 Second International Conference on Intelligent

Human-Machine Systems and Cybernetics, 2010: 313–316.

[17] Jolicoeur-Martineau A. The relativistic discriminator: a key element missing from standard GAN[J]. arXiv preprint arXiv:1807.00734, 2018.

[18] Li Y, Wang N, Liu J, et al. Demystifying neural style transfer[J]. arXiv preprint arXiv:1701.01036, 2017.

[19] He K, Zhang X, Ren S, et al. Deep residual learning for image recognition[C]. Proceedings of the IEEE Conference on Computer Vision and Pattern Recognition, 2016: 770–778.

[20] Huang H, He R, Sun Z, et al. Wavelet-srnet: a wavelet-based cnn for multi-scale face super resolution[C]. Proceedings of the IEEE International Conference on Computer Vision, 2017: 1689–1697.

[21] Wang Z, Bovik A. C, Sheikh H. R, et al. Image quality assessment: from error visibility to structural similarity[J]. IEEE Trans. Image Process, 2004, 13: 600–612.

[22] Sardy S, Tseng P, Bruce A. Robust wavelet denoising[J]. IEEE Transactions on Signal Processing, 2001, 49(6): 1146–1152.

[23] Rivadeneira R E, Suárez P L, Sappa A D, et al. Thermal image superresolution through deep convolutional neural network[C]. International conference on image analysis and recognition. Springer, Cham, 2019: 417–426.

[24] Zhang R, Isola P, Efros A A, et al. The unreasonable effectiveness of deep features as a perceptual metric[C]. Proceedings of the IEEE conference on computer vision and pattern recognition, 2018: 586–595.

[25] Wang X, Yu K, Wu S, et al. Esrgan: enhanced super-resolution generative adversarial networks[C]. Proceedings of the European conference on computer vision (ECCV) workshops, 2018: 0–0.

[26] Socarrás Y, Ramos S, Vázquez, et al. Adapting pedestrian detection from synthetic to far infrared images[C]. Proceedings of the ICCV Workshops, 2013.

[27] Rivadeneira R E, Sappa A D, Vintimilla B X. Thermal image super-resolution: a novel architecture and dataset[C]. Proceedings of the VISIGRAPP, 2020: 111–119.

[28] Kingma D P, Ba J. Adam: a method for stochastic optimization[J]. arXiv preprint arXiv, 2014:1412.6980.

[29] Lowe D. G. Distinctive image features from scale-invariant keypoints[J]. Comput. Vis, 2004, 60: 91–110.

[30] Bulat A, Yang J, Tzimiropoulos G. To learn image super-resolution, use a gan to learn how to do image degradation first[C]. Proceedings of the European Conference on Computer Vision (ECCV), 2018: 185–200.

[31] Fritsche M, Gu S, Timofte R. Frequency separation for real-world super-resolution[C]. Proceedings of the 2019 IEEE/CVF International Conference on Computer Vision Workshop (ICCVW), 2019: 3599–3608.

[32] Wei Y, Gu S, Li Y, et al. Unsupervised real-world image super resolution via domain-distance aware training[C]. Proceedings of the IEEE/CVF Conference on Computer

Vision and Pattern Recognition. 2021: 13385–13394.

[33] Rivadeneira R. E, Sappa A.D, Vintimilla B.X, et al. A novel domain transfer-based approach for unsupervised thermal image super-resolution[J]. Sensors 2022, 22, 2254.

[34] Mildenhall, Ben and Srinivasan, Pratul P,et al.Local light field fusion: practical view synthesis with prescriptive sampling guidelines[J].ACM Trans. Graph,2019,38(4):1-14.

[35] Wei C, Wang W, Yang W, et al. Deep retinex decomposition for low-light enhancement[J]. arXiv preprint arXiv:1808.04560. 2018.

[36] Jiang Y, Gong X, Liu D, et al. Enlighten GAN: Deep light enhancement without paired supervision[J]. IEEE Transactions on Image Processing, 2021.DOI:10.1109/TIP. 2021.3051462.

[37] Guo C, Li C, Guo J, et al. Zero-reference deep curve estimation for low-light image enhancement[J]. IEEE, 2020.DOI:10.1109/CVPR42600.2020.00185.

[38] Zhao Z, Xiong B, Wang L, et al. RetinexDIP: a unified deep framework for low-light image enhancement[J].IEEE Transactions on Circuits and Systems for Video Technology, 2021, PP(99):1-1.DOI:10.1109/TCSVT.2021.3073371.

第 5 章　夜视图像显著检测

显著检测能快速地锁定场景中感兴趣区域，并广泛地应用到视觉任务中，如目标探测、分割、匹配、识别、跟踪等。现有的显著检测主要针对自然彩色图像，夜视显著检测的研究较少。因此本章以视觉注意和显著分析相关理论为基础，阐述三种夜视图像显著检测模型：基于离散型中心-环境 (Center-Surrounding, C-S) 模型，能自适应满足不同的局部特征对比度，一致性突显显著区域[1]；基于区域纹理模型，解决了微光图像中目标对比度低、探测难度大等问题，实现了微光图像自动目标检测[2]；基于布尔图模型，解决了红外显著特性难以提取的问题，对边界信息和整体性提取较明显，可获得较接近真实标记图的检测结果[3−6]。

5.1　视觉注意和显著分析

人类可以从复杂的场景中快速地找到感兴趣的区域，是依赖于人类视觉系统的选择性注意机制，本章所论述的显著检测就是由此而来。本节研究视觉感知系统并探索显著检测原理。

5.1.1　视觉感知系统

人类视觉感知系统在视觉信息处理过程中，并不是原封不动地传送，而是结合输入信息进行相应的处理，再传输给其他神经元。人眼的视觉系统只选择少数显著性信息进行处理，摒弃大部分的无用信息。在视网膜上，每个神经元有不同形式的感受野，并呈现同心圆拮抗的形式。根据刺激对细胞的影响，可分为 "on 中心–环绕" 和 "off 中心–环境" 两种类型。"on 中心–环境" 类型，当光照充满中央区域时，激活反应最强；当光照充满了周边的区域时，则产生最大的抑制作用。"off 中心–环境" 则是由中央抑制区和周边兴奋区组成，与 "on 中心–环境" 相反。大脑皮层上的感受野分为简单细胞的感受野和复杂细胞的感受野，其中简单细胞的感受野也分为兴奋区与抑制区，对刺激的方向和位置有很强的敏感性；复杂细胞的感受野对刺激的敏感性则取决于刺激的形式，与刺激的位置无关。

一般来说，不同的视觉信息要经过腹侧通路和背侧通路的加工处理操作，视觉意识的产生需要腹侧和背侧两条通路的共同参与，这两条通路之间相辅相成：人眼调整视觉注意焦点可通过目标识别来完成，而视觉焦点可有效地对目标识别进行指导。作为一种生理机制，视觉注意与个人主观因素有关，也与眼球感知到的物象、环境条件和心理感受等外部刺激有关，视觉注意流程如图 5.1.1 所示。

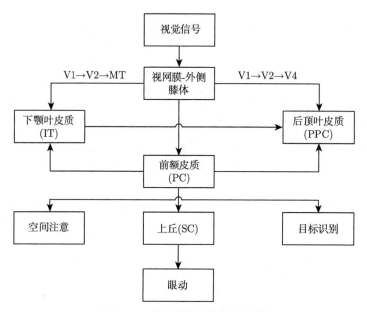

图 5.1.1　神经视觉注意识别框图

在视觉处理中，视皮层中腹侧通路和背侧通路对视觉刺激信号的输入和视觉信息的处理有着重要作用。腹侧通路中接收的信息由初级皮质 V1 区经过 V2 区和 V3 区从腹侧延伸到 V4 和 IT 区直至颞叶，腹侧通路输入的信息来源主要是视网膜的 P 型神经节细胞，该通路主要负责的是物体的识别功能，称为 "What通路"。背侧通路则由初级视皮质 V2 和 V3 区从背侧延伸向 MT 和 MST 区一直到顶叶后部，它的信息输入源主要是视网膜的 M 型神经节细胞，称为 "Where通路"，负责空间位置的信息。

在图像理解和分析中，人类视觉系统的视觉注意使得人们可以在复杂的场景中选择少数感兴趣区域作为注意焦点，并对其进行有限处理，从而极大地提高视觉系统处理的效率。这种人眼的选择过程就是视觉注意，而被选中的对象或者区域就被称为注意焦点。

关于视觉注意机制，研究者从生物神经科学、心理学等方面进行了大量深入的探索，并将其划分为两种：一种是自底向上 (数据驱动) 的方式驱使的，另一种是以自顶向下 (任务驱动) 的信息来控制的。自底向上的视觉注意机制是基于刺激的、与任务无关的，比如在绿油油的草地中有一种白色的羊，大部分人会第一时间注意到与周围环境不一样的羊。自顶向下的视觉注意机制是基于任务的，受意识支配, 比如在车站接人时, 会立即看到要接的人, 而对其他的人则视而不见[7]。

5.1.2 数据驱动的显著模型

数据驱动的初级计算模型从 20 世纪 80 年代后开始成为研究的热点, Koch 等在 1985 年提出这种计算模型的理论框架, 其中神经网络理论的焦点抑制机制为众多模型所参考和借鉴[8]。Milanese 等学者也提出特征显著图的理论, 并利用中央与周围差分算法进行特征提取[9]。后来也有学者开始利用纯数学计算方法进行显著分析。数据驱动的显著模型原理是从输入图像提取多方面的特征, 如图像颜色、纹理特征、光照强度等, 并形成各个特征维上的显著图, 再对所取得显著图进行分析和融合, 得到兴趣点, 或者将各个特征组成高维特征, 利用高维特征生成最终的显著图 (图 5.1.2)。兴趣图中可能包含多个候选目标, 通过竞争机制选出唯一的注意目标, 并随后在注意焦点之间进行转移。

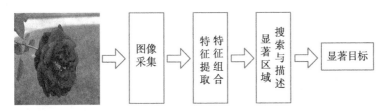

图 5.1.2 数据驱动的显著模型框架

数据驱动的显著模型具有如下两大特点。

(1) 数据驱动: 与高层知识无关, 与底层数据驱动有关, 不需要运用人的意识来控制其处理过程, 对输入图像进行特征提取, 并构造相关的显著图;

(2) 自主加工: 自动加工数据, 不需要先验信息和预期期望, 未加入主观意识, 对视觉信息的处理速度较快, 以并行方式在多个通道中处理图像信息。

数据驱动的显著模型不需要先验信息的指导, 也没有特定的任务, 操作比较简单, 处理速度快, 其优势明显, 越来越受到研究者的关注, 涌现了多种数据驱动的显著模型, Achanta 将这些显著模型分成以下三类。

(1) 基于低级视觉特征, 代表性算法是文献 [10] 中提出的模拟生物体视觉注意机制的选择性注意算法 (Itti 算法);

(2) 没有基于任何生物视觉原理的纯数学计算方法, 如 Achanta 等提出的全分辨率算法 (AC 算法)[11] 和 Hou 等提出的基于空间域分析的光谱残差算法 (SR 算法)[12];

(3) 将前两种进行融合的方法, 代表性算法是 Harel 等提出的基于图论的算法 (GBVS)[13], 有效地将视觉特征和纯数学计算特征组合起来。

5.1.3   任务驱动的显著模型

任务驱动的视觉注意模型是根据来自具体任务的先验信息，预先建立视觉期望，将期望目标从图像中分离出来，完成场景中感兴趣区域选取，进而对该区域进行后续处理 (图 5.1.3)。通常情况，优先级较高的场景区域一般包含期望目标，符合人类视觉注意规律，自顶向下模型通常受人的主观意识、主观选择等因素影响，是目标驱动的主动意识下的主动选择，这种模型在物体特征、场景先验信息和任务需求这三个方面来实现不同目标的注意。在这种机制下，人眼对注意焦点的选择是由观察任务控制、受意识支配的，视觉信息从观察任务出发，沿着自上向下的方向被处理。不同于数据驱动注意机制，任务驱动注意机制的特点表现在：

(1) 任务驱动：被作为高层知识的观察任务驱动，根据任务需求有意识地控制其内部信息处理过程，从而获得符合视觉期望的显著目标；

(2) 控制加工：作为一种控制加工过程，对视觉信息的处理速度较慢，以空间并行方式在单一通道中处理视觉信息。

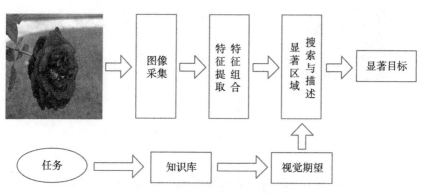

图 5.1.3   任务驱动的视觉注意流程

综上所述，数据驱动的模型适用面广，但针对性弱，当处理任务十分明确时，不能有效地针对任务需求处理。任务驱动的模型针对性较强，但适用面较窄，且框架复杂，当处理任务不明确时，对数据处理会无所适从。任务驱动模型的知识描述部分目前还是一个争论很大的难点，而数据驱动的模型应用广泛，算法效率较高，被应用到很多图像处理领域，因此本章基于数据驱动的视觉模型研究夜视显著算法。

5.2   基于动态各向异性感受野的显著模型

基于视觉感受野的 C-S 处理方式是显著模型的一种主流方法，显著程度由中心和周围区域的差别来表示。如图 5.2.1 所示，以传统 C-S 为基础的显著模型性能受限于所选择的滤波尺度，一般在目标边界产生较高的显著值，而抑制显著目标的内部。本节结合显著先验知识，阐述了一种新的基于离散型 C-S 的显著模型，和传统的 C-S 相比，该模型解决了滤波尺度选择的难题，实验测试也证实了本节算法的鲁棒性和有效性。

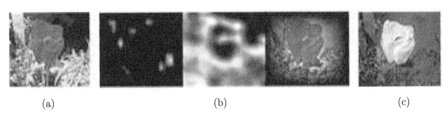

    (a)   (b)   (c)

图 5.2.1 传统 C-S 模型的缺陷

(a) 原图；(b) 传统 C-S 算法结果；(c) 本节算法结果

5.2.1 离散型 C-S 模型

  近期的神经生理学研究表明，人眼的接收视野 (Receptive Field, RF) 是非固定的，当刺激对比度降低时 RF 尺寸变大，且 RF 结构随着不同的视觉刺激变化，这种特性可以有效地提高同质目标的显著性。在这些生物特性的启发下，引入离散型 C-S 的概念，自适应地改变其结构以满足不同的局部特征对比度，很好地解决了滤波尺度选择问题，并一致性地突显出显著区域。

  离散型 C-S 被认为是一个非局部运算子[14]，但具有 N 个不同方向的稀疏采样周围区域。在离散型 C-S 中，中心区域 (C) 和任何方向的周围区域 $(S_i, i = 1, 2, \cdots, N)$ 的局部对比度满足如下条件：

$$\text{Ctr}(f_C, f_{S_i}) > \Gamma \qquad (5.2.1)$$

  对于周围区域，当前区域的显著性更多地受限于距离更近的区域，因此按所对应方向的最近周围区域搜索[15]。特别地，对于当前位置的某一方向，初始的周围区域临界于中央，沿着这个方向，以周围区域尺度的一半为跨度进行搜索，直到满足式 (5.2.1) 的条件或到达图像边界。所设置的阈值 Γ 较小，导致被选取的周围区域可能位于跨区域的边界内，因此被选中的周围区域的下一步搜索被设置在最后的周围区域。离散型 C-S 的周围区域自适应地分布在显著目标的周围，以周围区域尺寸的一半作为跨度可确保所选周围区域的鲁棒性。图 5.2.2 表示传统 C-S 和离散型 C-S 的对比图 (为了清晰地展现，只显示了八个不同的方向)。

5.2.2 基于离散型 C-S 的显著检测算法

  以离散型 C-S 的框架构建显著图，如图 5.2.3 所示，其中包括对比图计算、显著可能性评估和显著图融合三个步骤。

1) 对比图计算

通过计算每个像素离散型 C-S 的所有周围区域，来获得对比图。计算过程如下：

$$\text{CM}(p) = \frac{1}{N} \sum_i \text{Ctr}(f_C(p), f_{S_i}(p)) \tag{5.2.2}$$

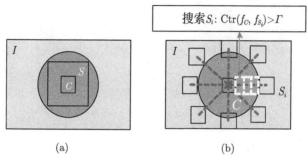

图 5.2.2　传统 C-S 和离散型 C-S 的示意图

(a) 传统 C-S；(b) 离散型 C-S

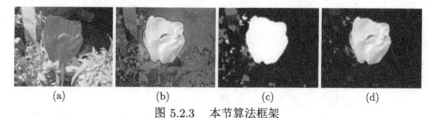

图 5.2.3　本节算法框架

(a) 原图；(b) 利用离散型 C-S 计算的对比图；(c) 结合离散型 C-S 和显著先验的显著可能性产生的显著图；
(d) 本节算法的最终显著图

在实际计算中，采用 CIELab 颜色空间，以颜色向量 $[L, a, b]$ 表示原图像的像素，因此局部对比度 $\text{Ctr}(f_C, f_{S_i})$ 表示为

$$\text{Ctr}(f_C, f_{S_i}) = \left\| \overline{\boldsymbol{I_C}} - \overline{\boldsymbol{I_{S_i}}} \right\|^2 \tag{5.2.3}$$

式中，$\overline{\boldsymbol{I_C}}$，$\overline{\boldsymbol{I_{S_i}}}$ 分别表示中心区域 C 和周围区域 S_i 的平均 Lab 向量，$\|\,\|$ 表示欧几里得距离。

在实验中，中心区域和周围区域的尺寸分别固定为 $5{\times}5$ 和 $31{\times}31$，N 设置为 24，阈值 Γ 为半自适应参数，$\Gamma = t \times \text{var}$，其中 var 表示 Lab 颜色空间的图像方差，t 设置为 0.7。

2) 显著可能性评估

显著模型另一个重要方面是探索显著的先验知识以提高显著检测,基于其灵活的架构,离散型 C-S 自然地结合显著先验知识。显著目标通常具有高对比度[6],倾向于与图像边界不连接,与背景区域相反。综合考虑显著区域的高对比度和边界断开的先验知识,图像中显著区域的像素趋向于满足式 (5.2.1) 的条件,而背景像素在大多数方向上不满足该条件。基于这种特性,显著可能性 (SP) 计算如下:

$$\mathrm{SP}(p) = \exp(-\alpha[1 - n(p)/N]) \tag{5.2.4}$$

其中,$n(p)$ 表示满足式 (5.2.1) 条件的方向数量,指数系数 α 为 12。

3) 显著图融合

通过融合对比图和显著可能性图,产生像素级的显著图:

$$\mathrm{SM}(p) = \mathrm{CM}(p) \cdot \mathrm{SP}(p) \tag{5.2.5}$$

5.2.3   实验结果与分析

为了验证本节算法的有效性,利用公共数据库中的 1000 张图像进行实验分析,将本节离散型 C-S(DCS) 和 CM 算法与其他优秀的显著算法进行对比,包括 IT,SER,FT,SEG 和 RCS 五个显著模型[14]。图 5.2.4 表示这些显著模型显著图的可视化对比。从图中可以看出:与其他算法相比,DCS 和 CM 算法更完整地突出显著区域,且更好地保留了目标形状信息;通过结合显著可能性图,DCS 算法进一步地突显出显著目标,并更有效地抑制了背景区域。

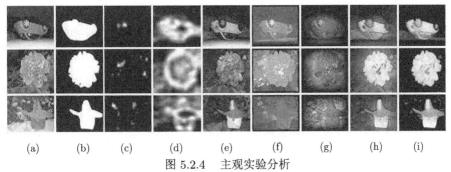

(a)   (b)   (c)   (d)   (e)   (f)   (g)   (h)   (i)

图 5.2.4   主观实验分析

从左往右:原图像,标记图,IT、SER、FT、SEG、RCS 的结果,以及本节 CM 和 DCS 算法结果

采用通用的性能指标,即精度率和召回率,定量地评估算法的检测性能。将显著图归一化到 [0,255],利用 0 到 255 的阈值进行二值化,然后计算基于每个阈值的查准率 (Precision Rate) 和查全率 (Recall Rate),图 5.2.5(a) 表示 PR 曲线 (Precision-Recall Curve)。从图中可看出,本节 CM 算法和以前最好的 RCS 算

法性能较相似，且 DCS 明显优于其他模型。与 CM 算法相比，DCS 的检测性能明显提升，进而验证了显著可能性评估的有效性。

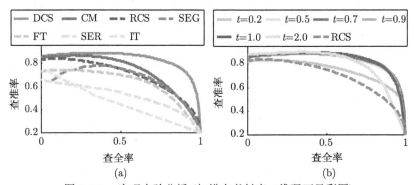

图 5.2.5　客观实验分析 (扫描本书封底二维码可见彩图)
(a) 不同显著模型的 PR 曲线；(b) 随着 t 改变不同阈值所产生结果的对比

　　阈值 Γ 是构建离散型 C-S 结构和推导显著可能性的关键参数，因此需对由 t 计算的阈值 Γ 的鲁棒性进行实验测试。如图 5.2.5(b) 所示，当 $t \in [0.2, 2.0]$ 时，DCS 较 RCS 显示出更优秀的性能，而当 $t \in [0.5, 1.0]$ 时，两者效果相似，即半自适应阈值对显著检测结果不敏感。

5.3　基于纹理显著性的微光图像目标检测

　　微光图像具有对比度低、信噪比低、灰度级有限等局限特性，使目标易受噪声干扰，视觉显著性不明显。纹理是用来识别图像中物体或感兴趣区域的重要属性之一，几乎存在于所有物体表面，包含了物体表面结构组织排列的重要信息以及它们与周围环境的联系，纹理反映了图像中同质现象的视觉特征，且独立于图像颜色及亮度。因此研究基于纹理的显著性模型具有重要意义。

　　本节在 Tamura 纹理粗糙度算法[16] 的基础上，阐述一种新的局部纹理粗糙度 (Local Texture Coarseness, LTC) 算法。根据 LTC 算法提取图像纹理粗糙度特征图，以特征图中的每个像素值去衡量局部区域的粗糙度。与基于分形理论的粗糙度算法相比，LTC 算法具有较强的噪声鲁棒性。然后根据粗糙度特征图分割出候选区域，给出基于区域的纹理显著性 (Texture Saliency, TS) 度量方法。最后将 TS 算法应用于微光图像自动目标检测，验证其实际应用效果。

5.3.1　局部纹理粗糙度

　　视觉感知研究发现，人类具有完美的纹理感知机制，可以区分细小的纹理差别。人类用来区分纹理的特征包括粗糙度 (Coarseness)、对比度 (Contrast)、复杂

度 (Complexity)、方向度 (Directionality) 等。Tamura 等在对人类纹理视觉感知的心理学研究基础上，提出了 Tamura 纹理特征的表达[16]，近年来在图像识别、图像检索领域得到了广泛应用[17]。

5.3.1.1 Tamura 纹理粗糙度

Tamura 纹理特征有六个分量分别对应心理学角度上纹理特征的 6 种属性：粗糙度、对比度、方向度、线性度、规整度和粗略度。其中粗糙度是最基本、最重要的纹理特征，从狭义的观点来看，纹理就是粗糙度[16]。

粗糙度是反映纹理中粒度的一个量，当两种纹理模式只是基元尺寸不同时，具有较大基元尺寸或重复单元较少的模式更粗糙。Tamura 纹理粗糙度的计算可以分为以下几个步骤进行。

(1) 计算图像中大小为 $2^k \times 2^k$ 活动窗口内像素的平均强度值：

$$A_k(x,y) = \sum_{i=x-2^{k-1}}^{x+2^{k-1}-1} \sum_{j=y-2^{k-1}}^{y+2^{k-1}-1} f(i,j)/2^{2k} \tag{5.3.1}$$

其中，$k = 0, 1, 2, \cdots, L_{\max}$，$L_{\max}$ 为最大窗口尺度，$f(i,j)$ 是点 (i,j) 处的像素强度值。

(2) 对每个像素分别计算它在水平和垂直方向上互不重叠的窗口之间的平均强度差：

$$E_{k,h}(x,y) = |A_k(x+2^{k-1},y) - A_k(x-2^{k-1},y)| \tag{5.3.2}$$

$$E_{k,v}(x,y) = |A_k(x,y+2^{k-1}) - A_k(x,y-2^{k-1})| \tag{5.3.3}$$

(3) 在每一像素点处设置最大平均强度差值对应的尺寸为最佳尺寸：

$$E_{\max} = \max(E_{k,h}, E_{k,v}) \tag{5.3.4}$$

$$k_{\max} = \arg\max(E_{k,h}, E_{k,v}) \tag{5.3.5}$$

$$S_{\text{best}} = 2^{k_{\max}} \tag{5.3.6}$$

其中，若存在 $k > k_{\max}$，$E_k \geqslant t \cdot E_{\max}$，则有 $k_{\max} = k$。在原文中 t 取经验值，约为 0.9。

(4) 求 $S_{\text{best}}(x,y)$ 的均值，即为图像粗糙度：

$$F_{\text{crs}} = \frac{1}{M \times N} \sum_{x=1}^{M} \sum_{y=1}^{N} S_{\text{best}}(x,y) \tag{5.3.7}$$

　　不难看出，Tamura 算法只能提取整幅图像或较大图像块的粗糙度，不能对局部纹理粗糙度进行准确度量。

　　分形维与人类视觉对图像表面纹理粗糙度的感知相一致，是应用较为广泛的度量图像纹理粗糙度方法。Novianto 等提出用 3×3 窗口及最佳毯子尺度计算局部分形维数，得到图像的局部粗糙度[18]。然而分形算法容易受噪声干扰，实际上不是任何物体表面均满足分形模型，用分形维计算粗糙度有一定的局限性。本节 LTC 算法更具有普适性，并且具有较好的噪声鲁棒性。

5.3.1.2　LTC 算法

　　Tamura 纹理粗糙度算法计算粗糙度的原理如图 5.3.1(a) 所示。图中 (a) 是一宽为 d 的道钉以间距 D 周期排列，其各像素点的最佳尺寸输出如图 (b)。从图 (b) 中可以看出最佳尺寸是关于 d 和 D 的表达式，最终输出结果 $F_{\mathrm{crs}} = (3d + D)/4$，由 d 和 D 决定，d 和 D 越大，F_{crs} 越大。这与事实相符，d 和 D 较大，则基元尺寸较大，重复单元较少，纹理粗糙度更大。这对二维情况同样适用。

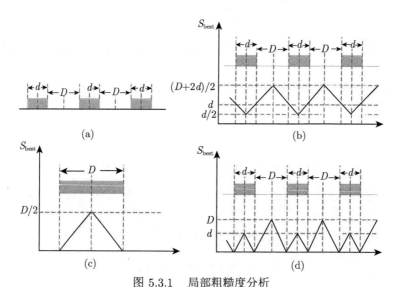

图 5.3.1　局部粗糙度分析

(a) 一维图像；(b) 图 (a) 的最佳尺寸 S_{best} 输出；(c) 只有一个纹理基元的 S_{best} 输出；(d) 局部粗糙度 S_{best} 输出

　　纹理的结构分析方法认为复杂纹理由一些简单纹理基元构成[19]。然而纹理基元目前仍然是一个模糊的概念，缺乏一个良好的数学模型[20]。一般纹理基元是图像中具有均匀灰度的一个图像块，可以认为这个图像块小到只是一个孤立像素点。图中 (a) 的图像也可以看作包括两种不同尺寸和灰度值的纹理基元，尺寸分别为 d 和 D。若图像仅包括一个纹理基元，则其最佳尺寸 $S_{\mathrm{best}}(x, y)$ 的输出如图 (c)。

令 $M = N = 1$，由式 (5.3.7) 得 $F_{\mathrm{crs}} = S_{\mathrm{best}}$。由此可以推得，当用最佳尺寸 $S_{\mathrm{best}}(x, y)$ 计算像素点 (x, y) 处的局部粗糙度，$S_{\mathrm{best}}(x, y)$ 的输出应如图 (d)。在纹理基元中心点，局部粗糙度最大，在纹理基元边界点，局部粗糙度最小，在中心点与边界点之间的像素点的局部粗糙度介于两者之间，越远离中心，局部粗糙度越小。对于不同纹理基元，尺寸越大，其基元中心粗糙度越大。因此局部粗糙度可以用像素点的最佳尺寸来度量。

现给出本节 LTC 算法，分为以下步骤。

(1) 计算图像中大小为 $4k \times 4k$ 活动窗口内像素的平均强度值：

$$A_k(x, y) = \sum_{i=x-2k}^{x+2k-1} \sum_{j=y-2k}^{y+2k-1} f(i, j)/(4k)^2 \tag{5.3.8}$$

其中，$k = 1, 2, \cdots, L_{\max}$，$L_{\max}$ 为最大窗口尺度，$f(i, j)$ 是位于 (i, j) 处的像素强度值，$k = 0$ 时取 3×3 窗口。

(2) 对每个像素分别计算它在水平和垂直方向上窗口之间的平均强度差：

$$E_{k,h}(x, y) = |A_{k'}(x + \rho, y) - A_k(x, y)| \tag{5.3.9}$$

$$E_{k,v}(x, y) = |A_{k'}(x, y + \rho) - A_k(x, y)| \tag{5.3.10}$$

其中，$k' = \max(k - L_{\mathrm{b}}, 0)$，$L_{\mathrm{b}}$ 为两个窗口偏差尺度，$L_{\mathrm{b}} = L_{\max} - \alpha$，$L_{\mathrm{b}} \geqslant 1$。$\alpha$ 取值如下：$\alpha = 3, L_{\max} \geqslant 5$；$\alpha = \min(2, L_{\max} - 1), L_{\max} < 5$；$\rho$ 为两个窗口偏心距，$\rho = 2k' + 1$。

作差的两个窗口为偏心重叠窗口，且窗口尺寸存在偏差，如图 5.3.2(a) 所示。图 5.3.2(b) 是 Tamura 粗糙度算法作差窗口的选择方法，选择互不重叠的相邻窗口，窗口尺寸相同。

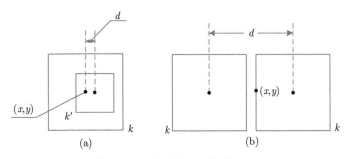

图 5.3.2　作差窗口的选择方法

(a) 本节 LTC 算法的作差窗口；(b) Tamura 粗糙度算法的作差窗口

(3) 计算每一像素点最佳尺寸 S_{best}：

$$S_{\mathrm{best}} = 4k_{\max} \tag{5.3.11}$$

$$E_k = \max(E_{k,h}, E_{k,v}) \tag{5.3.12}$$

$$E_{\max} = \max(E_k), \quad E_{\min} = \min(E_k) \tag{5.3.13}$$

根据纹理边界点、较大及较小尺寸纹理基元内部点三种不同情形,分别对 $k_{\max}$ 进行设置:

① 当 $k = 0$,若 $E_k > t_M$,终止判断 $k_{\max} = 0$,t_M 取 E_0 所有像素点局部非零极大值的均值,此情况对应纹理边界点,否则转入②;

② 令 $\mathrm{DE}_k = |E_k - E_{k-1}|$,若 $\mathrm{Numel}(\mathrm{DE}_k < \tau_0) = L_{\max} - 1$ 且 $E_{\max} < t_m$,则 $k_{\max} = L_{\max}$,此情况对应较大尺寸纹理基元内部点,τ_0,t_m 是很小正值,对大量纹理图像进行实验发现它们取值均与 $\overline{E_{\min}}$ 有关,$\overline{E_{\min}}$ 为 $E_{\min}$ 的平均值,在实际应用中取 $\tau_0 = \overline{E_{\min}}/1.5$,$t_m = 1.8\overline{E_{\min}}$,否则转入③;

③ $k_{\max} = \arg\max(E_k)$,此情况对应较小尺寸纹理基元内部点。

(4) 根据图像中每一像素点的最佳尺寸,计算该像素点的局部粗糙度:

$$F_{\mathrm{crs}}(x, y) = S_{\mathrm{best}}(x, y)^\gamma \tag{5.3.14}$$

其中,对 S_{best} 进行幂次变换以增加对比度,式中 $\gamma > 1$,取参考值 2.5。

现对 LTC 算法的一些特点进行如下讨论:

1) 噪声鲁棒性

图像在获取和传播过程中难免受噪声干扰,最后粗糙度算法应用于微光图像,而微光图像与一般可见光图像相比含有较高的噪声,因此必须考虑算法的噪声鲁棒性。事实上,式 (5.3.9) 和 (5.3.10) 中,$E_{k,h}$ 和 $E_{k,v}$ 是对原图作均值滤波后的强度差,理论上算法应具有良好的抗噪能力。具体考虑受加性噪声 $n(i,j)$ 影响,图像像素点 (i,j) 处强度值 $f(i,j)$ 变为:$g(i,j) = f(i,j) + n(i,j)$。由式 (5.3.9) 可得:

$$
\begin{aligned}
E_{k,h} &= \left| \frac{1}{N_{k'}} \sum_{(i,j) \in A_{k'}} g(i,j) - \frac{1}{N_k} \sum_{(i,j) \in A_k} g(i,j) \right| \\
&= \left| \frac{1}{N_{k'}} \sum_{(i,j) \in A_{k'}} f(i,j) - \frac{1}{N_k} \sum_{(i,j) \in A_k} f(i,j) \right. \\
&\quad \left. + \frac{1}{N_{k'}} \sum_{(i,j) \in A_{k'}} n(i,j) - \frac{1}{N_k} \sum_{(i,j) \in A_k} n(i,j) \right|
\end{aligned}
\tag{5.3.15}
$$

其中,N_k 是窗口区域 A_k 含有的像素总数。

当区域 A_k 与 $A_{k'}$ 均在同一纹理基元内时，上式可演变为

$$E_{k,h} = \left| \frac{1}{N_{k'}} \sum_{(i,j) \in A_{k'}} n(i,j) - \frac{1}{N_k} \sum_{(i,j) \in A_k} n(i,j) \right| \qquad (5.3.16)$$

当 $n(i,j)$ 概率分布半径 r 较小时，满足条件 a:$N_k, N_{k'} \gg r$。根据辛钦大数定律[21]，对随机物理量的测量实践中，大量测定值的算术平均具有稳定性，接近数学期望：

$$\lim_{N \to \infty} P \left\{ \left| \frac{1}{N} \sum_{i=1}^{N} a_i - \mu \right| < \varepsilon \right\} = 1 \qquad (5.3.17)$$

可得

$$\frac{1}{N_{k'}} \sum_{(i,j) \in A_{k'}} n(i,j) \approx \mu_n, \quad \frac{1}{N_k} \sum_{(i,j) \in A_k} n(i,j) \approx \mu_n \qquad (5.3.18)$$

其中，μ_n 为噪声 $n(i,j)$ 的均值。这样，式 (5.3.16) 变为

$$E_{k,h} \approx 0 \qquad (5.3.19)$$

同理对 $E_{k,v}$ 有

$$E_{k,v} \approx 0 \qquad (5.3.20)$$

由式 (5.3.12) 可得：

$$E_k \approx 0 \quad \text{或} \quad E_k < t_m \qquad (5.3.21)$$

其中，t_m 是很小正数。

当满足条件 a，式 (5.3.15) 可写成

$$E_{k,h} \approx \left| \frac{1}{N_{k'}} \sum_{(i,j) \in A_{k'}} f(i,j) - \frac{1}{N_k} \sum_{(i,j) \in A_k} f(i,j) \right| \qquad (5.3.22)$$

同样对 $E_{k,v}$ 有

$$E_{k,v} \approx \left| \frac{1}{N_{k'}} \sum_{(i,j) \in A_{k'}} f(i,j) - \frac{1}{N_k} \sum_{(i,j) \in A_k} f(i,j) \right| \qquad (5.3.23)$$

显然 N_k 越大，条件 a 满足得越好，抑制噪声的效果越好。然而窗口越大，生成的纹理边界越宽。为了将纹理边界宽度控制在可接受范围内，$k = 0$ 窗口设为 3×3 大小，实验证明 3×3 窗口已能较好地抑制噪声。

2) $k_{\max}$ 的选择方法

纹理图像可看作由不同的纹理基元按一定规律排列组成的，图像中的像素点可以分为纹理边界点和纹理基元内部点。

对于纹理基元内部点，当前窗口尺寸 k 小于纹理基元尺寸时，E_k 满足式 (5.3.21)；当 k 超过纹理基元尺寸时，根据式 (5.3.12) 和式 (5.3.12)，显然 $E_k \gg 0$，出现最大值 $E_{\max}$，此时 $k_{\max} = k$；当基元尺寸很大时，E_k 均很小且值相近，$k_{\max} = L_{\max}$。采用约束条件：$\mathrm{Numel}(\mathrm{DE}_k < \tau_0) = L_{\max} - 1$，且 $E_{\max} < t_m$ 判断。

对于边界点，E_k 较大，$E_k \gg 0$。这由于边界点的两个窗口跨越了不同的纹理基元，式 (5.3.22) 和式 (5.3.22) 右边两项无法消除。因而边界点处，设置 $k_{\max} = 0$。

E_0 包含了原始的纹理边界信息，故用条件 $E_0 > t_M$ 来判断边界点，t_M 取 E_0 所有像素点局部非零极大值的均值。由式 (5.3.21) 可知，$k = 0$，$E_0 < t_m \ll t_M$，从而可有效地将受噪声影响的纹理基元内部点与边界点区分开。

实验图像像素数据点 E_k 随尺度 k 变化的曲线如图 5.3.3 所示。曲线类型大致分为三类，分别对应边界点、较大和较小尺寸纹理基元内部点。

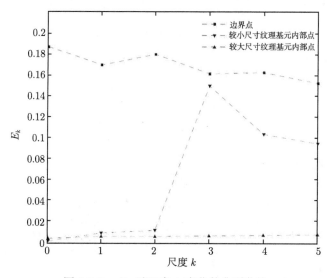

图 5.3.3　E_k 随尺度 k 变化的典型曲线

实际应用中，考虑到时间复杂度，k 为离散数值，$L_{\max}$ 取值也不可能很大 (一般取 $3 \sim 5$) 等因素，S_{best} 的实际输出如图 5.3.4 所示，同一基元内部点因尺寸的离散性，内部像素点 S_{best} 存在相同值。但这与本节粗糙度度量算法并不矛盾，属于同一纹理基元的像素点，具有相同的局部粗糙度是很合理的。不同基元因尺寸不同，S_{best} 也不同，较大尺寸纹理基元的 S_{best} 明显大于较小尺寸的。由于 $L_{\max}$ 较小，对于一般大小 (指非点或只有几个像素大小) 的光滑纹理区域，像素点输

出最大 S_{best}。这时采用粗糙度特征图中具有最大像素值的区域面积来衡量这类纹理的粗糙度，显然面积越大，对应纹理的粗糙度越大。因此可通过粗糙度特征图区分具有不同纹理粗糙度的目标。图 5.3.5 中人工图像的实验结果证明了这一点，原图 (图 (a)) 的每一个矩形块相当于一个纹理基元，对比原图与其粗糙度特征图 (图 (b)) 不难发现：矩形块越大，对应区域在粗糙度特征图中的像素值也越大；当矩形块大小增大到一定值，对应区域在特征图中的像素值也达到最大值，最大矩形块在特征图中对应的最大像素值区域明显大于次最大矩形。

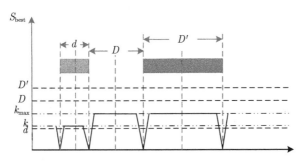

图 5.3.4   尺度 k 为离散数值，最佳尺寸 S_{best} 输出

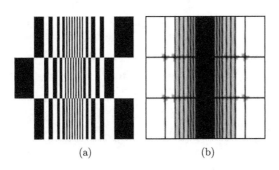

$$(a) \qquad\qquad\qquad (b)$$

图 5.3.5   人工图像实验结果

(a) 原图；(b) LTC 粗糙度特征图

5.3.1.3   LTC 算法的实验分析

为了证明算法的有效性，对 LTC 算法进行了实验测试，并与分形维方法进行了对比，实验图像包括 Brodatz 纹理库图像[22] 和自然场景图像。分形维选用 Novianto 等在文献 [18] 提出的方法，这是目前较优的计算局部分形维方法。分形维数值越小，纹理在视觉上越光滑，这与本节 LTC 算法在度量纹理粗糙度的数值大小上呈相反趋势。为使两种方法获得的粗糙度特征图显示一致，这里将分形维方法所得粗糙度特征图进行了反相。几组典型图像的实验结果如图 5.3.6 和图

5.3.7 所示。

图 5.3.6 是来自 Brodatz 纹理库的自然纹理图像处理结果 (图 (a) 中原图大小为 297 × 306 像素，图 (b) 中原图大小为 320 × 320 像素)。观察 LTC 算法提取的粗糙度特征图，每个点的像素值大小与图像局部粗糙度大小一致，较为准确地给出了原图的纹理粗糙度分布，效果不亚于分形维方法；当对原图像加入方差为 10 的高斯白噪声，对比粗糙度特征图可以看出，噪声对 LTC 算法的影响很小，而对分形维方法的影响较大，证实了 LTC 算法良好的噪声鲁棒性。实验表明，即使将分形维算法中的 3 × 3 窗口扩大，其特征图受噪声的影响依然很大，且简单的后处理如中值滤波仍无法滤除噪声。

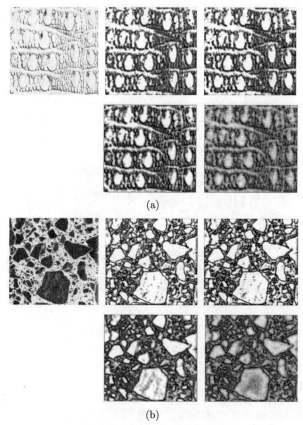

(a)

(b)

图 5.3.6　自然纹理图像实验

(a) 第一行从左至右分别是原图、LTC 算法得到的粗糙度特征图及加入方差为 10 高斯白噪声后的实验结果，第二行从左至右分别是分形维方法对应实验结果；(b) 另一组实验结果

人工目标关注的重点，它在自然背景下通常由较平滑的表面构成，反映在图像中就是其表面直观上的平滑[23]。本节 LTC 算法，由于 $L_{\max}$ 值较小，一般大

小的光滑目标在粗糙度特征图中具有最高灰度值, 对特征图进行简单的二值化处理则可以分割出候选目标, 阈值约为次最大最佳尺寸的 F_{crs}。实际上分形维算法, 因分形维数值范围 $[2, 3]$ 有限, 特征图中目标亦可用二值分割。

图 5.3.7 的原图是一幅自然场景图像 (512×512 像素)。对粗糙度特征图进行二值化, 舍去较小区域, 可以分割出道路及天空。路面由于污染等复杂情况存在较大噪声, 分形维方法得到的特征图中部分路面与背景无法区分。对比两幅分割图, 利用 LTC 算法特征图分割出的道路效果明显好于分形维方法。

图 5.3.7 自然图像分割实验

第一行从左至右分别是原图、LTC 算法得到的粗糙度特征图及利用特征图分割出的道路与天空; 第二行从左至右分别是分形维方法得到的相应结果

5.3.2 纹理显著性度量

视觉显著性是一个广义的术语, 当场景的特定区域具有被预先注意到的独特性质, 并能够在人类初级视觉阶段产生特定形式的重要视觉刺激时, 认为这个特定区域具有视觉显著性[24]。如图 5.3.8 所示, 视觉感受上在粗糙背景下光滑区域将会吸引人的注意力。

5.3.2.1 微光图像显著性分析

微光图像对比度较低, 对亮度特征而言, 目标显著性不明显。而微光技术领域的人员往往比非此领域人员更为快速地观察到图像中的目标, 这与专业人员熟悉微光图像的目标特性有关。纹理是目标表面的重要特征, 微光图像细节丰富, 保持了较好地纹理结构。微光图像的应用大多是室外场景的目标探测, 包括非自然物体 (如人、车辆、人造建筑等), 这些目标的纹理粗糙度显然与自然场景 (如树木、草地、山石等) 不同, 前者的表面在视觉感受上趋于平滑, 而后者较为粗糙。相对于其他低级的视觉特征, 纹理粗糙度特征是使微光图像更具有显著性的视觉特征，可用来进行微光图像的显著性计算。图 5.3.9 很好说明了这一点，图 (a) 中 A 是要关注的对象，视觉上表面光滑；B，C 为伪目标，视觉上表面粗糙。目标 A 与背景的对比度很低，其视觉显著性明显低于伪目标 B 和 C，而在图 (b) 的粗糙度特征图中，目标 A 变为最显著目标。

图 5.3.8　　纹理显著性

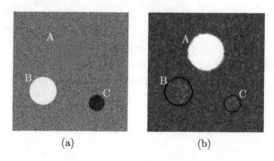

(a)　　　　　　　　　　　　　　(b)

图 5.3.9　　微光图像显著性分析

(a) 原灰度图；(b) 粗糙度特征图

5.3.2.2　显著性度量

粗糙度是最基本的纹理特征，从狭义的观点来说，纹理可仅视为粗糙度。依据纹理性质，从视觉上可以将目标与背景分为粗糙纹理背景下的光滑目标和光滑纹理背景下的粗糙目标。

针对粗糙背景下的光滑目标展开讨论。在粗糙背景下，物体越光滑显著性越大。由实验分析可知，LTC 算法粗糙度特征图可以经二值化方法分割出候选目标区域。这些区域与相关目标对应，形成具有目标特征的特征区域。视觉上越光滑的物体，特征区域越大。这使得目标纹理显著性度量大大简化，本节 TS 算法采用基于区域的显著性度量方法。

分割出特征区域后，根据格式塔知觉组织规则[25]，对可能属于同一目标的区域进行合并。在知觉组织基本规则中，接近律的适用性最为广泛，即空间位置接近的区域最有可能属于同一目标。

设 e_k, e_l 为区域 k, l 的边界，$m \in e_k$, $n \in e_l$。若满足式 (5.3.24) 则合并区域 k, l。

$$\mathrm{Num}(d(m, n) \leqslant \delta) \geqslant p \cdot \min(\mathrm{length}(e_k), \mathrm{length}(e_l)) \qquad (5.3.24)$$

其中，$d(m, n) = \max(|x_m - x_n|, |y_m - y_n|)$。该式左边，Num 对属于较短边界的像素点计数，满足条件的点仅计数一次。本节 δ 取 4 个像素，p 取 24‰。

TS 算法分为全局显著性、局部显著性及区域位置显著性。

1) 全局显著性

$$A_i = a_j, \quad A_{\min} < a_j < A_{\max} \qquad (5.3.25)$$

$$\mathrm{GS}_i = \frac{A_i}{\max(A_i)} \qquad (5.3.26)$$

其中，a_j 为第 j 特征区域总像素数，A_i 为重新标记后的区域，$A_{\min} = \max(45, 0.16\% \mathrm{IA})$，$A_{\max} = 33\% \mathrm{IA}$，IA 为图像总面积。

全局显著性采用粗糙度最大特征区域面积去度量其他区域的纹理显著性。在图像中目标区域面积太小或太大通常并不会吸引人的注意[26]，因此舍去太小及太大面积 ($A_{\min}$, $A_{\max}$) 的区域来重新标记区域。在本节中，$A_{\min}$ 略大于小目标面积，$A_{\max}$ 为图像总面积的 1/3。

2) 局部显著性

$$\mathrm{LS}_i = \exp(|\overline{I}_i - \overline{I}_{i\_\mathrm{surround}}|/M) - 1 \qquad (5.3.27)$$

其中，$\overline{I}_i$ 为第 i 特征区域在粗糙度特征图中的灰度均值，M 为特征图的最大灰度值。为得到区域局部环境信息，将特征区域沿区域边界外延 r 宽度像素，$\overline{I_{i\_\mathrm{surround}}}$ 是外延区域在粗糙度特征图中的灰度均值，本节 r 取 5。

3) 位置显著性

$$\mathrm{PS}_i = \frac{1}{1 + \left(\left(\dfrac{y_{i0} - Y_0}{Y_0}\right)^2 + \left(\dfrac{x_{i0} - X_0}{X_0}\right)^2\right)^{\eta/2}} \qquad (5.3.28)$$

其中，(X_0, Y_0) 为图像中心坐标，(x_{i0}, y_{i0}) 为第 i 特征区域中心坐标，η 为调节参数，取经验值为 2.1。

人类视点跟踪研究表明，人类视觉更偏向于搜索图像中心区域[27]，离图像中心越近，区域位置显著性越大。

最后，区域 i 的纹理显著性为

$$\mathrm{TS}_i = \frac{1}{3}(\mathrm{GS}_i + \mathrm{LS}_i + \mathrm{PS}_i) \tag{5.3.29}$$

$$\mathrm{TS}'_i = \log(1 + K \cdot \mathrm{TS}_i) \tag{5.3.30}$$

式中，$\mathrm{GS}_i, \mathrm{LS}_i, \mathrm{PS}_i$ 均已归一化到 $[0, 1]$。为使显著图更贴近人眼视觉特性，对结果进行对数变换，本节 K 取参考值 30。

对于光滑纹理背景下粗糙目标的显著性度量，可以将特征图反相后采用上述相同计算方法。

5.3.3　实验结果与分析

TS 算法得到的纹理显著图，由在黑色背景下亮度递减的显著区域组成，各区域内具有相同的显著值，显著图抑制了大部分背景区域。用微光图像和可见光图像对算法进行了大量的测试，同时用 Itti 算法进行对比试验，典型实验图像如图 5.3.10 和图 5.3.11 所示。

5.3.3.1　感兴趣区域 (Regions of Interest, ROI) 提取

TS 算法显著图中的各显著区域即为提取原对象的 ROI。对各 ROI 进行注意焦点转移，注意焦点为 ROI 的几何中心，注意焦点转移次序为区域显著值 TS_i 递减顺序。根据抑制返回机制 (Inhibition of Return)，已经注意过的区域立即被抑制，TS_i 值归零。显著性工具箱中提取注意焦点转移的 ROI 采用 Walther 的方法。从图 5.3.10 和图 5.3.11 中注意焦点转移图的实验结果可以看出，与 Walther 方法相比，本节方法探测到目标所用转移次数更少，ROI 总体上更接近目标区域范围，保持了更好的目标轮廓性。

5.3.3.2　微光图像目标探测

利用 TS 算法对微光图像进行目标探测，并采用文献 [12] 的方法，用击中率 (Hit Rate, HR) 及虚警率 (False Alarm Rate, FAR) 来评估算法性能。对每幅输入图像 $L(x)$ 进行人工标记目标，第 k 个标记的记为 $M_k(x)$，$S(x)$ 表示显著图，HR 及 FAR 分别为

$$\mathrm{HR} = E\left(\prod_k M_k(x) \cdot S(x)\right) \tag{5.3.31}$$

$$\mathrm{FAR} = E\left(\prod_k (1 - M_k(x)) \cdot S(x)\right) \tag{5.3.32}$$

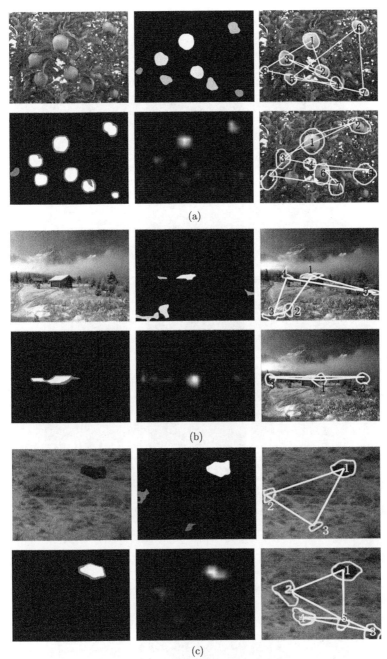

图 5.3.10　可见光图像实验结果

(a) 和 (b) 为彩色图像实验结果；(c) 为灰度图像实验结果。各组列向从左至右依次为：原图及人工标记图，TS 算法及 Itti 算法得到的显著图，TS 算法及 Walther 算法得到的注意焦点转移图

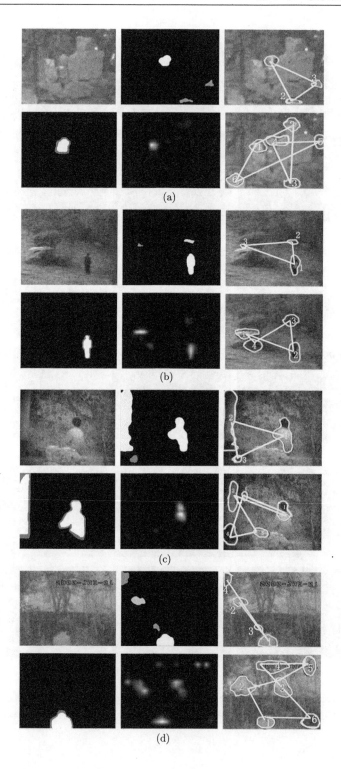

(a)

(b)

(c)

(d)

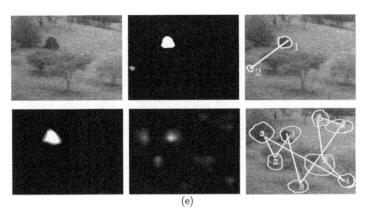
(e)

图 5.3.11　　微光图像实验结果

(a)～(e) 表示五组不同的实验场景，每组列向从左至右依次为：原图及人工标记图，TS 算法及 Itti 算法得到的
显著图，TS 算法及 Walther 算法得到的注意焦点转移图

对于微光图像，本节选用有微光技术背景的人进行显著目标标记。在图 5.3.10 和图 5.3.11 中，人工标记图的白色表示击中图，$\prod_k M_k(x) = 1$；黑色表示虚警图，$\prod_k (1 - M_k(x)) = 1$；灰色表示部分实验者选择而其他人未选择的区域。据文献 [16] 分析，为进行比较必须将 HR 或 FAR 设置为相同，这里将微光图像的 FAR 设为相同，HR 及 FAR 实验结果如表 5.3.1 所示。与 Itti 算法相比，本节 TS 算法总体上具有更好的微光图像目标探测性能。

本节选取了纹理丰富的野外图像作为可见光的测试对象，TS 算法较 Itti 算法依旧表现出较好的目标探测能力。

表 5.3.1　　两种算法目标探测性能比较

		TS 算法	Itti 算法
微光图像	HR	0.4624	0.2135
	FAR	0.1624	0.1624
一般可见光图像	HR	0.4510	0.4510
	FAR	0.1452	0.2631

5.4　多模型互作用的视觉显著检测

学者们对显著性检测算法的研究主要侧重于自然彩色图像，而较少涉及红外图像的视觉显著性。红外图像提取特征较难，使得显著检测的难度增大。本节阐述两种适用于彩色图像和红外图像的显著检测算法，均展现了较好的显著检测能力。① 基于布尔图和前景图的显著模型。利用多通道信息和传播机制获得较准确的布尔显著图，并从布尔显著图中获得前景种子点；采用边缘检测和权重均值重新计算种子点的显著值，并在动态贝叶斯框架中更新显著值，获得较准确的视觉显著图。② 基于图论布尔图的显著模型。该模型借助多通道和伽马校正来获得精确的布尔图，学习新的权重矩阵，阐述一种多尺度的传播机制，并结合图论理论重新计算视觉显著值。

5.4.1　基于布尔图和前景图的显著模型

Huang 等将布尔图理论引入到视觉显著性检测领域中，用来估计简单的图像视觉显著信息[28]。Zhang 等在 Huang 等的基础上，提出一种基于布尔图显著性检测模型 (BMS)，该模型能够估计简单自然场景的显著区域[29]。然而它在复杂的图像场景中无法估计前景区域，抑制背景能力较弱，导致视觉检测性能下降，类似的情况也出现在复杂的红外图像场景中。

上述问题的出现，主要是因为布尔图显著性检测模型主要依赖简单的颜色通道信息来估计前景显著值，在复杂图像场景中，颜色通道信息不能获得较高精度的布尔图，并且无法分析显著区域与背景区域的颜色差异。图 5.4.1 给出了自然图像及视觉检测算法对比，从图中可以看出，传统算法仅利用颜色信息无法较好地检测出显著区域。

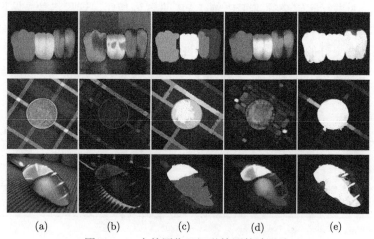

图 5.4.1　自然图像及视觉检测算法对比

(a) 输入图像；(b) FT 算法；(c) HS 算法；(d) BMS 算法；(e) 本节显著性检测算法

因此充分吸收布尔图的优势，并结合多通道信息和传播机制计算布尔显著图，利用前景种子点估计前景显著图，通过一种动态贝叶斯整合框架来整合布尔显著图和前景显著图以获得更加精确的视觉显著效果图。图 5.4.2 给出本节显著性检测视觉计算模型流程图。

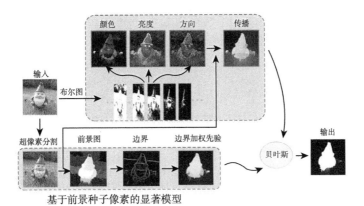

图 5.4.2 本节显著性检测视觉计算模型流程图

5.4.1.1 基于多通道传播的布尔显著图

与传统的布尔图原理不同,本节模型利用颜色、梯度、方向三种通道信息计算布尔图,即布尔图 $\mathbf{BM} = \{\mathrm{BM}_1, \cdots, \mathrm{BM}_n\}$ 被计算得到:

$$\mathbf{BM} = \mathrm{Thr}\left(\sum_l f^l(I), \varphi\right) \tag{5.4.1}$$

其中,$\mathrm{Thr}(\cdot)$ 是一个阈值函数,在特征图 $f^l(I)$ 中,当像素值大于 φ,特征图值设置为 1,否则为 0。$f^l(I)$ 表示输入图像的特征图,$l = \{\mathrm{col}, \mathrm{mag}, \mathrm{ori}\}$ 表示三种特征通道 (颜色、梯度和方向) 中的某一种通道信息。阈值 φ 表示为范围在 $[0, 255]$ 的均匀分布函数,数值大小取决于特征图的最大与最小值。

在式 (5.4.1) 的基础上,获得精确的布尔图。在获得布尔图的基础上,得到视觉注意图 A_t,即

$$A_t = \mathrm{Flo}(\mathbf{BM}_t) \tag{5.4.2}$$

其中,$\mathrm{Flo}(\cdot)$ 是漫水算法。

利用形态学知识定义新的视觉显著图 S_{in}:

$$S_{\mathrm{in}} = \sum_t^n \mathrm{Mor}(A_t) \tag{5.4.3}$$

其中,函数 $\mathrm{Mor}(\cdot)$ 是形态学操作,即采用闭运算和开运算算法。

在显著检测领域中,显著区域的显著值较高,与背景区域显著信息区别较大。为了进一步优化显著性检测,研究出一种视觉显著性传播的方法,该方法利用超

像素分割方法将输入图像分为 300 个超像素，利用 K-means 算法聚成 K 类超像素，提高了超像素的相似性。对于给定的超像素节点 q_i，该节点的显著值定义为

$$S^b(q_i) = \phi S^a(q_i) + (1 - \phi) \frac{\sum\limits_{j=1}^{m} \boldsymbol{\varpi}_{ij} S(q_j)}{\sum\limits_{j=1}^{m} \boldsymbol{\varpi}_{ij}} \tag{5.4.4}$$

其中，ϕ 表示权重因子，$S(q_j)$ 和 $S(q_i)$ 分别表示超像素 q_j 和 q_i 的显著值，m 表示聚类数目，$\boldsymbol{\varpi}$ 表示度量两个邻接矩阵的相似性。

考虑到图像颜色信息的重要性，探索一种新的颜色权重矩阵，定义为

$$\boldsymbol{D}_c(i,j) = \boldsymbol{D}_c(i,j) \,\|\sin(d_i - d_j)\| \tag{5.4.5}$$

其中，$\boldsymbol{D}_c(i,j)$ 表示节点 i 和 j 之间的颜色距离，d_i 和 d_j 表示节点 i 和 j 的颜色均值。

同时，研究一种新的空间结构相似函数 $\boldsymbol{D}_s(i,j)$，用来估计显著目标的空间结构信息，即

$$\boldsymbol{D}_s(i,j) = \|\cos(\pi d_1(R_i, R_j))\| \tag{5.4.6}$$

其中，$d_1(R_i, R_j)$ 表示度量节点 i 和 j 对应区域协方差的相似性。

为了建立协方差矩阵，使用七种视觉特征估计结构信息，如颜色 $[L\,a\,b]$、方向、空间等，组成一个大小为 7×7 的空间相似矩阵，该矩阵能很好地编码局部区域的结构信息。式 (5.4.6) 中，cos 值越小表示空间结构信息越相似。

考虑到空间和颜色信息的重要性，研究出新的空间颜色加权矩阵 $\boldsymbol{\varpi}_{ij}$ 如下：

$$\boldsymbol{\varpi}_{ij} = \exp\left(-\frac{\boldsymbol{D}_c(i,j) + \boldsymbol{D}_s(i,j)}{2\sigma_1^2}\right) \tag{5.4.7}$$

其中，σ_1 为一个标量，用来控制空间颜色矩阵权重。

式 (5.4.7) 吸收空间信息和颜色信息的优势，分析图像中超像素的内部结构信息，提高了图像显著性检测的性能，视觉效果如图 5.4.3 所示。从图 5.4.3 中可以看出，本节模型能够有效地检测目标区域，且减少背景噪声的干扰。在图 5.4.3 第二行中，邮票和背景的颜色比较相似，本节模型通过新的权重矩阵来分析目标的结构信息，以凸显邮票区域的显著值，而 BMS 模型误将背景区域标记为显著区域，并且背景抑制能力较弱。

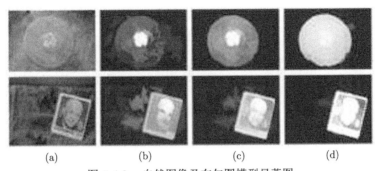

图 5.4.3   自然图像及布尔图模型显著图

(a) 输入图像；(b) BMS 算法；(c) 基于多通道线索显著图；(d) 基于传播机制显著图

5.4.1.2   基于前景种子点的前景显著模型

基于布尔图的显著性检测模型能定位显著目标区域，但在图 5.4.3(d) 中，一些背景噪声也被包含在显著区域中，降低了显著性检测的精度。因此，研究了一种基于前景种子点的前景显著性检测模型，该模型能分析目标的显著信息，并且抑制噪声的干扰，提高了显著性检测的精度。

在已得布尔显著图的基础上，采用自适应阈值的方法得到二值化图[30]，并从二值化图像中筛选出前景的超像素种子点，利用凸包规则化所选取的前景种子点。基于前景种子点，估计种子点的显著值：

$$S_i^f = \sum_{i=1,i\neq j}^{N} \frac{\boldsymbol{w}_{ij}}{d_2(c_i,c_j) + \lambda_1 d_2(p_i + p_j)} \tag{5.4.8}$$

其中，$d_2(c_i,c_j)$ 和 $d_2(p_i,p_j)$ 表示度量第 i 和 j 个超像素颜色和空间的欧氏距离，$\boldsymbol{w}_{ij}$ 表示加权的边界矩阵，λ_1 表示控制颜色和空间位置的权重因子，N 表示前景种子的数量。

同时，为了避免图像内部超像素零自相似的情况，重新定义视觉显著值 S_i^f：

$$S_i^f = \frac{1}{N}\left(S_i^f + \frac{1}{N-1}\sum_{j=1}^{N}\delta(i,j)S_i^f\right) \tag{5.4.9}$$

$$\delta(i,j) = \begin{cases} 1, & i \neq j \\ 0, & i = j \end{cases} \tag{5.4.10}$$

其中，δ 为冲击函数。

利用目前公开的边界检测算法得到初始的边缘检测图，计算第 i 个超像素的边界均值，定义为

$$\mathrm{SE}_i = \frac{1}{\boldsymbol{E}_i} \sum_{v_i \in \boldsymbol{E}_i} v_i \tag{5.4.11}$$

其中，$\boldsymbol{E}_i$ 表示第 i 个超像素中的边界像素集，v_i 表示边界值，SE_i 表示一个超像素属于前景区域的概率。

为了进一步提高视觉显著图的精确度，研究出一种新的边界加权矩阵 $\boldsymbol{w}_{ij}$，该矩阵通过边界信息和颜色空间信息分析目标和背景结构，有效抑制背景噪声，即

$$\boldsymbol{w}_{ij} = \mathrm{SE}_i \times \boldsymbol{\varpi}_{ij} \tag{5.4.12}$$

其中，$\boldsymbol{\varpi}_{ij}$ 已在式 (5.4.7) 中计算得到。

新的边界加权矩阵能有效地减少背景噪声的干扰，并很好地凸显前景目标区域。图 5.4.4 给出了超像素图像及前景显著性检测结果，从图中可以看出，背景噪声能够得到很好地抑制，显著区域的显著值相对较均匀。

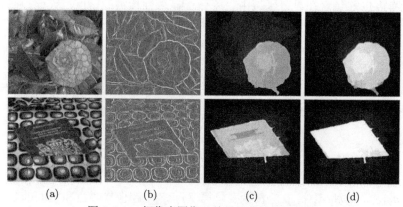

(a)   (b)   (c)   (d)

图 5.4.4   超像素图像及前景显著性检测结果

(a) 超像素分割图像；(b) 边缘检测图；(c) 前景种子显著图；(d) 改进后前景种子显著图

5.4.1.3   动态贝叶斯整合

上述两小节已经介绍如何获得基于布尔图和前景图的显著性检测模型。虽然每种模型都有自己的优势和不足，但总体优势大于不足。为了发挥显著性检测模型的优势，需要进行模型整合以获得更好的显著性检测效果。已有研究考虑采用贝叶斯框架整合两种视觉显著图，但在整合过程中生硬地采用分割的方法，容易将前景区域分为背景区域，或者将背景区域分为前景区域，明显地降低了显著性检测结果的性能。

为解决上述问题，研究出一种动态的贝叶斯整合模型，该模型能够有效地凸显前景区域，且抑制背景能力较好。视觉显著图中像素 o 的显著值表示它对于前

景 F 的概率，即 $P(o \in F) = S_o^f$，背景区域 B 表明它的概率为 $P(o \in B) = 1 - S_o^f$，从而可以获得它的前景和背景区域。如果像素 o 属于前景，它被定义为 $v = +1$，则 $v = -1$ 属于背景。受 Xie 等的启发[31]，计算图像的后验概率：

$$p^f(o \in F | v = +1) = \frac{S_o^f p(v = +1 | o \in F)}{S_o^f p(v = +1 | o \in F) + (1 - S_o^f) p(v = +1 | o \in B)} \quad (5.4.13)$$

其中，$p(v = +1 | o \in F)$ 和 $p(v = +1 | o \in B)$ 表示在像素 o 上前景和背景信息的似然函数。

同样，基于布尔显著图 S^b 的后验概率 p^b 也可以得到。为了整合这两种显著图的后验概率信息，研究出一种动态优化的方法，即

$$S^{Q+1} = \underbrace{p^b \boxed{} p^f}_{S^Q} + R^Q \quad (5.4.14)$$

$$R^Q = \sum_{x \in \boldsymbol{M}(y)} \exp\left(- \frac{\left\| S^Q(x) - S^Q(y) \right\|^2}{2\sigma_2^2} \right) S^f \quad (5.4.15)$$

其中，x 和 y 表示像素坐标，$\boldsymbol{M}(y)$ 表示像素 y 的邻域像素的集合，σ_2 用来控制权重范围，函数 $\boxed{}$ 表示贝叶斯整合机制。

在式 (5.4.13) 中，研究出一种优化方法，该方法利用前景显著图 S^f 指导整体框架，有效地凸显前景区域，并通过多次迭代来减少噪声的干扰。当 $Q = 0$ 时，显著图 S^Q 表示简单的贝叶斯整合，在经过 3 次迭代后得到最终的贝叶斯结果。图 5.4.5 给出自然图像及初始贝叶斯整合、迭代处理过程，从图中可以清晰地观察到背景区域抑制、目标区域凸显的过程。

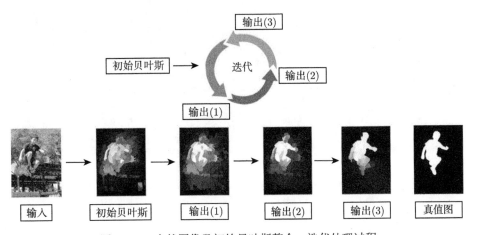

图 5.4.5 自然图像及初始贝叶斯整合、迭代处理过程

5.4.2   基于图论布尔图的显著模型

由于缺少对高层信息的理解，显著性检测的算法依然存在一定程度的不足之处。已有的显著性检测模型一般通过基于先验知识对比度来检测图像场景中感兴趣的区域，这样容易造成一些检测偏差，如部分背景区域被检测为前景区域，显著目标不能被均匀突出等。近年来，图论模型受到越来越多的关注，并在显著性检测领域中展示出良好的检测性能。

上节模型利用三种颜色通道信息获得布尔图，并将获得的布尔图用于分离前景区域和背景区域，但利用颜色通道获得粗糙的布尔图用于显著检测仍然存在一些不足。在图 5.4.6 中，当目标出现在边界，显著性检测模型无法有效地估计目标区域，抑制背景能力较弱。因此，阐述一种基于图论布尔图的显著性检测视觉计算模型，该模型能够有效地检测显著区域，且抑制背景噪声能力较好。首先，采用三种颜色空间信息产生布尔图，利用伽马校正提高布尔图的精确度；其次，利用图论信息探索研究一种新的权重矩阵，通过多尺度特征来估计布尔显著图；最后，利用改进的置信推理模型，有效地整合布尔显著图以获得更加准确的效果。图 5.4.7 给出本节视觉显著性检测模型流程图和相关算法视觉效果对比。实验结果表明，它能抑制背景噪声的干扰，有效提高检测的精度。

(a)   (b)   (c)   (d)

图 5.4.6   自然图像及显著性检测模型效果对比

(a) 输入图像；(b) RC 算法；(c) BMS 算法；(d) 本节显著性检测模型

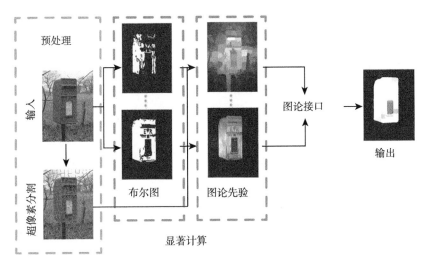

图 5.4.7 本节视觉显著性检测模型流程图及相关算法视觉效果对比

5.4.2.1 布尔图及布尔显著检测模型

Zhang 等提出一种新颖的布尔显著性检测模型,该模型在公开的图像数据集上显示出良好的视觉检测性能[29]。它利用 Lab 颜色空间中的三种颜色通道信息获得布尔图,估计前景区域。为了产生更加丰富的布尔图信息,利用三种颜色空间 (RGB、Lab 和 HSV) 计算布尔图,同时,为了进一步提高这三种颜色空间的优势,利用伽马校正加权三种颜色空间,有效提高布尔图的精确度。其中,伽马系数以步数为 0.5 在 0.5~1.5 范围内进行取值,该系数被定义为 $K_m \in \{[K_R, K_G, K_B], \cdots, [K_H, K_S]\}$,$m \in [1,3]$。利用线性组合策略,计算图像特征图:

$$T(I) = \mathrm{fm}_t(I) \times K_m \tag{5.4.16}$$

其中,t 表示颜色空间,$\mathrm{fm}(I)$ 表示输入图像 I 的特征图。

在获得特征图的基础上,计算布尔图 $\boldsymbol{B} = \{B_1, B_2, \cdots, B_M\}$,即

$$\boldsymbol{B} = \xi(T(I), \theta) \tag{5.4.17}$$

其中,函数 $\xi(\cdot)$ 用来分配数值,当图像像素值大于阈值 θ,特征图设置为 1,否则设置为 0,阈值 θ 的选取范围从 0 到 255,$T(I)$ 是由式 (5.4.16) 计算得到的图像特征图。为了计算的一致性,将颜色通道的范围归一化到 $[0, 255]$ 之间。

受 Zhang 等的启发[29],设置包围区域为 1,设置剩下的区域为 0,并利用漫水算法计算粗糙的视觉注意图:

$$A_l = \text{mean}(\text{Flo}(\boldsymbol{B}_l)) \tag{5.4.18}$$

其中, $l \in [1, M]$, 函数 $\text{Flo}(\cdot)$ 表示漫水算法。

为了提高视觉注意图 A_l 的精确度, 采用简单的像素操作重新计算视觉注意图:

$$s^l = \text{process}(A_l) \tag{5.4.19}$$

其中, $\text{process}(\cdot)$ 表示简单的形态学操作, 有利于保留更多的图像细节。

5.4.2.2　图论多尺度信息传播

为了进一步提高上述显著图的精确度, 研究出一种图论多尺度信息传播的方法, 该方法将输入图像在不同尺度上进行分割[32], 采用 K-means 算法进行超像素聚类, 以得到较好的超像素区域。在获得超像素的基础上, 设计出一种稀疏连接图 $G(\boldsymbol{V}, \boldsymbol{E})$, 模拟超像素的分布情况, 其中, $\boldsymbol{V}^{\text{sc}} = \{v_{1_{\text{sc}}}, v_{2_{\text{sc}}}, ..., v_{N_{\text{sc}}}\}$ 表示图的节点, $\boldsymbol{E}_{\text{sc}}$ 表示在尺度 sc 上的边缘集合。在稀疏连接图 G 的基础上, 重新定义超像素所对应节点的显著值:

$$s^l(v_i) = \lambda \sum_{\text{sc}=1}^{N_{\text{sc}}} s^l(v_{i_{\text{sc}}}) + Pm_{ij} \tag{5.4.20}$$

式 (5.4.20) 中第一项表示在图 G 中超像素 $v_{i_{\text{sc}}}$ 所对应的初始显著值, 并在式 (5.4.19) 中计算得到, 第二项为加权显著值, 定义为

$$Pm_{ij} = (1 - \lambda_2) \frac{\displaystyle\sum_{\text{sc}=1}^{N_{\text{sc}}} \sum_{(v_i, v_j) \in \boldsymbol{E}_{\text{sc}}^l} \sum_{j=1}^{K_m} \boldsymbol{w}_{ij}^{\text{sc}} s^l(v_{j_{\text{sc}}})}{\displaystyle\sum_{\text{sc}=1}^{N_{\text{sc}}} \sum_{(v_i, v_j) \in \boldsymbol{E}_{\text{sc}}^l} \sum_{j=1}^{K_m} \boldsymbol{w}_{ij}^{\text{sc}}} \tag{5.4.21}$$

其中, λ_2 表示权重因子, N_{sc} 表明在尺度 sc 上的超像素的数目, K_m 表示聚类数目, $\boldsymbol{w}_{ij}$ 表示权重矩阵。

式 (5.4.21) 中的权重矩阵 $\boldsymbol{w}_{ij}$ 利用颜色–空间信息和协方差矩阵信息能很好地分析图像结构信息, 抑制背景信息, 这在显著信息传播过程中发挥重要的作用。下面对权重矩阵 $\boldsymbol{w}_{ij}$ 进行阐述。

1) 颜色–空间先验

颜色信息在已有显著性检测研究中得到广泛的应用, 并显示出良好的显著性

检测效果，因此充分吸收颜色信息的优势，计算颜色权重矩阵 $\boldsymbol{w}_{ij}^c$：

$$\boldsymbol{w}_{ij}^c = \exp\left(-\frac{\boldsymbol{D}_c(c_i, c_j)}{2\sigma_3^2}\right) \tag{5.4.22}$$

其中，c_i 和 c_j 表示在 Lab 颜色空间中两个节点的颜色均值，$\boldsymbol{D}_c(,)$ 用来度量两个颜色均值的欧氏距离，σ_3 表示权重因子，与颜色空间位置有关。

众所周知，显著区域的颜色分布比较贫乏，背景区域则拥有宽广的颜色空间分布。为了提高颜色权重矩阵的优势，将空间信息融入到颜色矩阵中，计算新的颜色–空间矩阵：

$$\boldsymbol{w}_{ij}^{cs} = \exp(-\boldsymbol{w}_{ij}^c \|x_i - u_j\|^2) \tag{5.4.23}$$

其中，x_i 表示第 i 个节点的中心位置像素，$u_j = \boldsymbol{w}_{ij}^c x_i$ 表示颜色矩阵颜色 c_j 在 Lab 颜色空间的加权均值。

2) 协方差矩阵

显著区域和背景区域不仅在颜色空间分布存在差异，而且在结构上也存在一定的差异。因此，利用区域协方差矩阵分析图像的结构信息，抑制背景区域的干扰。假设从输入图像 I 中提取图像特征 $F(x, y)$，图像特征 $F(x, y)$ 中一个区域 R 被表示成一个 $d \times d$ 的协方差矩阵 $\boldsymbol{C}_R$：

$$\boldsymbol{C}_R = \frac{1}{q-1} \sum_{i=1}^{q} (f_i - u)(f_i - u)^{\mathrm{T}} \tag{5.4.24}$$

其中，$f_i = 1, \cdots, q$ 表示在区域 R 中的 d 维特征，q 表示超像素数目，u 表示图像特征的均值。

基于七种视觉特征，计算图像特征 F，即

$$[x, y, L(x, y), a(x, y), b(x, y), \mathrm{HOG}(x, y), \mathrm{LBP}(x, y)] \tag{5.4.25}$$

其中，L，a 和 b 表示 Lab 颜色空间的像素颜色值，(x, y) 表示像素坐标位置，$\mathrm{HOG}(x, y)$ 和 $\mathrm{LBP}(x, y)$ 分别表示 HOG 和 LBP 的特征空间。

由于采用七种视觉特征，协方差矩阵的大小为 7×7。在协方差矩阵的基础上，计算新的协方差加权矩阵 $\boldsymbol{w}_{ij}^{cp}$：

$$\boldsymbol{w}_{ij}^{cp} = \exp\left(-\frac{\boldsymbol{D}_d(C_i, C_j)}{2\sigma_3^2}\right) \tag{5.4.26}$$

其中，$\boldsymbol{D}_d(,)$ 表示距离度量函数[21]。

在获得颜色–空间矩阵和协方差加权矩阵的基础上，计算新的权重矩阵 $\boldsymbol{w}_{ij}$：

$$\boldsymbol{w}_{ij} = \boldsymbol{w}_{ij}^{cs} \times \boldsymbol{w}_{ij}^{cp} \tag{5.4.27}$$

5.4.2.3　信息整合

Jiang 等提出一种线性整合的方法，该方法将不同的显著图进行线性叠加，估计最终的显著图[33]。然而简单的线性叠加无法有效地发挥各自显著图的优势，因此研究出一种新的能量约束整合方法，该方法利用能量约束知识提高显著性检测的效果。受 Schmidt 等的启发[34]，能量约束函数定义为

$$\text{EF} = \sum_{l=1} \sum_{v_i} \left\| s_{v_i}^l - s_{\text{in}}^l \right\|_2^2 + \alpha \sum_{l=1} \sum_{v_i, v_j} \left\| s_{v_i}^{l+1} - s_{v_i}^l \right\|_2^2$$

$$+ \beta \sum_l \sum_{v_i} \sum_{v_j \in \boldsymbol{P}_i^j} \boldsymbol{w}_{ij} \left\| s_{v_i}^l - s_{v_j}^l \right\|_2^2 \tag{5.4.28}$$

其中，$s_{v_i}^l$ 表示在区域 v_i 上的显著图 s 中第 l 层的显著值，s_{in}^l 表示在式 (5.4.18) 中计算得到的初始显著值，$\boldsymbol{P}_i^l$ 表示在第 l 层中超像素 v_i 对应的四邻域集。α、β 表示权重系数。

式 (5.4.28) 中，第一项表示数据惩罚函数，用于收集分离的显著置信度，第二项表示约束函数，用于约束不同层中相应区域的一致性，第三项表示平滑约束，用于表示在同一层中邻近的超像素中有相似的显著值。本节采用置信传播的方法，该方法能优化式 (5.4.28) 中的三种信息，收集每个层的显著值，并在位置 (x,y) 上计算图像的显著值：

$$\text{Sal}(x,y) = \sum_{l=1} \sum_{(x,y) \in s_{v_i}^l} s_{v_i}^l \tag{5.4.29}$$

5.4.3　实验结果与分析

利用 Matlab2014B 软件平台和工作站进行视觉显著性检测算法实验和对比分析，实验所用的工作站配置为 Intel i7-3630 2.9GHz 四核 CPU、8GB RAM。在仿真实验中，采取多组图像进行定性评测，这些图像分别来自 MSRA[35]、ECSSD[36]、SED2[37]、DUT-OMRON[38] 和 Infrared 数据集。利用三种标准评价准则对显著性检测算法进行定量评测，并给出模型相应的参数分析。

1) 数据库

随着众多显著性检测算法的提出，大型公开的数据集也相应出现，这里重点介绍四种常用的图像数据集。

(1) MSRA：5000 张图片，含有像素级的真值标定图，种类繁多，包括人、动物、室内室外场景和复杂的自然场景。

(2) ECSSD：1000 张图片，含有像素级的真值标定图，种类繁多。

(3) SED2：100 张图片，含有像素级的真值标定图，其中每张图片含有两个目标，虽然数据集数量小，但是包含多目标，导致显著性检测难度增加。

(4) DUT-OMRON：5168 张图片，含有像素级的真值标定图，图片场景比较复杂，种类繁多，目标大小不一，目标尺度不一，该数据集不但规模大而且很具有挑战性。

2) 评测准则

现有的显著性检测评测包含两类方法：定性评测和定量评测。定性评测是通过人眼直接观察输出显著图的好坏，以判断评价算法的优劣；定量评测是将获得的输出显著图和数据库提供的真值标定图进行比较，该评测利用评测准则获得直观的数值比较，使得算法评价更加有说服力。

定量评价方法包含三种标准评测的方法：查准率–查全率 (PR) 曲线、自适应阈值分割的 F-measure 和绝对均值误差 (Mean Absolute Error, MAE)。

(1) PR 曲线：显著性检测模型产生的显著图数值量化在 [0,1]，每隔 0.05 设置一个阈值，共 20 个阈值，用这些阈值将输出的显著图分割为二值图，因此可以获得 20 幅二值图。假设某一阈值对应的二值图获得目标区域像素集合为 $X1$，真值的目标区域像素集合为 $X2$，因此，精确率 (Precision) 和召回率 (Recall) 可以按照以下方式计算：

$$\text{Precision} = \frac{\text{Num}(X1 \cap X2)}{\text{Num}(X1)} \tag{5.4.30}$$

$$\text{Recall} = \frac{\text{Num}(X1 \cap X2)}{\text{Num}(X2)} \tag{5.4.31}$$

其中，Num(·) 表示集合的像素数。

通过计算数据库中所有图片的 Precision 和 Recall 值，可以得到一组 PR 数值，用以描绘出 PR 曲线，其中 PR 曲线的纵坐标表示 Precision，横坐标表示 Recall。

(2) F-measure：计算 F-measure 的过程称为自适应阈值分割过程。本节模型计算输出显著图的灰度值，设置自适应阈值为灰度值的二倍，采用 Mean-shift 算法计算输出显著图的二值化分割结果。因此，在式 (5.4.30) 和 (5.4.31) 得到 Precision 和 Recall 值的基础上，可以计算 F-measure 值，具体如下：

$$F_\ell = \frac{(1 + \ell^2) \times \text{Precision} \times \text{Recall}}{\ell^2 \times \text{Precision} \times \text{Recall}} \tag{5.4.32}$$

其中，ℓ 表示权重因子，它与精确率、召回率有关。

(3) MAE：由于 Precision 和 Recall 没有考虑负样本的显著值，该评价准则虽能准确地给显著区域分配显著值，但未能给非显著区域分配非显著值。为了对比显著性检测算法，在已得显著图 S 和真值图 GT 的基础上，计算 MAE 值如下

$$\text{MAE} = \frac{1}{\mathbb{N}} \sum_x |S(\mathbb{N}_x) - \text{GT}(\mathbb{N}_x)| \tag{5.4.33}$$

其中，$\mathbb{N}$ 表示图像像素的数目，$\mathbb{N}_x$ 表示图像像素。

MAE 表示一种相对较好的评测准则，该准则用来估计输出显著图和真值图的差异性，有效展现显著性检测算法的优劣，并以图表的形式直观地反映出算法的好坏，实现每种评价算法的公平对比。

5.4.3.1   基于布尔图和前景图模型

本节采用十一种经典的显著性检测视觉计算模型进行对比，包括 LC、FT、SEG、CB、RC、HS、GC、BMS、WCTR、GMR 和 MC 算法[11,25]，并在五种图像数据集中进行评测，包括 MSRA、ECSSD、SED2、DUT-OMRON 和 Infrared(红外图像数据集)。由于红外图像数据集没有精确的真值标定图，本节没有给出相应的定量评价。

1) 定性评价

图 5.4.8 给出自然图像及显著性检测视觉计算模型效果对比。图中第 1~4 行图像来自于 MSRA 数据集，第 5~8 行图像来自于 ECSSD 数据集，第 9~12 行图像来自于 SED2 数据集，第 13~15 行图像来自于 DUT-OMRON 数据集，第 16 行图像来自于红外图像数据集。由于空间限制，没有给出全部的评测算法视觉对比效果，仅选取其中六种具有代表性的视觉显著性检测算法。

图 5.4.8 中第 1、6、7、8 和 14 行给出了复杂图像场景下显著性检测的视觉对比，本节算法能够有效地定位显著目标位置，且抑制背景能力较强。第 9、10、11 和 12 行给出了图像场景中两个显著目标的视觉对比，它能很好地检测出两个目标区域，且有效地抑制背景噪声。第 2 和 5 行给出了目标和背景有相似颜色信息的视觉对比，它能很好地分离显著目标和背景区域，并保留完整的目标结构信息。第 3、4、8 和 15 行给出了目标靠近边界场景的视觉对比，它能很好地检测边界的显著目标，并且减少噪声的干扰。本节检测模型采用布尔显著图和前景图相结合的方法，该方法能够有效地提高前景区域的检测能力，并能较好地抑制背景噪声的干扰。而其他的显著性检测算法仍然将背景区域当作显著区域，或者将显著区域当作背景区域，严重地降低了图像的视觉效果。

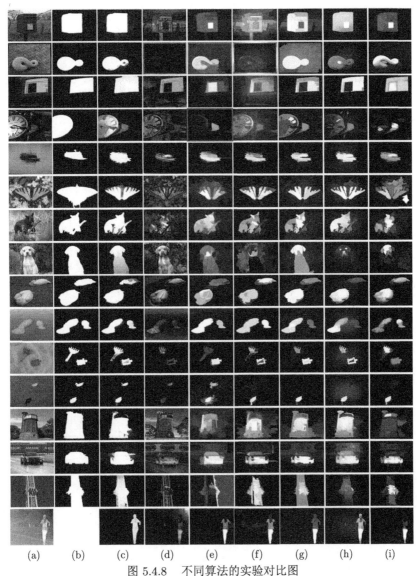

图 5.4.8 不同算法的实验对比图

(a) 原图；(b) 真实标记图；(c) 本节算法结果；(d)~(i) 分别表示 FT、CB、RC、HS、MC、BMS 的结果

2) 定量评价

利用 PR 曲线对检测模型各组成部分进行评测，在 MSRA 数据集上进行对比分析，本节算法各组成部分在 MSRA 上 PR 曲线效果对比如图 5.4.9 所示。在图 (a) 中，多通道信息 (颜色、方向和梯度) 能够产生更加精确的布尔图，有效地提高了初始布尔显著图的准确度。本节检测模型中传播机制的 PR 曲线高于多通

道机制的 PR 曲线，表明传播机制的检测性能优于多通道机制。图 (b) 给出不同前景种子点生成方法的效果对比，表明同时利用分割算法和凸包算法产生种子点的性能要优于单一算法产生种子点的性能，有助于提高前景显著图的准确性。

从图 5.4.9(c) 中可以看出，改进后前景显著图的 PR 曲线要高于初始前景显著图的 PR 曲线，这是因为权重矩阵和边界信息有助于定位前景区域，且减少非显著区域的干扰。该权重矩阵利用颜色和空间结构分析目标信息，有效编码显著目标的内部数据特性。图 (d) 给出算法迭代的对比效果，这种迭代过程能调整贝叶斯框架的成分，提高贝叶斯框架整合的优势，从而获得更加准确的显著性检测效果。

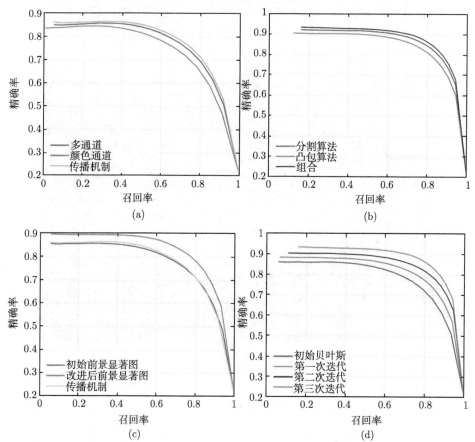

图 5.4.9　本节算法模型各组成部分在 MSRA 上 PR 曲线的对比 (扫描本书封底二维码可见彩图)

(a) 不同先验知识 PR 曲线；(b) 不同前景种子 PR 曲线；(c) 加权信息 PR 曲线；(d) 三次迭代过程

图 5.4.10 给出在数据集 MSRA 上视觉显著性检测算法的 PR 曲线和 F-measure 效果对比。在图 (a) 中，本节模型实现了 0.86 的精确率和 0.83 的 F-measure 值，均高于其他显著性检测算法获得的数值。从图 (b) 可以看出，MC、GMR、HS 和 CB 算法能够得到较高的平均精确率值，这是因为这些算法在提高平均精确率的同时降低了平均召回率，无法有效地抑制背景噪声。WCTR 算法利用边界连接特性分析边界和目标之间的位置关系，获得的召回率较高。

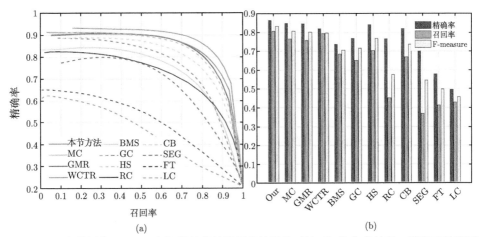

(a)   (b)

图 5.4.10　在数据集 MSRA 上视觉显著性检测算法性能对比 (扫描本书封底二维码可见彩图)
(a) PR 曲线；(b) F-measure

图 5.4.11 给出在数据集 ECSSD 上视觉显著性检测算法的 PR 曲线和 F-measure 效果对比。从图 (a) 可以看出，本节算法获得的精确率最高，为 0.84，高于其他算法所获得的值。在图 (b) 中，本节算法获得的 F-measure 值最高，为 0.67，高于其他算法所获得的值。其中，MC、GMR、HS 和 CB 算法得到的平均精确率较高，这是因为这些算法在提高平均精确率的同时降低了平均召回率，无法有效地抑制背景噪声。同时，由于 ECSSD 场景相对复杂，评价算法获得的性能都不是很高，即便如此，本节算法获得的平均精确率和 F-measure 值仍然最高，足以表明它在复杂图像场景中显著性检测性能较强。

图 5.4.12 给出在数据集 SED2 上视觉显著性检测算法的 PR 曲线和 F-measure 效果对比，该场景中包含两个显著目标，极大地增加了检测的难度。从图中可以看出，本节算法实现了较好的检测效果，且获得的精确率和 F-measure 值较高。在图 (a) 中，WCTR 算法在召回率为 [0.66,1] 区间内实现的精确率较高，表明它的背景抑制能力较强，然而，当召回率低于 0.66 时，PR 曲线开始变低，表明不能很好地凸显目标区域。在图 (b) 中，MC、GMR、WCTR、HS 和 SEG 算法能够得到的平均精确率较高，因为这些算法在提高平均精确率的同时降低了平均召

回率，无法有效地抑制背景噪声。

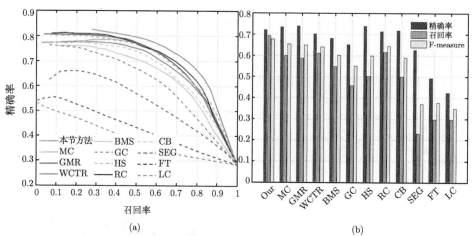

(a)   (b)

图 5.4.11　在数据集 ECSSD 上视觉显著性检测算法性能对比 (扫描本书封底二维码可见彩图)
(a) PR 曲线；(b) F-measure

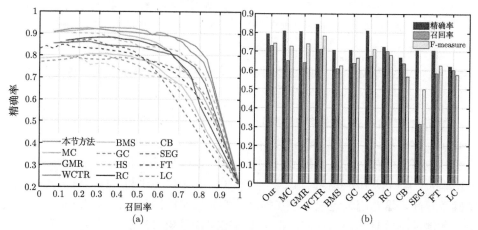

(a)   (b)

图 5.4.12　在数据集 SED2 上视觉显著性检测算法性能对比 (扫描本书封底二维码可见彩图)
(a) PR 曲线；(b) F-measure

　　图 5.4.13 给出在数据集 DUT-OMRON 上视觉显著性检测算法的 PR 曲线
和 F-measure 效果对比。从图 (a) 中可以看出，本节算法获得的精确率最高，为
0.73，而其他算法获得的精确率较低，表明它能够准确地定位显著目标，且抑制背
景噪声能力较好。在图 (b) 中，本节算法获得的 F-measure 值最高，表明它能够
较好地估计显著区域，并且有效地抑制背景噪声的干扰。从图 (b) 可以看出，部
分算法获得的平均召回率比较高，因为这些算法在抑制噪声的同时扩大了显著区
域的范围。从图中可以看出，本节算法获得的评价准则数值最高，表明它获得的

视觉显著图更加接近标定的真值效果图。

由于红外数据集没有准确的真值标定图，所以只给出显著性检测算法的效果对比。图 5.4.8 最后一行给出不同显著性检测算法在红外图像上的视觉效果对比，从图中可以看出，本节算法能够有效地凸显前景区域，抑制背景能力较好，获得相对稳定的显著性检测效果，而其他算法如 HS、CB 和 BMS 错误地把背景区域当作显著区域，严重影响了显著性检测算法的性能。

在式 (5.4.4) 中，计算分析 ϕ 值，并研究对比节点的显著性检测效果，经验地选定 $\phi = 0.5$。在式 (5.4.7) 中，计算分析 σ_1 值，并研究分析颜色和空间结构显著性检测效果，经验地选定 $\sigma_1^2 = 0.1$。在式 (5.4.8) 中，计算分析 λ_1 值，经验地选定 $\lambda_1 = 0.3$。在式 (5.4.15) 中，计算分析 σ_2 值，研究对比动态效果，经验地选定 $\sigma_2^2 = 0.4$。对于迭代过程，研究对比多次迭代效果，选定 3 次迭代能够获得最好的显著性检测效果。在式 (5.4.32) 中，计算分析 ℓ 值，经验地选定 $\ell^2 = 0.3$。

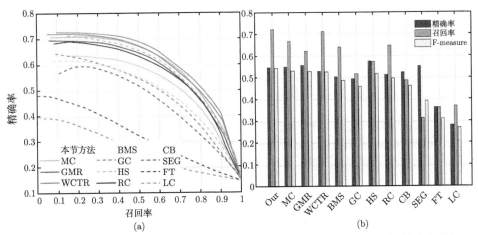

图 5.4.13　在数据集 DUT-OMRON 上视觉显著性检测算法性能对比 (扫描本书封底
二维码可见彩图)

(a) PR 曲线；(b) F-measure

5.4.3.2　基于图论布尔显著模型

将本节算法与十八种显著性检测算法进行对比分析，其中包括 IT、LC、GB、SR、FT、CA、SEG、RC、CB、SVO、LR、MC、PCA、GC、GMR、BMS、HS 和 WCTR 算法[10,11,25]。将上述待评测显著性检测算法在四种图像数据集中进行评测，包括 MSRA、ECSSD、SED2 和 Infrared。由于红外图像数据集没有精确的真值标定图，本节没有给出相应的定量分析。

1) 定性评价

图 5.4.14 给出自然图像及显著性检测算法视觉效果对比，这些测试图分别来

自于 MSRA、ECSSD、SED2 和 Infrared 这四种数据集。通过视觉对比可以看出，在复杂场景中，本节算法表现出的背景抑制能力较强，并且能够较好地估计前景区域的显著性。这是因为其充分利用布尔图和图论知识估计视觉显著性，有效地定位前景区域，并且抑制噪声的干扰，提高显著性检测的准确性。

图 5.4.14 中第 1 行给出不同颜色信息下的显著性检测效果对比。BMS 算法仅检测出一个南瓜目标区域，这是因为该算法仅采用颜色通道估计显著性区域，无法有效分析显著区域的结构信息。本节算法采用多通道信息和图论知识估计视觉显著性，能检测出不同位置、不同颜色下的显著区域 (南瓜)，有效凸显显著区域，且减少周围噪声的干扰。在图第 5 和 6 行中，本节算法能较好地估计出多显著目标区域，均匀地凸显前景区域，且抑制背景能力较强，主要是因为利用图论知识分析不同位置的显著信息，有效估计多显著区域，提高了显著性检测的性能。

在图 5.4.14 第 3 行中，由于汽车的颜色和地面的颜色比较接近，照片中背景区域比较模糊，增加了显著性检测的难度。本节算法利用图论和布尔显著图能检测出显著的区域，有效地抑制背景模糊区域的干扰。由于利用了图论多尺度信息传播机制，本节算法获得的显著值较高，并且显著区域内部较均匀。其他显著性算法检测效果较差，如 PCA、HS 和 CA 算法将背景区域当作前景区域，无法有效地定位目标，严重降低了显著性检测的性能。

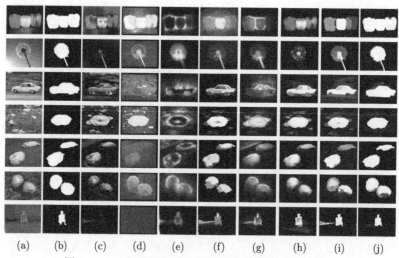

(a)   (b)   (c)   (d)   (e)   (f)   (g)   (h)   (i)   (j)

图 5.4.14   自然图像及显著性检测视觉算法效果对比

(a) 输入图像；(b) 真值图；(c)~(j) 分别给出 FT、SEG、CA、RC、PCA、BMS、HS 和本节算法显著性检测结果

2) 定量评价

本节利用 PR 曲线对检测模型各组成部分进行评测，在数据集 ASD(包含 100

张图像, 是数据集 MSRA 的子集) 上进行 PR 曲线和视觉对比分析, 本节算法各组成部分在数据集 ASD 上 PR 曲线对比和超像素分割及视觉效果对比分别如图 5.4.15 和图 5.4.16 所示。图 5.4.15(a) 给出了不同整合方法 PR 曲线对比, 表明该整合方法能够有效地提高显著性检测的性能。图 5.4.15(b) 给出多线索信息 PR 曲线对比, 从图中可以看出, 改进后的布尔显著模型利用多通道信息和伽马校正来计算布尔显著图, 有效地抑制了噪声的干扰。图 5.4.15(c) 给出传播机制中不同先验知识的 PR 曲线对比, 从图中可以看出, 协方差矩阵的 PR 曲线高于颜色信息的 PR 曲线, 表明本节算法利用协方差矩阵能分析图像数据的内部特性, 提高了它对背景区域的判别能力。图 5.4.16 给出超像素分割及视觉效果对比, 从图中可以看出, 改进的权重矩阵能够更加凸显前景区域, 有效地抑制背景噪声的干扰, 提高了显著性检测的性能。

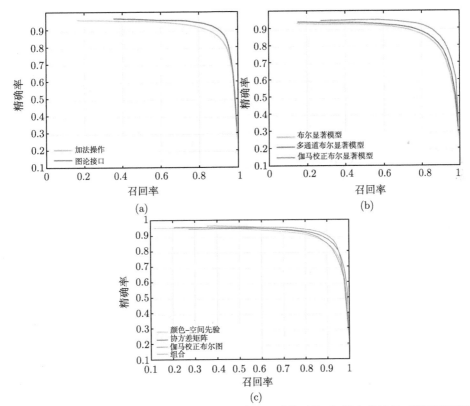

图 5.4.15 本节算法各组成部分在数据集 ASD 上 PR 曲线对比 (扫描本书封底二维码可见彩图)
(a) 整合方法 PR 曲线对比; (b) 多线索信息 PR 曲线对比; (c) 传播机制中先验知识 PR 曲线对比

图 5.4.17(a) 给出在数据集 MSRA 上显著性检测算法效果对比。从图中可以看出, 本节算法获得的精确率最高, 为 0.92, 表明它的显著性检测能力最强。

WCTR 算法获得的 PR 曲线接近本节算法获得的 PR 曲线，这是因为它利用边界连接特性估计视觉显著性，获得较好的检测性能。图 5.4.17(a) 中第 3 和 4 行给出显著性视觉计算模型平均精确率、平均召回率和 F-measure 效果对比，本节算法获得 F-measure 最高，为 0.83。CB、GMR、HS 和 MC 算法获得的平均精确率较高，因为这些算法在提高平均精确率的同时降低了平均召回率，无法有效地抑制背景噪声。图 5.4.18 给出显著性检测算法 MAE 值对比，从图 (a) 中可以看出，本节算法获得的 MAE 值最低，为 0.09，表明它获得的效果图更加接近标定的真值图，进一步验证了它在该数据集上显示出的显著性检测能力最强。

图 5.4.16　超像素分割及视觉效果对比
(a) 超像素分割；(b) 颜色–空间矩阵；(c) 协方差矩阵；(d) 权重矩阵

　　数据集 ECSSD 比数据集 MSRA 更加多样复杂，极大地增加了显著性检测的难度。由于 ECSSD 的复杂性，待评测的显著性检测算法获得的性能相对较低，如 PR 曲线和 F-measure。图 5.4.17(b) 中第 1 和 2 行给出显著性检测模型的 PR 曲线效果对比，本节算法获得的 PR 曲线明显高于其他显著性检测算法，并且获得的精确率值较高，为 0.84，表明它能够很好地定位目标区域，并且有效抑制噪声的干扰。图 5.4.17(b) 中第 3 和 4 行给出显著性检测算法的平均精确率、平均召回率和 F-measure 效果对比，本节算法获得的 F-measure 最高，为 0.69。GMR、HS 和 MC 算法能够得到比较高的平均精确率，因为这些算法在提高平均精确率的同时降低了平均召回率，无法有效地抑制背景噪声，降低了显著性检测的性能。图 5.4.18(b) 给出显著性检测算法 MAE 值对比，本节算法获得的 MAE 值最低，为 0.2，表明它获得的效果图更加接近标定的真值图。

　　图 5.4.17(c) 给出在数据集 SED2 上显著性检测算法的效果对比。相比 MSRA

和 ECSSD 两种图像数据集,SED2 数据集虽包含 100 张图像,但图像中包含两个目标,大大增加显著性检测的难度。图 5.4.17 中第 1 和 2 行给出显著性检测算法的

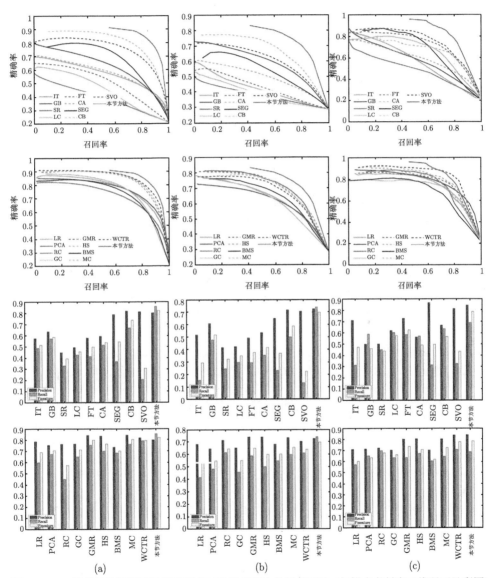

图 5.4.17　显著性检测视觉计算模型在三种数据库上的性能对比 (扫描本书封底二维码可见彩图)
(a) MSRA 数据集上算法评测对比；(b) ECSSD 数据集上算法评测对比；(c)SED2 数据集上算法评测对比。第一、二行为显著性检测算法 PR 曲线对比,第三、四行为显著性检测算法 F-measure 对比

PR 曲线效果对比，本节算法获得的精确率值最高，为 0.97，表明该算法定位显著目标的能力最强。在召回率为 [0.85,1] 时，PCA 算法获得的 PR 曲线要高于本节算法获得的 PR 曲线，表明 PCA 算法抑制背景噪声能力较强，而当召回率低于 0.85 时，PR 曲线开始降低，表明 PCA 算法无法有效地检测出显著区域，且抑制噪声能力较弱。图 5.4.17 中第 3 和 4 行给出平均精确率、平均召回率和 F-measure 的柱状图对比，本节算法获得的 F-measure 值最高，为 0.79，表明它能够估计前景区域，并且有效抑制背景噪声的干扰。SEG、SVO 和 WCTR 算法都获得比较高的平均精确率，这是因为这些算法检测出更大面积的显著区域，忽略了背景噪声的抑制。图 5.4.18(c) 给出显著性检测算法 MAE 值效果对比，可见本节算法获得的 MAE 值最低，为 0.11。MAE 值越低表明显著性检测算法的背景抑制越强，获得的检测结果更加接近标定的真值图。

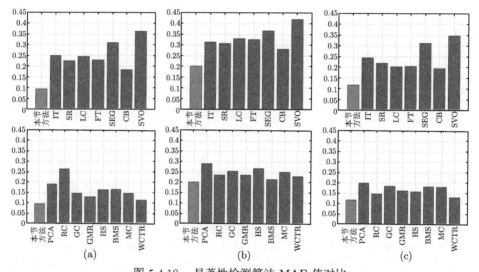

图 5.4.18   显著性检测算法 MAE 值对比
(a) MSRA 上 MAE 值对比；(b) ECSSD 上 MAE 值对比；(c) SED2 上 MAE 值对比

由于缺少红外图像数据集的标定真值图，本节并没有给出定量的评价分析。从图 5.4.16 中最后一行可以看出，本节算法获得的效果图比较接近真值图，表明它显著区域定位能力较强，并且背景抑制能力较好。

在式 (5.4.21) 中，计算分析 λ_2 值，经验地选定 $\lambda_2 = 0.5$。在式 (5.4.22) 中，计算分析 σ_3，并研究对比颜色权重矩阵对显著性检测的影响，经验地选定 $\sigma_3 = 15$。在式 (5.4.24) 中，计算分析 q 值，并研究超像素数目，经验地选定 $q = 300$。在式 (5.4.28) 中，计算分析 α、β 值，研究对比能量约束函数，经验地选定 $\alpha = 0.5$，$\beta = 0.5$。

5.5 本 章 小 结

本章对夜视图像显著性检测算法展开研究，通过分析视觉显著原理，阐述以下三种模型：

(1) 针对传统 C-S 选取滤波尺度的难题，阐述一种新的离散型 C-S 模型，结合显著先验知识对其进行优化，展现出明显的优势，实验结果表明了本章算法的鲁棒性和有效性。

(2) 在分析 Tamura 纹理粗糙度基础上，阐述一种获得图像粗糙度特征图的 LTC 算法，并给出一种度量纹理显著性的 TS 算法，将其应用于微光图像目标检测，与传统显著性算法相比，TS 算法具有较好的目标检测性能。

(3) 针对红外图像的显著检测难度大，阐述两种红外显著检测算法，两者都是以布尔图为基础，并结合相应的优化算法进行处理，高效均匀地突出了前景显著区域，抑制了背景噪声的干扰。

参 考 文 献

[1] Jin Z L, Han J, Zhang Y, et al. Saliency model based on a discrete centre-surround[J]. Electronics Letters, 2015, 51(8): 626-628.

[2] 金左轮, 韩静, 张毅, 等. 基于纹理显著性的微光图像目标检测 [J]. 物理学报, 2014, 63(6): 413-424.

[3] Qi W, Han J, Zhang Y, et al. Saliency detection via Boolean and foreground in a dynamic Bayesian framework[J]. Visual Computer, 2017, 33(2): 209-220.

[4] Qi W, Cheng M M, Borji A, et al. SaliencyRank: two stage manifold ranking for salient object detection[J]. Computational Visual Media, 2015, 1(4): 309-320.

[5] Qi W, Han J, Zhang Y, et al. Graph-boolean map for salient object detection[J]. Signal Processing: Image Communication. 2016, 49: 9-16.

[6] 祁伟. 基于仿生视觉计算模型的红外图像理解 [D]. 南京理工大学博士学位论文, 2017.

[7] 张黎. 多光谱目标检测算法及系统实现研究 [D]. 南京理工大学硕士学位论文, 2017.

[8] Koch C, Ullman S. Shifts in selective visual attention: towards the underlying neural circuitry[J]. Human Neurobiology, 1987, 4(4): 219-227.

[9] Milanese R. Detecting salient regions in an image: From biological evidence to computer implementation[D]. University of Geneva, 1993.

[10] Itti L, Koch C, Niebur E. A model of saliency-based visual attention for rapid scene analysis[J]. IEEE Transactions on Pattern Analysis & Machine Intelligence, 1998, 20(11): 1254-1259.

[11] Achanta R, Hemami S, Estrada F, et al. Frequency-tuned salient region detection[C]. IEEE International Conference on Computer Vision & Pattern Recognition, 2009: 1597-1604.

[12] Hou X, Zhang L. Saliency detection: a spectral residual approach[C]. IEEE Conference on Computer Vision & Pattern Recognition, 2007: 1-8.

[13] Harel J, Koch C, Perona P. Graph-based visual saliency[C]. Advances in Neural Information Processing Systems, 2006: 545-552.

[14] Buades A, Coll B, Morel J M. Nonlocal image and movie denoising[J]. International Journal of Computer Vision, 2008, 76(2): 123-139.

[15] Cheng M M, Mitra N J, Huang X, et al. Global contrast based salient region detection[J]. IEEE Transactions on Pattern Analysis & Machine Intelligence, 2015, 37(3): 569-582.

[16] Tamura H, Mori S, Yamawaki T. Textural features corresponding to visual perception[J]. IEEE Transactions on Systems Man & Cybernetics, 1978, 8(6): 460-473.

[17] Fan J, He X, Zhou N, et al. Quantitative characterization of semantic gaps for learning complexity estimation and inference model selection[J]. IEEE Transactions on Multimedia, 2012, 14(5): 1414-1428.

[18] Novianto S, Suzuki Y, Maeda J. Near optimum estimation of local fractal dimension for image segmentation[J]. Pattern Recognition Letters, 2003, 24(1-3): 365-374.

[19] Julesz B. Textons, the elements of texture perception and their interactions[J]. Nature, 1981, 290(5802):91.

[20] Zhu S C, Guo C E, Wang Y, et al. What are textons?[J]. International Journal of Computer Vision, 2005, 62(1): 121-143.

[21] Seneta E. On the history of the Strong Law of large numbers and Boole's inequality[J]. Historia Mathematica, 1992, 19(1): 24-39.

[22] Brodatz P. Textures : a photographic album for artists and designers[M]. Dover Publications, 1966.

[23] 马兆勉, 陶纯堪. 区域分形与人工目标检测 [J]. 物理学报, 1999, 48(12): 2202-2207.

[24] Kadir T, Brady M. Saliency, scale and image description[J]. International Journal of Computer Vision, 2001, 45(2): 83-105.

[25] Palmer S E. Vision science: photons to phenomenology [J]. The Quarterly Review of Biology, 2001, 77(14): 233-234.

[26] Syeda-Mahmood T F. Data and model-driven selection using color regions[J]. International Journal of Computer Vision, 1997, 21(1): 9-36.

[27] Meur O L, Callet P L, Barba D, et al. A coherent computational approach to model bottom-up visual attention[J]. IEEE Transactions on Pattern Analysis & Machine Intelligence, 2006, 28(5): 802-817.

[28] Huang L, Pashler H. A Boolean map theory of visual attention[J]. Psychological Review, 2007, 114(3): 599-631.

[29] Zhang J, Sclaroff S. Saliency detection: A boolean map approach[C]. IEEE International Conference on Computer Vision, 2013: 153-160.

[30] Otsu N. A threshold selection method from gray-level histograms[J]. Automatica, 1975, 11(285-296): 23-27.

[31] Xie Y, Lu H, Yang M H. Bayesian saliency via low and mid level cues[J]. IEEE Transactions on Image Processing A Publication of the IEEE Signal Processing Society, 2013, 22(5): 1689-1698.

[32] Achanta R, shaji A, Smith K, et al. SLIC superpixels compared to state-of-the art superpixel method[J]. IEEE Transaltions on Pattern Analysis and Machine Intelligence, 2012: 2274-2282.

[33] Jiang P, Ling H, Yu J, et al. Salient region detection by UFO: Uniqueness, focusness and objectness[C]. IEEE International Conference on Computer Vision, 2013: 1976-1983.

[34] Schmidt M, Murphy K, Fung G, et al. Structure learning in random fields for heart motion abnormality detection[J]. IEEE Conference on Computer Vision & Pattern Recognition, 2008: 1-8.

[35] Liu T, Yuan Z, Sun J, et al. Learning to detect a salient object[J]. IEEE Transactions on Pattern Analysis and Machine Intelligence, 2011, 33(2): 353-367.

[36] Yan Q, Xu L, Shi J, et al. Hierarchical saliency detection[C]. Proceedings of the IEEE Conference on Computer Vision and Pattern Recognition, 2013: 1155-1162.

[37] Alpert S, Galun M, Brandt A, et al. Image segmentation by probabilistic bottom-up aggregation and cue integration[J]. IEEE Transactions on Pattern Analysis & Machine Intelligence, 2012, 34(2): 315-327.

[38] Yang C, Zhang L, Lu H, et al. Saliency detection via graph-based manifold ranking[C]. Proceedings of the IEEE Conference on Computer Vision and Pattern Recognition, 2013: 3166-3173.

第 6 章　非训练夜视目标认知检测

随着夜视技术的高速发展，夜视图像典型目标检测成为了研究热点，相关成果在军用和民用领域都有着广泛应用。非训练检测方法中的模板匹配，因其模型简单容易实现、无需大样本训练，受到了广大学者的关注。但是模板匹配对模板库全面性的要求很高，对一般目标识别的泛化能力弱，因而对复杂场景下非刚性目标检测的稳定性和抗干扰能力差。本章基于视觉空间结构性和稀疏性，深入研究并设计优化免训练的模板匹配方法，介绍了一系列适合于夜视场景下的通用目标检测模型。

6.1　非训练夜视目标检测方法

目前，传统的非训练目标检测方法有模板匹配、异常目标检测等算法，异常目标检测是一种无需图像标记和目标先验光谱知识的检测算法，主要包括投影数据高斯分布拟合估计法[1,2]、邻域统计模型法和子空间投影法。而模板匹配是使用相关函数或者测度来计算，对测试图像和模板库里的模板进行相似性比较判决，然后找出测试图像在模板库中最匹配的类别。该方法简单有效，但是目标漏检和虚警严重，因此需要在此基础上，进一步研究新型算法以提高检测鲁棒性。

Wang 通过综合考虑图像本身所具有的对比度、亮度和内容信息，介绍计算图像结构相似度的方法[3]，这种方法能计算不同对比度、亮度和分辨率图像的相似程度。通过模板匹配方法的计算原理可知，这种方法对目标类型较多的测试图像计算效率低，需要建立更加复杂的模板库。因此，Widrow 针对不同目标形状识别介绍变形模板技术[4]，这种技术通过对模板进行细微调整来扩展模板，从而简化了模板库的建立。Comaniciu 和 Takeda 等提出使用核回归模型提取局部结构特征，并设计目标检测跟踪算法[5,6]。

模板匹配的方法为实现高检测率，要求模板库非常全面，包括目标形态的所有可能，这需要在建立模板库时对目标多角度多尺度采样，该方法对一般目标检测的泛化能力弱；且通常通过相关函数计算得到图像相关程度，这种方法只能保留图像的统计特征，损失了图像本质结构信息。因此在匹配过程中，场景复杂、目标形态多样、背景遮挡等因素均会导致检测的稳定性和抗干扰能力下降。

在模板匹配过程中，特征描述的强弱对于匹配结果的影响较大，因此需要对特征表示进行深入研究，目前常用的有空间尺度特征和稀疏结构特征等。空间尺度特征对应于图像的缩放变换，通过改变尺度参数，达到对同一物体的不同缩放比例，实现尺度不变性。Harris-Laplacian 算子将 Harris 角点检测算子与高斯尺度空间相结合，使角点检测增加了尺度不变性。角点检测算子能自动检测仿射变换下的图像特征，具有仿射不变的特征。Lowe 提出高效的 SIFT(Scale Invariant Feature Transform) 局部特征。Seo 提出基于局部自适应回归核 (Locally Adaptive Regression Kernels,LARK) 算子[7]，并将其应用于人脸识别和人体姿态检测中。稀疏表示则通过对少数字典基进行线性组合，实现信号的大部分或全部信息提取，这与视觉神经响应机制是一致的，通过稀疏编码和重建可以从严重的非稀疏噪声中分离出微弱的稀疏信号。Gao 提出的拉普拉斯稀疏编码 (Laplacian Sparse Coding, LSc) 算法能够有效提取稀疏结构特征，解决相似性保持问题[8,9]。

Seo 的算法对变化目标具有一定的适应性，然而由于采用单一模板，只能检测形态变化较小的目标，并且仅关注目标的整体结构，对于多姿态的非刚性目标检测性能差。而 LSc 算法不能用于局部稀疏结构匹配，因为它只约束了全局相似样本的稀疏表示，忽略了图像块间的局部结构信息，而且对背景和遮挡变化敏感。

进一步针对夜视目标形态多变，受背景遮挡和场景变化影响大，以及夜视图像特性复杂等问题，目前的模板匹配、训练学习和稀疏分类方法难以实现复杂场景下的夜视目标鲁棒检测；此外，现有的学习分类方法大多采用全局分析，过度依赖于目标模板质量或模板集的全面性，且需要模板和待测目标具有一定的相似性，对一般目标检测的泛化能力弱。

针对以上问题，本章从夜视图像的多尺度局部结构特性考虑，介绍一系列基于 LARK 的多模板优化算法模型；立足于局部稀疏结构匹配思想，阐述一种基于局部结构保持稀疏编码 (LSPSc/K-LSPSc) 算法的局部稀疏结构匹配模型 (LSSM)。这些模型算法能对红外、微光目标内部结构特征细致描述，改善图像背景信息干扰等问题；且结合了局部区域间的近邻结构特点，实现对形态复杂多变的典型红外目标鲁棒性检测。

6.2 基于局部与全局 LARK 特征的匹配模型的目标检测算法

由上述，模板匹配是一种使用目标样本图像查找测试图像中类似目标对象的方法。但是，由于目标对象在不同背景环境或不同成像条件下可能出现各种差异，如光照不均、视角不同、尺度不同等，对于这些目标对象，它们的整体结构相似但内部结构变化不一。如图 6.2.1 所示，每个人脸外形相似，但是内部细节却差异较大。

对于各种具有相似结构的目标图像，LARK 利用核回归算子提取图像的局部结构特征，通过这种稳健结构特征对原始图像进行恢复和还原，对目标的描述具有很高的鲁棒性，但是 LARK 只是一种局部特征，对于多姿态非刚性目标的检测能力有限，因此本节引入两种全局信息 (全局热扩散和布尔图) 对 LARK 检测结果进行约束，从而有效提高检测性能。

图 6.2.1　不同的人脸结构图像

6.2.1　LARK 算子

使用经典核回归方法提取特征时，从图像轮廓位置提取的特征会造成一些偏差，而 LARK 方法在提取局部结构的过程中，在计算局部核函数的同时考虑了像素间的空间距离和灰度值差异，利用图像像素点间的相似性，可对图像轮廓位置的形状做出准确估计，提取的特征能更好地反映图像局部结构区域的变化趋势[7]。使用 LARK 提取局部特征的关键在于分析图像像素灰度值的梯度变化，得到图像的局部结构信息及其差异，然后使用这些局部结构信息来控制核形状和大小，从而得到局部结构特征。

任意一幅图像可看作三维空间的图像面 S，如图 6.2.2 所示。与传统的欧氏距离和马氏距离不同，图像面上弧长微分距离引入了像素空间距离和像素灰度差异两个因素。假设在空间 R^3 中，图像表面为 $\boldsymbol{S} = \{x_1, x_2, z(x_1, x_2)\}$，$x_1, x_2$ 是空间坐标，$z(x_1, x_2)$ 表示 x_1, x_2 点的灰度值。

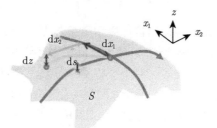

图 6.2.2　图像面弧长示意图 (扫描本书封底二维码可见彩图)

图像表面弧长微分公式为

$$ds^2 = dx_1^2 + dx_2^2 + dz^2 \tag{6.2.1}$$

由于

$$dz(x_1, x_2) = \frac{\partial z}{\partial x_1} dx_1 + \frac{\partial z}{\partial x_2} dx_2 = z_{x_1} dx_1 + z_{x_2} dx_2 \tag{6.2.2}$$

式中，z_{x_1}, z_{x_2} 分别为 $z(x_1, x_2)$ 对 x_1, x_2 的偏导数，代入弧长微分公式 (6.2.1) 有

$$\begin{aligned} ds^2 &= dx_1^2 + dx_2^2 + dz^2 \\ &= dx_1^2 + dx_2^2 + (z_{x_1} dx_1 + z_{x_2} dx_2)^2 \\ &= [dx_1 \quad dx_2] \begin{pmatrix} z_{x_1}^2 + 1 & z_{x_1} z_{x_2} \\ z_{x_1} z_{x_2} & z_{x_2}^2 + 1 \end{pmatrix} \begin{bmatrix} dx_1 \\ dx_2 \end{bmatrix} \\ &= \Delta \boldsymbol{X}^{\mathrm{T}} \boldsymbol{C} \Delta \boldsymbol{X} + \Delta \boldsymbol{X}^{\mathrm{T}} \Delta \boldsymbol{X} \end{aligned} \tag{6.2.3}$$

其中，$\Delta \boldsymbol{X} = [dx_1, dx_2]^{\mathrm{T}}$，矩阵 $\boldsymbol{C}$ 表示 (x_1, x_2) 处水平和垂直梯度的局部协方差矩阵。

由于此处计算的是局部窗口中心像素和其周边像素之间的图像面弧长，$\Delta \boldsymbol{X}$ 表示的是局部窗口中心像素和其周边像素的坐标关系，$\Delta \boldsymbol{X}^{\mathrm{T}} \Delta \boldsymbol{X}$ 的值与数据无关，因此式 (6.2.3) 可化简近似为

$$\widehat{ds}^2 \approx \Delta \boldsymbol{X}^{\mathrm{T}} \boldsymbol{C} \Delta \boldsymbol{X} \tag{6.2.4}$$

由此，LARK 定义为局部窗口中心与周边像素的自相似：

$$K(\boldsymbol{C}_l, \Delta \boldsymbol{X}_l) = \exp(-\widehat{ds}^2) = \exp\{-\Delta \boldsymbol{X}_l^{\mathrm{T}} \boldsymbol{C}_l \Delta \boldsymbol{X}_l\} \tag{6.2.5}$$

其中，$l \in [1, \cdots, P^2]$，P^2 是以感兴趣像素为中心的局部窗口中像素的总数，该窗口大小为 $P \times P$，$\boldsymbol{C}_l \in R^{2 \times 2}$ 表示由像素梯度 z_{x_1}, z_{x_2} 计算得到的局部协方差矩阵。对于局部窗口内的每个像素，均可由式 (6.2.5) 计算得到 LARK 值，从而得到该窗口的局部核，即为图像局部窗口的结构特征，该特征描述的是图形的走向和边缘的变化趋势。

使用 LARK 提取图像局部结构特征，首先计算图像局部窗口中每个像素点的协方差矩阵 $\boldsymbol{C}_l$，然后将该点处的协方差矩阵代入式 (6.2.5) 计算得到核值。之后，该局部窗口中的所有 LARK 值按列序排成一个列向量，由此即可得到该窗口的 LARK 特征向量，该特征向量可以很好地描述局部窗口内图形的形状和灰度值的变化情况。$\boldsymbol{C}_l$ 是由一个像素的梯度 z_{x_1}, z_{x_2} 算子计算出来的，但是由单个像素梯度算子得到的

协方差矩阵对噪声分量敏感，而且不稳定。因此，通过计算以 l 为中心的图像块 Ω_l 的梯度得到的协方差矩阵对噪声具有很好的鲁棒性。具体计算式如下：

$$
C_l = \left[\begin{array}{cc} \vdots & \vdots \\ z_{x_1}(m) & z_{x_2}(m) \\ \vdots & \vdots \end{array} \right]^{\mathrm{T}} \left[\begin{array}{cc} \vdots & \vdots \\ z_{x_1}(m) & z_{x_2}(m) \\ \vdots & \vdots \end{array} \right]
$$

$$
= \sum_{m \in \Omega_l} \left[\begin{array}{cc} z_{x_1}^2(m) & z_{x_1}(m)z_{x_2}(m) \\ z_{x_1}(m)z_{x_1}(m) & z_{x_2}^2(m) \end{array} \right] \tag{6.2.6}
$$

协方差矩阵 C_l 的表达式如式 (6.2.6) 所示，其中 z_{x_1} 和 z_{x_2} 分别是图片在垂直和水平方向的梯度向量。选取总像素数为 m 的图片梯度片段，由此可计算得到片段中心位置 l 的协方差矩阵，即中心像素点 l 的协方差矩阵。

计算整幅图像的局部结构核值，首先要计算每个像素点的协方差矩阵，之后根据协方差矩阵 C_l，利用式 (6.2.5) 得到 LARK 值。计算过程如图 6.2.3 所示，选取图像中 i 像素的 5×5 局部区域 (图中黄色标示的部分)，该窗口中心像素点为 X_{13}，首先计算 X_{13} 和其周边像素点的几何距离得到窗口内各像素点与中心像素点的位置关系矩阵 ΔX，同时计算窗口内各像素点的局部协方差矩阵 C_l，然后由式 (6.2.4) 计算得到各像素点的弧长微分距离 $\mathrm{d}s$，最后根据公式 (6.2.5) 得到窗口各像素点的 LARK 值，转换为周边和中心的相似性，如图所示，红色表示相似度高，而蓝色则表示相似度低。

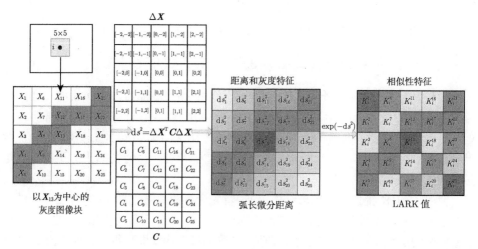

图 6.2.3　5×5 的局部窗口中心像素 X_{13} 的 LARK 值计算过程示意图 (扫描本书封底二维码可见彩图)

使用 LARK 提取的局部结构特征能很好地捕捉数据结构的细微变化，对图像灰度变化敏感，能准确描述图像中边缘位置的形状以及图形走向。图 6.2.4、图 6.2.5 分别为对人体的几个部分提取 LARK 特征的示意图。

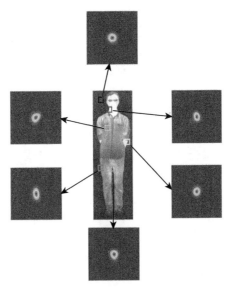

图 6.2.4 红外人体局部结构的 LARK 结构特征图像 (扫描本书封底二维码可见彩图)

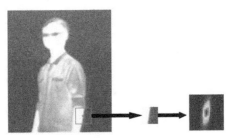

图 6.2.5 红外人体局部结构的 LARK 结构特征图像 (扫描本书封底二维码可见彩图)

由上述可知，LARK 方法虽然能够提取图像局部结构特征，但是由于图像中各个部分结构的差异，为使 LARK 特征具有更好的一致性，须对其进行归一化处理，得到归一化 LARK 特征向量，又称为权值向量。计算公式如下：

$$k_i^l = K_i^l \Big/ \sum_{l=1}^{p^2} K_i^l \in R^{P^2 \times 1}, \quad i = 1, \cdots, N; l = 1, \cdots, P^2 \tag{6.2.7}$$

式中，LARK 计算窗口大小为 $P \times P$，N 表示图像的总像素数。则图像 i 像素局

部窗口的 LARK 权值向量为

$$\boldsymbol{w}^i = [k_i^1, k_i^2, \cdots, k_i^{P^2}]^{\mathrm{T}} \tag{6.2.8}$$

然后，对图像中的每一像素，都计算出以其为中心的局部窗口 LARK 权值向量，从而得到整幅图像的权值向量矩阵 (权值矩阵):

$$\boldsymbol{W} = \left[\boldsymbol{w}^1, \cdots, \boldsymbol{w}^i, \cdots, \boldsymbol{w}^N\right] \in R^{P^2 \times N} \tag{6.2.9}$$

　　LARK 权值向量的归一化过程如图 6.2.6 所示，若 LARK 的计算窗口大小为 5×5，$\boldsymbol{W}_{Q_j} = \left[\boldsymbol{w}_{Q_j}^1, \cdots, \boldsymbol{w}_{Q_j}^i, \cdots, \boldsymbol{w}_{Q_j}^N\right] \in R^{5^2 \times N}$ 表示图像 Q_j 的权值矩阵，权值矩阵 $\boldsymbol{W}_{Q_j}$ 每一列表示归一化的 LARK 值向量，也就是 LARK 权值向量。

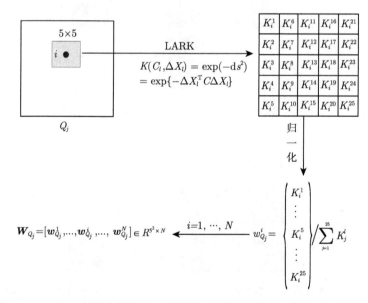

图 6.2.6　LARK 权值向量的归一化过程 (扫描本书封底二维码可见彩图)

　　该列向量描述的是以对应像素为中心的区域结构特征，权值矩阵的列数 N 等于图像像素总数。图 6.2.7 为红外图像的 LARK 结构特征图，其中图 (a) 为原始红外人体图像，图 (b) 为红外图像的归一化 LARK 权值图像，图 (c) 为红外图像的权值向量矩阵，该矩阵的每一列即表示一个 LARK 权值向量。图 6.2.8 为 LARK 抗干扰分析效果，可见 LARK 特征并不受亮度、对比度和噪声等因素的影响，能够准确描述图像本质局部结构，因此 LARK 特征具有较好的鲁棒性。

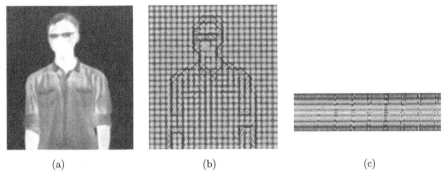

(a) (b) (c)

图 6.2.7 红外图像的 LARK 结构特征图 (扫描本书封底二维码可见彩图)

(a) 原始图像, (b) 该图像的 LARK 权值图像, (c) 原始图像的权值矩阵图像, 每一列表示一个局部结构的权值向量

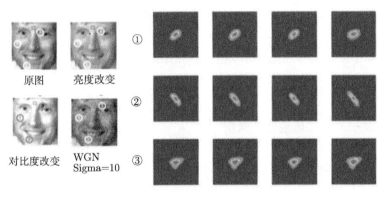

图 6.2.8 LARK 特征鲁棒性分析 (扫描本书封底二维码可见彩图)

6.2.2 局部 LARK 特征和全局热扩散结合的红外目标检测模型

对于结构简单紧凑的目标 (如人脸), 传统的基于 LARK 特征的模型展现出较好的检测性能, 而对于复杂场景下的非刚性目标, 则容易出现误检和漏检。为解决上述问题, 本节阐述一种局部 LARK 特征和全局热扩散相结合的红外目标检测算法, 有效提高红外场景中尺度、形态变化的目标检测性能[10]。

本节介绍的红外目标检测视觉计算模型, 充分挖掘 LARK 特征, 并结合物理学知识, 提高了目标检测识别的准确率和鲁棒性。首先将协方差矩阵引入 LARK 特征中, 产生新的 LARK(SLARK) 特征描述子, 以此编码红外图像; 然后根据物理学中的热方程计算全局约束的特征图; 最终利用余弦矩阵计算特征图中相似的特征区域, 并借助度量准则和非极大值抑制的算法定位得到最终的目标区域。图 6.2.9 给出本节算法的流程图。

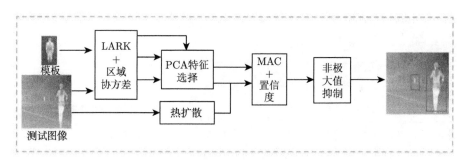

图 6.2.9　本节算法目标检测流程图

6.2.2.1　基于协方差和 LARK 的局部 SLARK 特征

6.2.1 节对 LARK 算子的介绍中，式 (6.2.5) 中的参数 C 是由简单的梯度信息计算获得，很难表述红外目标的结构特征信息，降低了 LARK 特征的判别能力。因此，本节利用协方差矩阵重新定义式 (6.2.5) 中的参数 C，以获取新的 SLARK 特征，提高红外目标判别能力。

假设输入图像为 I，从图像 I 中提取出来的图像特征为 J

$$J(x,y) = \Upsilon(I, x, y) \tag{6.2.10}$$

其中，Υ 表示一个 d 维的特征向量。

在红外图像场景中，本节算法使用七种视觉特征表示像素信息，如方向、坐标位置、流明和密度等。图像中的像素被表示为 $d = 7$ 维的特征向量，即

$$J(x,y) = \left[x, y, \|\mathrm{d}I_x\|, \|\mathrm{d}I_y\|, \|\mathrm{d}^2I_{xx}\|, \|\mathrm{d}^2I_{yy}\|, \mathrm{Lum}(I) \right] \tag{6.2.11}$$

其中，(x, y) 表示像素坐标，$\|\mathrm{d}I_x\|$ 和 $\|\mathrm{d}I_y\|$ 表示第一阶梯度信息；$\|\mathrm{d}^2I_{xx}\|$ 和 $\|\mathrm{d}^2I_{yy}\|$ 表示第二阶梯度信息，即密度信息；$\mathrm{Lum}(\cdot)$ 表示像素与周边像素的流明计算函数。

定义新的区域协方差矩阵，区域 R 中的特征向量 J 表示一个 7×7 大小的协方差矩阵 C_R：

$$C_R = \frac{1}{n-1} \sum_{v=1}^{n} (z_v - \mu)(z_v - \mu)^{\mathrm{T}} \tag{6.2.12}$$

其中，z_v 表示在区域 R 中的 7 维特征向量，μ 表示这些特征向量的均值。

采用转换策略[11]，将协方差矩阵转化为欧氏向量空间

$$s_v = \begin{cases} \beta\sqrt{d}L_v, & 1 \leqslant v \leqslant d \\ -\beta\sqrt{d}L_v, & d+1 \leqslant v \leqslant 2d \end{cases} \tag{6.2.13}$$

其中，L_v 表示下三角矩阵 L 的第 v 列，$C_R = LL^T$，β 表示标量，它与下三角矩阵有关。

因此，基于协方差矩阵和 LARK 特征，得到一个新的 SLARK 特征：

$$W = \exp\left(-\frac{\Delta X_l^T S \Delta X_l}{2\sigma_1^2}\right) \tag{6.2.14}$$

其中，σ_1 表示平滑参数。

SLARK 特征能有效分析红外目标的内部结构特征，提高目标的判别能力，表示为

$$W = [W_1, W_2, \cdots, W_N]^T \tag{6.2.15}$$

其中，N 表示 SLARK 特征的像素数目。

图 6.2.10 为 SLARK 特征描述子示意图，可以看出，该特征描述子能分析红外目标的结构信息，并用能量图表示不同红外目标结构区域的差异性。

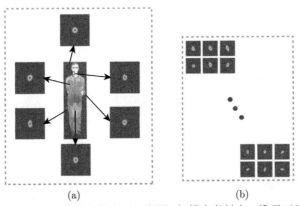

图 6.2.10 SLARK 特征描述子示意图 (扫描本书封底二维码可见彩图)
(a) 局部区域结构 SLARK 特征描述子能量图；(b) 整幅图像 SLARK 特征描述子能量图

6.2.2.2 基于热方程的全局扩散

基于红外成像原理，本节将红外图像模拟为一个热扩散系统 ∂，并用函数 $u(o)$ 表示红外图像中像素 o 所对应目标的置信度。也就是说，$u(o)$ 值越高表示像素 o 的概率越大，即为显著区域，反之则为背景区域。因此，引入一个新的非局部扩散机制模拟这种扩散过程，函数 u 的非局部梯度被定义为

$$R_u = \frac{1}{2}\sum_{i=1}^{N} H(o_i)\sqrt{W_i} \tag{6.2.16}$$

其中，$H(o_i)$ 表示输入图像对应的 SLARK 特征图中第 i 个特征区域，定义为

$$H(o_i) = \lambda_1 H(o_i) + (1 - \lambda_1) \sum_j^n a_{ij} H(o_j) \Bigg/ \sum_j^n a_{ij} \qquad (6.2.17)$$

其中，λ_1 表示权重因子，它与特征区域有关；a 表示约束函数，定义为

$$a_{ij} = \exp(-\sigma_2 \|u(o_i) - u(o_j)\|) \qquad (6.2.18)$$

其中，σ_2 表示每个区域中的权重参数，它与 SLARK 特征区域像素值有关；$u(o_i)$ 和 $u(o_j)$ 表示 SLARK 特征中两个图像块的像素值。

假设已获得索引图像 Q(目标区域 BR) 和它相应的温度值 (相似的区域，$u(t) = \text{sal}_t$)，相似的区域应该存在对应的测试图像中。遵循热扩散的物理学知识，当热源在显著物体的位置上 $(u(t) = \text{sal}_t,\ t \in \text{BR})$ 时，它的环境温度点为 $u(t^* = 0)$，可以想象在红外图像中有一块明显的温度差异区域即显著目标区域，优化代价函数[12]，即

$$\min \int \|\boldsymbol{R}_u\|^2 \mathrm{d}x + \lambda_2 \int \|\boldsymbol{R}_u - \boldsymbol{p}\|^2 \mathrm{d}x, \quad u(t^* = 0) = 0, \quad u(t) = \text{sal}_t \quad (6.2.19)$$

其中，$\boldsymbol{p}$ 表示全局结构的特征图，全局的特征向量集为 $\boldsymbol{P}_T = [\boldsymbol{p}_1, \boldsymbol{p}_2, \cdots, \boldsymbol{p}_N]$，$\lambda_2$ 表示控制显著图和信息扩散的参数值，它与全局特征图有关。

在获得全局特征图和 SLARK 特征的基础上，计算测试图像中的特征向量

$$\boldsymbol{W}_T = \boldsymbol{P}_T \times \boldsymbol{W}_T \qquad (6.2.20)$$

6.2.2.3   度量准则及目标检测

矩阵 $\boldsymbol{W}_Q$ 和 $\boldsymbol{W}_T$ 中每一列特征向量代表某一像素的中心结构特征，但列向量的特征维度较高、冗余量大，这增加了计算的复杂度。为了移除冗余的数据量、保留有用的特征信息，本节利用 PCA 方法进行降维，保留了 80%~90% 的目标信息，计算新的特征向量 $\boldsymbol{F} = \{\boldsymbol{F}_Q, \boldsymbol{F}_T\}$：

$$\boldsymbol{F} = [f^1, f^2, \cdots, f^N] = K_Q \boldsymbol{W}^* \qquad (6.2.21)$$

其中，$\boldsymbol{W}^* = \{\boldsymbol{W}_Q, \boldsymbol{W}_T\}$ 表示索引图像 Q 和测试图像 T 的特征集，K_Q 已在式 (6.2.5) 中计算得到，尺寸大小为 $Q^2 \times N$。

为了在测试图像中匹配到最终的目标，本节利用余弦相似矩阵计算特征 $\boldsymbol{F}_Q$ 和 $\boldsymbol{F}_T$ 的相似性，即

$$\vartheta_i = \vartheta(\boldsymbol{F}_{Q_i}, \boldsymbol{F}_{T_i}) = \frac{\boldsymbol{F}_Q^{\mathrm{T}} \boldsymbol{F}_{T_i}}{\|\boldsymbol{F}_Q\|_F \|\boldsymbol{F}_{T_i}\|_F} \in [-1, 1] \qquad (6.2.22)$$

其中，F_Q 和 F_T 表示索引图像 Q 和测试图像 T 的特征向量，

为了进一步优化特征图的相似性，计算目标相似图 (RM)：

$$f(\vartheta_i) = \vartheta_i^2 / 1 - \vartheta_i^2 \qquad (6.2.23)$$

图 6.2.11 给出红外图像及 RM 检测效果，柱状图中亮度越大表示目标相似程度越高，亮度越低表示目标相似程度越低。从图 6.2.11(b) 中可以看出，背景抑制能力较弱，容易出现误检测的现象。这是因为 RM 中包含了一些噪声点，影响目标检测的精度。因此，本节研究出一种度量准则方法 (CS)，该方法能有效地移除 RM 中的噪声，提高相似图的精确性。CS 定义为

$$\mathrm{CS(RM)} = \sum_{b=1}^{10} g(b) \min(b, (11 - b)) \qquad (6.2.24)$$

其中，g 表示灰度直方图。

CS 用来约束目标区域的相似性，CS 值越大表示测试图像中的区域与模板索引图越相似，利用 CS 可以有效地匹配到测试图像中相似的区域。本节利用非极大值抑制提取 RM 中最高能量值所在的目标区域。从图 6.2.11 中可以看出，采用 CS 和非极大值阈值能精确地定位目标位置，减少了噪声的干扰。在非极大值抑制实验中，本节利用 τ 值移除不相关的检测结果，有效提高了红外目标检测的准确率。

图 6.2.11 红外图像及 RM 检测效果 (扫描本书封底二维码可见彩图)
(a) 测试图像；(b) RM 能量图；(c) 改进后的 RM 能量图；(d) 检测效果图及柱状图

6.2.3 基于 LARK 特征和布尔图结合的红外目标检测模型

对比 6.2.2 节基于全局热扩散的方法，本节介绍一种基于 LARK 特征和布尔图相结合的红外目标检测视觉计算模型。本节算法充分利用 LARK 特征和布尔图分析红外目标信息，有效地提高了复杂场景下的红外目标检测能力。首先，利

用 LARK 特征和协方差矩阵分析红外目标结构特征；其次，利用布尔图分析图像中红外目标区域；最后，研究一种高效的最近邻相似 (BNS) 方法，该方法能检测出模板索引图和测试图中相似的区域，定位最终的目标区域。

6.2.3.1   布尔图表示

受人类视觉注意机制的启发，本节研究出一种新的布尔图表示方法，该方法可以表示图像场景中暂短的感知意识。布尔图的产生涉及图像中心与周边对照信息，即模仿神经元的敏感机制[13]：中心暗淡周边明亮，反之亦然。在红外目标检测中，本节构建的布尔图表示涉及目标的连接特征，并用于定位相似的目标区域。图 6.2.12 给出布尔图表示视觉效果，其中背景区域和前景区域的布尔图表示不同。

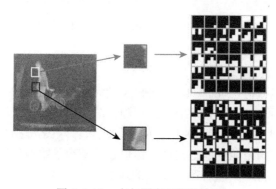

图 6.2.12   布尔图表示视觉效果

已有的研究工作表明 LARK 特征能分析目标内部结构信息，并展现出较好的目标判别能力[7]。本节利用 LARK 特征分析红外图像的结构信息，并结合协方差矩阵分析红外目标内部结构，计算新的特征向量 $\phi_n(x)$，即

$$\phi_n(x) = \frac{\phi_n(x) - \phi_2(x)}{\phi_1(x) - \phi_2(x)} \tag{6.2.25}$$

其中，$\phi_1(x)$，$\phi_2(x)$ 分别表示特征向量的最大值和最小值，n 表示图像中新特征向量的数目，该数目和 LARK 算法中获得特征描述子的数目一致。

将式 (6.2.5) 中的 LARK 特征转化成布尔图表示 $P(x) = \{p_i(x)\}$，即

$$p_i(x) = \begin{cases} 1, & \phi_n(x) \geqslant \theta_i \\ 0, & \text{其他} \end{cases} \tag{6.2.26}$$

其中，θ_i 表示 [0,1] 范围内的正态分布函数，参数 i 变量范围为 [0,255]。

本节采用 Zhang 等的方法计算视觉布尔图，结合 LARK 特征和协方差矩阵分析目标信息，用布尔图表示目标结构。在图 6.2.12 中，图像中黑色矩形框表示

目标区域，白色矩形框表示背景区域，布尔图表示相对较少，目标区域有较多的布尔图表示，该区域能较好地展现红外目标的内部结构信息，有利于区分显著目标的结构信息和复杂背景的结构信息。

6.2.3.2　目标位置估计

为了更好地匹配模板索引图像和测试图像中的相似区域，本节研究一种简单高效的 BNS 方法。它能分析红外图像的布尔图表示，将模板索引图的布尔图表示匹配到测试图像中布尔图表示相似的对应区域。这一匹配过程能检测到不同区域结构的相似性，并较好地分析红外图像中目标局部和全局的分布特性。BNS 值越高，即包含的正态分布特性越相似，反之亦然。因此，计算模板索引图像和测试图像所对应的 BNS 如下：

$$\mathrm{BNS}(Q,T) = \sum_{u=1}^{N} \sum_{v=1}^{M} bb(p_u, p_v, Q, T) \tag{6.2.27}$$

其中，$Q = \{p_u\}_{u=1}^{N}$ 和 $T = \{p_v\}_{v=1}^{M}$ 表示模板索引图像和测试图像的布尔图表示，N 和 M 表示布尔图表示的数目，函数 $bb()$ 表示布尔图中最近邻区域的相似性，即

$$bb(p_u, p_v, Q, T) = \begin{cases} 1, & F(p_u, T) = p_v \cap F(p_v, Q) = p_u \\ 0, & \text{其他} \end{cases} \tag{6.2.28}$$

其中，$F(p_u, T) = \arg\min d(p_u, p)$，$d(p_u, p)$ 表示距离度量函数。

本节采用 BNS 有效地估计测试图像和模板索引图像中的相似区域，减少了区域判别的错误，这主要是因为 BNS 能够模拟红外图像的正态分布，描述相似性区域的分布特性和非相似区域的分布特性，有效区别目标和背景的位置信息。图 6.2.13 给出了 BNS 相似区域与非相似区域的正态分布，蓝色点表示模板索引图像的正态分布，红外点表示非相似区域的正态分布，绿色点表示相似区域的正

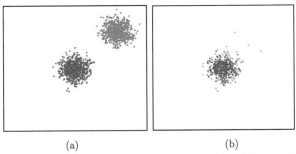

$$\text{(a)} \qquad\qquad\qquad\qquad \text{(b)}$$

图 6.2.13　BNS 相似区域与非相似区域正态分布 (扫描本书封底二维码可见彩图)
(a) 非相似区域正态分布；(b) 相似区域正态分布

态分布。图 6.2.13(a) 是非相似区域正态分布，目标结构信息和背景信息能够有效地分离；图 6.2.13(b) 是相似区域正态分布，相似区域的结构信息可以有效地聚集在一起，这表明 BNS 能匹配到测试图像相似的结构区域，有效地估计目标位置，减少了背景噪声的干扰。

在检测到目标的基础上，利用非极大值抑制移除重复检测的区域和误检测的区域，显著地提高了目标检测的准确率。

6.2.4　实验结果与分析

在仿真实验中，利用 FILR Tau 2-640 红外热像仪采集两种类型的红外图像 (红外人体图像和红外车辆图像)，对目标检测算法进行定性分析。本节利用 Hae 等的标记方法进行目标区域标定[7]，并用三种评价标准对目标检测算法进行定量分析，即 ROC 曲线和 PR 曲线，并给出模型相应的参数分析。具体实现的步骤将在下文中详细介绍。

本节用于评测目标检测模型性能的两种红外图像数据集如下。

(1) 红外人体数据集：300 幅红外图像，包括多目标、多尺度、多场景下的红外人体信息。

(2) 红外车辆数据集：200 幅红外图像，包含汽车不同尺度、位置等信息。

6.2.4.1　基于局部 LARK 特征和全局热扩散结合的红外目标检测模型

将本节算法与 LARK 算法和 LSSSM 算法进行对比，在红外人体数据集和红外车辆数据集上进行评测，并选取两个简单的模板索引图匹配测试图像中的目标区域。图 6.2.14 给出模板索引图像，该图像的尺寸要远远小于测试图像的尺寸。

1) 定性评价

(1) 单目标红外图像场景。

图 6.2.15 给出红外图像及单目标红外场景视觉效果对比。从图 6.2.15(a) 中可以清晰地看出，LARK 算法未能很好地定位红外人体目标，且出现漏检测和误检测的现象，严重降低了目标检测的效果。这是因为 LARK 算法仅利用简单的梯度信息无法有效地分析红外目标结构，错误地将树干结构当作人体结构特征，如图 6.2.15(b) 所示。LSSSM 算法克服了 LARK 算法的缺点，是一种局部相似结构统计匹配的检测方法，该方法训练多目标姿态的索引图像分析目标结构信息。在图 6.2.15(c) 第 2 行中，LSSSM 算法产生一些误检测的结果，错误地将背景区域当作目标区域，严重影响目标识别检测的性能。在图 6.2.15(d) 中，本节算法能够较好地定位红外目标，减少了背景噪声的干扰，提高了红外目标检测的准确率。这是因为本节算法通过 LARK 特征和协方差矩阵分析红外目标的局部结构特征，结合热方程计算和全局的结构信息，并以一种合理的方式整合全局和局部的信息，显著提高了红外目标的检测性能。

(a)　　　　　　　　　　　　(b)

图 6.2.14　　模板索引图像

(a) 红外人体；(b) 红外车辆

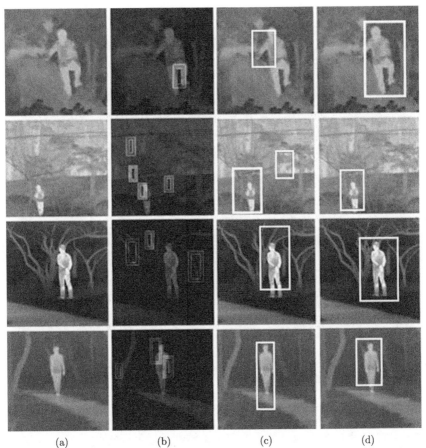

(a)　　　　　(b)　　　　　(c)　　　　　(d)

图 6.2.15　　红外图像及单目标红外场景视觉效果对比

(a) 输入图像；(b) LARK 算法；(c) LSSSM 算法；(d) 本节算法

(2) 多目标红外图像场景。

图 6.2.16 给出红外图像及多目标红外场景视觉效果对比。从图 6.2.16(b) 中可以看出，LARK 算法出现了严重的误检测的现象，错误地将背景区域当作红外人体目标。这是因为 LARK 算法利用 LARK 特征无法有效地判别红外目标的结构特征，错误地将背景区域的结构信息当作人体结构信息，降低了红外目标检测的效率。在图 6.2.16(c) 中，LSSSM 算法利用局部相似结构信息分析红外目标的结构信息，但其检测效果仍有待改善。从图 6.2.16(d) 中可以看出，本节算法能识别出红外场景中所有的红外人体目标，未出现误检测的现象。这是因为本节算法利用 SLARK 特征分析红外目标的局部结构信息，并利用热方程分析红外场景的全局结构信息，通过整合全局与局部的信息定位目标区域，能有效地识别检测到复杂红外场景中的多目标，从而提高红外目标的检测性能。

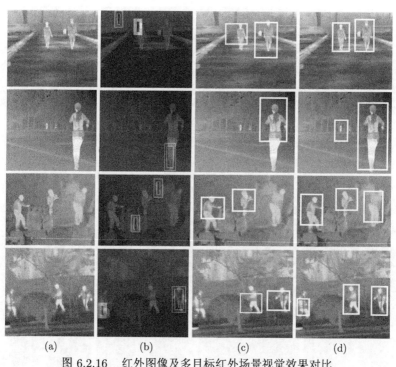

        (a)   (b)   (c)   (d)

图 6.2.16   红外图像及多目标红外场景视觉效果对比
(a) 输入图像；(b) LARK 算法；(c) LSSSM 算法；(d) 本节算法

(3) 多尺度和多旋转红外图像场景。

图 6.2.17 给出红外图像及多尺度和多旋转红外场景视觉效果对比。在这种复杂的场景中，LARK 算法通过多尺度或多旋转角度的图像金字塔来检测图像中的多姿态目标，这不可避免地增加了目标检测算法的复杂度。而本节算法并没有针对测试

图像进行任何图像处理操作，仅通过对模板索引图像进行缩放与旋转，降低了检测过程的复杂程度。对于尺度变换，本节算法将模板索引图像采用尺度集 [0.5,1,1.5,2] 进行不同尺度缩放，并保证缩放后的模板索引图像尺寸小于测试图像，从而建立尺度集上的模板索引图金字塔结构。对于旋转变换，本节算法将以每 30° 为间隔来旋转模板索引图像得到一个不同旋转角度的模板索引图像，组成一个旋转索引图像集。图 6.2.17 第 1 行和第 2 行给出目标顺时针方向旋转 20° 和逆时针旋转 15° 视觉图，图 6.2.17 第 3 行和图 6.2.16 第 2 行给出同一场景下不同尺度大小的目标检测对比。从图 6.2.16 和图 6.2.17 中可以清晰地看出，LARK 算法和 LSSSM 算法无法有效地定位红外目标，且抑制背景能力较弱。其中，LARK 算法出现了严重的漏检测和误检测情况，这是因为 LARK 特征利用自相似梯度信息无法分析多尺度下目标的内部结构信息。LSSSM 算法是一种局部相似结构统计匹配的方法，该方法利用多姿态模板无法分析复杂场景中的红外目标结构信息。如图 6.2.16 第 2 行和图 6.2.17 第 3 行所示，LSSSM 算法无法定位小尺度目标，出现了漏检测的情况。从图 6.2.17 第 1 行和第 2 行可以看出，LARK 算法无法定位多旋转角度的红外目标，出现了漏检测或误检测的情况。在图 6.2.17(d) 中，本节算法不仅能检测不同旋转角度的红外人体，又定位到不同尺度下红外人体的位置。这是因为本节算法利用 SLARK 特征分析多旋转角度和多尺度下的红外目标局部结构信息，利用热方程分析多旋转角度和多尺度下红外目标的全局结构信息，通过整合全局和局部的信息定位红外人体目标，能有效提高红外目标的检测性能。

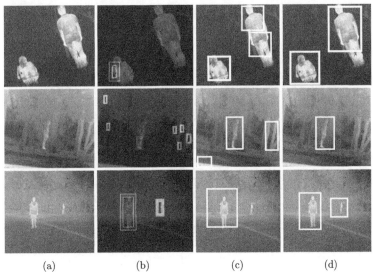

(a)　　　　　　　(b)　　　　　　　(c)　　　　　　　(d)

图 6.2.17　红外图像及多尺度和多旋转红外场景视觉效果对比

(a) 输入图像；(b) LARK 算法；(c) LSSSM 算法；(d) 本节算法

(4) 红外车辆图像场景。

图 6.2.18 给出红外车辆场景视觉效果对比。图 6.2.18(a) 给出了 LARK 算法的检测效果图，从图中可以看出，LARK 算法未能有效地检测出红外车辆，出现了漏检测的现象，严重降低了红外目标检测的准确率。这是因为 LARK 算法利用 LARK 特征无法分析复杂的红外车辆结构信息，降低了目标检测的性能。图 6.2.18(b) 给出了本节算法的检测效果图，从图 6.2.18(b) 中可以看出，本节算法能检测出不同场景下车辆的位置。当车辆处于多尺度、多视角和多旋转的场景中，本节算法仍能识别出目标。这是因为本节算法利用 SLARK 特征能分析多姿态红外车辆的内部局部结构信息，利用热方程分析多姿态红外车辆的全局信息，通过整合全局和局部信息定位车辆的位置，能有效提高红外车辆的识别检测性能。由于缺少 LSSSM 算法中车辆索引图的数据，本节没有给出 LSSSM 算法的检测效果图，也没有给出 LSSSM 算法的定量比较。

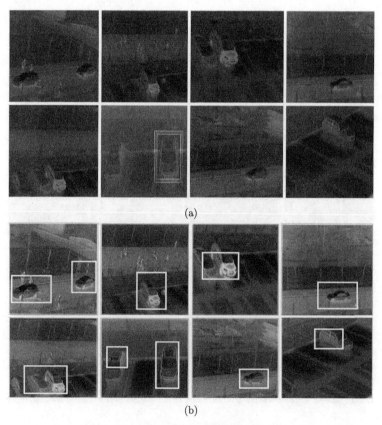

图 6.2.18   红外车辆场景视觉效果对比
(a) LARK 算法；(b) 本节算法

2) 定量评价

图 6.2.19 给出红外人体数据集上识别算法 Recall-Precision 曲线。从图 6.2.19 中可以看出，在 1 精度值较低的范围内，本节算法获得的召回率值最高。在 1 精度值较高的范围内，本节算法获得的召回率值也最高。这表明本节算法能够有效识别红外人体目标，减少噪声的干扰，提高红外目标识别的性能。LARK 算法和 LSSSM 算法获得的召回率值相对较低，这表明这两种算法在识别过程中的容错能力较差，出现了误检测和漏检测的现象。Recall-Precision 曲线越高表明该识别算法在红外车辆场景中的目标识别能力越强，且目标容错能力越强。

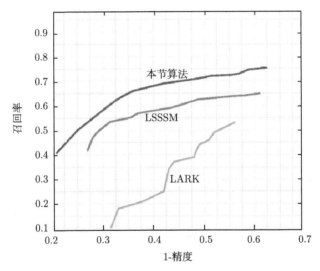

图 6.2.19   红外人体数据集上识别算法 Recall-Precision 曲线 (扫描本书封底二维码可见彩图)

图 6.2.20 给出红外车辆数据集上识别算法 Recall-Precision 曲线。从图 6.2.20 中可以看出，本节算法获得的召回率值最高，这表明本节算法能有效地定位红外车辆位置，提高红外车辆的识别性能。LARK 算法获得的召回率值较低，这表明 LARK 算法无法有效定位红外车辆位置，出现了漏检测和误检测的现象，严重降低了红外目标的识别性能。Recall-Precision 曲线越高表明该识别算法在红外车辆场景中的目标识别能力越强，且抑制背景能力较强。

6.2.4.2   基于 LARK 特征和布尔图的红外目标检测模型

将本节算法与 LARK 算法和 LSSSM 算法进行对比，在红外人体数据集和红外车辆数据集上进行评测，并选取两个简单的模板索引图匹配测试图像中的目标区域。图 6.2.14 给出模板索引图像，该图像的尺寸大小要远远小于测试图像的大小。

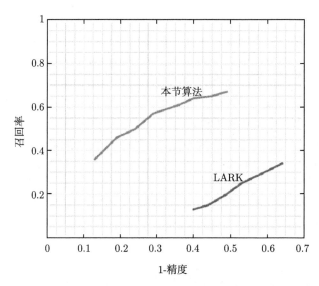

图 6.2.20　红外车辆数据集上识别算法 Recall-Precision 曲线 (扫描本书封底二维码可见彩图)

1) 定性评价

(1) 单目标红外图像场景。

图 6.2.21 给出红外图像及单目标红外场景视觉效果对比。在图 6.2.21(b) 中，LARK 算法在识别过程中出现一些误识别的情况，误将背景信息当作红外目标结构信息。在图 6.2.21(b) 第 2 行中，LARK 算法误将树干区域结构特性当作人体的结构特性，错误地定位为目标区域。这是因为 LARK 算法利用 LARK 特征无法分析红外人体目标结构，出现了误识别的现象。在图 6.2.21(c) 中，LSSSM 能够定位到目标区域，但识别的精确度有待改善。这是因为 LSSSM 算法通过局部结构统计匹配能分析红外目标结构特征，但无法分析目标周围区域的结构信息，将周围区域当作目标区域，大大降低了红外目标识别的精确度。从图 6.2.21(d) 可以看出，本节算法能够准确地定位红外人体目标位置，并且减少了背景噪声的干扰。这是因为本节算法通过 BNS 能很好地减少目标周围区域的干扰，从而提高了红外目标识别的精确度。

(2) 多目标红外图像场景。

图 6.2.22 给出红外图像及多目标红外场景视觉效果对比。在图 6.2.22(b) 中，LARK 算法无法有效地定位红外场景中的多目标，出现了严重的漏检测情况。这是因为 LARK 特征无法分析多目标红外人体的内部结构信息，在匹配过程中，降低了目标结构的判别能力。在图 6.2.22(c) 中，LSSSM 算法虽能检测多个红外目标，但仍出现漏检测的情况。这是因为 LSSSM 算法利用局部结构统计匹配无法分析多目标结构信息，所以无法很好地定位多目标红外人体位置。在图 6.2.22(d)

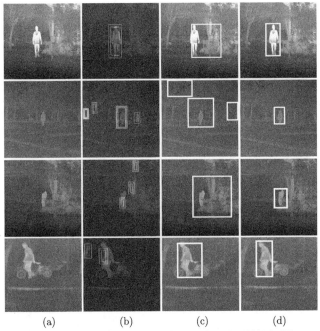

(a)   (b)   (c)   (d)

图 6.2.21 红外图像及单目标红外场景视觉效果对比

(a) 输入图像；(b) LARK 算法；(c) LSSSM 算法；(d) 本节算法

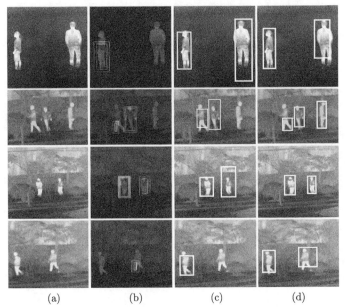

(a)   (b)   (c)   (d)

图 6.2.22 红外图像及多目标红外场景视觉效果对比

(a) 输入图像；(b) LARK 算法；(c) LSSSM 算法；(d) 本节算法

中，本节算法能够识别不同姿态的红外人体，不管人体是站立、还是行走，本节算法都能准确地定位目标位置。这主要是因为本节算法利用 LARK 特征和布尔图分析多目标红外人体结构，定位感兴趣的区域，所以能有效提高红外人体目标识别的准确率。

(3) 多尺度和多旋转红外图像场景。

图 6.2.23 给出红外图像及多尺度和多旋转红外场景视觉效果对比。在这种复杂的场景中，LARK 算法通过多尺度或多旋转角度的图像金字塔来检测图像中多姿态的目标，这不可避免地增加了目标识别算法的复杂度。而本节算法并没有针对测试图像进行任何处理操作，仅通过对模板索引图像进行缩放与旋转，降低了识别过程的复杂程度。对于尺度变换，本节算法将模板索引图像采用尺度集 [0.5,1,1.5,2] 进行不同尺度缩放，并保证缩放后的模板索引图像尺寸小于测试图像，从而建立尺度集上的模板索引图金字塔结构。对于旋转变换，本节算法将以每 30° 为间隔来旋转模板索引图像得到一个不同旋转角度的模板索引图像，组成一个旋转索引图像集。从图 6.2.23 第 1 和 2 行中可以看出，LARK 算法和 LSSSM 算法无法有效地识别多尺度下的红外人体目标。LARK 算法仅能识别部分目标区域，出

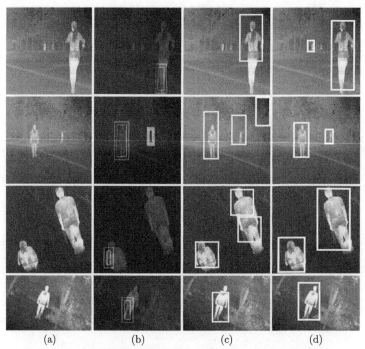

(a)   (b)   (c)   (d)

图 6.2.23   红外图像及多尺度和多旋转红外场景视觉效果对比

(a) 输入图像；(b) LARK 算法；(c) LSSSM 算法；(d) 本节算法

现了严重的漏识别情况。从图 6.2.23(c) 第 2 行可以看出, LSSSM 算法在识别的过程中误将树的结构信息当作红外人体结构信息, 出现了误识别的情况。图 6.2.23 第 3 和 4 行给出不同旋转角度下的识别算法效果对比。LARK 算法和 LSSSM 算法很难检测出不同旋转角度下的红外人体目标, 这主要是因为简单的 LARK 特征无法分析旋转红外目标的内部结构信息, 降低了目标的判别能力。图 6.2.23(d) 给出本节算法的红外目标识别效果, 从图中可以看出, 本节算法能够定位到多旋转角度和多尺度下的红外人体目标, 减少了背景噪声的干扰。这是因为本节算法利用 LARK 特征和布尔图能够有效地分析多旋转角度和多尺度下的红外人体结构信息, 通过 BNS 感知目标区域, 能有效提高红外目标识别的精确度。

(4) 红外车辆图像场景。

图 6.2.24 给出红外车辆场景视觉效果对比。红外车辆数据集包含不同尺度、不同视角和不同旋转角度的车辆, 大大增加了红外车辆识别的难度。图 6.2.24(a)

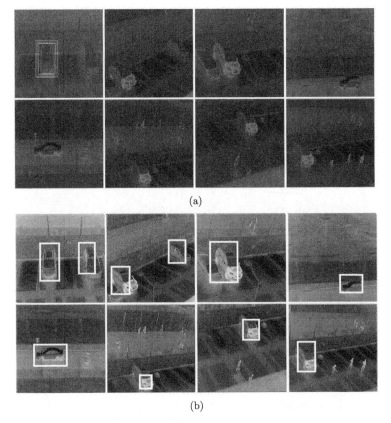

(a)

(b)

图 6.2.24　红外车辆场景视觉效果对比 (a) LARK 算法; (b) 本节算法

给出 LARK 算法的识别效果图。在这种复杂的红外场景中，LARK 算法很难有效地检测出红外车辆目标，出现了严重的漏检测情况。这是因为简单的 LARK 特征无法有效地分析红外场景中车辆的结构信息，降低了识别的性能。图 6.2.24(b) 给出本节算法的目标识别效果图。从图中可以看出，本节算法能够在多尺度、多视角和多旋转角度的红外场景下识别到红外车辆位置，且识别效果较好。这是因为本节算法利用 LARK 特征和布尔图分析多姿态红外车辆结构信息，通过 BNS 定位红外车辆位置，能有效提高红外目标的识别性能。由于缺少 LSSSM 算法模板索引图，本节没有给出 LSSSM 算法相应的视觉效果图。

2) 定量评价

图 6.2.25 给出多目标识别性能对比。图 6.2.25(b) 给出目标识别算法的 ROC 曲线效果对比，从图中可以看出，本节算法获得的检测率值最高，这表明本节算法的多目标识别能力最强。而 LARK 和 LSSSM 算法无法有效地定位多目标位置，并且获得的检测率值相对较低。图 6.2.25(a) 给出识别算法 Recall-Precision 曲线效果对比，从图中可以看出，本节算法获得的曲线最高，这表明在多目标场景中本节算法能有效地定位多目标位置，展现出的多目标识别能力和容错能力较强。LARK 和 LSSSM 算法获得的曲线相对较低，这表明这两种目标识别算法无法有效地定位多目标位置，出现漏检测和误检测的现象，表现出的多目标识别能力和多目标容错能力较弱。

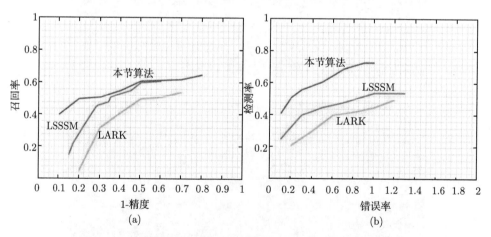

图 6.2.25　多目标识别性能对比 (扫描本书封底二维码可见彩图)

(a) 目标识别算法 Recall-Precision 曲线；(b) 目标识别算法 ROC 曲线

图 6.2.26 给出红外车辆场景识别性能对比。该数据集包含多尺度、多旋转和多视角的红外车辆，这大大增加了识别的难度。图 6.2.26(b) 给出识别算法 ROC 曲线效果对比，从图中可以看出，本节算法表现出的识别能力较强，在低虚警率

下，获得的检测率值较高。LARK 算法表现出的识别性能较弱，并且获得的检测率值也相对较低。图 6.2.26(a) 给出识别算法 Recall-Precision 曲线效果对比，从图中可以看出，本节算法获得的曲线最高，这表明本节算法能够实现多视角、多尺度和多旋转角度下的目标识别性能。在这种红外车辆场景中，LARK 算法获得的召回率值相对较低，表明 LARK 算法无法有效地定位多视角、多尺度和多旋转角度下的车辆位置，会严重降低红外车辆识别的精确度。由于缺少 LSSSM 算法模板索引图，本节没有给出 LSSSM 算法相应的定量评价。

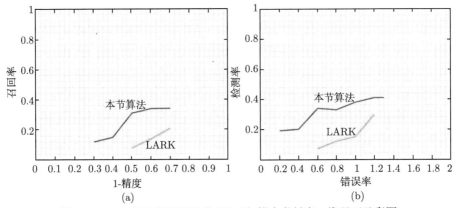

图 6.2.26　红外车辆识别性能对比 (扫描本书封底二维码可见彩图)
(a) 目标识别算法 Recall-Precision 曲线；(b) 目标识别算法 ROC 曲线

表 6.2.1 给出识别算法速度对比，由表可见，本节算法的运行时间最快，为 1.4s。LSSSM 算法在测试阶段采用样本训练的方法增加了识别的时间。LARK 算法利用显著性检测和目标匹配也增加了定位目标的时间。

表 6.2.1　识别算法速度对比 (速度单位：s/每幅图)

识别算法	LARK	LSSSM	本节算法
红外人体	4	6	1.4

6.3　基于相似结构统计和近邻结构约束 LARK 特征的匹配模型

在上述模型的基础上，进一步考虑模板单一的问题，本节构建了一种由少量不同尺度、不同形态的感兴趣红外目标图片组成的简单模板集，通过统计图像中局部区域包含与简单模板集中相似结构的数量，准确衡量测试图像中该区域与感兴趣目标模板集的相似度[14]。在此基础上，引入近邻结构关系特征，利用这种局部上下文信息有效提高多尺度、多姿态的非刚性目标检测能力[15]。

6.3.1   局部相似结构统计匹配模型

基于非训练单模板的目标检测方法[16]一般利用模板图片反复迭代匹配，获得多尺度、多形态的目标检测效果，对具有复杂结构、姿态多样的红外目标识别效率和识别准确率低。

为解决上述问题，本节研究一种基于局部相似结构统计匹配 (LSSSM) 模型，以解决红外目标在不同形态和视角下的检测问题[17]。不同于大规模的模板匹配方法要建立全面的模板库，LSSSM 模型通过由同一类感兴趣红外目标的不同尺度、不同形态的多张图片构建该目标的简单模板集。对简单模板集和测试图像提取 LARK 特征，并去除简单模板集中相似的结构特征来降维，得到属于目标的非冗余结构特征集合。之后，引入局部匹配思想，介绍使用局部相似结构匹配的方法得到目标与测试图像的相似度图像，具体根据测试图像局部区域里含有与简单模板集相似结构的数量，判定测试图像中是否存在目标。最后通过相似度图像，使用非极大值抑制方法在测试图像中锁定目标并标示出来。LSSSM 模型框图如图 6.3.1 所示。

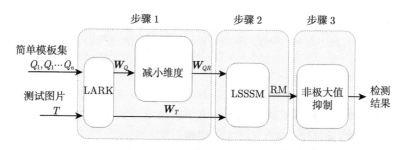

图 6.3.1　基于 LSSSM 模型的红外目标检测流程框图

基于 LSSSM 模型的目标检测方法流程如下。

第一步：构建感兴趣红外目标的简单模板集 Q，对简单模板集 Q 和待检测的红外测试图像 T 分别使用 LARK 算子提取局部结构特征，分别得到 LARK 权值矩阵 W_Q, W_T；然后去除矩阵 W_Q 中相似的列向量，得到去冗余后的结构特征矩阵 W_{QR}，由此可实现对简单模板集降维的目的。

第二步：使用 LSSSM 方法，生成感兴趣红外目标的简单模板集 Q 与待识别红外测试图像 T 的相似度图像 RM。

第三步：基于非极大值抑制方法，提取相似度图像 RM 中的红外目标。

LSSSM 模型的本质是一种局部匹配的目标识别方法，把感兴趣目标模板拆分成局部结构，通过判定待识别测试图像中的某个区域内含有与目标相似局部结构的数量来判定该区域是否存在目标。基于 LSSSM 模型的目标识别方法思路如图 6.3.2 所示，图 (a) 表示以人体的头、手和脚等各个部位组成的集合，如果图 (b) 中某区域内含有足够数量与图 (a) 中相似的部分，则判定该区域内存在要识别的目标；图 (b) 中有两个画框的局部区域，左边的框内含有与图 (a) 内相似结构的数量大于右边的框内的数量，因此可判定左边框的区域存在目标，而右边框内不存在目标。模型使用 LARK 权值向量估计图像的局部结构相似度。

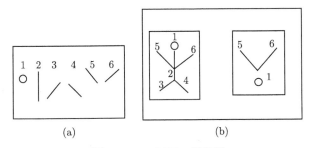

图 6.3.2　LSSSM 原理图

(a) 人体各个部分组成的模板集；(b) 测试目标

1) 简单模板集的局部结构分析

本节构建的简单模板集是由少量感兴趣红外目标图片组成，这些图片表示同一类目标。因此，在选取感兴趣目标的模板数据时选择性地采用目标在不同形态、尺寸下的图片，如此才能相对全面地提供目标的各种局部结构。

本节以红外人体目标检测为例详细阐述 LSSSM 模型。构建的红外人体简单模板集如图 6.3.3(a) 所示，该集合包括一些不同尺度、不同姿态的红外人体目标图片 ($Q = \{Q_1, Q_2, \cdots, Q_n\}$，$Q_i$ 表示模板集中第 i 张红外人体图片)，简单模板集无需太多的模板图片，它只需要包含感兴趣红外目标的少量图片集。构建的简单模板集实质是提供感兴趣红外目标的非冗余局部结构，使用这些结构来匹配待识别的红外测试图片 T(图 6.3.3(b))，从而得到模板集和测试图片的相似局部结构对。本节使用 LARK 提取局部结构特征：首先分别计算简单模板集中每张图片的 LARK 权值矩阵 $\boldsymbol{W}_Q$，该矩阵的列向量表示图像局部结构的 LARK 权值向量；然后把每张图片的权值矩阵按顺序排列，由此即可得到整个简单模板集的 LARK 权值矩阵为

$$\boldsymbol{W}_Q = [\boldsymbol{W}_{Q_1}, \cdots, \boldsymbol{W}_{Q_i}, \cdots, \boldsymbol{W}_{Q_n}] = [\boldsymbol{w}_Q^1, \boldsymbol{w}_Q^2, \cdots, \boldsymbol{w}_Q^N] \in R^{P^2 \times N}, \quad i = 1, \cdots, n \tag{6.3.1}$$

式中，n 表示简单模板集中的图片数量，$P \times P$ 表示 LARK 算子的计算窗口大小，N 表示简单模板集 Q 全部图片的总像素数，$\boldsymbol{W}_{Q_i}$ 表示简单模板集中图片 Q_i 的 LARK 权值矩阵，$\boldsymbol{w}_Q^i$ 表示矩阵 $\boldsymbol{W}_Q$ 的第 i 列向量。

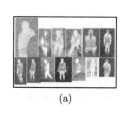

$$\text{(a)} \qquad\qquad\qquad\qquad\qquad\qquad \text{(b)}$$

图 6.3.3　(a) 表示红外人体的简单模板集, (b) 表示待识别红外测试图像 T

同样的, 可计算得到红外测试图像 T(图 6.3.3(b)) 的 LARK 权值矩阵 $\boldsymbol{W}_T$:

$$\boldsymbol{W}_T = \left[\boldsymbol{w}_T^1, \boldsymbol{w}_T^2, \cdots, \boldsymbol{w}_T^M\right] \in R^{P^2 \times M} \tag{6.3.2}$$

其中, M 表示红外测试图像 T 中的总像素数。

使用余弦相似度来衡量 LARK 特征向量的相似性, 余弦相似度定义为两个空间向量间的内积

$$\rho(\boldsymbol{w}_Q^i, \boldsymbol{w}_Q^j) = \left\langle \frac{\boldsymbol{w}_Q^i}{\|\boldsymbol{w}_Q^i\|}, \frac{\boldsymbol{w}_Q^j}{\|\boldsymbol{w}_Q^j\|} \right\rangle = \frac{\boldsymbol{w}_Q^{i\mathrm{T}} \boldsymbol{w}_Q^j}{\|\boldsymbol{w}_Q^i\| \|\boldsymbol{w}_Q^j\|} = \cos\theta \in [0, 1] \tag{6.3.3}$$

式中, $\boldsymbol{w}_Q^i, \boldsymbol{w}_Q^j \in R^{P^2 \times 1}$ 分别是简单模板集的 LARK 权值矩阵 $\boldsymbol{W}_Q$ 的第 i 列和第 j 列列向量。由于余弦相似度反映了两个向量间方向和幅值的信息, 夹角余弦值越大向量相似度越高。设置相似度阈值 τ, 如果两个向量的余弦相似度 $\rho \geqslant \tau$, 向量相似; 否则, 向量不相似。

如果 LARK 权值矩阵 $\boldsymbol{W}_Q$ 中有多个列向量互相相似, 那么按照前面介绍的降维方法, 只保留其中的一个列向量。把相似的列向量称为冗余向量, 冗余向量所表示的局部结构称为冗余结构。通过降维处理, 可得到模板集 LARK 的新型权值矩阵 $\boldsymbol{W}_{QR} \in R^{P^2 \times N'}$, 也叫做简单模板集的结构特征矩阵, 该矩阵每一列向量表示的是对应局部结构的 LARK 特征。降维后的 $\boldsymbol{W}_{QR} = \left[\boldsymbol{w}_{QR}^1, \boldsymbol{w}_{QR}^2, \cdots, \boldsymbol{w}_{QR}^{N'}\right] \in R^{P^2 \times N'}$ 矩阵, 其列向量互不相似, 而且该矩阵的列数 N' 远远小于 N, 即 $N' \ll N$。所以, 矩阵 $\boldsymbol{W}_{QR}$ 所表示的是简单模板集的不同结构特征集合, 也表示感兴趣目标的不同局部结构。

2) LSSSM 模型原理

前面阐述了简单模板集的降维方法, 并由此计算得到简单模板集去冗余后的结构特征矩阵 $\boldsymbol{W}_{QR}$。同时, 对红外测试图像 T 计算得到其 LARK 权值矩阵 $\boldsymbol{W}_T$。为了实现模板集目标与测试图像 T 的相似性匹配, 须比较两个矩阵列向量间的相似性, 找出 $\boldsymbol{W}_T$ 和 $\boldsymbol{W}_{QR}$ 的相似列向量对。具体计算过程如下:

首先计算 $\boldsymbol{W}_T$ 和 $\boldsymbol{W}_{QR}$ 列向量间夹角的余弦值，由此得到这两个矩阵列向量对的余弦值矩阵 $\boldsymbol{\rho}_{QT}$：

$$\boldsymbol{\rho}_{QT} = \rho(\boldsymbol{W}_T, \boldsymbol{W}_{QR}) = \begin{pmatrix} \rho_{11} & \cdots & \rho_{1N'} \\ \vdots & & \vdots \\ \rho_{M1} & \cdots & \rho_{MN'} \end{pmatrix} \in R^{M \times N'} \qquad (6.3.4)$$

式中，$M \times N'$ 表示测试图像 T 的大小，在矩阵 $\boldsymbol{\rho}_{QT}$ 中，$\rho_{hk} = \rho(\boldsymbol{w}_T^h, \boldsymbol{w}_{QR}^k)$ 表示矩阵 $\boldsymbol{W}_T$ 的第 h 列向量与 $\boldsymbol{W}_{QR}$ 第 k 列向量夹角的余弦值，即这两个向量的余弦相似度。定义 $\rho_{\max}$ 的值表示矩阵 $\boldsymbol{\rho}_{QT}$ 每行中最大的元素值。如果 $\rho_{\max} \geqslant \tau$，说明 $\rho_{\max}$ 对应 $\boldsymbol{W}_T$ 和 $\boldsymbol{W}_{QR}$ 中的那两个列向量是相似的，保存矩阵 $\boldsymbol{W}_{QR}$ 中相应列向量的位置为位置索引；如果 $\rho_{\max} < \tau$，说明 $\rho_{\max}$ 对应的那两个列向量是互不相似的，则该位置索引的值设置为 0。该过程如下式所示：

$$\rho(\boldsymbol{W}_T, \boldsymbol{W}_{QR}) \Rightarrow \boldsymbol{\rho}_M = (\rho_{1i}, \cdots, \rho_{HK}, \cdots, \rho_{Mj})^{\mathrm{T}} \in R^{M \times 1} \qquad (6.3.5)$$

式中，$i, K, j \in 1, \cdots, N'$，$i, j$ 表示矩阵 $\boldsymbol{W}_{QR}$ 列向量的位置；$H \in 1, \cdots, M$，$\rho_{HK} = \max(\rho_{H1}, \cdots, \rho_{HN'})$，$\boldsymbol{\rho}_M$ 表示余弦相似矩阵，ρ_{HK} 表示 $\boldsymbol{W}_{QR}$ 中第 k 列向量与 $\boldsymbol{W}_T$ 中第 h 列向量的夹角余弦值最大。矩阵 $\boldsymbol{\rho}_M$ 每个元素实际上反映的是 $\boldsymbol{W}_{QR}$ 和 $\boldsymbol{W}_T$ 的相似列向量对。因此通过该步骤，$\boldsymbol{W}_T$ 中每列向量都能找到对应 $\boldsymbol{W}_{QR}$ 中最相似的列向量，由式 (6.3.5) 可得到位置索引矩阵 $\mathbf{Index}$：

$$\mathbf{Index} = (i, \cdots, K, \cdots, j)^{\mathrm{T}} \in R^{M \times 1}, \quad i, K, j = 0, \cdots, N' \qquad (6.3.6)$$

式中，$i, K, j \in 0, \cdots, N'$，弱余弦相似矩阵 $\boldsymbol{\rho}_M$ 中的元素值小于相似度阈值 τ，其在位置索引矩阵 $\mathbf{Index}$ 中对应的元素值为 0。

将矩阵 $\boldsymbol{\rho}_M \in R^{M \times 1}$ 和 $\mathbf{Index} \in R^{M \times 1}$ 的元素分别按列序重新排列，经过变换使 $\mathbf{Index}$ 和 $\boldsymbol{\rho}_M$ 还原为与原测试图像 T 同样的大小。索引矩阵 $\mathbf{Index}$ 中的元素值实质上表示的是矩阵 $\boldsymbol{W}_{QR}$ 中列向量的位置，即如果索引矩阵中元素 l 的坐标为 (i, j)，该元素的值为 V，那么可得到对应的测试图像 T 中以坐标 (i, j) 像素为中心、窗口大小为 $P \times P$ 的局部结构，与简单模板集的特征矩阵 $\boldsymbol{W}_{QR}$ 中的第 V 列特征向量所表示的局部结构相似。通过这种方式查找测试图像与简单模板集的相似结构。

位置索引矩阵 $\mathbf{Index}$ 中元素值反映的是测试图像中对应位置的局部结构与简单模板集中的所有结构向量的相似性情况，通过统计相似向量的数目可判定该位置是否存在所要查找的红外目标。具体选取 $w \times w$ 统计窗口遍历 $\mathbf{Index}$ 索引矩阵，统计窗口内 $\mathbf{Index}$ 索引矩阵的不同元素值的数量，作为该窗口区域与目标模板的相似度值，遍历得到相似度矩阵 $\mathbf{RM}$，该过程的原理图如图 6.3.4 所示。

以大小为 3×3 的窗口遍历 **Index** 为例，如果索引矩阵 **Index** 其中一个 3×3 局部窗口内的元素值是 $[1,4,20;11,7,4;20,1,2]$，该窗口中不同元素值数量为 $\text{num} = \text{Num}(\text{Unique}\{1, 4, 20, 11, 7, 4, 20, 1, 2\}) = 6$，其中 num 表示在相应位置测试图 T 的 3×3 统计窗口区域内含有 6 个与简单模板集相似的局部结构，且这几个局部结构间互不相似，因此 num 值就表示模板集与该区域的相似度值。据此，统计窗口依次遍历索引矩阵 **Index**，可计算测试图像 T 的每个局部窗口与模板集的相似度，从而得到整个测试图的相似度矩阵 $\mathbf{RM} \in R^{(m_1-2) \times (m_2-2)}$。测试图像 T 与简单模板集的相似性如图 6.3.5 所示，记作相似度图 $\mathbf{RM}$，$\mathbf{RM}$ 中的灰度值表示测试图像相应区域存在目标的概率大小。

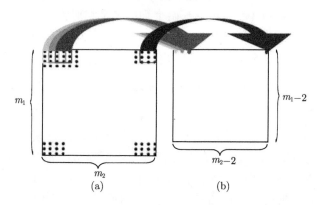

图 6.3.4   从位置索引矩阵 **Index** 计算相似度矩阵 **RM**

(a) **Index**; (b) **RM**

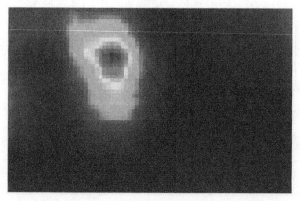

图 6.3.5   简单模板集人体目标与测试图片 T 的相似度图像 **RM**(扫描本书封底二维码可见彩图)

3) 根据相似度图像获取目标信息

为准确标记场景中的目标位置，需提取相似度图 **RM** 中的局部极值，本节

使用非极大值抑制 (NMS) 方法。NMS 主要用于感兴趣点的提取,是对数据局部最大值的常用搜索方法,提取步骤为:

(1) 对图像 I_0 进行全局查找,搜索 I_0 的最大值 V_0,令 V_0 附近一定邻域为零,得到新的图像 I_1。

(2) 对图像 I_1 进行全局查找,搜索 I_1 的最大值 V_1,令 V_1 附近一定邻域为零,得到新的图像 I_2。

(3) 重复步骤 (1) 和 (2),即可提取得到原图 I_0 的局部极大值 V_0、V_1 等。

在对相似度图 **RM** 使用非极大值抑制之前,须设置一个全局阈值 T_{num} 来判定该测试图像 T 是否存在目标,也即相似度图 **RM** 中的最大值是否满足目标出现的条件。根据全局阈值 T_{num} 确保测试图存在至少一个目标后,设置一个非极大值抑制参数 η 忽略 RM 中的低概率区域,然后对可能出现目标的区域计算其极大值,这样可以同步提高检测精度和计算效率,如图 6.3.6 所示。

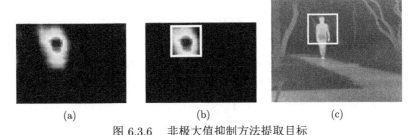

(a)　　　　　　　　　(b)　　　　　　　　　(c)

图 6.3.6　非极大值抑制方法提取目标

(a) 相似度图像 RM;(b) 使用非极大值抑制后的相似度图像,白色框的中心表示的是局部区域的极大值;(c) 最终识别的结果

6.3.2　近邻结构匹配模型

LSSSM 模型中 LARK 采用固定窗口,窗口尺寸过小目标结构容易被过度拆分、整体性弱,窗口尺寸过大又容易导致目标结构拆分不足、形态干扰大,而且统计过程破坏了整体结构,在复杂场景中,受背景相似结构干扰严重。本节在此基础上,进一步加入近邻结构约束,阐述基于 LARK 的红外图像近邻结构匹配算法 (NSRM)。在 NSRM 目标检测模型中,分别计算模板集和测试图像的小尺度 LARK 特征和大尺度近邻结构特征,并同时对 LARK 权值矩阵和近邻结构关系矩阵做余弦值统计匹配,得到两幅相似度图像。对两者进行融合处理后,利用非极大抑制方法检测出待测目标[18]。NSRM 算法流程如图 6.3.7 所示。

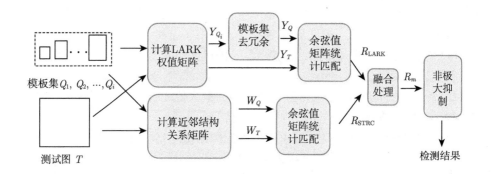

图 6.3.7　NSRM 算法流程图

1) 近邻结构关系矩阵计算

LARK 特征计算与 6.3.1 节一致。在计算近邻结构关系矩阵前，首先确定该特征的窗口大小。计算 LARK 权值矩阵时，窗口遍历图像的间隔为 3 个像素，计算近邻结构关系矩阵时，以 3×3 窗口为一个单位，其周边八邻域为一个大窗口，即采用 9×9 窗口大小计算相应的近邻结构关系矩阵。事实上，不同窗口大小如 6×6、12×12 均可以用在实际的算法程序中，实验证明对于不同背景的数据集计算不同大小的特征窗口，检测效果会稍有不同。图 6.3.8 显示的是以 9×9 窗口大小为例，近邻结构关系向量的计算方法。

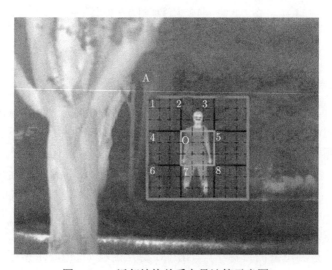

图 6.3.8　近邻结构关系向量计算示意图

在 3×3 的中心小窗口中，将图像 9 个像素的灰度值 $h_i(i=1,2,\cdots,9)$，按序排列为一列向量，作为 9×9 大窗口的中心向量 II，即 $II=[h_1;h_2;\cdots;h_9]$。在中心小窗口周围八邻域，即标号为 1~8 的八个 3×3 窗口，为中心小窗口周围的邻域向量，将其按 3×3 窗口大小为单位，依次赋给 **Neib** 的每一列，**Neib** 矩阵的元素即表达了中心小窗口周围邻域的像素值。而需计算的近邻结构关系向量 $\boldsymbol{w}_{ij}$，要求其能够准确地代表邻域和中心窗口的结构关系。根据近邻重建误差最小化和近邻权值归一化，引入约束条件 $\boldsymbol{w}_{ij} \geqslant 0$，采用最小二乘方法[19,20] 构造优化目标函数为

$$\begin{cases} \varepsilon_{\min} = \min_{w_{ij}} \|\mathbf{Neib}\boldsymbol{w}_{ij} - II\| \\ \text{s.t.} \sum \boldsymbol{w}_{ij} = 1, \boldsymbol{w}_{ij} \geqslant 0 \end{cases} \tag{6.3.7}$$

此时的 $\boldsymbol{w}_{ij}$，最为准确地表达了周围八邻域的结构对中心窗口结构重构的比重关系。

将大窗口 A 遍历整个图片，计算每一个 9×9 窗口的近邻结构关系向量并归一化后，将每一个这样的向量按序排列，构成图像近邻结构关系矩阵 $\boldsymbol{W}$。

$$\boldsymbol{W} = \begin{bmatrix} w_{11} & w_{12} & \cdots & w_{1n} \\ \vdots & & & \vdots \\ w_{m1} & w_{m2} & \cdots & w_{mn} \end{bmatrix} \tag{6.3.8}$$

此结构关系矩阵表达了图像中每一个 3×3 窗口与其周围的结构关系。其中每一个 $\boldsymbol{w}_{ij}\,(i = 1, 2, \cdots, m; j = 1, 2, \cdots, n)$ 均由式 (6.3.7) 计算得出。图 6.3.9 展现了近邻结构关系矩阵的一般计算方法。

按上述计算方法，分别计算目标图像和模板图像的近邻关系结构矩阵 $\boldsymbol{W}_T$ 和 $\boldsymbol{W}_Q$，为方便后续计算，模板集的近邻结构关系矩阵 $\boldsymbol{W}_Q$ 由每一个模板的相应矩阵简化而成，即 $\boldsymbol{W}_Q = [W_{Q_1}, W_{Q_2}, \cdots, W_{Q_n}]$，$n$ 为模板个数。

2) 相似度图像生成

根据前文，计算出目标图像 $T(m_T \times n_T)$ 的权值矩阵 $\boldsymbol{Y}_T = [y_T^1, y_T^2, \cdots, y_T^n]$ 和模板集去冗余后的权值矩阵 $\boldsymbol{Y}_Q$，设 $\boldsymbol{Y}_Q = [y_Q^1, y_Q^2, \cdots, y_Q^m]$，以及目标图像和模板集的近邻结构关系矩阵，分别为 $\boldsymbol{W}_T$ 和 $\boldsymbol{W}_Q$，将其以每一个结构关系向量 $\boldsymbol{w}_i$ 为单位顺序排列，即 $\boldsymbol{W}_T = [\boldsymbol{w}_T^1, \boldsymbol{w}_T^2, \cdots, \boldsymbol{w}_T^N]$，$\boldsymbol{W}_Q = [\boldsymbol{w}_Q^1, \boldsymbol{w}_Q^2, \cdots, \boldsymbol{w}_Q^M]$。

对 $\boldsymbol{Y}_T$ 中每个列向量 $\boldsymbol{y}_T^i$ 与 $\boldsymbol{Y}_Q$ 中每个列向量 $\boldsymbol{y}_Q^i$ 求余弦值，求得权值向量的余弦相似矩阵 ρ_{LARK}：

$$\rho_{\text{LARK}} = \rho\langle \boldsymbol{Y}_T, \boldsymbol{Y}_Q \rangle = \begin{bmatrix} \rho_{11} & \cdots & \rho_{1m} \\ \vdots & & \vdots \\ \rho_{n1} & \cdots & \rho_{nm} \end{bmatrix} \tag{6.3.9}$$

其中，ρ_{LARK} 矩阵的第 j 行 k 列 ρ_{jk} 为目标图像权值矩阵 Y_T 的第 j 列与模板图像权值矩阵的第 k 列的夹角余弦值，表示的是这两列向量的相似度，余弦值越接近于 1，表示两个向量所在的窗口结构越相似。

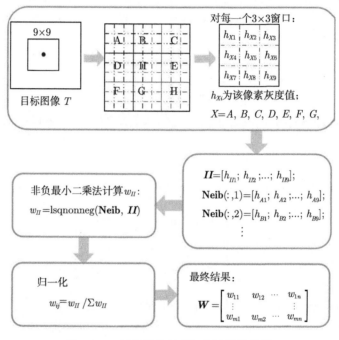

图 6.3.9　近邻结构关系矩阵计算流程图

同理，对 W_T 中每个列向量 w_T^i 与 W_Q 中每个列向量 w_Q^i 求余弦值，求得近邻结构关系矩阵的余弦相似矩阵 ρ_{STRC}：

$$\rho_{\text{STRC}} = \rho\langle W_T, W_Q \rangle = \begin{bmatrix} \rho'_{11} & \cdots & \rho'_{1M} \\ \vdots & & \vdots \\ \rho'_{N1} & \cdots & \rho'_{NM} \end{bmatrix} \qquad (6.3.10)$$

其中，ρ_{STRC} 矩阵的第 j 行 k 列 ρ'_{jk} 为目标图像近邻结构关系矩阵 Y_T 的第 j 列与模板图像近邻结构关系矩阵的第 k 列的夹角余弦值，表示的是这两列向量的相似度。

对 ρ_{LARK} 和 ρ_{STRC} 矩阵分别每行取最大值，并记录此最大值对应的 Y_Q 和 W_Q 的列向量分别在 Y_Q 和 W_Q 矩阵中的位置，把两者的位置信息分别保存至 $\textbf{Index}_{\text{LARK}}$ 和 $\textbf{Index}_{\text{STRC}}$ 矩阵中，即[14]

$$\textbf{Index}_{\text{LARK}} = (x_1, x_2, \cdots, x_n)^{\text{T}} \cdots x_1, x_2, \cdots, \quad x_n = 1, 2, \cdots, m \qquad (6.3.11)$$

$$\mathbf{Index}_{\mathrm{STRC}} = (x_1', x_2', \cdots, x_n')^{\mathrm{T}} \cdots x_1', x_2', \cdots, \quad x_n' = 1, 2, \cdots, M' \qquad (6.3.12)$$

将得到的位置索引矩阵 $\mathbf{Index}_{\mathrm{LARK}}$ 和 $\mathbf{Index}_{\mathrm{STRC}}$ 以及余弦值矩阵 $\boldsymbol{\rho}_{\mathrm{LARK}}$ 和 $\boldsymbol{\rho}_{\mathrm{STRC}}$ 分别按列序排列成 $m_T \times n_T$ 矩阵,此时,位置信息 Index ($\mathbf{Index}_{\mathrm{LARK}}$ 或 $\mathbf{Index}_{\mathrm{STRC}}$) 与相应的矩阵一一对应。分别取权值矩阵和近邻结构关系矩阵的相似度阈值 τ_1、τ_2,对相似度矩阵 $\boldsymbol{\rho}_{\mathrm{LARK}}$ 的每个元素 ρ_{LARK}',若 $\rho_{\mathrm{LARK}}' \geqslant \tau_1$,则认为此时两向量相似;若 $\rho_{\mathrm{LARK}}' < \tau_1$,则认为两者不相似,此时,将 $\mathbf{Index}_{\mathrm{LARK}}$ 中相应位置设为 0。同理,对相似度矩阵 $\boldsymbol{\rho}_{\mathrm{STRC}}$ 的每个元素 ρ_{STRC}',若 $\rho_{\mathrm{STRC}}' \geqslant \tau_2$,则认为此时两向量相似;若 $\rho_{\mathrm{STRC}}' < \tau_2$,则认为两者不相似,此时,将 $\mathbf{Index}_{\mathrm{STRC}}$ 中相应位置设为 0。

选取合适的 $P \times P$ 局部窗口,在红外人体图测试中选取的窗口大小为 20×20。将窗口分别遍历 $\mathbf{Index}_{\mathrm{LARK}}$ 和 $\mathbf{Index}_{\mathrm{STRC}}$ 矩阵,并统计窗口内不重复的索引值个数,索引值表示的是目标图像中与模板相似的相应结构,不同的索引值越多,表示窗口内的局部图像含有与模板相似的结构越多。记录下每个窗口的不重复索引值的个数,针对 $\mathbf{Index}_{\mathrm{LARK}}$ 和 $\mathbf{Index}_{\mathrm{STRC}}$ 矩阵,分别构建统计索引值个数的矩阵,设为 $\boldsymbol{R}_{\mathrm{LARK}}$、$\boldsymbol{R}_{\mathrm{STRC}}$。图 6.3.10 简洁形象地说明了从位置索引矩阵 $\mathbf{Index}(\mathbf{Index}_{\mathrm{LARK}}$ 或 $\mathbf{Index}_{\mathrm{STRC}})$ 到索引个数矩阵 $\boldsymbol{R}(\boldsymbol{R}_{\mathrm{LARK}}$、$\boldsymbol{R}_{\mathrm{STRC}})$ 即相似度矩阵的计算过程。

根据前文,$\boldsymbol{R}_{\mathrm{LARK}}$ 和 $\boldsymbol{R}_{\mathrm{STRC}}$ 矩阵的元素分别表示目标图像局部窗口中含有与模板相似的结构的数目,$\boldsymbol{R}_{\mathrm{LARK}}$ 矩阵对应的是 LARK 值特征,而 $\boldsymbol{R}_{\mathrm{STRC}}$ 矩阵对应的是近邻结构关系特征。

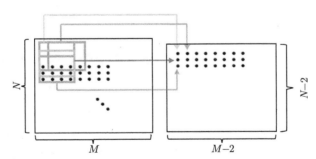

图 6.3.10 由位置索引矩阵计算相似度矩阵方法示意图 (扫描本书封底二维码可见彩图)

3) 相似度图像的融合及检测结果

截止到上一个步骤,得到了两幅相似度图像,分别是测试图像相对于模板集在 LARK 特征上的相似度图像 $\boldsymbol{R}_{\mathrm{LARK}}$ 和在近邻结构特征上的相似度图像 $\boldsymbol{R}_{\mathrm{STRC}}$。为了融合局部自适应回归核对图像局部细节特征的鲁棒性描述,以及近邻结构特征对目标整体结构的匹配，将此时的两个相似度图像做融合处理，以便于后续的匹配检测。

图像融合有很多种方式，在这里对 $\boldsymbol{R}_{\mathrm{LARK}}$、$\boldsymbol{R}_{\mathrm{STRC}}$ 矩阵，简单地做一个相乘的处理，得到一个新的 $\boldsymbol{R}_m$ 矩阵，$\boldsymbol{R}_m$ 矩阵同时包含了 LARK 特征和近邻结构特征，其元素值根据对应局部窗口内含有与模板结构相似个数的不同，拥有较 $\boldsymbol{R}_{\mathrm{LARK}}$、$\boldsymbol{R}_{\mathrm{STRC}}$ 矩阵更大的对比度，能够更为准确地识别目标与非目标。因此，根据 $\boldsymbol{R}_m$ 矩阵元素，得到原图中待测目标的位置，实现对待测目标的检测。如图 6.3.11 所示，在灰度图像上，$\boldsymbol{R}_m$ 矩阵显著图比 $\boldsymbol{R}_{\mathrm{LARK}}$、$\boldsymbol{R}_{\mathrm{STRC}}$ 更为细致、均匀和准确。

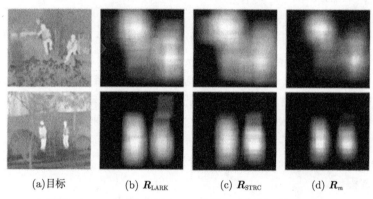

(a)目标　　　　　(b) $\boldsymbol{R}_{\mathrm{LARK}}$　　　　　(c) $\boldsymbol{R}_{\mathrm{STRC}}$　　　　　(d) $\boldsymbol{R}_m$

图 6.3.11　　$\boldsymbol{R}_{\mathrm{LARK}}$、$\boldsymbol{R}_{\mathrm{STRC}}$ 和 $\boldsymbol{R}_m$ 相似度图像的对比

用 Jet 色彩图来描述测试图像的相似度图像信息，如图 6.3.12 所示，同样显示了图 6.3.11 中测试图像的相似度图像。其中，深蓝色表示与模板的相似度最低，深红色则表示与模板的相似度最高。$\boldsymbol{R}_m$ 矩阵显著图也仍然表现出了其更为准确的优势。

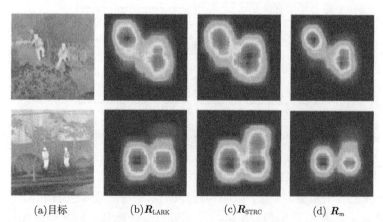

(a)目标　　　　　(b)$\boldsymbol{R}_{\mathrm{LARK}}$　　　　　(c)$\boldsymbol{R}_{\mathrm{STRC}}$　　　　　(d) $\boldsymbol{R}_m$

图 6.3.12　　Jet 色彩类型的相似度图像对比 (扫描本书封底二维码可见彩图)

通过选取相似度图像的局部极值而抑制其周围邻域的非极大值，得到新的相似度图像，对新的图像再进行提取局部极值、抑制非极大值，若干次处理后，找到相似度图像的局部若干个极值点即灰度图像中的最亮点，这些点对应的原图位置可能存在目标。图 6.3.13 显示了对相似度图像非极大值抑制处理的效果。其中 (a) 为原图的相似度图像，(b) 为对相似度图像非极大值抑制处理后的图像，(c) 为最终的检测效果。事实上，在检测过程中，须设定一个阈值，用于判断该极值点是否存在目标。

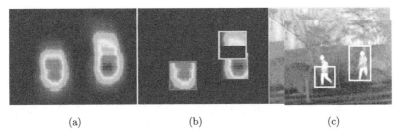

(a)   (b)   (c)

图 6.3.13   相似度图像非极大值抑制处理的效果 (扫描本书封底二维码可见彩图)
(a) 相似度图像；(b) 非极大值抑制处理后的相似度图像；(c) 检测结果

在 NSRM 算法中，首先吸纳 LSSSM 算法的优点，构建包含不同尺寸、角度和姿态的感兴趣目标的模板集。其次分别计算模板集和测试图像的局部自适应核特征和近邻结构关系特征，并对 LARK 特征矩阵降维以去除冗余信息进而减少不必要的时间损耗。再次，根据模板集和测试图像的局部自适应回归核特征和近邻结构关系特征，通过余弦值匹配方法得到测试图像相应于模板集的两幅相似度图像，然后分别对两个局部特征的相似度图像进行融合处理，得出最终的相似度图像。最后，根据最终的相似度图像，采用非极大值抑制的方法提取目标的位置信息，得出检测结果。这种基于 LARK 特征的近邻结构匹配算法，在吸纳了 LARK 特征对有光照、噪声等影响下的目标检测的鲁棒性的同时，考虑了 LARK 权值周围更大窗口的结构关系。这样双重的检测，能有效避免 LARK 算法对非紧凑型目标检测的局限和 LSSSM 方法的对较大窗口中目标的整体结构的检测误差，实现更为准确的目标检测和识别。

6.3.3   实验结果分析

6.3.3.1   模板集的建立及其相似结构阈值 τ

本节采用 60 张不同背景的红外人体图像，共 107 个不同姿态的待测目标作为测试图集进行非紧凑型目标测试，尺寸 200×400 像素左右不等，待测目标大小从 15×35 到 70×218 像素不等。

为了尽可能包含足够多的人体姿势，首先选取若干大小不一、尺寸合适却各不相同的单个人体目标图作为模板图像，建立模板集。模板集中包含了 13 张姿势不同、尺寸从 34×41 到 51×83 不等的红外人体图像，如图 6.3.14 所示。

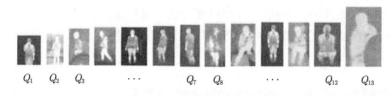

Q_1　Q_2　Q_3　　$\cdots$　　Q_7　Q_8　　$\cdots$　　Q_{12}　Q_{13}

图 6.3.14　红外人体检测模板集

针对上述模板集，分别计算其 LARK 权值矩阵 $\boldsymbol{Y_Q}$ 和近邻结构相似矩阵 $\boldsymbol{W_Q}$。而模板集的相似结构阈值 τ，根据其值的不同，表现了不同的模板权值矩阵的去冗余程度。为保证权值矩阵中不相似特征向量个数的合理性，要求其既能够合理描述模板集的特征，又能够节省计算量避免过多的时间损耗。统计了在不同的模板相似结构阈值 τ 下，$\boldsymbol{Y_Q}$ 矩阵中不相似向量的个数。设定 τ 的变化范围为 0.9~1，变化间隔为 0.001，以 τ 为横坐标，$\boldsymbol{Y_Q}$ 矩阵中不相似向量的个数为纵坐标作图，以描述 $\boldsymbol{Y_Q}$ 矩阵中不相似向量的个数随阈值的变化趋势，如图 6.3.15 所示。由图可见，阈值 τ 在 0.98 以上时，不相似向量个数急剧增多，并且时间冗余将大大增加。因此，为减小计算量和不必要的时间损失，选取 τ 为 0.98，此时的不相似特征向量个数约 250 个。实验证明，在模板相似结构阈值 τ 为 0.98 的情况下，系统拥有良好的时效性和较高的识别精度，并且在 τ 值大于 0.98 时，系统并没有表

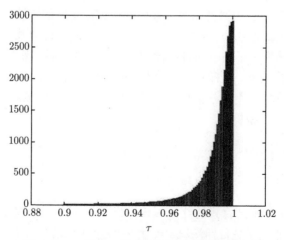

图 6.3.15　阈值 τ 下的不相似向量个数直方图

现出更为明显的优势。而经过后续的不同检测实验分析，包括红外车辆实验和彩色车辆实验以及当前的红外人体测试，认为 τ 值对不同的数据集表现不敏感，在 $\tau=0.98$ 时，不同数据集的系统均表现出良好的精确度和时效性。

6.3.3.2 红外目标识别

1) LSSSM 模型识别结果

LSSSM 模型通过构建感兴趣目标的简单模板集，提供目标的局部结构；通过局部匹配生成目标和测试图像的相似度图，由此实现对同一类目标的检测识别。该方法较文献 [7] 中提出的使用单模板方法的显著优势在于，对具有复杂结构目标检测的准确率远远高于单模板方法，如图 6.3.16 和图 6.3.17 所示。

图 6.3.16　本节方法对红外人体目标的识别结果

图 6.3.17　本节方法对红外人体目标不同旋转角度下的识别结果 (扫描本书封底
二维码可见彩图)

图 6.3.18 为分别使用 LSSSM 模型和文献 [7] 单模板方法对同一红外人体目标的数据集测试结果 ROC 曲线，其中虚线代表单模板方法，实线代表 LSSSM 模型。文献 [7] 方法是使用单一模板对测试图像进行相似性匹配，由于人体目标本

身结构复杂、姿态多样，在不同图像中的形态差异大，使用单一模板通过反复迭代来识别整个数据集，导致误检率和漏检率高，而且识别精度低，因此该方法并不适用于姿态和结构复杂目标的检测。而 LSSSM 通过建立简单模板集，基本包含了目标不同姿态的局部结构，通过局部相似结构统计匹配的方法可实现较高检测率和检测精度，并对目标的旋转具有很好的鲁棒性。

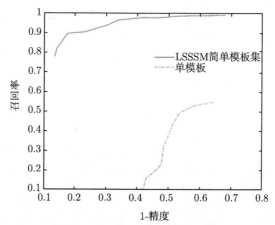

图 6.3.18　本节简单模板集的 LSSSM 方法和文献 [7] 单模板方法对红外人体数据集测试结果的 ROC 曲线

　　在对外形结构复杂、姿态多变的红外人体数据集的测试中，LSSSM 具有很好的性能，可在红外目标旋转、视角变化的情况下实现鲁棒性识别。接下来，使用 LSSSM 方法对外形结构紧凑、形态多变的红外车辆目标数据集进行测试，该数据集有 52 张红外图像，其中有 93 个车辆目标。选用的是如图 6.3.19 所示红外车辆图片作为简单模板集，图 6.3.20 所示为数据集的部分测试结果，可知 LSSSM 通过构建简单模板集，对不同形态下红外车辆的检测效果较好。图 6.3.21 是分别使用 LSSSM 和文献 [7] 方法对同一红外车辆的数据集进行对比测试，分别绘制出 ROC 曲线，其中实线代表 LSSSM 简单模板集方法，虚线表示文献 [7] 使用单模板方法。由 ROC 曲线可以看出，本章方法对红外车辆的检测效果远远优于文献 [7] 中单模板方法。由于车辆朝向和尺度变化范围较大，单模板方法对模板图片不可能进行角度和尺度的无限迭代，在整体匹配的时候容易出现相似度低而不能实现正确匹配，因此出现漏检和误识别的概率较高。

图 6.3.19　红外车辆的简单模板集

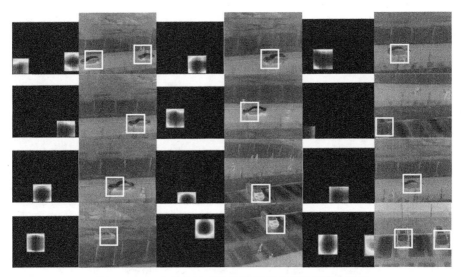

图 6.3.20 本节方法对红外场景下车辆的识别结果图

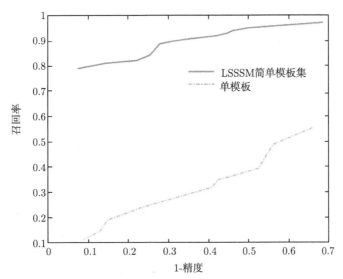

图 6.3.21 本节简单模板集的 LSSSM 方法和文献 [7] 单模板方法对红外车辆数据集测试结果的 ROC 曲线

2) NSRM 模型识别结果

如图 6.3.22 所示,在红外人体图的测试中,对不同姿态、不同背景、不同大小的待测目标,用本节方法均获得了较好的检测效果。其中,第一行三幅图展现的是在同一草地树木背景下,不同姿态的目标的检测效果;第二行三幅图展现的是假山背景下，不同姿态的目标的检测效果；第三行三幅图展现的是在有道路干扰下、不同背景目标的检测效果；第四行三幅图展现的是在有树枝干扰下，对不同姿态、不同大小目标的检测效果。

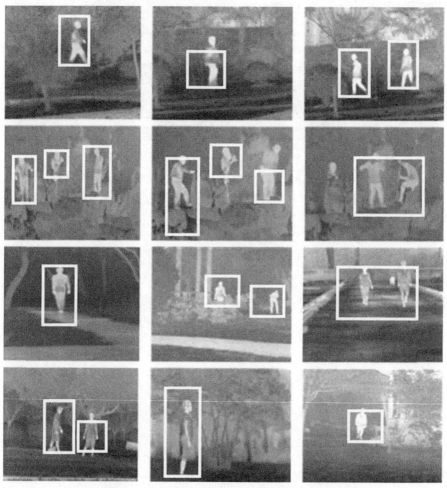

图 6.3.22　近邻结构匹配算法在人体测试中的检测效果

　　图 6.3.23 显示了在红外人体图测试中，LARK、LSSSM 和 NSRM 方法在查全率和精度这两方面的比较，其中横坐标为 $1-\gamma$，纵坐标为查全率 σ。图中虚线表示 Seo 提出的 LARK 单一整体匹配方法检测效果；深实线为 LSSSM 方法的检测效果；—▲—线为 NSRM 方法的检测效果。

　　由于非紧凑型目标的姿态和结构差异较大，再加上一定的背景干扰，单一模板 LARK 方法在匹配过程中，对多姿态的人体误检率较大，因此单一模板 LARK

匹配方法并不适用于复杂姿态的非刚性目标检测；LSSSM 通过建立模板集、分割模板的不同结构，进而进行局部相似结构统计匹配，在同一组红外人体图测试中使查全率得到了大幅的改善；而 NSRM 不仅对局部 LARK 窗口进行相似结构统计匹配，更加注重了局部小窗口周围的近邻结构关系，一定程度上减小了 LSSSM 对红外图像的误检率，因此保持了较高的查全率和精度。

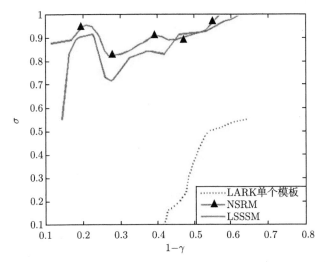

图 6.3.23　LARK、LSSSM、NSRM 方法效果比较

在红外车辆的测试中，首先确定红外车辆测试的模板集，如图 6.3.24 所示，选取了 10 张不同角度、不同大小的车辆图构成红外车辆测试的模板集。

图 6.3.24　红外车辆测试的模板集

为了确定红外车辆测试中最适宜的 τ_1、τ_2 和 μ，利用系统评价参数漏检率 α 和误检率 β 的变化趋势，统计并绘制了表 6.3.1，以说明不同参数 (τ_1、τ_2 及 μ) 大小对检测系统精度的影响。

利用参数 $\delta = \alpha^2 + \beta^2$ 估测每一对 τ_1、τ_2 及 μ 参数值的效果，选取使得 δ 值最小的一组 τ_1、τ_2 及 μ 作为最佳参数设置。根据表 6.3.1 的统计，当 τ_1=0.8，τ_2=0.9，μ=0.9 时，δ 取得最小值，即在红外车辆测试中，参数 τ_1、τ_2 及 μ 的值分别为 τ_1=0.8，τ_2=0.9，μ=0.9，此时检测性能最佳。

表 6.3.1 τ_1、τ_2 和 μ 的取值分析

	$\mu=0.8$					
	0.7		0.8		0.9	
0.7	0.032	0.082	0.033	0.072	0.034	0.068
0.8	0.032	0.078	0.035	0.068	0.037	0.062
0.9	0.034	0.070	0.037	0.063	0.040	0.057
	$\mu=0.85$					
	0.7		0.8		0.9	
0.7	0.039	0.059	0.042	0.050	0.049	0.048
0.8	0.043	0.054	0.047	0.046	0.054	0.044
0.9	0.046	0.048	0.050	0.043	0.059	0.041
	$\mu=0.9$					
	0.7		0.8		0.9	
0.7	0.058	0.043	0.068	0.040	0.073	0.033
0.8	0.064	0.040	0.071	0.035	0.075	0.030
0.9	0.070	0.038	0.074	0.032	0.077	0.029

红外车辆数据集包括 80 张不同角度的红外车辆图,分辨率为 300×240。图 6.3.25 和图 6.3.26 展示 NSRM 在红外车辆数据集上的检测效果和性能,尽管有少量误检和漏检,但总体检测效果满足实际应用需求。

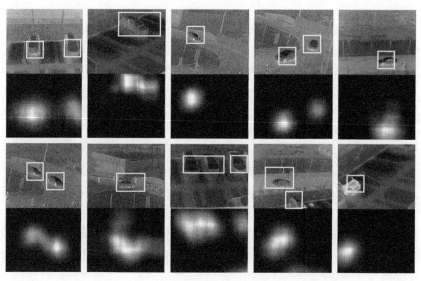

图 6.3.25 红外车辆检测效果图及其相应的相似度图像

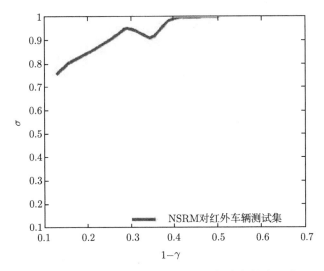

图 6.3.26 NSRM 方法的红外车辆测试效果 (扫描本书封底二维码可见彩图)

6.4 基于局部稀疏结构匹配模型的夜视目标鲁棒检测

上文主要介绍的是基于局部和全局 LARK 的多尺度匹配模型, 本节从稀疏性角度, 继续针对红外非刚性目标检测问题进行研究。本节基于视觉稀疏响应机理, 构建了一种局部稀疏结构匹配 (LSSM) 模型, 通过目标模板集的字典生成、稀疏量化和目标概率提取检测夜视目标。LSSM 模型利用 LSPSc/K-LSPSc 算法对夜视目标进行有效、鲁棒地稀疏表示, 结合局部匹配思想, 能够实现基于简单模板集的夜视目标检测[21,22]。相比现有方法, LSSM 模型无需大量、全面的模板信息, 并且对微光和红外目标具有稳健认知能力, 可实现场景、目标形态变化和背景遮挡下的一般夜视目标鲁棒检测。

6.4.1 局部稀疏结构匹配模型

针对目前稀疏编码方法在稳定稀疏表示和图像局部信息分析方面的不足, 本节基于局部结构保持稀疏编码 (LSPSc 和 K-LSPSc, 详见 2.2 节) 算法, 构建了 LSSM 模型。

因为 LSPSc 能够同时考虑小区域 (图像块) 的稀疏信息和大区域 (图像块及其邻域构成的局部区域) 的结构信息, 有效保持图像的稀疏性和局部性, 所以只有与模板局部区域具有一致稀疏成分和相似结构的目标区域才能获得较低的编码目标值。此外, LSPSc 加入了结构约束, 在亮度、对比度和噪声变化情况下, 目标局部结构特征保持不变 (图 6.4.1(b)), 所以 LSPSc 能够弱化环境变化产生的干扰,对变化目标的稀疏表示稳健性强。同时 K-LSPSc 的非线性分析能力也可以进一步提高目标稀疏量化的准确性,提高目标识别精度。

(a)　　　　　　　　　　　　　(b)

图 6.4.1　人体目标中的局部稀疏结构分析

(a) 树干和人体的相似特征和不同结构;(b) 变化动作下人体局部结构特征保持不变

以人体识别为例,图 6.4.2 阐述了 LSSM 模型的基本结构:首先,对简单模板集进行多尺度和多旋转扩展并采样图像块 (图 (a) 中小窗口),计算各图像块邻域结构关系,基于 LSPSc/K-LSPSc 算法学习感兴趣目标类的局部稀疏结构字典。其次,对测试图像采样图像块 (图 (b) 中小窗口),同样计算图像块邻域结构关系,基于模板字典和 LSPSc/K-LSPSc 对测试图像块进行稀疏表示。最后,根据测试图像子区域 (图 (b) 中大窗口) 内所有图像块的 LSPSc/K-LSPSc 编码目标平均值,判断其与模板的匹配程度,实现夜视目标识别。

LSSM 模型的本质优势是它能够针对多尺度、多旋转和多视角模板进行字典学习 (图 6.4.3),使得模板字典本身包含尺度、旋转和视角信息,以解决 Seo 方法的多次迭代问题[10,13,18,21]。此外,由于 LSPSc/K-LSPSc 算法对图像稀疏性和局部性具有良好表征能力,LSSM 模型能够很好地区分感兴趣目标和背景,无需大量模板训练,有效解决了 SRC 方法对大规模模板集的依赖问题。

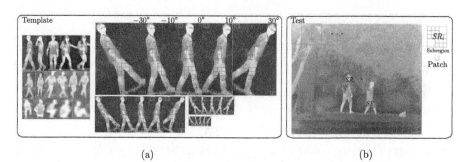

(a)　　　　　　　　　　　　　(b)

图 6.4.2　LSSM 模型结构

(a) 基于扩展模板集学习目标局部稀疏结构字典;(b) 基于 LSPSc/K-LSPSc 稀疏量化实现图像目标识别

　　LSSM 模型主要包含模板局部稀疏结构字典生成、LSPSc/K-LSPSc 稀疏量化和目标概率提取这三个模块，下面介绍各模块实现步骤，并分析 LSPSc/K-LSPSc 算法对红外目标的稀疏表示能力，实验验证 LSSM 模型的夜视目标识别性能。

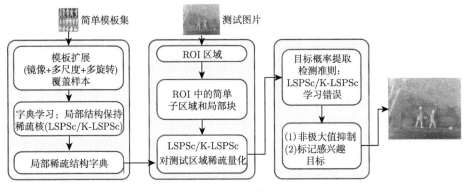

图 6.4.3　　LSSM 模型框架

6.4.1.1　模板局部稀疏结构字典生成

　　根据模板图像集生成感兴趣目标的局部稀疏结构字典，该字典应包含目标模板的稀疏信息和结构信息，基于 LSPSc/K-LSPSc 算法，字典学习方法如下。

　　步骤 1：简单模板集扩展。如图 6.4.2(a)，将简单模板集中的图像进行镜像、缩放和旋转，获得感兴趣目标类多视角、多尺度和多旋转的扩展模板集，其中缩放范围 0.2~2，步进 0.2；旋转范围 $-90° \sim 90°$，步进 $10°$。显然基于扩展模板集的字典训练会增加计算量，但模板字典是预学习的，不影响测试图像的目标检测效率，却能够提高模板字典对感兴趣目标类表征的全面性。

　　步骤 2：扩展模板集采样。从扩展模板集中采样图像块，标记各图像块非重叠邻域，用以计算 LSPSc/K-LSPS 编码过程中的结构约束值。为了协调图像稀疏性和结构性，设置图像块尺寸 $p_s = 12$(方形)，并标记各图像块的最近 8 邻域，图像块过小会增加计算量，而邻域尺寸多大将损失稀疏性。此外，图像块的采样步进越小，字典的全面性越高，因此对模板图像进行逐像素采样。

　　步骤 3：基于 LSPSc/K-LSPSc 生成模板局部稀疏结构字典。根据标记的邻域关系，计算各像块和其邻域的重构权值，进而基于 LSPSc/K-LSPSc 学习模板字典，其中采用 LSPSc-Fss 算法迭代优化稀疏系数，计算模板字典更新。需要强调的是，LSPSc 字典是数值化的 $\boldsymbol{B}^{\mathrm{T}} = [(\boldsymbol{SS}^{\mathrm{T}} + \boldsymbol{\Lambda})^{-1}(\boldsymbol{SX}^{\mathrm{T}})]_{\mathrm{template}}$，而 K-LSPSc 字典 $\boldsymbol{B}_\phi^{\mathrm{T}} = [(\hat{\boldsymbol{S}}\hat{\boldsymbol{S}}^{\mathrm{T}} + \boldsymbol{\Lambda})^{-1}(\hat{\boldsymbol{S}}\phi(\boldsymbol{X})^{\mathrm{T}})]_{\mathrm{template}}$ 无法数值表示，但这不影响后续处理，下面将详细说明。

6.4.1.2　LSPSc/K-LSPSc 稀疏量化和目标概率提取

LSSM 模型的目标识别部分同样包含三个步骤：对测试图子区域采样图像块；根据模板的局部稀疏结构字典，对图像块进行 LSPSc/K-LSPSc 稀疏量化；最后基于编码目标值提取子区域目标概率。

步骤 1：测试图子区域采样。提取测试图像子区域，用于学习稀疏结构特征并估计其中的目标概率，因此子区域尺寸 r_s(方形) 应大于图像块邻域尺寸 (图像块尺寸 $p_s = 12$，同样采用 8 邻域计算结构关系)，设置 $r_s = 60$。将子区域分割成不重叠的图像块，标记各图像块邻域关系。

步骤 2：对子区域图像块进行 LSPSc/K-LSPSc 稀疏量化。由式 (2.2.12) 和式 (2.2.21) 计算各图像块及其空间近邻的重构权值。根据模板字典，基于 LSPSc-Fss 算法对图像块进行 LSPSc/K-LSPSc 稀疏量化。虽然 K-LSPSc 字典 $\boldsymbol{B}_\phi = [\phi(\boldsymbol{X})\hat{\boldsymbol{S}}^{\mathrm{T}}(\hat{\boldsymbol{S}}\hat{\boldsymbol{S}}^{\mathrm{T}} + \boldsymbol{\Lambda})^{-1}]_{\text{template}}$ 无法数值表示，但 LSPSc-Fss 算法中 $\Delta_{\hat{s}_i}$ 和 $\Delta_{\hat{s}_i\hat{s}_i}$ 与 $\boldsymbol{B}_\phi$ 相关的子项 $\boldsymbol{B}_\phi^{\mathrm{T}}\phi(\boldsymbol{x}_i)$ 和 $\boldsymbol{B}_\phi^{\mathrm{T}}\boldsymbol{B}_\phi$ 可转换为

$$\boldsymbol{B}_\phi^{\mathrm{T}}\phi(\boldsymbol{x}_i) = [(\hat{\boldsymbol{S}}\hat{\boldsymbol{S}}^{\mathrm{T}} + \boldsymbol{\Lambda})^{-1}\hat{\boldsymbol{S}}]_{\text{template}}k(\boldsymbol{X}_{\text{template}}, \boldsymbol{x}_i) \tag{6.4.1}$$

$$\begin{aligned}\boldsymbol{B}_\phi^{\mathrm{T}}\boldsymbol{B}_\phi &= [(\hat{\boldsymbol{S}}\hat{\boldsymbol{S}}^{\mathrm{T}} + \boldsymbol{\Lambda})^{-1}(\hat{\boldsymbol{S}}\phi(\boldsymbol{X})^{\mathrm{T}})(\phi(\boldsymbol{X})\hat{\boldsymbol{S}}^{\mathrm{T}})(\hat{\boldsymbol{S}}\hat{\boldsymbol{S}}^{\mathrm{T}} + \boldsymbol{\Lambda})^{-1}]_{\text{template}} \\ &= [(\hat{\boldsymbol{S}}\hat{\boldsymbol{S}}^{\mathrm{T}} + \boldsymbol{\Lambda})^{-1}\hat{\boldsymbol{S}}]_{\text{template}}k(\boldsymbol{X}_{\text{template}}, \boldsymbol{X}_{\text{template}})[\hat{\boldsymbol{S}}^{\mathrm{T}}(\hat{\boldsymbol{S}}\hat{\boldsymbol{S}}^{\mathrm{T}} + \boldsymbol{\Lambda})^{-1}]_{\text{template}}\end{aligned} \tag{6.4.2}$$

这两项均可数值计算，其中 $\boldsymbol{X}_{\text{template}}$ 和 $\hat{\boldsymbol{S}}_{\text{template}}$ 是用于模板字典学习的图像块集合和对应 K-LSPSc 稀疏系数，$\boldsymbol{x}_i$ 是测试图像块。

步骤 3：提取子区域目标概率。为子区域定义目标概率函数，以评估测试区域与模板的匹配程度。目标概率 ρ_t 取决于子区域 SR_t 内所有图像块的 LSPSc 稀疏编码目标均值 H_t，因此目标概率函数定义为

$$\rho_t = \exp(-H_t^2/2\sigma_t^2)$$

$$H_t = \mathop{E}_{SR_t}\left\{\min_S \|\boldsymbol{X} - \boldsymbol{BS}\|^2 + \lambda\sum_i \|\boldsymbol{s}_i\|_1 + \beta\mathrm{tr}(\boldsymbol{SMS}^{\mathrm{T}})\right\} \tag{6.4.3}$$

其中，$\boldsymbol{X}$ 是子区域的图像块集，下面也称 H_t 为 "学习误差"。

在基于 K-LSPSc 算法的 LSSM 模型中，目标概率函数定义为

$$\hat{\rho}_t = \exp(-\hat{H}_t^2/2\hat{\sigma}_t^2)$$

$$\hat{H}_t = \mathop{E}_{SR_t}\left\{ \min_{\hat{S}} \|\boldsymbol{X}_\phi - \boldsymbol{B}_\phi \hat{\boldsymbol{S}}\|^2 + \lambda \sum_i \|\hat{\boldsymbol{s}}_i\|_1 + \beta \mathrm{tr}(\hat{\boldsymbol{S}} \boldsymbol{M}_\phi \hat{\boldsymbol{S}}^{\mathrm{T}}) \right\} \tag{6.4.4}$$

其中，子项 $\boldsymbol{B}_\phi^{\mathrm{T}} \boldsymbol{X}_\phi$ 表示为

$$\boldsymbol{B}_\phi^{\mathrm{T}} \boldsymbol{X}_\phi = [(\hat{\boldsymbol{S}} \hat{\boldsymbol{S}}^{\mathrm{T}} + \boldsymbol{\Lambda})^{-1} (\hat{\boldsymbol{S}} \phi(\boldsymbol{X})^{\mathrm{T}})]_{\mathrm{template}} \phi(\boldsymbol{X})$$

$$= [(\hat{\boldsymbol{S}} \hat{\boldsymbol{S}}^{\mathrm{T}} + \boldsymbol{\Lambda})^{-1} \hat{\boldsymbol{S}})]_{\mathrm{template}} k(\boldsymbol{X}_{\mathrm{template}}, \boldsymbol{X}) \tag{6.4.5}$$

式 (6.4.3) 和式 (6.4.4) 中的高斯变量 σ_t 和 $\hat{\sigma}_t$ 用以调节目标概率随学习误差值的衰减程度，将 σ_t 和 $\hat{\sigma}_t$ 设置为目标类别对应的平均 LSPSc 和 K-LSPSc 学习误差 (先验常量)。

局部稀疏结构字典包含了模板的稀疏成分和结构信息，在式 (6.4.3) 和式 (6.4.4) 中，第二项稀疏约束保持了测试图像块与模板字典基的一致性，第三项约束测试图像块和其稀疏编码的邻域重构关系一致。稀疏系数 S 和 $\hat{S}$ 取决于模板字典，局部结构矩阵 $\boldsymbol{M}$ 和 $\boldsymbol{M}_\phi$ 反映测试区域结构特征，最小化第三项即要求测试区域与模板具有相似结构。因此只有与模板字典基匹配并且结构相似的测试区域，才能同时获得较小的稀疏重构误差 (第一项)、字典基响应 (第二项) 和结构约束误差 (第三项)，即所得目标概率值大。

在实际计算中，LSSM 模型只对感兴趣区域 (ROI) 进行逐像素子区域提取和目标概率检测，这一方面降低了背景影响，提高识别效率；另一方面，如果测试区域出现模板基元素的重复，如均匀区域或特征重复区域，LSSM 模型可能产生误匹配，而显著轮廓能够充分抑制这些同质区域对目标识别的干扰。在获得测试图像的目标概率图后，采用文献 [23, 24] 的显著测试和非极大值抑制方法标记最终的检测目标。

6.4.2　LSSM 模型分析与夜视目标检测效果

本节通过四个图像库对 LSSM 模型的夜视目标检测性能进行实验评估，包括 Caltech 101 数据库、红外车辆 (Infrared Car and Bicycle) 数据库、红外人体 (Infrared Human) 数据库和微光 LLL 数据库。

Infrared Car and Bicycle 数据库由 FILR Tau 2-640 非制冷长波红外热像仪采集获得，包含 155 幅图像，其中 95 幅含自行车，60 幅不含自行车；87 幅含汽车，68 幅不含汽车。为了对比文献 [7, 24, 25] 中的方法，实验采用文献 [24] 的标记法给出最终的检测目标区域。

6.4.2.1　LSSM 参数设置

LSPSc/K-LSPSc 算法公式中的字典尺寸、稀疏项比例 λ 和结构保持项比例 β 对 LSSM 模型的识别率影响较大。针对微光图像特征分析了这 3 个参数的设

置，这里采用 Caltech 101 和 Infrared Human 数据库研究这 3 个参数对可见光和红外目标检测的影响[26-30]。

从 Caltech 101 数据库中建立两个混合数据集，一个是 Lotus hybrid 数据集，包含 56 幅莲花图像和 56 幅非莲花图像，其中 56 幅莲花图像来自 Lotus 类 (Lotus 类含 66 幅图像，选取 10 幅学习莲花字典)，56 幅非莲花图像是从 Caltech 101 的其他类别中随机选择。另一个是 Leopards hybrid 数据集，包含 170 幅花豹图像和 170 幅非花豹图像，其中 170 幅花豹图像来自 Leopards 类 (Leopards 类含 200 幅图像，选取 30 幅学习花豹字典)，170 幅非花豹图像是从 Caltech 101 的其他类别中随机选择。Infrared Human 数据库由 162 幅含人体图像和 62 幅不含人体图像构成，人体字典采用图的简单模板集学习获得。根据莲花、花豹和人体的 Sc/LSPSc/K-LSPSc 字典[30,31]，对这三个数据库分别采用基于 Sc、LSPSc 和 K-LSPSc 稀疏编码算法的 LSSM 模型 (Sc-LSSM，LSPSc-LSSM，K-LSPSc-LSSM) 进行识别，计算相应的识别率。识别率定义为 $\text{Acc} = (\text{TP} + \text{TN})/(\text{nP} + \text{nN})$，其中 nP 是识别正确的目标数，nN 是识别错误的目标数。表 6.4.1 和图 6.4.4 给出了对比结果，表 6.4.1 中采用粗体标注出最大识别率。

表 6.4.1　字典尺寸对基于 Sc、LSPSc 和 K-LSPSc 的 LSSM 模型的目标识别性能影响

数据库	字典	LSSM 模型	字典尺寸		
			256	512	1024
Caltech 101 Leopards hybrid	Leopards	Sc	60.52	61.65	**62.32**
		LSPSc	72.18	77.16	**80.34**
		K-LSPSc	76.79	78.56	**83.49**
Caltech 101 Lotus hybrid	Lotus	Sc	72.56	**74.37**	71.96
		LSPSc	**86.56**	85.11	85.19
		K-LSPSc	**94.67**	94.35	93.04
Infrared Human	Infrared Human	Sc	63.16	**63.48**	62.65
		LSPSc	81.48	**82.39**	81.91
		K-LSPSc	**86.94**	85.18	85.27

直观来看，如果字典尺寸过小，LSSM 模型可能会损失对各种局部结构的分辨和重构能力；如果字典尺寸过大，LSSM 模型的计算量庞大。由表 6.4.1 分析可知：Caltech 101 Leopards hybrid 数据集的背景杂乱、目标细节复杂，Sc/LSPSc/K-LSPSc-LSSM 模型的识别率随字典尺寸增加 (增至 1024) 而提升；Caltech 101 Lotus hybrid 和 Infrared Human 数据集中的目标结构简单、背景纹理模糊，在字典尺寸为 256 或 512 时，Sc/LSPSc/K-LSPSc-LSSM 模型的识别率达到峰值。这些结论与 LSPSc 和 K-LSPSc 算法对微光图像的分析结果基本一致。

此外，静态目标的识别率高于动态目标 (Lotus hybrid 高于 Leopards hybrid 和 Infrared Human)，在背景干扰情况下 (场景复杂、目标被环境遮挡)，因为红

外目标的结构相对简单、背景纹理较少，红外动态目标的识别率比可见光目标高
(Infrared Human 高于 Leopards hybrid)。由此可见对于结构复杂、多变的目标
识别，字典尺寸应较大；而对于结构简单的目标识别，字典尺度的增长对目标识
别率影响不大。因此在下面的实验中，对可见光动态目标，设置字典尺为 1024，
对可见光静态目标和红外目标，设置字典尺寸为 256，以减少计算量。

稀疏项比例 λ 控制稀疏性约束程度，结构项比例 β 约束图像局部信息保持
程度，图 6.4.4 给出 λ 和 β 对 LSSM 模型的目标检测率影响，其中对 Leopards
hybrid 数据集字典尺寸设为 1024，对 Lotus hybrid 和 Infrared Human 数据集字
典尺寸设为 256。如图 6.4.4 所示，λ 对识别率影响较小，而 β 对识别率影响较大，
随着 β 增加，识别率先增后减，总的来说，当 λ 取值 0.3~0.4、β 取值 0.2~0.3 时，
LSSM 模型的目标检测率较高。对于可见光图像，其目标细节丰富、结构复杂，过
度的结构约束使得 LSPSc/K-LSPSc 算法难以收敛，导致了识别率降低。对于红
外图像，其目标细节模糊、结构相对简单，适度的增强结构约束能够提高识别率。
因此对于 Caltech 101 数据库，设置 λ 为 0.3、β 为 0.2；对于 Infrared Human 数
据库，设置 λ 为 0.4、β 为 0.3(表 6.4.1 就是采用这种参数设置)。在相同参数配
置下，K-LSPSc-LSSM 性能总体优于 LSPSc-LSSM。

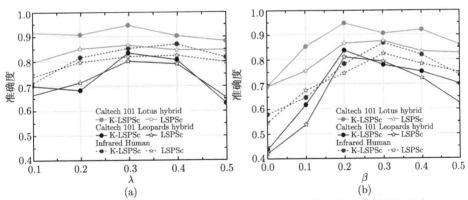

图 6.4.4 稀疏项参数 λ 和结构项参数 β 对 LSSM 模型的目标识别率影响
(a)$\beta = 0.25$; (b)$\lambda = 0.3$

6.4.2.2 红外目标检测

Infrared Car and Bicycle 数据库中图像尺寸为 640×480，场景变化小，针对
于该数据库，设计了两组实验。一组是自行车检测，从 155 幅图像中检测不同尺
寸 (最大和最小尺寸比例约为 2)、不同视角下的自行车 (正视到侧视)。另一组是
汽车检测，从 155 幅图像中检测不同尺寸 (最大和最小尺寸比例约为 3)、不同视
角下的汽车 (正视到侧视)。

采用一个简单的自行车模板集对 95 幅含自行车图像和 60 幅不含自行车图像进行检测识别, 自行车模板集由一个正视和一个侧视的自行车模板构成, 如图 6.4.5(a) 所示。采用一个简单的汽车模板集对 87 幅含汽车图像和 68 幅不含汽车图像进行检测识别, 汽车模板集由一个正视和一个侧视的汽车模板构成, 如图 6.4.5(b) 所示。需要将模板集进行扩展, 这里将各模板图像及其镜像图像扩展为 10 个尺度 (0.2~2), 19 个旋转角度 (−90° ~ 90°), 扩展模板集可解决多尺度、多旋转和多视角下的红外自行车和汽车检测。

设置 λ 为 0.4、β 为 0.3、字典尺寸为 256。图 6.4.5 给出了原始自行车和汽车模板以及 LSPSc-LSSM 对 Infrared Car and Bicycle 数据库的自行车和汽车检测结果。从图中可见, 虽然测试自行车和汽车车型与模板存在一定差异, 但测试目标与模板的大部分局部结构一致, 并且由于扩展模板集, LSPSc-LSSM 可准确识别出不同尺度、旋转和视角下的自行车和汽车目标, 实现基于简单模板集的红外车辆鲁棒检测。

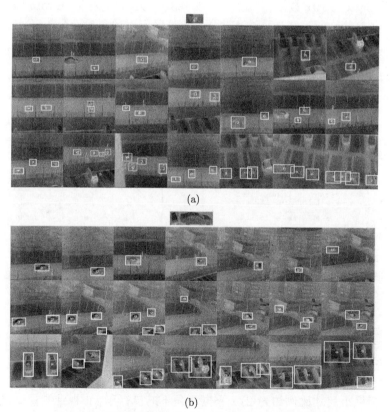

(a)

(b)

图 6.4.5　LSPSc-LSSM 模型对不同尺寸、旋转和视角下的红外车辆目标的识别结果

(a) 简单自行车模板集的检测效果; (b) 简单汽车模板集的检测效果

通过计算 LSSM 模型在各种参数变化 (字典尺寸、稀疏项和结构项比例、全局目标阈值和置信度参数) 下的 Recall-Precision 曲线，定量分析基于不同模板的 LSSM 模型车辆识别性能，并与其他方法进行比较。图 6.4.6(a) 显示了 LSPSc/K-LSPSc-LSSM 模型对 Infrared Car and Bicycle 数据库的自行车识别性能，对比了图 6.4.5(a) 中的自行车模板集和一个单独的自行车侧视图模板的识别效果。图中可见，采用多视角模板集明显提高了模型的识别性能；在两种模板下，K-LSPSc-LSSM 模型性能优于 LSPSc-LSSM 模型，对于单视角模板这种优势不是很明显。

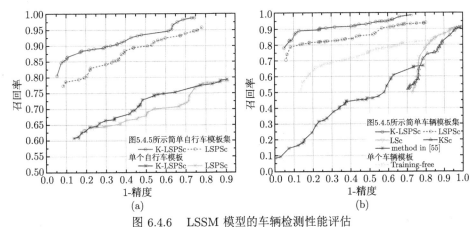

图 6.4.6　LSSM 模型的车辆检测性能评估

(a) 基于不同模板的 LSPSc/K-LSPSc-LSSM 模型红外自行车检测 Recall-Precision 曲线；(b) 不同方法模型的红外汽车检测 Recall-Precision 曲线

本质上讲，本节介绍的模型是一种基于稀疏学习的局部模板匹配方法，它的优势是基于较少的模板图像获得正确、鲁棒的目标识别。因此采用简单汽车模板集，实验比较基于不同稀疏编码方法的 LSSM 模型识别性能，还将 LSSM 模型与基于部分字典的稀疏表示方法[29] 进行比较，同时对比了基于简单汽车模板集的 LSSM 模型与基于单一侧视图汽车模板的免训练方法[10,13] 对汽车目标的检测性能。图 6.4.6(b) 显示各种方法模型对 Infrared Car and Bicycle 数据库的汽车检测性能比较，包括基于单模板的免训练方法、基于简单汽车模板集 (图 6.4.5) 的文献 [29] 方法和基于 LSc、KSc、LSPSc 和 K-LSPSc 稀疏编码算法的 LSSM 模型。

文献 [25,7] 的免训练方法由于采用单视角模板分析，容易漏检不同视角下的汽车目标。文献 [24] 方法基于测试图像与字典部分 (由目标模板的图像块构成) 的相似性识别目标，由于采用的汽车模板集较简单，不同车型的相似性匹配度低，因此该方法的容错性和适应性较差。LSSM 模型能够实现多视角、不同车型的汽车目标检测，其中 LSc 和 KSc 只追求测试图像的稀疏表示，局部图像块与模板集一致的均检测为目标，因此 LSc/KSc-LSSM 的虚警率过高 (误检率较低)；LSPSc

和 K-LSPSc 同时考虑目标的稀疏特征和结构信息，目标检测的准确性较高，因此 LSPSc/K-LSPSc-LSSM 模型对红外汽车目标的检测性能明显优于其他模型方法。

采用 Infrared Human 数据库进行人体检测测试，该数据库包含两台热像仪采集的不同场景下的 224 幅红外图像，其中图像尺寸为 720×576、640×480 和 352×288。为了便于比较，在实验输出中所有图像缩放至统一尺寸，实验设置 LSSM 模型参数 λ 为 0.4、β 为 0.3、字典尺寸为 256。

1) 多尺度、多旋转目标检测

前面测试了 LSSM 模型对不同视角、旋转和尺度下的车辆识别性能，但实验中车辆的尺度变化不大 (最大最小目标尺寸比例约为 3)，这里进一步测试 LSSM 模型对更加一般情况下的人体目标识别效果，其中目标的最大最小尺度比例不低于 10，部分图像旋转范围 −50°∼50°，同时存在较大的目标视角差异。

采用一幅站立人体正视图和一幅行走人体侧视图组建一个简单人体模板集，使其能够表征站立姿势和行走动作下的人体特性。与车辆模板集一致，将这个简单人体模板集进行扩展，使得扩展模板集能够检测不同尺寸、旋转和轻微形态变化的站立和行走人体目标。图 6.4.7 显示了简单人体模板集和 LSPSc-LSSM 模型对 Infrared Human 数据库的人体检测效果。因为模板字典学习了多尺度、多旋转和多视角的目标信息，加之 LSPSc 稀疏量化对背景具有一定抗干扰能力和对目标具有一定容错能力，LSPSc-LSSM 模型能够基于尽量少的模板图像实现站立和行走人体检测和定位。

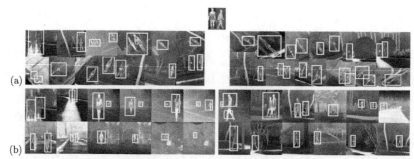

图 6.4.7　LSPSc-LSSM 模型对不同尺度、旋转和视角下的站立和行走人体检测效果
(a) 多旋转识别结果；(b) 多尺度检测结果

2) 一般人体检测

前面测试了多尺度、多旋转和多视角下具有轻微姿势和动作变化的站立和行走人体识别，现将 LSSM 模型应用到更加复杂的情况，验证 LSSM 模型对 Infrared Human 数据库中目标形态、场景和背景遮挡变化环境下的鲁棒人体检测。

为了提高 LSSM 模型的检测性能，采用图 6.4.8(a) 所示的模板集，对比图

6.4.7 的模板集，图 6.4.8 的模板集包含更多人体姿势，蕴含更全面的红外人体稀疏特征和结构信息，由此学习的红外人体字典更加充分。由于模板和测试图像的结构复杂度增加，采用 K-LSPSc 算法进一步提高 LSSM 模型对人体检测的抗干扰和容错能力，图 6.4.8 显示 K-LSPSc-LSSM 模型基于简单人体模板集实现复杂环境中的稳定红外人体检测和定位。

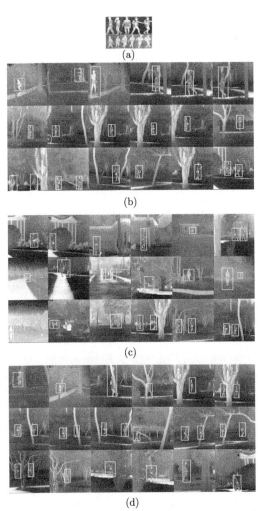

图 6.4.8　基于 K-LSPSc-LSSM 模型的红外人体鲁棒检测

(a) 人体简单模板集；(b) 不同姿势下的人体检测；(c) 变化场景下的人体检测；(d) 背景遮挡下的人体检测

需要强调的是，因为 Infrared Human 数据库主要包含不同视角、姿势下站立和行走的人体目标，图 6.4.8(a) 模板集选用了几幅具有代表性的不同视角和动作下的站立和行走人体图像，并且为了提高感兴趣目标字典的鲁棒性，模板图像采集自不同的相机，具有不同的图像质量。若感兴趣或待检测的人体姿势更加丰富，可以增加典型动作图像以进一步扩充模板集。

定量分析 LSSM 模型对 Infrared Human 数据库的人体识别性能。图 6.4.9 显示了采用两种红外人体模板集的 LSSM 模型对人体识别的 ROC 曲线以及不同方法的人体检测 Recall-Precision 曲线。

图 6.4.9(a) 基于不同人体模板集进行 LSPSc/K-LSPSc-LSSM 模型人体识别，包括图 6.4.7 和图 6.4.8 中的简单人体模板集。可以看出，不同模板集 (包含的目标局部稀疏结构全面度不同) 对 LSSM 模型的识别性能影响较大。在较低的虚警率下，LSPSc-LSSM 获得较 K-LSPSc-LSSM 略高的检测率，这种现象同样出现在图 6.4.9(b) 的 Recall-Precision 曲线中，然而总体而言，K-LSPSc-LSSM 的人体检测性能优于 LSPSc-LSSM。

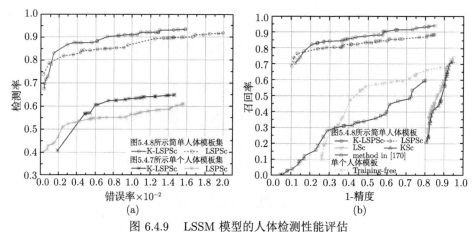

图 6.4.9　LSSM 模型的人体检测性能评估

(a) 基于不同人体模板集的 LSPSc/K-LSPSc-LSSM 模型人体检测 ROC 曲线；(b) 不同方法的人体检测 Recall-Precision 曲线

图 6.4.9(b) 显示了不同方法的人体识别性能曲线，包括基于单模板 (图 6.4.7 模板集中的行走人体侧视图) 的免训练方法、采用图 6.4.8(a) 简单人体模板集的文献 [24] 方法以及基于 KSc、LSc、LSPSc 和 K-LSPS 的 LSSM 模型。如图 6.4.9(b) 所示，与车辆数据库的识别结果一致，LSSM 模型对人体数据库的识别性能优于传统稀疏编码方法和免训练的模板匹配方法。只要模板集包含感兴趣目标类的足够局部稀疏结构信息，LSPSc/K-LSPSc 由于比其他稀疏编码方法增加了结构约束，使得相应的 LSSM 模型对场景变换、目标形状变化及部分遮挡下的目标识别鲁棒性更强。虽然免训练方法也能够识别人体动作，并且匹配过程具有一定的容错能力，然而单模板匹配对形状、视角及遮挡变化下的目标检测正确率较低。

6.4.2.3 微光目标检测

基于 LSPSc 和 K-LSPSc 算法对微光图像和红外图像的鲁棒稀疏结构特征提取进行了原理论证和实验效果分析，并测试了 LSSM 模型对复杂场景下的红外目标检测性能，这里结合 LSSD 微光降噪，测试 LSSM 模型对降噪后自然场景下的微光目标检测性能。

实验采用的微光数据库，其 356 幅微光图像中 143 幅含有汽车、188 幅有含人、64 幅只有背景。选取无噪声干扰的感兴趣目标图像制作简单模板集，基于 LSSM 模型对降噪后微光图像进行目标检测识别。通过计算 LSSM 模型在各种参数变化下的 ROC 曲线，定量分析基于简单汽车模板集的 LSSM 汽车识别和基于简单人体模板集的 LSSM 人体检测性能。图 6.4.10 给出了 LSPSc/K-LSPSc-LSSM 模型对 LLL 数据库的汽车和人体检测的 ROC 曲线，实验设置模型参数 λ 为 0.3、β 为 0.2、字典尺寸为 1024。

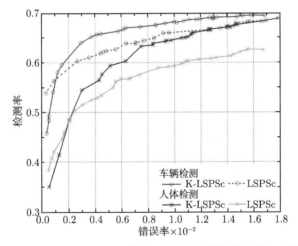

图 6.4.10　LSPSc/K-LSPSc-LSSM 模型对微光汽车检测和人体识别的 ROC 曲线

由于微光图像细节丰富，微光目标检测不仅受场景、自身形态和遮挡变化影响，还受目标内部细节干扰，如人的衣服和汽车的图案、颜色等，因此微光目标的检测率明显低于红外目标。与汽车相比，人体结构复杂，且微光人体目标受表面细节影响较汽车目标严重，因此微光人体检测率整体较汽车低。此外，K-LSPSc-LSSM 模型比 LSPSc-LSSM 模型具有更高的微光目标检测率和更低的虚警率，可见 K-LSPSc-LSSM 模型对微光目标表面细节的抗干扰能力较 LSPSc-LSSM 模型强。

前面分析了 LSSD 对红外和微光目标的识别性能，表 6.4.2 为不同算法对三个夜视图像库的计算效率的比较，实验采用 Intel i3-2120 3.3GHz 处理器，实行四线程并行处理。可见 LSSD 模型计算损耗较大，尤其是 KLSPSc-LSSD 模型，虽然核化非线性处理有效提高了夜视目标检测性能，但也降低了系统工作效率。

表 6.4.2　算法计算效率比较

数据库	计算时间/s			
	基于单模板的免训练方法	基于简单模板集的文献 [29] 方法	LSPSc-LSSD	KLSPSc-LSSD
LLL	21.1072	35.5644	31.8086	71.1430
Infrared Car and Bicycle	9.2411	15.5295	13.8028	30.9442
Infrared Human	13.4669	22.5344	20.0323	44.6790

　　基于仿生视觉模型的夜视目标检测包含图像增强、场景理解、目标检测定位等多个模块，因此亟须实现高度灵活、实时的决策计算。在今后的研究工作中，将结合多核、并行处理器，进一步基于视觉层次感知机制 (图 6.4.11(a))，研究分层、并行的 what/where 结构框架和异构信息处理模型 (图 6.4.11(b))，高效整合多光谱夜视图像认知计算、多源信息学习挖掘模块，协调多个子模块间的知识通信、反馈和相互协调，解决大量信息采集和处理运算与系统快速性、实时性的矛盾，实现快速、准确、智能的夜视环境感知和目标检测系统。

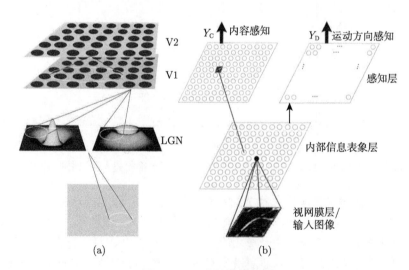

图 6.4.11　分层并行处理

(a) 视觉层次感知机制；(b) 基于 what/where 结构的分层并行目标识别框架

　　本节力图实现复杂场景下的一般夜视目标鲁棒检测。首先论证了结构保持约束的引入使得 LSPSc/K-LSPSc 算法能够有效削弱噪声和背景干扰，对夜视目标稀疏表示具有稳健性；其次立足于局部稀疏结构匹配思想，基于 LSPSc/K-LSPSc

算法介绍一种 LSSM 模型，实现鲁棒的夜视目标检测。

LSSM 模型无需大量模板集，而只需几幅感兴趣目标的模板图像，包含待测目标类别的基本稀疏结构特征，即可学习充分的模板稀疏结构字典。基于该模板字典进行局部结构保持稀疏量化，并根据 LSPSc/K-LSPSc 稀疏表示的学习误差建模提取目标概率。由于成像特性不同，LSSM 模型对红外目标的检测性能明显优于微光目标。实验结果表明较现有的稀疏学习和模板匹配方法，LSSM 模型对夜视目标的识别率较高，且对于场景变换、目标形态变化和背景遮挡情况下的夜视目标检测具有较强鲁棒性。

6.5 本 章 小 结

针对夜视目标形态多变、图像特性复杂，及现有方法过度依赖目标模板质量或模板集的全面性的问题，本章介绍了以下两类模型。

(1) 基于 LARK 的一系列鲁棒检测模型：① 将区域协方差矩阵引入 LARK 特征中，产生一种新的 SLARK 特征描述子，用来编码局部上下文数据结构信息；其次，基于 SLARK 特征并结合热方程计算全局约束的特征图，利用余弦矩阵计算特征图中相似的特征区域；② 结合 SLARK 特征计算的红外图像结构信息，增加图像的布尔图表示来定位感兴趣的目标区域，最后研究一种高效的 BNS 方法检测出模板索引图和测试图中相似的区域；③ LSSSM 算法模型构造了一种由极少量不同尺度、不同形态的感兴趣红外目标图片组成的简单模板集，并通过统计图像中局部区域包含与简单模板集中相似结构的数量来衡量测试图像中该区域与感兴趣目标的相似度；④ NSRM 模型增加近邻结构关系特征，利用这种局部上下文信息来提高对松散结构目标的检测能力。

(2) 基于视觉稀疏响应机理，构建一种局部稀疏结构匹配模型，利用其模板字典进行局部结构保持稀疏量化，并根据 LSPSc/K-LSPSc 稀疏表示的学习误差建模提取目标概率。这些模型算法实现了对典型红外目标 (包括具有复杂结构且姿态多样的人体、具有简单结构姿态多样的车辆) 的检测，而且本章方法对于存在尺度、旋转情况下的目标也具有稳健的检测能力，对于场景变换、目标形态变化和背景遮挡情况下的夜视目标检测具有较强鲁棒性。

参 考 文 献

[1] Ren H A, Du Q, Wang J. Automatic target recognition for hyperspectralimagery using high-order statistics [J]. IEEE Transactions on Aerospaceand Electronic Systems, 2006, 42(4): 1372-1385.

[2] Du Q, Kopriva I. Automated target detection and discrimination using constrainedkurtosis maximization [J]. IEEE Transactions on Geoscience and Remote Sensing, 2008,

5(1): 38-42.

[3] Wang Z, Bovik A C, Sheikh H R, et al. Image quality assessment: from error visibility to structural similarity [J]. IEEE Transactions on Image Processing, 2004, 13(4): 600-612.

[4] Widrow B. The "rubber-mask" technique-I. Pattern measurement and analysis [J]. Pattern Recognition: The Journal of the Pattern Recognition Society, 1973, (3): 175-176.

[5] Comaniciu D, Ramesh V, Meer P. Kernel-based object tracking[J]. IEEE Transactions on Pattern Analysis and Machine Intelligence, 2003, (25): 564-577.

[6] Takeda H, Farsiu S, Milanfar P. Kernel regression for image processing and reconstruction[J]. IEEE Transactions on Image Processing, 2007, (16): 349-366.

[7] Seo H J, Milanfar P. Training-free, generic object detection using locally adaptive regression kernels[J]. IEEE Transactions on Pattern Analysis and Machine Intelligence, 2010, (32): 1688-1704.

[8] Gao S, Tsang I W. Chia L T, et al. Local features are not lonely-laplacian sparse coding for image classification [C]. IEEE Conf. Computer Vision and Pattern Recognition, 2010: 1794-1801.

[9] Gao S, Tsang I W, Chia L T. Laplacian sparse coding, hypergraph laplacian sparse coding, and applications [J]. IEEE Transactions on Pattern Analysis and Machine Intelligence, 2013, 35(1): 92-104.

[10] Qi W, Han J, Zhang Y, et al. Infrared object detection using global and local cues based on LARK[J]. Infrared Physics & Technology. 2016, 76: 206-216.

[11] Hong X, Chang H, Shan S, et al. Sigma set: A small second order statistical region descriptor[C]. IEEE Computer Vision and Pattern Recognition, 2009: 1802-1809.

[12] Liu R, G.Zhong, J.Gao, Z.Su. Diffuse visual attention for saliency detection[J]. Journal of Electronic Imaging, 2015: 013023.

[13] Itti L. Automatic foveation for video compression using a neurobiological model of visual attention[J], IEEE Transactions on Image Processing, 2004: 1304-1318.

[14] Luo F Y, Han J, Qi W, et al. Robust object detection based on local similar structure statistical matching[J]. Infrared Physics & Technology, 2015, 68: 75-83.

[15] Xue T B, Han J, Zhang Y, et al. A neighboring structure econstructed matching algorithm based on LARK features[J]. Infrared Physics & Technology, 2015, 73: 8-18.

[16] Seo H J, Milanfar P. Action recognition from one example[J]. IEEE Transactions on Pattern Analysis and Machine Intelligence, 2011, (33): 867-882.

[17] 罗飞扬. 基于局部相似结构统计匹配模型的红外目标识别方法 [D]. 南京理工大学硕士学位论文, 2015.

[18] 薛陶蓓. 基于 LARK 和近邻结构匹配的红外目标识别方法 [D]. 南京理工大学硕士学位论文, 2016.

[19] Cui B W, Chen J, Chen X Z, et al. Least square method for complex estimation [J]. J. Anhui Univ. Nat. Sci. Ed., 2005, 29 (3): 5-10.

[20] Tong H, Chen D, Yang F. Least square regression with lp-coefficient regularization [J]. Neural Comput., 2010, 22 (12): 3221-3235.

[21] Han J, Yue J, Zhang Y, et al. Local Structure Preserving Sparse Coding for Infrared Target Recognition. PLOS ONE, online, 2017.

[22] 韩静. 基于仿生视觉模型和复杂信息学习的多光谱夜视目标识别技术 [D]. 南京理工大学博士学位论文, 2014.

[23] Devernay F. A Non-maxima suppression method for edge detection with sub-pixel accuracy [R]. Technical Report RR-2724, Institut National de Recherche en Informatique et en Automatique, 1995.

[24] Agarwal S, Awan A, Roth D. Learning to detect objects in images via a sparse, part-Based representation [J]. IEEE Transactions Pattern Analysis and Machine Intelligence, 2004, 26(11): 1475-1490.

[25] Hae Jong Seo, Peyman Milanfar. Detection of human actions from a signal example [C]. Proc. IEEE Int 1 Conf. Computer Vision, 2009, 1965-1970.

[26] Takeda H, Farsiu S, Milanfar P. Kernel regression for image processing and reconstruction [J]. IEEE Transaction on Image Processing, 2007, 16(2): 349-366.

[27] Tomasi C, Manduchi R. Bilateral filtering for gray and color images[C]. Computer Vision. Sixth International Conference on. IEEE, 1998: 839-846.

[28] Ahlgren P, Jarneving B, Rousseau R. Requirements for a cocitation similarity measure, with special reference to Pearson's correlation coefficient[J]. Journal of the American Society for Information Science and Technology, 2003, 54(6): 550-560.

[29] Gool, Van L, Neubeck A. Efficient non-maximum suppression[C]. International Conference on Pattern Recognition, 2006: 850-855.

[30] Mikolajczyk K, Schmid C. Scale & affine invariant interest point detectors[J]. International Journal of Computer Vision, 2004, 60: 63-86.

第 7 章　时—空—谱夜视目标识别定位

随着夜视成像技术的发展，对多光谱、时序图像信息智能理解的需求大幅提升。目前图像处理领域结合神经生理学和解剖学的研究成果，已提出诸多基于仿生计算的图像分析模型。人类视觉系统可分为具有层次结构的 What 和 Where 两条视觉通路，其中 What 通路主要用于物体识别，Where 通路主要用于空间定位。基于视觉双通路的 WWN(Where-What Networks) 模型对可见光图像具有高效的感知理解能力，本章立足于 WWN 视觉计算框架，研究设计了多种适用于夜视多光谱[1]、视频图像的目标检测识别模型，实现多维特征有效表示、目标快速鲁棒检测[2,3] 等。

首先阐述 3D-LARK 特征算子[4]，对空间域和光谱域、空间域与时间域的多维结构特征进行联合度量。在此基础上，针对多光谱图像，构建基于金字塔分层的多光谱目标检测模型[5]，并考虑近邻结构特征，将两种特征在金字塔模型中进行交替检测，展现了很好的鲁棒性；针对运动视频，设计一种基于局部结构和邻域结构的双层结构融合模型[6]，有效提高了多姿态结构非紧凑运动目标的检测精度。

7.1　WWN 模型生物机理

对于人类视觉系统，目前有多种方法将其划分为两个子系统 (两条信息处理流)。最初的理论是由 Ungerleider 和 Mishdkin 于 1982 年提出的，他们将来自主视皮层的映射分为两类不同解剖学流，即腹部流和背部流[7]。如图 7.1.1 所示，腹部流从视网膜开始，沿腹部经过侧膝体 (LGN)、初级视网皮层区域 (V1,V2,V4)、下颞叶皮层 (IT)，最终到达腹外侧额叶前部皮层 (VLPFC)，主要处理物体的外形轮廓等信息，即主要负责物体识别；背部流从视网膜开始，沿背部流经过侧膝体 (LGN)、初级视皮层区域 (V1,V2)、中颞叶区 (MT)、后顶叶皮层 (PP)，最后到达背外侧额叶前部皮层 (DLPFC)，主要处理物体空间位置信息等，即主要负责物体空间定位。因此，这两条信息流也被称为 What 通路和 Where 通路，图 7.1.2 分别用两个方向的箭头串来表示 What 通路和 Where 通路。

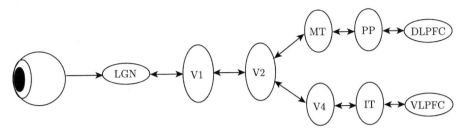

图 7.1.1 人类视觉中两条通路 (子系统)

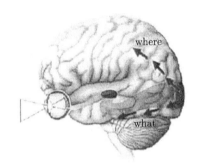

图 7.1.2 What 和 Where 通路

7.1.1 基于 What 和 Where 信息的视觉感知模型[8]

7.1.1.1 What 信息和 Where 信息的提取与表示

在构建基于 What 和 Where 信息的视觉感知模型时，采用统计方法进行目标检测，根据一组图像度量 V 来计算目标的似然函数值，可表示为

$$P(O|V) = \frac{P(V|O)P(O)}{P(V)} \tag{7.1.1}$$

其中，$P(O|V)$ 表示当给定一组图像度量 V 时目标 O 出现的条件概率。图像度量 V 可以是像素亮度值、纹理特征等；目标符号 O 可以是目标种类、大小等。

采用 LOCEV 算法 (Integration of Local Complexity and Early Visual Features) 提取自底向上的注意信息并形成相应的一级 What 信息和二级 Where 信息。LOCEV 算法的具体步骤如下：

1) 计算局部复杂度显著性

对图像 $I(x,y)$ 中的每个像素位置 $l = (x,y)$ 的每个尺度 $sc, sc_{\min} \leqslant sc \leqslant sc_{\max}$，用亮度直方图估计以 sc 为半径的图像区域对应的亮度局部概率密度函数 $p(ie, sc, l)$，即在对应图像区域内亮度取值为 ie 的概率，局部熵 $H(sc, l)$ 为

$$H(sc, l) = -\sum p(ie, sc, l) \log_2 p(ie, sc, l) \tag{7.1.2}$$

2) 计算统计不相似显著性

根据熵 $H(sc,l)$ 计算统计不相似性度量 $S_d(sc,l)$：

$$S_d(sc,l) = \frac{sc^2}{sc-1}[H(sc,l) - H(sc-1,l)] \tag{7.1.3}$$

3) 计算初级视觉特征显著性

用四个朝向、四个频率的 Gabor 滤波器对图像滤波：

$$v(x,y) = I(x,y) * \psi(x-x_0, y-y_0) \tag{7.1.4}$$

4) 计算图像区域显著性

将以点 $l=(x,y)$ 为中心，以尺度 sc 为半径的图像区域显著值定义为

$$SS(sc,l) = \frac{1}{sc}\sqrt{\sum_{i=1}^{m}\sum_{j=1}^{n} SA_{i,j}(SC,l)} \tag{7.1.5}$$

5) 提取自底向上的注意信息

采用 CONCEN(Context-Centered) 算法提取自顶向下的注意信息并形成一级 Where 信息。首先，提取一级 Where 信息的高维编码 V；然后，对一级 Where 信息高维编码 V 进行子采样处理，得到原始图像不同尺度、不同空间窗的响应表示 V_{sub}；最后计算高维编码子采样输出 V_{sub} 的统计特征，将统计特征系数 S_k 定义为一级 Where 信息 V_e。

7.1.1.2　基于一级 Where 信息的预注意

在预注意阶段，似然函数 $P(s|V_e)$ 可以表示为

$$P(s|V_e) = \frac{p(V_e|s)\,p(s)}{p(V_e|s)\,p(s) + p(V_e|\neg s)\,p(\neg s)} \tag{7.1.6}$$

其中的目标似然值的计算是一个学习的过程，得到的信息是关于过去在相似环境中成功发现目标的搜索经验，即给定一级 Where 信息，通过学习得出什么样的目标最可能出现和目标出现的位置。

只有在系统积累足够的经验之后，一级 Where 信息对目标检测才是最有效的，即用于学习 $P(s|V_e)$ 的训练集中要包含大量的图片。预注意的结果是：根据估计得到似然函数 $P(s|V_e)$ 的值，若 $P(s|V_e) \leqslant Q$，则停止搜索；若 $P(s|V_e) \geqslant Q$，则转入集中注意阶段，Q 为阈值。

7.1.1.3 一级 Where 信息驱动的集中注意

在集中注意阶段, 似然函数 $P(l|s, V_e)$ 可以表示为

$$P(l|s, V_e) = \frac{p(l, V_e|s)}{p(V_e|s)} \tag{7.1.7}$$

与似然函数 $P(V_e|s)$ 的学习过程类似, 似然函数 $P(l, V_e|s)$ 可以通过一个高斯混合模型来模拟训练, 学习给出了一级 Where 信息和属于某类目标的典型位置之间的关系。集中注意阶段估计出的 $P(l|s, V_e)$ 可以用来指导自底向上的注意, 并将注意指向目标最有可能出现的图像区域, 即集中注意区域。

通过实验观察测试图像中 $P(l|s, V_e)$ 的分布情况, 发现一级 Where 信息为估计集中注意区域的竖直位置 y 提供了很强的先验知识, 但是对水平位置 x 的确定贡献甚微。

7.1.1.4 What 信息与 Where 信息的结合

将测试图像集中注意区域中每个位置 $l = (x, y)$ 处的 $P(l|s, V_e)$ 与区域中对应位置的 What 信息 V_l 相乘得出综合信息 V_i, 即

$$V_l = P(l|s, V_e) \cdot V_l(l, sc) \tag{7.1.8}$$

图像 $I(x, y)$ 中位置 $l = (x, y)$ 处对应的 What 信息 V_l 表示的是以 $l = (x, y)$ 点为中心, 以 sc 为半径的图像区域的显著值 $SS(sc, l)$。因此, 综合信息 V_i 表示的是以 $l = (x, y)$ 点为中心, 以 sc 为半径的图像区域关于目标类 s 的显著性度量。与目标区域位置相关的信息 $l = (x, y)$ 和 sc 记录在二级 Where 信息 V_s 中。

这样, 通过 What 信息和 Where 信息的结合, 得到了图像集中注意区域中以每个像素点为中心的大小不同的区域关于目标类 s 的显著性信息。为了获取原始图像中的显著目标区域, 按照综合信息 V_i 的大小将所有区域进行排序。然后, 确定显著性最大的区域为第一个当前显著目标区域, 其他的区域都是显著目标区域转移的潜在目标。

在显著目标区域转移之前, 根据二级 Where 信息 V_s 计算集中注意区域中所有其他图像区域与当前显著区域中心点之间的距离为

$$DIS(l_0, l_p) = \sqrt{(x_0 - x_p)^2 + (y_0 - y_p)^2} \tag{7.1.9}$$

其中, $l_0 = (x_0, y_0)$ 为当前显著目标区域的中心点位置, $l_p = (x_p, y_p)$ 为集中注意区域中其他任意一个区域的中心点位置。sc_0 和 sc_p 分别表示这两个区域的半径, 如果

$$DIS(l_0, l_p) + sc_p < sc_0 \tag{7.1.10}$$

就从显著目标区域转移的潜在目标集合中去掉该区域。

剩余的所有潜在显著区域都试图将注视区吸引到自己所在的位置。在显著目标区域转移时综合考虑显著性、距离优先性和禁止返回的影响，计算潜在显著目标区域的吸引力。当存在几个显著程度相当的潜在目标时，下一个显著目标区域的选择将受到潜在目标与当前显著区域相对距离的影响。

总结而言，What-Where 模型具有以下几个突出的特点：

(1) 采用一级 Where 信息作为自顶向下的注意控制信息，指导自底向上的注意。现有模型出发点都是基于自底向上的注意，缺乏对高层信息的注意控制。这里使用的一级 Where 信息既可以为哪种目标最可能出现提供很强的先验，也可以为图像中期望目标出现的位置提供先验，从而可靠地指导自底向上的注意。

(2) 将自顶向下的注意控制分为两个阶段，在预注意完成后根据条件就可以停止整个检测过程，从而在很大程度上节约计算资源。将集中注意的结果与 What 信息和二级 Where 信息相结合，为将注意集中到与目标相关的显著区域提供了有效机制。

(3) 在显著目标区域转移的过程中，目标转移准测吸引力，需充分考虑人眼注视焦点移动的特点，并与之相结合调整显著目标区域的转移过程。

7.1.2　现有 WWN 模型综述

近年来，越来越多的学者开始关注并研究模拟生物视觉的特征模型[9]，WWN 就是其中一系列神经元处理意义上的注意和识别算法模型。与传统基于 What 通路和 Where 通路的处理方法相比，WWN 使用来自于动机驱动域的多种自上而下的输入，同时还应用了自底向上的注意，实现了复杂背景下多种注意机制的有机融合。图 7.1.3 描述了一个简单的 WWN 模型结构，其中有一个内部通用区域 Y 连接感知区域 X 和运动区域 Z。

目前，WWN 总共有 5 个版本。WWN 的前 3 个版本能够同时学习两个概念：物体的类别和位置，通过训练可以实现复杂背景中的物体识别及定位。其中，WWN-1 实现了自然背景下单个目标物体的两种能力：一定位置下的物体识别和某一类型出现在哪个位置，但是只是实现了五个位置的学习和测试。WWN-2 在WWN-1 的基础上实现了自然背景下单个物体在任意位置上的注意和识别，并且是在不提供任何位置和类型信息的前提下进行测试的。WWN-2 使用了一种更为复杂的模型结构，而且网络只能工作在自顶向下的注意力模式下，即要识别复杂背景中的物体类型，需要外界提供相应的位置信息。同样，要定位复杂背景中的物体，需要外界提供相应的类别信息。WWN-3 实现了自然背景下多个目标物体的检测和识别，并且物体为任意轮廓。WWN-4 增加了来自于输出层的交叉连接，增加了学习之后网络中的物体类型精度。

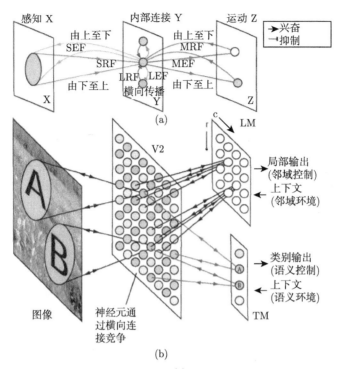

图 7.1.3   简单的 WWN 模型结构[9](扫描本书封底二维码可见彩图)

另外，WWN-2 实现了像素级别的位置概念。WWN-3 能够处理背景中多物体识别和定位的情况，实现了注意力的自主转移。WWN-4 主要是对网络的内部层次结构进行了分析。

WWN-5 在 WWN-3 的基础上增加了物体的尺度概念，即网络可以同时学习 3 种概念：类别、尺度和位置。WWN-5 在结构上与前四个版本有一定的不同：在 Z 区域，增加了表征物体尺度概念的区域，同时增加了不同感受野区域，而在之前的四个版本中，区域仅存在单一的感受野。另外，WWN-5 中加入了全局感受野神经元，进行了全连接。

现已有算法提出 WWN-6，通过仿生机制能够更加自然地学习外界概念，并根据学习的经历自适应地调节内部神经元间的连接，提高神经元资源的利用效率。此外，还在 WWN-6 基础上介绍了能够处理多尺度的网络模型 WWN-7，进一步加强网络在实际应用中的实用性。

7.1.3   WWN 模型的延伸

目标的可视化分析是计算机视觉系统中重要的组成部分，在过去的 20 年中，基于分类的目标检测成为这一领域的主流方法，如概率模型[10] 和 Parts-and-Shape

模型[11]。这类目标识别方法依赖于分类器决策,可分为基于监督的目标识别 (如神经网络[12])、非监督的目标识别[13] 以及半监督的目标识别[14]。而这些传统的基于训练的分类器模型需要大量的训练样本,会导致学习的过程较为缓慢,并容易出现参数过拟合的问题。因而,无需学习训练的目标识别算法逐步发展起来。

针对这些问题,Luo 等提出了 LSSSM 算法 (Local Similar Structure Statistical Matching),从图像的局部结构上考虑,根据目标图像中某区域内含有与示例图片中相似结构的数量判定该区域内是否存在示例图像中的目标。Luo 的局部拆分方法对目标检测的结果有所改进,但没有在 "效率" 和 "效果" 两方面形成双赢模式。虽然对模板的数目进行了扩充以满足多姿态目标的识别,但是对于尺度差距大的目标仍会出现漏检测的现象,局部拆分的相似性结构判定时效低。同时,Seo 和 Luo 的算法都拘泥于灰度图像,丢失了图片信息中重要的光谱信息,这对于目标的识别准确度和完整度都会产生影响。

近几年,一些学者致力于研究在视觉系统中加入光谱信息,以提高系统性能。这类学术成果已在多领域中得到应用,如图像融合[15] 和图像分类[16]。Yuan 等在行人检测中加入多光谱信息来提高检测性能[17];Liu 在 LSSSM 的基础上考虑 RGB 彩色图像信息,但构建的图像特征矩阵过于庞大,检测效率较低[18]。

这些算法均是针对图像小尺度区域,只考虑中心像素点与周围像素点之间的关系,却忽略了图像大尺度局部区域之间的结构关系。第 5 章中的 NSRM[17] 虽然从非负线性重构的角度考虑了邻域结构,但自然环境中大多数的物体的结构关系呈非线性,线性重构势必难以保持良好效果。同时,NSRM 算法的本质只是进行简单的特征融合,邻域重构与局部自适应特征在窗口尺度上没有形成区域包含关系,只是分别对图像局部区域进行处理。

针对上述算法存在的问题,结合 WWN 和非训练目标识别的思路,本章节在多光谱和运动检测两方面阐述两种分层计算模型:一种是基于近邻约束和 3D-LARK 的多光谱金字塔分层结构模型;另一种是基于 3D-weighted LARK 和邻域高斯结构的双层结构融合模型,通过显著性分析 (Where 信息)、特征匹配 (What 信息),最终实现复杂场景下的目标准确识别定位。

7.2　3D-LARK 特征算子

根据 LARK 的计算原理,对局部自适应特征算子从光谱域和时间域两个角度进行了拓展优化。

7.2.1　基于空间-光谱的 3D-LARK

基于像素点间的相似,Seo 算法对图像边缘位置的形状做出比较准确的估计,但它使用的单一模板很难表达出目标的所有信息特征,尤其是对于结构复杂、姿态多变的非刚性目标，识别效果过度依赖于模板。同时，该算法只考虑灰度信息，造成光谱信息缺失。如图 7.2.1 所示，选取同一幅待识别图像，在保持其他参数一致的情况下，(b) 和 (c) 在不同尺度的模板下形成不同的识别结果，(c) 和 (d) 在不同姿态的模板下也形成了不同的识别效果。同时，由于光谱信息的缺失，这些识别效果都不佳。由此可见，Seo 算法的局限性使得识别结果容易出现漏检测、错误检测以及检测区域不精确等现象。

考虑到光谱信息是描述图像信息的重要参数，因此将图像特征信息定义为 $S = \{x, y, r, z(x, y, r)\}$，其中 $[x, y]$ 为空间坐标，r 为色度坐标，$z(x, y, r)$ 为点 (x, y, r) 的灰度值。

图 7.2.1   Seo 算法检测结果

(a) 原图；(b)、(c)、(d) 不同的模板对应的测试结果

通过黎曼度量建立特征信息的微分公式：

$$\mathrm{d}S^2 = \mathrm{d}x^2 + \mathrm{d}y^2 + \mathrm{d}r + \mathrm{d}z^2 = \Delta \boldsymbol{X}^{\mathrm{T}} C_l \Delta \boldsymbol{X} \tag{7.2.1}$$

其中，$\Delta \boldsymbol{X} = [\mathrm{d}x, \mathrm{d}y, \mathrm{d}r]$，$\boldsymbol{C}_l$ 为适用于多光谱图像的协方差矩阵：

$$C_l = \sum_{k \in l} \begin{bmatrix} \boldsymbol{z}_x^2(k) + 1 & \boldsymbol{z}_x(k)\boldsymbol{z}_y(k) & \boldsymbol{z}_x(k)\boldsymbol{z}_r(k) \\ \boldsymbol{z}_y(k)\boldsymbol{z}_x(k) & \boldsymbol{z}_y^2(k) + 1 & \boldsymbol{z}_y(k)\boldsymbol{z}_r(k) \\ \boldsymbol{z}_r(k)\boldsymbol{z}_x(k) & \boldsymbol{z}_r(k)\boldsymbol{z}_y(k) & \boldsymbol{z}_z^2(k) + 1 \end{bmatrix} \tag{7.2.2}$$

如图 7.2.2 所示，在多光谱图像中，基于空间域和光谱域的 3D-LARK 也隐含地捕捉到了方向信息。需要说明的是，与直接使用运动矢量的估计算法相比，这样的计算框架更灵活地提供了自适应变化的特征描述符。而这种灵活性对于捕捉复杂多变的非刚性目标很有优势。

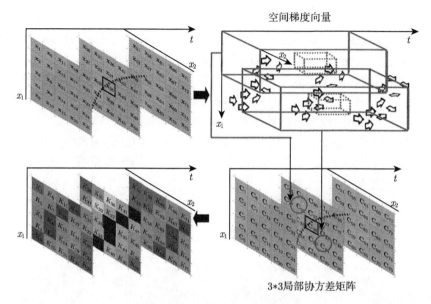

图 7.2.2   3D-LARK 的原理图

7.2.2   基于空间-时间的 3D-LARK

在光滑曲面上，每一个像素点有三个方向的梯度，$\boldsymbol{Z}_{x_1}, \boldsymbol{Z}_{x_2}, \boldsymbol{Z}_t$ 分别表示每一个像素点在垂直、水平和时间方向上的梯度向量，中心像素点的局部自适应回归核定义式与第 5 章相同。其中，局部图像中心点的协方差矩阵 $\boldsymbol{C}_l \in R^{3\times3}$ 定义见式 (7.2.3)。$\boldsymbol{C}_l \in R^{3\times3}$ 通过梯度向量 $\boldsymbol{J}_l$ 来表示中心像素点和周围邻域像素点的相似性，三维滑动窗口内梯度向量矩阵为

$$\boldsymbol{J}_l = \begin{bmatrix} \vdots & \vdots & \vdots \\ \boldsymbol{z}_{x_1}(x_k), & \boldsymbol{z}_{x_2}(x_k), & \boldsymbol{z}_t(x_k) \\ \vdots & \vdots & \vdots \end{bmatrix}, \quad k \in 1, \cdots, m_1 \times n_1 \times t_1 \qquad (7.2.3)$$

$m_1 \times n_1 \times t_1$ 是计算三维 LARK 时的窗口，式 (7.2.3) 表明，窗口内像素点都被平等选取，这不利于区分像素点的时空重要性。为了区分像素点的重要性，本节将权重矩阵 $\boldsymbol{f}$ 和 $\boldsymbol{J}_l$ 结合来实现权重分配。

$$\boldsymbol{J}_{\mathrm{new}} = \boldsymbol{J}_l \times \boldsymbol{f}, \quad \boldsymbol{f} \in R^{m_1 \times n_1 \times t_1} \qquad (7.2.4)$$

权重矩阵类似于纺锤形，中间权重大，而两端权重小，表示离中心像素越近的点权重分配越大，该像素点的梯度向量越重要。中间的二维矩阵，即第二帧，是

一个 5×5 的圆域均值滤波器,如式 (7.2.5) 中 $\boldsymbol{f}(:,:,2)$ 所示。权重矩阵的第一和第三帧离中心像素点较远,且距离相同,因此第一和第三帧权重大小相同,初始设置为第二帧的 0.6 倍,得到的矩阵的边缘处的值接近于 0。最后得到权重矩阵的第一和第三帧,如式 (7.2.5) 中 $\boldsymbol{f}(:,:,1)$ 所示。

$$
\left\{
\begin{array}{l}
\boldsymbol{f}(:,:,1) = \boldsymbol{f}(:,:,3) = \begin{bmatrix} 0 & 0 & 0.3 & 0 & 0 \\ 0 & 0.3 & 0.6 & 0.3 & 0 \\ 0.3 & 0.6 & 0.6 & 0.6 & 0.3 \\ 0 & 0.3 & 0.6 & 0.3 & 0 \\ 0 & 0 & 0.3 & 0 & 0 \end{bmatrix} \\[2.5em]
\boldsymbol{f}(:,:,2) = \begin{bmatrix} 0 & 0.2138 & 0.479 & 0.2138 & 0 \\ 0.2138 & 0.985 & 1 & 0.985 & 0.2138 \\ 0.479 & 1 & 1 & 1 & 0.479 \\ 0.2138 & 0.985 & 1 & 0.985 & 0.2138 \\ 0 & 0.2138 & 0.479 & 0.2138 & 0 \end{bmatrix}
\end{array}
\right. \tag{7.2.5}
$$

根据局部自适应回归核定义式,使用带权重的 $\boldsymbol{C}_l$ 代替原来的 $\boldsymbol{C}_l$:$\boldsymbol{C}_l = \boldsymbol{J}_{\text{new}}^{\text{T}} \boldsymbol{J}_{\text{new}}$,得到整个视频中每个点的核值 $\boldsymbol{K}$,另取一个 $m_1 \times n_1 \times t_1$ 三维滑动窗口,得到窗口内中心像素点的局部核向量:$(\boldsymbol{K}_l^1, \boldsymbol{K}_l^2, \cdots, \boldsymbol{K}_l^{m_1 \times n_1 \times t_1})$。整幅图像由多个 $m_1 \times n_1 \times t_1$ 片段构成,图片总像素点个数为 M。为了统一图像的各局部自适应回归核,对三维 LARK 特征进行归一化处理,将归一化之后窗口内的各像素点对应的元素值按序排成一列,得到该点的局部自适应回归核特征向量。

7.2.3   其他特征算子与 3D-LARK 的比较

3D-LARK 特征算子与双边核 (Bilateral Kernels,BL)[19],非局部均值核 (Non-Local Means Kernels,NLM)[20] 以及局部自相似特征 (Local Self-Similarity,SSIM)[21] 相关,但具有更好的普适性,在很多方面均区别于上述三种特征算子,下面进行详细叙述。

BL 算子最初是为了保边滤波,并应用在计算机图形学中的色调映射。BL 被定义为

$$
K(y_l, y, x_l, x) = \exp\left\{ -\frac{\|y_l - y\|^2}{h_r^2} - \frac{\|x_l - x\|^2}{h_s^2} \right\} \tag{7.2.6}
$$

其中，y_l 为 x_l 处的像素数，x_l 为 x 的领域像素点，h_r 和 h_s 分别为光谱域和空间域的高斯平滑系数。BL 算子是通过分别计算中心像素点与周围像素点基于欧几里得距离而产生的光谱度和空间域的相似度，来获取图像的基本几何结构。由于 BL 算子是基于像素点之间的直接相似性，因而其所反映的几何结构是不完整的，并对背景噪声和光照变化较为敏感。从广义的角度来说，BL 算子应用在图像局部区域上则构成了 NLM 算子。

NLM 算子可视为一个加权高斯内核：

$$K(y_l, y, x_l, x) = \exp\left\{-\frac{\|y_l - y\|^2}{h_r^2} - \frac{\|x_l - x\|^2}{h_s^2}\right\} \tag{7.2.7}$$

其中，y_l 是以 x_l 为中心的一个局部区域，h_r 和 h_s 分别为光谱域和空间域的高斯平滑系数。

由于 NLM 算子用图像局部区域代替单个像素点，较 BL 算子而言，它可以更好地反映图像的结构特征。但是，在描述图像具体边缘细节结构上，NLM 算子显得力不从心。需要指出的是，NLM 算子仍是基于图像灰度和欧几里得距离的。而 LARK 算子是利用能稳定估计梯度变化的协方差矩阵，这使得 LARK 算子能在背景噪声和光照变化的干扰中保证较好的鲁棒性。

SSIM 是由 Shechtman 和 Irani 为解决目标检测问题提出的算子，定义为

$$K(y_l, y) = \exp\left\{-\frac{\|y_l - y\|^2}{\max(v_{\text{noise}}, v)}\right\} \tag{7.2.8}$$

其中，v_{noise} 表示光照变化的常量 (照度，颜色或噪声)，v 是 x 极小邻域内的各局部区域不同而形成的最大方差。

对比式 (7.2.7) 和式 (7.2.8) 可知，NLM 与 SSIM 的原理较为相近。但 SSIM 算子考虑了颜色问题，并使用 log-polar 来表示局部仿射变形，因而 SSIM 比 NLM 更能全面地反映图像特征。

在过去的几年中，基于梯度直方图的感兴趣像素点的描述算子逐步发展为图像局部描述符。随着尺度不变特征变换 (Scale-Invariant Feature Transform, SIFT) 的发展，越来越多的学者研究出变化的 SIFT 算子，如 PCA-SIFT[22]，梯度位置和方向直方图 (Gradient Location and Orientation Histogram，GLOH)[23]，形状上下文 (Shape Context)[24]，HOG[25] 等。

HOG 和 SIFT 使用量化的梯度方向直方图来表示。需要指出的是，3D-LARK 与文献 [26] 提出的 3D-HOG 看似有关联，但实际上是两种不同的描述符。几种特征算子在非重叠区域表示结果如图 7.2.3 所示。本章算法通过自然信号感应度量来捕捉局部窗口中立体像素点之间的关系，而 3D-HOG 则是利用量化的局部

空间梯度直方图。量化的梯度向量虽然可以减少计算复杂度，但是会导致特征算子的描述能力明显下降。

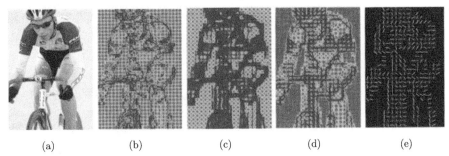

图 7.2.3　特征算子在非重叠区域表示结果 (扫描本书封底二维码可见彩图)
(a) 原图；(b) BL 算子；(c) NLM 算子；(d) LARK；(e) HOG

7.3　基于金字塔分层模型的多光谱目标识别

本节立足于非训练目标检测算法、WWN 模型以及图像金字塔分析研究，考虑图像光谱信息，基于近邻结构特征和 3D-LARK 局部结构特征，阐述了用多尺度类金字塔分层模型进行目标检测。

7.3.1　基于 3D-LARK 和分层模型的多光谱目标检测

针对多光谱图像信息复杂，识别效率低的问题，阐述了基于 3D-LARK 的多尺度类金字塔分层结构模型，通过模板集与目标图像 LARK 特征矩阵的相似度，识别出目标。建立多尺度多形态的模板图像集，确保大小不一致的目标均可被检测识别，并进行去冗余以提高工作效率；考虑模板和目标图片中丰富的光谱信息，利用基于光谱域和空间域的 3D-LARK 特征算子，将匹配识别拓展到光谱域。同时，构建类金字塔分层结构模型，在缩短识别时间的同时提高目标识别的精确度。具体的算法流程如图 7.3.1 所示。

7.3.1.1　基于 3D-LARK 的目标检测模型

在 7.2.1 节中，对基于空间域和光谱域的 3D-LARK 特征的计算原理进行了阐述。在本章节的多光谱目标检测中，3D-LARK 作为一个重要的特征描述符，对实际场景进行描述。

根据 7.2 节中的 3D-LARK 计算基本理论，将 3D-LARK 算子进行归一化处理，以更好地应对光照等外界环境噪声的干扰：

$$k_i^l = d\boldsymbol{K}_i^l / \sum_{l=1}^{w^2 \times w_r} K_i^l \in R^{w^2 \times w_r}, \quad i = 1, \cdots, n, \quad l = 1, \cdots, w^2 \times w_r \quad (7.3.1)$$

其中，n 为图像的总像素数，$w^2 \times w_r$ 为选取的局部立体窗口的大小 (图 7.3.2)。

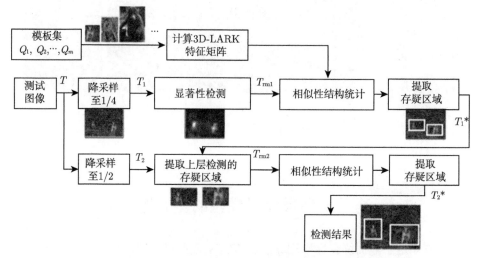

图 7.3.1　基于 3D-LARK 的分层结构算法流程图

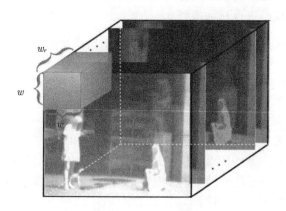

图 7.3.2　局部窗口示意图

　　因此，以 i 为中心像素点的窗口内的 3D-LARK 特征矩阵按列序表示为列向量 (相当于降维操作，从三维矩阵变为一维矩阵)：

$$\boldsymbol{f}^i = \left[k_i^1, k_i^2, \cdots, k_i^{w^2 \times w_r} \right]^{\mathrm{T}} \quad (7.3.2)$$

随后，用 $w^2 \times w_r$ 大小的窗口按列序历遍全图，从而得到全图的 3D-LARK 权值

向量矩阵，表示为

$$\boldsymbol{F} = \left[f^1, f^2, \cdots, f^n\right] \in R^{w^2 \times w_r \times n} \tag{7.3.3}$$

因此可以得到待测图像 T 和模板集 Q 的 3D-LARK 权值矩阵，

$$\begin{aligned}
\boldsymbol{F}_T &= [\boldsymbol{F}_T^1, \boldsymbol{F}_T^2, \cdots, \boldsymbol{T}^n] \in R^{w^2 \times w_r \times n} \\
\boldsymbol{F}_Q &= [\boldsymbol{F}_Q^1, \boldsymbol{F}_Q^2, \cdots, \boldsymbol{Q}^m] \in R^{w^2 \times w_r \times m}
\end{aligned} \tag{7.3.4}$$

其中，n 为待测图像 T 的总像素数，m 为模板集 Q 图像的个数，M 为模板集 m 张图像总的像素数。

根据第 5 章中的相似性统计相关理论，索引值代表目标图像与模板集相似的结构在模板集中的位置。局部窗口内不同的索引值越多，表示该局部窗口中含有越多与模板集相似的结构。去冗余后的模板集包含的局部特征是非重复的，体现目标的本质结构，有效地避免了模板集中原有相似结构对索引统计的影响，从而降低了误匹配。这里，选取合适的 $P \times P$ 局部窗口遍历 $\mathbf{index}_L$ 矩阵，统计窗口内不重复的索引值个数，构建统计索引值个数的矩阵，记为 $\boldsymbol{R}_m$。以图 7.3.3 为例，$\boldsymbol{R}_m$ 反映了图像中目标的显著性，其中分层结构中不同层的 $\boldsymbol{R}_m$ 相似图不同，图像局部特征的复现度也不同。

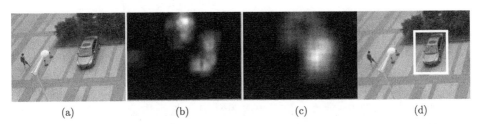

(a)   (b)   (c)   (d)

图 7.3.3   (a) 原图；(b) 第一层 $\boldsymbol{R}_m$ 相似图；(c) 第二层 $\boldsymbol{R}_m$ 相似图；(d) 检测结果

多光谱图像信息丰富，简单地沿用 Seo 和 Luo 的方法在时间上效果均不理想。为此，本节阐述对目标图像进行分层处理，类似于金字塔的操作结构，将目标图像进行多尺度降采样，对于每个尺寸的图像均进行目标识别，并将前一层的识别结果作为后一层的检测区域，环环相扣。本算法中分层结构由以下三步组成：

步骤 1：计算模板集 Q 去冗余后的 3D-LARK 权值向量矩阵 $\boldsymbol{F}_Q$。

步骤 2：如图 7.3.4 所示，首先将目标图像 T 缩小为原来的 1/4 大小，构成图像 T_1。对图像 T_1 进行 ITTI 显著性分析[27]，显著目标区域为目标可能存在的位置。随后，进行图像二值化，并提取出有效区域 T_{rm_1}。计算 T_{rm_1} 的权值向量矩阵 $\boldsymbol{F}_{T_1}$，并与模板图像集 Q 的权值向量矩阵 $\boldsymbol{F}_Q$ 进行相似性结构统计，从而提取出初步的目标 T_1^*。

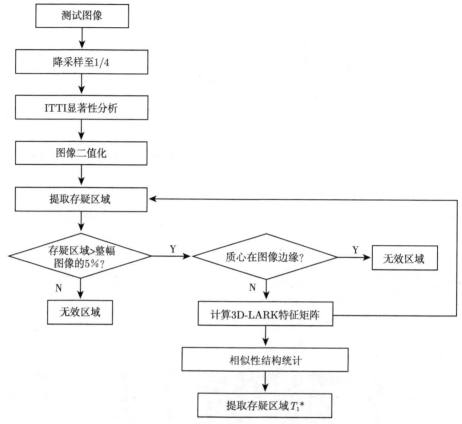

图 7.3.4　分层结构中第一层处理流程图

步骤 3：将图像 T_1 放大一倍，构成图像 T_2。根据步骤 2 中的初步目标图像 T_1^*，按比例在 T_2 中提取出相应的区域 T_{rm_2}。计算 T_{rm_2} 中各个区域的权值向量矩阵，对各个区域计算出的矩阵进行整合，得到 T_2 的权值向量矩阵 $\boldsymbol{F}_{T_2}$。再对 $\boldsymbol{F}_{T_2}$ 和 $\boldsymbol{F}_Q$ 进行相似性结构统计，提取出目标 T_2^*。

在上述过程中，将原本信息复杂的目标图片分成三层进行处理：1/4 图，1/2 图和原图。通过 1/4 图处理得出的初步结果来确定 1/2 图的处理范围，利用金字塔结构有效缩小 3D-LARK 矩阵的计算范围，并使得最终结果更为精确，如图 4.5 所示。对于大尺寸原图，可以增加处理层次。

相似性结构统计在整个设计中对时间的影响最大，且随着模板集权值向量数目的增加而增加。如果以原图大小进行相似性结构统计，相对耗时较久。在本节所阐述的模型中，分别在 1/4 和 1/2 大小的图像基础上进行相似性结构统计，虽然增加了处理次数，但在很大程度上缩短了总时间。从图 7.3.5 中可以明显地看出，最终目标提取结果明显优于 1/4 图上的提取效果。

图 7.3.5 分层结构处理结果

本算法通过构建类金字塔分层结构，进行了两次目标检测，也就是说进行了两次相似度的匹配过程，因而检测精度和检测效率得以提高。首先，二次检测有效避免了误检测。其次，T_1^* 在形成 T_{rm_2} 时，向外拓展了几个像素，同时统计窗口也有所增大，从而有效改善了误分割现象。

图像的特征矩阵较为庞大，在相似性统计的过程中占据了 50% 以上的运行时间。不同于 LSSSM 算法，本算法只针对图像局部区域计算 3D-LARK，而不是整幅图像。在金字塔模型的第一层 (原图 1/4 大小)，特征矩阵的计算区域取决于ITTI 显著性分析；在第二层 (原图 1/2 大小)，特征矩阵的计算区域取决于第一层的检测结果。因而，本算法的特征矩阵计算区域远小于 LSSSM。简言之，本算法尽管进行了多次检测，但整体运行时间却有效缩短。

7.3.1.2 参数设置及实验结果分析

1) 模板集参数设置

对于某一目标，选取多幅单一目标图片构成模板集 (图 7.3.6)。模板集中所选取的图片在满足多姿态的同时满足多尺度 (模板的缩放比例)，以便于待测图像中的目标更高精度的提取。

图 7.3.6 模板集 $Q = \{Q_1, Q_2, \cdots, Q_{18}\}$

对模板集进行 LARK 矩阵计算，这里选择 13×13 的窗口大小。权值向量矩阵 $\boldsymbol{F}_Q$ 的每列代表一个 13×13 局部窗口中的结构。$\boldsymbol{F}_Q$ 的大小为 $169 \times M$，M 值取决于模板集像元个数。去冗余后的权值向量矩阵 $\boldsymbol{F}_Q'$，一方面结构数量减少，匹配计算量减少，效率得以提高；另一方面，$\boldsymbol{F}_Q'$ 更能体现目标的本质特征，保留了差异较大的局部结构，有效避免了误匹配。

　　在去冗余的过程中，通过对两个权值向量的余弦值与设定阈值 τ 的比较，判断这两个向量是否相似。阈值 τ 越大，保留的权值向量个数越多，计算越复杂；阈值 τ 越小，保留的权值向量矩阵差异性越大，识别结果越不精确。因此，这里涉及具体阈值 τ 的选择问题。对不同阈值下的权值向量矩阵的个数进行了统计，如图 7.3.7 所示。横坐标表示阈值 τ，纵坐标表示去冗余后权值向量矩阵的个数。可以简单地将其看作曲线图，权值向量矩阵的个数随着阈值 τ 的增加先缓慢增长后急速增长。这里通过曲线的增长速率变化的转折点，即斜率为 0.5 的点来确定阈值。以猴子模板集为例 (图 7.3.7)，选择点 (0.988，553)，也就是将阈值 τ 设置为 0.988，此时去冗余后的权值向量矩阵个数为 553，以这个新的权值向量矩阵参与目标图片中的相似性结构统计。

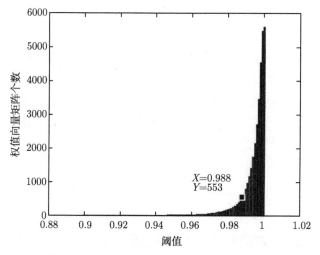

图 7.3.7　权值向量矩阵个数–阈值 τ 的关系

2) 目标图像参数设置

　　采用非极大值抑制的方法，准确定位最大值 (目标) 所在位置。设置信度，使 RM 仅保留下总数中像素值最大的部分；然后依次找出局部最大的值，抑制已找到的最大值，即可得到非极大抑制图像。如图 7.3.3(b) 所示，简单通过颜色来说明，颜色越深表明相似度越高。这个区域就是目标位置，还原到原测试图像，如图 7.3.3(c) 所示，则可以确定目标所在的位置。

　　为准确确定目标的位置并提高检测效率，最大程度抑制 RM 中的背景像素、保留目标像素，需要合理地设置信度。在此选取了多幅目标图像，根据各自 RM 矩阵建立概率密度曲线 (图 7.3.8(a))，对概率密度曲线进行积分，建立积分和曲线 (图 7.3.8(b))。可以看出，虽然各幅目标图像的 RM 概率密度分布差异较大，但它们的积分和曲线在尾部趋于一致。而尾部对应 RM 中值较大的部分，即为目标可能出现的地方。因此，其他相对灰度不大的像素值可以略去，以减小计算量，提高效率。选择各幅图像的 RM 概率密度积分和曲线开始趋于一致的点，该点的右边予以保留，左边舍去。图 7.3.8(b) 表明，置信度设置为 0.75。

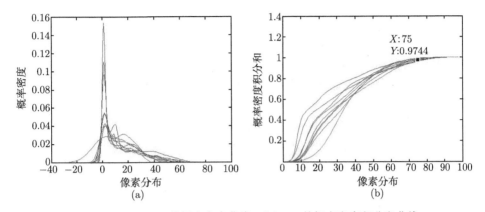

图 7.3.8　(a) RM 的概率密度曲线；(b)RM 的概率密度积分和曲线

3) 实验测试结果分析

为验证本算法的有效性和优越性，对多组实际场景中的多光谱图像进行处理。实验测试基于同一个平台 (MATLAB，R2014(a)，1.70 GHz PC，4.00GB RAM)，以保证实验结果的公平性。

针对目前多光谱图像目标检测数据集缺失的情况，选择彩色图像数据库进行测试。同时，拍摄了一组近红外波段的多光谱图像，来验证本算法的有效性。

实验测试一：非刚性目标之猴子。

由于猴子属于非刚性目标，行为姿态复杂多变。而 Seo 算法中只有单张模板，没有尺度缩放，同时只对目标进行整体结构分析。对于人脸、汽车等结构相对紧凑或者形态相对简单的目标尚可识别，对于非刚性目标很容易出现目标无法识别的现象。LSSSM 算法对模板集进行了扩展，但识别效果仍劣于本算法，具体识别结果见图 7.3.9。

图 7.3.9(c)、(d) 中，从整体处理效果来看，本算法在增加光谱信息的同时进行多次识别，识别结果明显优于 LSSSM 算法。从单张图像来分析：本算法在 T1,T2,T3,T6 图中识别的目标更为全面，对于完整目标的识别精确度更高。由于 LSSSM 算法对全图计算 LARK 矩阵，并将目标细节拆分，与目标有某些相似结构的物体也会被识别。因而在 T4 目标的识别中，LSSSM 算法出现了误识别现象。然而在本算法中，增加的光谱信息能有效地避免某些相似性结构的物体被误识别的现象。在 T5 图像中，LSSSM 算法在同一目标中重复检测，而本算法通过多次

识别，有效地避免了这个问题。

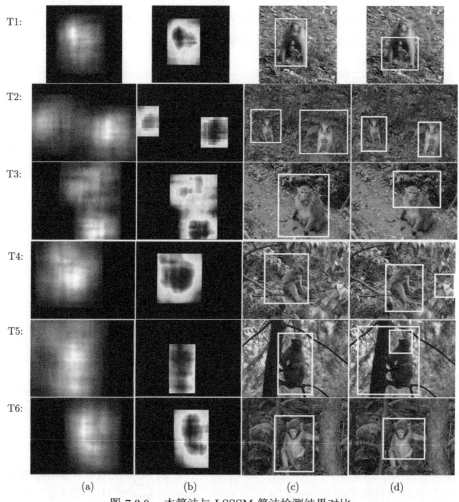

图 7.3.9　本算法与 LSSSM 算法检测结果对比

(a) RM 图；(b) 非极大值抑制图；(c) 本算法的检测结果图；(d) LSSSM 检测结果图

　　实验测试二：CBCL 数据库之汽车。

　　以汽车为目标，对 CBCL 的数据集[28] 进行测试。汽车作为一个刚性目标，没有形状变化，但各个视角仍会产生较多的姿态。以图 7.3.10 作为本算法的汽车模板集进行算法处理，LSSSM 算法采用同样的模板集。需要注意的是，LSSSM 采用的是图像的灰度模式。同时选取模板集的第 4 幅图像，作为 H.J.Seo 算法中的模板图，进行对比实验。根据模板集参数设置的相关理论，这里对汽车模板集设置参数为 (0.982，722)。

图 7.3.10 汽车模板集 $Q = \{Q_1, Q_2, \cdots, Q_{15}\}$

不同算法的对比测试结果见图 7.3.11。可以明显看出，与 Seo 以及 LSSSM 算法相比，本算法对不同场景不同视角的汽车均取得了较好的检测效果。Seo 算法只采用单一模板，且只考虑整体结构，因而对于待测图像中汽车角度与模板图像类似的，Seo 算法能有检测结果。但对于不同视角的汽车，检测效果不佳，甚至几乎不能识别待测图像中的汽车目标。LSSSM 算法的检测效果优于 Seo 算法，大多数的汽车目标能被检测出来。但 LSSSM 算法通过局部结构相似度的一次判断来实现对目标的检测，很容易出现两个问题：如图 7.3.11(b) 所示，T1,T3 出现了误检测；而 T2 出现了错误分割。同时，LSSSM 算法没有分层结构，不同大小的汽车在检测完整度和对背景噪声干扰的排除上表现不是很好。

图 7.3.11 汽车检测对比图

(a) Seo 算法检测结果；(b) LSSSM 算法检测结果；(c) 本算法检测结果

Seo 算法和 LSSSM 算法均缺失了光谱信息，均以结构的相似性作为衡量的准则 (Seo 算法考虑整体结构，而 LSSSM 算法关注于局部拆分结构)，因而对于一些与目标有相似结构的背景噪声，很容易出现误检测的现象。以第一组图为例，Seo 算法和 LSSSM 算法均将垃圾箱误检测为目标。

本节中阐述的算法能有效避免上述各类问题。由于多尺度多视角的模板集的扩充，图 7.3.12 中，视场深度形成的不同大小不同角度的汽车均被检测出来。同时，本算法有效避免了误检测。一方面由于光谱信息的加入，丰富了图像特征；另一方面，由于类金字塔分层结构的多次检测，也提高了检测精度。对于不同背景噪声，汽车目标呈现不同形态、不同大小的测试图像，本算法均取得了较好的检测效果，足以证明本算法的有效性。

图 7.3.12　　本算法的汽车检测结果图

实验测试三：自拍摄场景之汽车。

借助低分辨率的摄像头对实际场景进行了拍摄，汽车检测效果如图 7.3.13 所示。可以看出，图中不同大小的汽车均被检测出来，汽车旁边有局部相似结构的三轮车，在类金字塔分层结构的算法框架中也有效避免了这类误检测；最后一行中拍摄于不同视角的同一辆银色轿车，均很好地被检测出来。

图 7.3.13　　本算法对于实际场景中汽车的检测结果

实验结果证实了本算法对实际场景目标检测的有效性，这对于后续算法的移植和应用起到了指导作用，可以考虑将本算法应用到目标跟踪或者固定场景的目标检测上。

实验测试四：近红外多光谱图像之行人。

彩色图像属于典型的多光谱图像。为更好地验证本算法的有效性，在室外采集一组近红外波段的多光谱图像。本算法随机选取三个波段上的图像进行目标识别，识别效果呈现在单波段图像上。这组行人的模板集如图 7.3.14 所示。根据模板集参数设置的相关理论，这里对人体模板集设置参数为 $(0.978, 773)$。识别结果如图 7.3.15 所示。

可以看出，多波段的识别效果明显优于单波段。本算法通过光谱信息的增加，使得权值向量矩阵数据增多,不但提高了目标的识别率,并使识别效果更为精确,误识别率也明显降低。

图 7.3.14　多光谱行人检测的模板集 $Q=\{Q_1, Q_2, Q_3, \cdots, Q_{21}\}$

图 7.3.15　行人检测结果

为了定量描述各个算法之间的性能差异,这里采用查全率 (Recall)、查准率 (Precision)、错误率 (Error) 来衡量检测效果,其计算公式如下:

$$\text{Recall} = \frac{\text{TP}}{\text{TP} + \text{FN}} \tag{7.3.5}$$

$$\text{Precision} = \frac{\text{TP}}{\text{TP} + \text{FP}} \tag{7.3.6}$$

$$\text{Error} = \frac{\text{FP} + \text{FN}}{\text{TP} + \text{TN} + \text{FP} + \text{FN}} \tag{7.3.7}$$

其中,TP 表示正确检测出的目标区域,FP 表示误检测为目标的部分,FN 表示未被检测出的目标区域,TN 表示未被检测出的非目标区域。

图 7.3.16 显示了在多组图像测试中 Seo 算法、LSSSM 算法和本算法的查全率比较。可以看出,本算法的查全率高;Seo 算法的查全率远低于 LSSSM,这与该算法很容易出现无法识别的现象相吻合;LSSSM 算法查全率低于本算法,同时它的检测结果精确度不高,导致错误率偏高。

对于目标识别而言,查准率和查全率是一对相互矛盾的物理量,提高查准率往往要牺牲一定的查全率,反之亦然。为了更全面地反映识别系统的性能,将信号检测领域的 ROC(Receiver Operating Characteristic)[29] 曲线引入对目标识别效果的评估中。曲线图的 Y 轴和 X 轴分别是评价指标 TPr(True Positive Rate) 和 FPr(False Positive Rate)。

$$\text{TPr} = \frac{\text{TP}}{\text{TP} + \text{FN}}, \quad \text{FPr} = \frac{\text{FP}}{\text{FP} + \text{TN}} \tag{7.3.8}$$

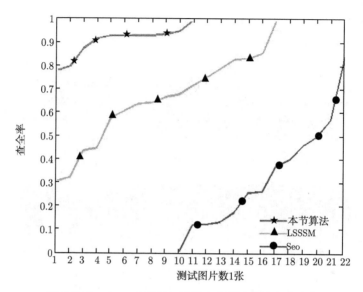

图 7.3.16　Seo、LSSSM 以及本节算法的查全率比较

　　在目标检测区域中，将背景噪声正确地排除在目标之外的数目 (TN) 相对于正确检测出目标区域的数目 (TP) 来说过于庞大，而且它的计算对于检测系统的评估意义不大。目标检测系统更加关注于是否将目标全部检测出来以及检测出的区域有多少是虚警，从而引出 RPC 曲线 (Recall Precision Curves)[30]，其 Y 轴和 X 轴分别对应评价指标查全率和虚警率 (1-precision)，如图 7.3.17 所示。

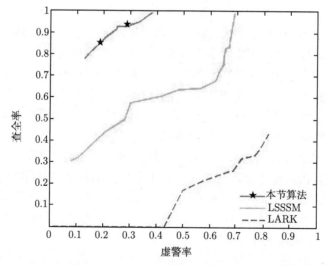

图 7.3.17　本节算法与 LARK 以及 LSSSM 的 RPC 曲线对比图

可见，在某些结构简单，背景干净的图片中，单一的 Seo 算法尚可对目标进行低查全率的识别，而对于人体动物等非刚性目标，识别效果不佳。LSSSM 虽然对 LARK 的模板进行了扩充和结构分解，提高了目标的识别率，但目标识别不全，查全率低，精确度不高。本算法将识别范围扩展到多光谱范围，通过丰富光谱信息，使目标识别效果较为完整，同时光谱信息丰富造成的计算复杂、耗时久的问题通过分层结构模型在一定程度上得到了缓解。

7.3.2　基于局部和近邻结构特征约束的目标检测模型

在 7.3.1 中，针对 Seo 算法和 LSSSM 算法中光谱域缺失的问题，构建空间域和光谱域的 3D-LARK 特征算子描述符和类金字塔分层结构模型，来实现对彩色图像以及近红外多光谱图像的目标检测。

Liu 在 LSSSM 算法的基础上考虑 RGB 彩色图像信息，但是对于未降采样的原图进行相似性统计，计算量过于庞大，系统运行耗时过久。同时，Seo 算法、LSSSM 算法、Liu 算法以及 7.3.1 节中阐述的新算法均只针对图像局部区域，考虑中心像素点与周围像素点之间的关系，忽略了局部区域之间的结构关系。图 7.3.18 中人体的胳膊与树干均呈现出与模板较高的相似度。因此，只考虑图像的局部区域结构，而忽略局部区域之间的关系势必会引起误检测。NRSM 虽然从非负线性重构的角度考虑了邻域结构，但自然环境中大多数物体的结构关系呈非线性，线性重构势必不能取得很好的效果；同时，NRSM 本质只是进行简单的特征融合，邻域重构与 LARK 特征在窗口尺度上没有形成区域包含关系，只是分别对局部区域进行处理。

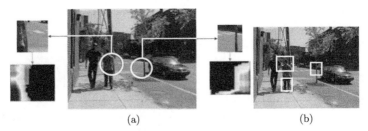

(a)　　　　　　　　　　　　　　　(b)

图 7.3.18　(a) 局部区域检测图；(b) 文献 [27] 的检测结果

针对上述算法存在的问题，本节阐述一种基于 NPBP(Neighbor Patch Binary Pattern) 和 3D-LARK 的类金字塔分层结构模型 (模型框图如图 7.3.19 所示)。本算法将图像局部区域的结构特点与近邻结构特点相结合，改善了图像背景信息干扰，局部特征过度拆分等问题；并在特征算子中融合空间域和光谱域信息，使算法可普适到多光谱图像，并提高了检测精度；在从多尺度等方面扩充模板集的同时利用类金字塔分层结构中两种特征的交替识别，提高识别效率和精度。

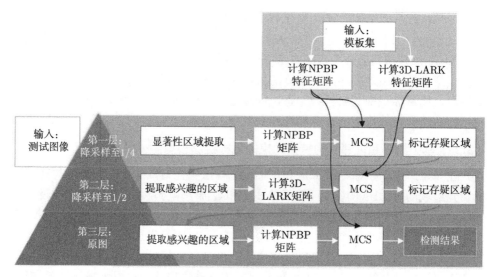

图 7.3.19   基于局部和近邻结构特征约束的目标检测模型

在本节阐述的算法中包含了两个特征算子，即 3D-LARK 和 NPBP。不同于 NRSM 算法的是，本算法的两个特征算子在结构上形成了位置包含关系。以图 7.3.20 的二维图像为例，对局部窗口计算 LARK 特征矩阵，当局部窗口为 5×5 时，以局部窗口为中心窗口，以 5×5 大小向邻域拓展 8 个窗口，构成一个大的九宫格，对九宫格计算 NPBP 特征矩阵，从而将窗口内部结构与窗口间结构相结合，提高检测精度。同时，构建了金字塔模型，分层利用两种特征进行目标检测。下面将详细叙述这个模型的结构。

图 7.3.20   LARK 与 NPBP 特征算子之间的关系图

7.3.2.1 基于 NPBP 和 3D-LARK 的目标检测原理

早期 Ojala 提出了 LBP(Local Binary Pattern) 的概念[31]，用来描述图像局部纹理特征，它反映的是某个像素点与周围像素点之间的关系。很多学者对 LBP 进行了优化，并成功将其运用于人脸检测、目标检测等，但这些均需要利用 SVM 或者其他机器学习算法进行分类。在非训练的基础上，本节阐述 NPBP 算子。以图 7.3.20 所示的九宫格窗口为例，通过 NPBP 算子得到中心局部窗口与邻域 8 个窗口之间的结构关系。

局部窗口之间的像素灰度的联合分布可反映该局部区域的纹理分布:

$$T = \sum_{i,j}^{w} t\left(g_{x(i,j)}, g_{1(i,j)}, g_{2(i,j)}, \cdots, g_{8(i,j)}\right) \tag{7.3.9}$$

其中, w 为九宫格中小窗口宽度, $g_{x(i,j)}$ 表示中心窗口中点 (i,j) 像素灰度, $g_1 \sim g_8$ 表示邻域 8 个窗口中点的像素灰度。

按照像素排列顺序，将中心窗口的像素灰度与邻域窗口进行比较。通过差值分布函数反映邻域窗口的纹理分布情况:

$$T \approx \sum_{i,j}^{w} t\left(g_{x(i,j)}\right) \cdot t\left(g_{x(i,j)} - g_{1(i,j)}, g_{x(i,j)} - g_{2(i,j)}, \cdots, g_{x(i,j)} - g_{8(i,j)}\right) \tag{7.3.10}$$

为了更直接地描述中心窗口与邻域窗口的纹理变化，将上述差值函数进行二值化处理:

$$T \approx \sum_{i,j}^{w} t\left(s\left(g_{x(i,j)} - g_{1(i,j)}\right), s\left(g_{x(i,j)} - g_{2(i,j)}\right), \cdots, s\left(g_{x(i,j)} - g_{8(i,j)}\right)\right)$$

$$\tag{7.3.11}$$

其中

$$s(a) = \begin{cases} 1, & a \geqslant 0 \\ 0, & a < 0 \end{cases} \tag{7.3.12}$$

因此, 邻域 $w \times w$ 的窗口转化为 0/1 组合的二值化图像 (也可视为一串长度为 $w \times w$ 的二进制数)。按照位置顺序用 2^P 对其进行加权求和:

$$\boldsymbol{BP}_k = \sum_{P=0}^{w^2-1} \left(s\left(g_x - g_k\right) * 2^P\right), \quad k = 1, 2, \cdots, 8 \tag{7.3.13}$$

将邻域的 8 个窗口均进行上述操作，构成 $\boldsymbol{BP}$ 算子:

$$\boldsymbol{BP} = \{BP_1, BP_2, \cdots, BP_8\} \tag{7.3.14}$$

BP_k 表示第 k 个邻域窗口与中心窗口的结构关系，即为权重。权重值的范围随着窗口的增大而增加，不利于后续的计算处理，因此对其进行归一化处理：

$$NBP = BP \bigg/ \sum_{k=1}^{8} BP_k \qquad (7.3.15)$$

选取一定的间隔，使图示的 $5 \times 5 \times 9$ 的大窗口历遍 $M \times N$ 大小的图像，从而得到全图的 NPBP 特征矩阵，矩阵大小为 $[M/\text{interval}, N/\text{interval}, 8]$。可见图像的 NPBP 矩阵较原图阵以 interval 倍缩小，相当于对图像进行了一个稀疏编码的图像重建过程，有利于节省后续的计算时间，提高识别效率。

本算法的核心思想是通过判断待测图像与模板集特征矩阵之间的相似度，进行目标检测，因而涉及两个核心内容：合适的模板集和准确的相似性度量准则。因此本节从多尺度多姿态的角度对模板集进行了扩充，以保证样本的全面性。以汽车模板集为例，如图 7.3.21 所示。

图 7.3.21　汽车模板集

模板集中每幅图像的 NPBP 特征矩阵记为 $\{P_{Q1}, P_{Q2}, \cdots, P_{Qq}\}$，$q$ 为模板集中图片的个数。考虑到这些单目标图像中有很多结构重复的地方，如图 7.3.22 所示，以车轮的轴承为中心窗口，两个车轮处的 NPBP 特征矩阵相似度很高，这些极其相似的邻域结构可视为冗余部分。去除相似度高的冗余成分对于提高检测精度、避免重复性检测是很有益的 (具体解释见实验部分)。同时多尺度多视角的模板集形成的 NPBP 矩阵较为庞大，合理地规避自相似矩阵有利于提高运算效率。

图 7.3.22　冗余成分示意图

因此，如何判断冗余成分是一个很重要的问题。之前的实验分析中已证实了余弦相似性较传统欧氏距离的优越性。这里采用向量余弦相似度作为相似度的衡量准则。对于每幅 $a \times b$ 大小的图片，NPBP 矩阵实际上是由 $(a/\text{interval}) \times$

(b/interval) 个 1×8 的列向量构成的, 则去冗余的对象也是这些 1×8 的列向量。首先对每幅图像的 **NBP** 向量矩阵进行降维:

$$\left[\frac{a}{\text{interval}}, \frac{b}{\text{interval}}, 8 \right] \rightarrow \left[\frac{a * b}{\text{interval}^2}, 8 \right] \tag{7.3.16}$$

将模板集中每幅图像降维后的 **NBP** 矩阵转置横向拼接, 构成整个模板集的 **NBP** 矩阵:

$$\boldsymbol{P}_Q = [\boldsymbol{P}_{Q1}^{\mathrm{T}}, \boldsymbol{P}_{Q2}^{\mathrm{T}}, \cdots, \boldsymbol{P}_{Qq}^{\mathrm{T}}] = [\boldsymbol{P}_Q^1, \boldsymbol{P}_Q^2, \cdots, \boldsymbol{P}_Q^i, \cdots, \boldsymbol{P}_Q^m] \tag{7.3.17}$$

其中, m 为 $\boldsymbol{P}_Q$ 矩阵的总列数。计算 $\boldsymbol{P}_Q$ 矩阵中每个 $\boldsymbol{P}_Q^i$ 与 $\boldsymbol{P}_Q^j(i, j \in [1, \cdots, m])$ 之间的余弦值, 并将其定义为相似度 ρ:

$$\rho = \left\langle \boldsymbol{P}_Q^i, \boldsymbol{P}_Q^j \right\rangle = \frac{\boldsymbol{P}_Q^i \cdot \boldsymbol{P}_Q^{j\mathrm{T}}}{\|\boldsymbol{P}_Q^i\| \|\boldsymbol{P}_Q^j\|} \in [0, 1] \tag{7.3.18}$$

ρ 越大, 两向量相似度越高, 该两向量所反映的中心窗口与邻域窗口的结构关系越相似。如何保留合理的向量数, 既要避免向量数过多导致的结构重复度高、计算复杂; 同也要防止向量数过少使得图像的结构关系不能完整地重构, 出现误识别或者漏识别的现象。因此, 需要设定阈值 τ, 如果 $\rho > \tau$, 则只保留其中一个列向量; 反之, 两向量均保留。

将 $\boldsymbol{P}_Q$ 矩阵中所有为 0 的列向量取出, 完成对模板集的去冗余操作, 构成新的模板集 **NBP** 矩阵, $\boldsymbol{P}_Q' = [\boldsymbol{P}_Q^1, \boldsymbol{P}_Q^2, \cdots, \boldsymbol{P}_Q^{m'}]$, 其中 $m' \ll m$, 使得模版集的 NPBP 矩阵能以最精简的数据量重构出最完整的图像信息。关于阈值 τ 的参数设置, 将在实验中进行具体阐述。

同样, 可以得到待测图像的 NPBP 矩阵 $\boldsymbol{P}_T = [\boldsymbol{P}_T^1, \boldsymbol{P}_T^2, \cdots, \boldsymbol{P}_T^n]$, 其中 n 为待测图像 **NBP** 矩阵的列数。通过 $\boldsymbol{P}_T$ 和 $\boldsymbol{P}_Q'$ 之间的相似性度量, 判断出是否包含目标。首先根据 $\boldsymbol{P}_T^i$ 与 $\boldsymbol{P}_Q^j$ 之间的余弦值构建余弦相似矩阵 $\boldsymbol{\rho}_{TQ}$:

$$\boldsymbol{\rho}_{TQ} = \langle \rho_T, \rho_Q \rangle = \begin{bmatrix} \rho_{11} & \cdots & \rho_{1m} \\ \vdots & & \vdots \\ \rho_{1n} & \cdots & \rho_{nm} \end{bmatrix} \tag{7.3.19}$$

其中, ρ_{ij} 为 $\boldsymbol{P}_T$ 的第 i 列与 $\boldsymbol{P}_Q'$ 的第 j 列的夹角余弦值。

选取 $\boldsymbol{\rho}_{TQ}$ 矩阵的每行取最大值, 并记录该最大值在 $\boldsymbol{P}_Q'$ 中的位置 (索引值), 构建索引值矩阵 (图 7.3.23(b))。统计局部窗口中不相同索引值的个数, 窗口内不同的索引值个数越多,表明该窗口与模板集的相似度越高,该区域存在目标的可能性越大。将窗口历遍全图,得到全图的 SSM(Statistic Similarity Map)(图 7.3.23(c))。为了进行更直观地表述,对 SSM 图进行着色,红色区域表示高亮度区域,相似度高。最后通过非极大值抑制得出目标区域。

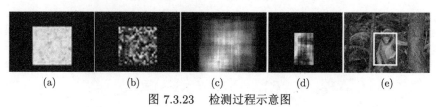

(a)　　　　　　　(b)　　　　　　　(c)　　　　　　　(d)　　　　　　　(e)

图 7.3.23　　检测过程示意图

(a) 余弦相似性矩阵；(b) 索引值图；(c) SSM；(d) 非极大值抑制；(e) 目标检测结果图

面向信息丰富的图像,本算法将局部特征 3D-LARK 与近邻特征 NPBP 相结合,提高了检测的精确度,但是特征信息越多,相似性判断的矩阵计算量越大。为了在不影响检测精度的同时提高检测效率,阐述金字塔分层结构模型 (可参见图 7.3.19):

(1) 第一层:将待测图像缩小至原图的 1/4。考虑到场景的复杂,产生较多噪声,首先对其进行预处理,显著目标分析[32]。随后通过 NPBP 目标检测方法,确定目标的范围 T_1;

(2) 第二层:将 T_1 的范围按比例放大,计算该范围内的 3D-LARK 权值矩阵,通过与模板集的相似性统计,进一步确认目标的范围 T_2;

(3) 第三层:待测图像恢复为原图大小,将 T_2 放大后再次根据 NPBP 特征算子进行检测,最终确认目标的位置。

简言之,每一层都对前一层的检测结果进行修正,最终取得较好的识别效果。首先通过 NPBP 邻域特征对待测图像进行整体把握;在此基础上利用 3D-LARK 进行细节特征分析,在一定程度上减少原待测图背景噪声的干扰;最后再通过 NPBP 对第二层的细节分析结果进行整体检测。以图 7.3.24 为例,第一层的目标整体检测中出现了误识别,第二层通过局部细节特征对误识别进行修正,但被检测出的目标范围精准度较低,第三层再次从整体角度修正偏差,得到最终的识别结果。对于尺寸过大或者过小的待测图像,可调整类金字塔模型层次或缩放图像比例。

7.3.2.2　参数设置及实验结果分析

1) 模板集参数设置

在前面的章节中分析了模板集的去冗余问题。不论是 NPBP 矩阵还是 3D-LARK 矩阵,模板集中庞大的向量数会造成局部区域重复检测、相似物体误检测、计算复杂度高、检测效率低；而过度的去冗余会造成目标主成分缺失，目标检测率下降。每组模板集需要一个最佳阈值，以权衡计算复杂度和识别效果。

图 7.3.24 基于局部和近邻结构特征约束的金字塔分层模型检测效果图

首先要构建模板集，以汽车为例，对向量余弦值的去冗余度为 1～ 0.9，以 0.001 间隔进行统计，统计结果如图 7.3.25 所示，横坐标阈值表示去冗余度，纵坐标表示去冗余后特征矩阵的向量个数。可以看出，NPBP 特征矩阵中向量的个数随着阈值 τ 的增加而平缓增加。考虑到计算复杂度和检测效果，对这组模板集选取点 (0.949，711)，即 τ 值设置为 0.51，此时去冗余后的矩阵向量数为 711。而对于 LARK 特征矩阵，向量的个数随着阈值 τ 的增加先缓慢增长后急速增长，因此通过曲线增长速率变化的转折点，即斜率为 0.5 的点来确定阈值。对于这组模板集选取点 (0.98，464)。

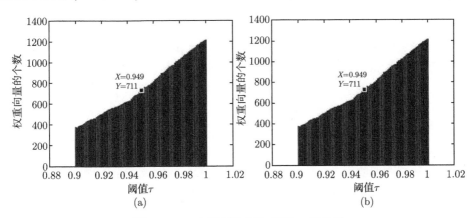

图 7.3.25 向量矩阵个数–阈值 τ 的关系

(a) NPBP 矩阵；(b) LARK 矩阵

2) 待测图像参数设置

由 7.3.2 节的内容可知，检测目标时需要根据待测图像与模板集的相似度判断是否存在目标以及目标所在的位置。因此，这里涉及两个阈值：τ_1(待测图像与模板集的相似度阈值) 和 τ_2(判断目标位置的阈值)。需要注意的是，由于算法分为三层，这里的阈值分析以第一层为例。

关于 τ_1，对待测图像与模板集的相似度值进行统计，如图 7.3.26 所示。可以看出，ρ 值急速增长后呈现平缓变化趋势。由于对待测图像进行了 Itti 预处理，因而特征矩阵的计算区域 ρ 值不会过低，ρ 值急速增长的部分为背景噪声干扰，而 ρ 值平缓变化的区域纳入考虑范围，因此 τ_1 设置为 0.9。

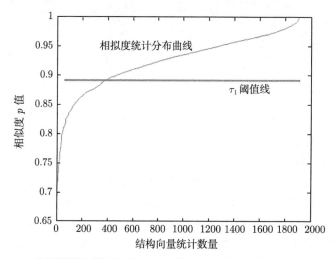

图 7.3.26   待测图像与模板集相似度 ρ 统计 (扫描本书封底二维码可见彩图)

确定 τ_1 后，对索引值矩阵进行修正。对于 ρ 小于 τ_1 的部分，索引值矩阵对应的位置设置为 0；而对于 ρ 大于 τ_1 的部分，对应的索引值保持不变，从而得到该待测图像的 SSM 图。概率图 SSM 反映待测图像中要查找的目标位置，其中亮度越高，代表待测图像中所对应位置包含越多与模板集相似的结构，出现目标的可能性也越大。因此可根据 SSM 中最大像素位置定位目标在场景中的位置。

为了能准确定位目标位置，本节依旧采用非极大值抑制方法，对 SSM 图进行概率密度统计 (图 7.3.27)。为减少计算量，设置置信度 τ_2，去除低概率区域。该方法假设测试图像的大部分区域不包含感兴趣目标，因此图 7.3.27 中曲线尾部是最有可能出现目标的区域。这里将 τ_2 设置为 0.9，使 RM 仅保留 10% 的最大值像素，其余 90% 像素设置为 0。然后依次找出局部最大值，抑制已找到的最大值，即可得到非极大值抑制图像，对其标记区域以获得目标定位。

3) 实验检测结果

实验测试一：CBCL 数据库之汽车。

不同视角下汽车形态差异大，而不同视角下汽车的查全率和检测精度则是判断各个算法有效性的重要指标。对比实验 (Seo、LSSSM、NRSM、本节算法) 采用图 7.3.21 作为模板集，其中 Seo 算法采用图 7.3.21 中的第四幅图像作为模板，需要指出的是，LSSSM 和 NRSM 实际上是将彩色模板转换为灰度图进行处理的。选取数据库中不同视角的汽车测试图像，检测结果如图 7.3.28 所示。

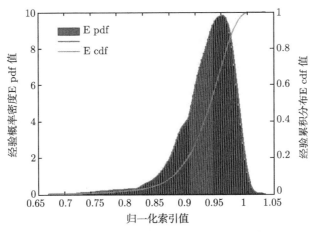

图 7.3.27　SSM 概率密度统计 (扫描本书封底二维码可见彩图)

图 7.3.28　汽车检测对比图

(a) Seo 算法检测结果；(b) LSSSM 检测结果；(c) NRSM 检测结果；(d) 本算法检测结果

可以看出，其他算法存在错误检测和错误分割的现象。Seo 和 LSSSM 算法在 7.3.1 节中已经进行了详细分析，此处不再赘述。NRSM 在 LSSSM 的基础上从非负线性重构的角度考虑近邻结构，但其本质是将两个独立的特征进行融合，局部与近邻尺度受限，因而 NRSM 可以修正某些错误检测 (如图 7.3.28 中的垃圾桶，Seo 和 LSSSM 均将其检测为目标)，但在多尺度下目标完整性不足，同时这种修正是以牺牲检测效率为代价的。这三种方法均未考虑图像光谱信息，因而容易误识别出与目标有局部相似结构的物体。

本算法的另一优势是金字塔分层结构，首先对待测图像进行 NPBP 近邻特征判断，在此基础上匹配局部细节，在疑似区域再次进行整体检测。层次化多尺度检测提高了检测精度，在最大程度上避免了误检。图 7.3.29 是本算法在不同背景噪声下的汽车检测结果图。图 7.3.30 是各算法的 RPC 性能曲线，对比可见，本算法优于其他三种算法。Seo 算法对结构、背景简单测试图像可实现低查全率的目标识别，而对姿态多变的目标识别效果不佳。LSSSM 虽然对单模板进行了扩充和特征结构分解，提高了目标识别率，但识别精确度不高，伴随有错误检测，查全率低。NRSM 较 LSSSM 查全率有所提高，但是误识别现象未能得到很好改善。

图 7.3.29　本算法在不同背景噪声下的汽车检测结果图

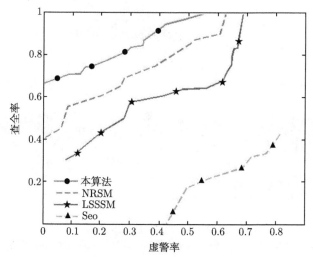

图 7.3.30　本算法与 Seo, LSSSM 以及 NRSM 算法在 CBCL 数据集上的 RPC 曲线对比
(扫描本书封底二维码可见彩图)

实验测试二：非刚性目标之动物。

动物属于非刚性目标，行为姿态复杂多变。将本算法与 LSSSM 和 Liu[33] 进行对比，如图 7.3.31 所示，本算法在目标完整度上优于其他两种算法。相比于 Seo 算法，LSSSM 对单模板进行了扩充，同时拆分了局部特征，检测率得以提高。Liu 在 LSSSM 的基础上加入了光谱信息，使误识别率进一步降低。如 T2 中的绿色树叶，LSSSM 将其误检测为目标，而 Liu 算法则有效修正了这种误检测。但 LSSSM 和 Liu 都只关注局部细节，目标结构特征被过度拆分，因此受背景相似结构干扰严重，容易产生误检。如 T2 中，树枝和树干在局部特征和光谱信息上均与猴子有较高的相似度，这两种算法均产生误匹配。而本算法综合考虑局部细节和近邻结构特征，通过两种特征的交替检测，增强目标检测和定位精度。

在图 7.3.32 中，将本章节算法与文献 [18]、[33] 算法进行了 RPC 曲线对比，可以明显看出本章节算法的优越性。尽管 Liu 在 LSSSM 基础上进一步考虑了颜色特征，但仍存在特征过度拆分的问题，因而查全率和精度提高不明显。本算法通过 NPBP 近邻特征与 3D-LARK 特征的交替检测，目标识别较为完整，同时通过分层结构中图像多尺度缩放，有效解决了光谱数据膨胀造成的计算复杂度高、耗时久的问题。将本算法的运行时间与 Liu 和 NRSM 算法进行对比，如图 7.3.33 所示，测试平台 MATLAB R2014(a), 1.70 GHz PC, 4.00 GB of RAM。

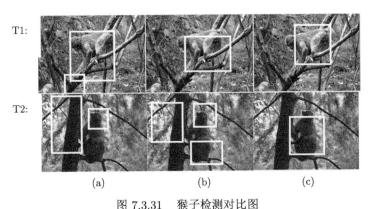

图 7.3.31　猴子检测对比图

(a) 文献 [18] 检测结果；(b) 文献 [33] 检测结果；(c) 本算法检测结果

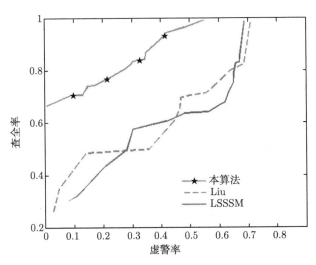

图 7.3.32　本算法与目前现有算法 [18]、[33] 在 CBCL 数据集上的 RPC 曲线对比

　　在 NRSM 和 Liu 算法基础上，本算法的特征矩阵同时考虑光谱信息和近邻结构，计算看似复杂度高，但设计的分层结构模型通过多尺度计算有效解决了这一问题，在提高识别精度的同时提高了识别效率。

　　实验测试三：CBCL 数据库之行人。

　　行人是目标识别中的重要对象，本节选取了 CBCL 数据库中的行人进行检测。行人这类非刚性目标，姿态结构和光谱均呈现多样化，因而较上两组数据，其识别难度更大。图 7.3.34 为该组实验的模板集，图 7.3.35 为检测结果。从整体看来，本算法可以规避树枝、电线杆、消防栓等与目标具有局部相似结构的背景干扰，同时能检测出由视场远近形成的不同尺寸的目标。

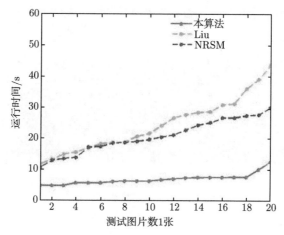

图 7.3.33　　本算法与文献 [33]、[34] 算法的运行时间对比

图 7.3.34　　行人模板集 $Q = \{Q_1, Q_2, \cdots, Q_{16}\}$

　　7.3.1 节中阐述的基于 3D-LARK 金字塔分层结构模型，实验检测效果明显优于 LSSSM 和 Liu 算法。而本节基于近邻结构特征，对 7.3.1 节中阐述的算法进一步优化。本算法中的近邻结构基于编码权重因子，较 NRSM 的线性结构更为

合理，检测效果也明显优于 NRSM。

T1:

T2:

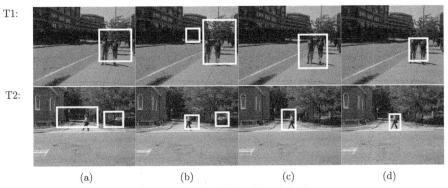

(a)   (b)   (c)   (d)

图 7.3.35 行人检测结果对比图

(a) 文献 [33] 的检测结果；(b) 文献 [34] 的检测结果；(c) 7.3.1 节阐述算法的检测结果；(d) 本节算法的检测结果

从图 7.3.35 中可以看出，由于人体与树干在局部结构上具有相似性，文献 [33] 和文献 [34] 的算法均将背景中的树干误检测为目标，而 7.3.1 节算法和本节算法则有效避免了这类误检。同时本节算法引入了 NPBP 近邻结构特征，在目标识别的完整度上较其他算法表现更好。如图 7.3.36 是本节算法的行人检测结果。

图 7.3.36 本节算法的行人检测结果

本节算法基于金字塔分层结构，对不同尺度的待测图像进行了三次检测，其中两次采用 NPBP 特征，一次采用 3D-LARK 特征，而 7.3.1 节算法则是多次使用 3D-LARK 特征。NPBP 特征算子较 3D-LARK 更为简单，特征矩阵较小，有效减少后续相似性统计的计算量，提高目标识别的效率。该组实验对两种算法的检测效率进行了统计，如图 7.3.37 所示，可见本节算法较 7.3.1 节算法，识别效率得到了进一步提高。

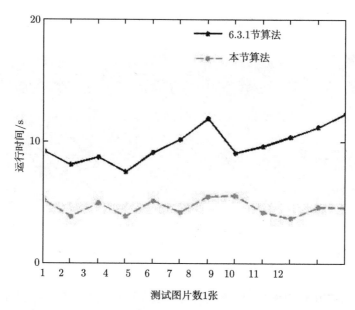

图 7.3.37 7.3.1 节算法与本节算法在时间效率上的对比图

纵向对比 7.3.1 节算法，图 7.3.38(a) 表明本节算法查全率有所提高，体现出近邻结构特征能够有效抑制背景干扰。图 7.3.38(b) 从刚性目标和非刚性目标的角度，对本节算法进行横向分析，汽车作为刚性目标，形态变化相对较小，查全率和检测精度都优于行人这种姿态多变的非刚性目标。

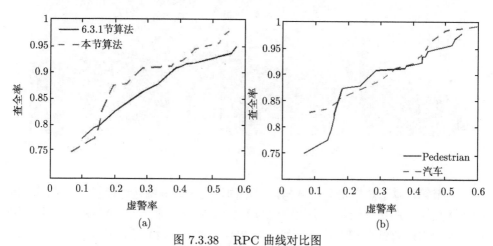

图 7.3.38 RPC 曲线对比图

(a) 本节算法较 7.3.1 算法对 CBCL 数据库中行人检测结果的 RPC 曲线对比图；(b) 本节算法对 CBCL 数据库中汽车 (刚性目标) 和行人 (非刚性目标) 两种不同类型目标检测的 RPC 曲线对比图

7.4　基于空间–时间结构约束的 3D-LARK 视频动作识别

针对视频序列中对比度低、噪声高、背景复杂以及多姿态等影响非刚性运动目标检测精度的问题，本节阐述并研究了基于局部结构和邻域结构的双层结构融合模型。该模型包含四部分：复合模板集、邻域高斯结构、双层时空统计匹配和双层结构融合。双层结构融合模型在局部结构的基础上加入目标的邻域结构约束，对局部结构和邻域结构分别进行时空匹配，再对两个匹配相似度进行统计，最后将统计结果进行融合和分析提取。

7.4.1　邻域高斯结构时空统计匹配

由于计算 3D weighted LARK 时选取的窗口较小，对于提取的小区域结构特征，当小区域结构相似，而较大局部结构不相似时，如图 7.4.1 所示，每个大窗口内包含一个小窗口，相同颜色小窗口内的小局部结构相似，而相同颜色大窗口内的局部结构不相似。为了避免此种情况的误检，阐述考虑大窗口内的结构。

由于扩大三维窗口获取较大局部结构特征的方法将导致模型复杂度呈指数增长[35]，基于对运动目标动作多变和结构非紧凑的认识，本节阐述并研究了邻域关系的约束。邻域结构的基本思想是表达出中心区域和邻域之间的关系，即目标各局部之间的关系。

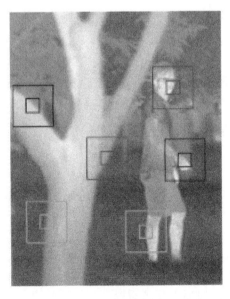

图 7.4.1　大窗口和小窗口内局部结构对比图 (扫描本书封底二维码可见彩图)

以人为例描述邻域范围，本节以 3×3 的小窗口整体为一个单位。因为目标的邻域结构与时间维没有关系，所以本节只在平面上考虑目标的邻域，选取中心单位周围的八个单位为一个大窗口，即用 9×9 的窗口大小计算相应的邻域结构关系矩阵。图 7.4.2(a) 中 9 号小窗口为中心单位，周围其余编号的八个小窗口为八邻域。

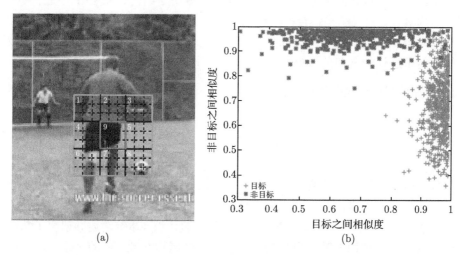

(a)　　　　　　　　　　　　　　　(b)

图 7.4.2　邻域高斯结构计算图 (扫描本书封底二维码可见彩图)

(a) 计算窗口示例；(b) 邻域结构相似性性能分析

高斯概率密度模型具有模型参数少，拟合性能好的特点，是应用最广泛的概率模型之一，使用多维高斯函数拟合可更快捷更高精度地表达数据关系。自然数据分别呈现聚集于某一中心值的特点，类似于高斯分布，因此本节双层结构融合模型使用多维高斯函数拟合邻域结构数据，多维高斯概率密度函数定义为[36]

$$y(x, k, \mu, \delta) = \sum_{i=1}^{k} \left[(2\pi\delta_i^2)^{-\frac{1}{2}} \exp\left(-\frac{1}{2}(x - \mu_i)^2/\delta_i^2 \right) \right] \tag{7.4.1}$$

其中，k 为高斯分布的个数，μ 为模型期望向量，δ 为模型方差。

邻域高斯结构的计算方法：每个像素点的局部特征向量 PCA 后大小为 1×4，由于 3D weighted LARK 代表了窗口内视频的局部特征，本节用每个 3×3 小窗口的第一个像素点经过 PCA 后的局部特征向量，作为每个小窗口的邻域结构数据 $\boldsymbol{W}_i \in 1 \times 4$。将 9×9 大窗口内的结构数据 $\boldsymbol{W}_i, i = 1, 2, \cdots, 9$，按顺序排列为一列向量，作为大窗口的邻域矩阵 $\boldsymbol{N}_{er}$，即 $\boldsymbol{N}_{er} = [\boldsymbol{W}_1; \boldsymbol{W}_2; \cdots; \boldsymbol{W}_9] \in 9 \times 4$。

邻域矩阵 $\boldsymbol{N}_{er}$ 每一列都进行高斯拟合，根据约束条件求邻域结构关系向量 $\boldsymbol{r}_{ij}$，将高斯拟合得到的期望和方差赋予 $\boldsymbol{r}_{ij}$。邻域高斯结构有效地描述了每个局部结构的关系，9×9 的滑动大窗口逐帧遍历整个视频，所有的 r_{ij} 按序排列，构成视频的邻域结构关系矩阵 $\boldsymbol{N}$。

$$\boldsymbol{N}(:,:,C) = \begin{bmatrix} r_{11} & r_{12} \cdots & r_{1n} \\ \vdots & \ddots & \vdots \\ r_{m1} & r_{m2} \cdots & r_{mn} \end{bmatrix} \tag{7.4.2}$$

其中，m, n 是视频的行数、列数和帧数，C 代表视频的第 C 帧。

每一个 $\boldsymbol{r}_{ij}(i = 1, 2, \cdots, m; j = 1, 2, \cdots n)$ 均由式 (7.4.2) 计算得出，去冗余之后的视频和模板的邻域高斯结构矩阵分别记为 $\boldsymbol{N}_T$ 和 $\boldsymbol{N}_Q$。

为了验证邻域高斯结构对目标和非目标的区分性能，本节分别计算运动目标和非运动目标的自相似与互相似度。选取滑雪动作作为运动目标，选取树木、窗户等作为非目标，分别计算它们的邻域高斯结构矩阵为 $\boldsymbol{N}_{\text{Skiing}}$ 和 $\boldsymbol{N}_{\text{tree}}$。计算 $\boldsymbol{N}_{\text{Skiing}}$ 中每一个向量和任一个向量的相似度，记为自相似度。同时计算 $\boldsymbol{N}_{\text{Skiing}}$ 中每一个向量和 $\boldsymbol{N}_{\text{tree}}$ 中任一个向量的相似度，记为互相似度。类似地，对 $\boldsymbol{N}_{\text{tree}}$ 进行相应的计算。根据图 7.4.2(b) 所示，灰色十字点为目标分布，黑色米字点为非目标分布，灰色十字点集中在纵坐标为 1 的直线上，说明 $\boldsymbol{N}_{\text{Skiing}}$ 每一列与自身任一列相似度较大，而与树木等相似度较小；反之，蓝色点集中在横坐标为 1 的直线上，说明 $\boldsymbol{N}_{\text{tree}}$ 每一列与自身相似度较大，而与目标相似度较小，因此高斯邻域结构可以很好地区分出目标与非目标。

7.4.2 双层结构融合的运动目标检测模型

本节基于邻域高斯结构和 3D weighted LARK 特征的双层结构融合模型，包含四个部分：复合模板集，邻域高斯结构，双层时空统计匹配和双层结构融合。复合模板集用于扩展待测视频的应用场景，邻域高斯结构可描述运动目标的较大局部结构之间的关系，双层时空统计匹配分别实现了局部结构和邻域结构的约束，双层结构融合可以更准确地标记出运动目标的位置。本节模型对可见光视频和红外视频均适用，且由于红外目标和背景有更高的对比度，红外视频中运动目标检测的精度更高。同时对代码采用并行设计，缩短了检测时间。

双层结构融合模型图如图 7.4.3 所示，首先待测视频和模板需要预处理，如图 7.4.3 中灰色部分，预处理后得到复合模板集和待测视频的特征集；其次该模型主要分为两条处理线，分别如图 7.4.3 中的蓝色和红色部分所示。蓝色为 3D weighted LARK 局部结构处理线，红色为邻域高斯结构处理线。邻域结构与局部结构分别进行时空统计匹配，只有在两层处理线的滑动窗口内，统计的相似结构数目都足够大，该区域才能两次被判定为运动目标。

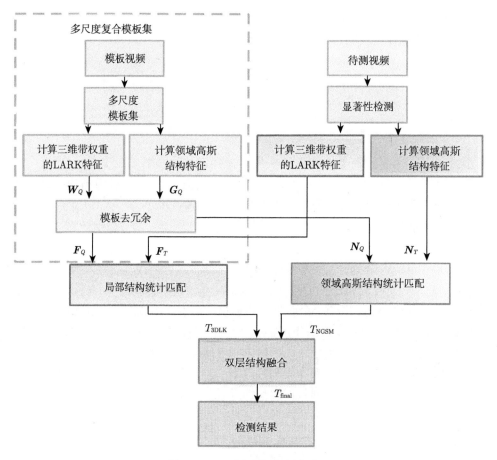

图 7.4.3　双层结构融合模型图

局部结构特征是第一层限制, 邻域结构特征是第二层限制, 最后将两条处理线的结构融合, 如图 7.4.3 中绿色部分, 并用非极大值抑制的方法将运动目标提取出来。

该模型中, W_T 和 W_Q 是模板和局部结构特征集。F_Q 表示经过降维和去冗余之后的局部结构复合模板集, F_T 表示经过降维之后的局部结构待测视频, N_Q 为模板集的邻域高斯结构特征, N_T 为待测视频的邻域高斯结构特征。将 F_Q 和 F_T 进行时空统计匹配, 得到表示局部结构相似度矩阵 T_{3DLK}。将 N_Q 和 N_T 进行时空统计匹配, 得到表示邻域结构相似度矩阵 T_{NRFM}。T_{3DLK} 和 T_{NRFM} 相似度矩阵融合后为 T_{final}, 根据 T_{final} 提取目标区域。

以检测多尺度目标为例, 展示双层结构融合模型流程, 第一层局部结构时空统计匹配之后的运动目标概率图 T_{3DLK} 如图 7.4.4(a) 所示, 第二层邻域高斯结构时空统计匹配之后的运动目标概率图 $\boldsymbol{T}_{\mathrm{NRFM}}$ 如图 7.4.4(b) 所示，相似度矩阵融合后的概率图 $\boldsymbol{T}_{\mathrm{final}}$ 如图 7.4.4(c) 所示，根据 $\boldsymbol{T}_{\mathrm{final}}$ 运动目标检测结果，如图 7.4.4(d) 所示。

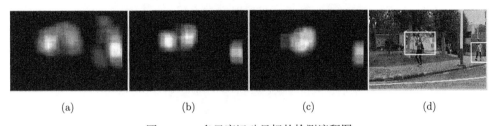

$$\text{(a)} \qquad\qquad \text{(b)} \qquad\qquad \text{(c)} \qquad\qquad \text{(d)}$$

图 7.4.4 多尺度运动目标的检测流程图

(a) $\boldsymbol{T}_{\mathrm{3DLK}}$；(b) $\boldsymbol{T}_{\mathrm{NRFM}}$；(c) $\boldsymbol{T}_{\mathrm{final}}$；(d) 检测结果

本节模型分为三个步骤：

步骤 1：为了去除模板对检测结果的影响，阐述使用无背景模板。选取运动目标完成一个完整动作的数帧图片为模板视频，只选取模板视频中包含运动目标的部分，如图 7.4.5 所示。

由于本节运动目标检测模型，统计窗口内变化的像素点，而忽略不变的像素点，所以模板的每一帧只包含目标的运动部分即可。比如行走动作的模板只要包含人腰部以下部分，如图 7.4.6 所示。半身模板不但可以解决运动目标被景观遮挡的问题，而且大量减少了模板的像素点，降低了后续步骤的计算量。

有时视频同一帧图像中包含多尺度目标 (如大人和小孩或近处、远处各站一人)，为了解决这个问题，本节阐述并建立了一个多尺度模板。如图 7.4.7 所示，中间方块代表初始无背景模板图片序列，m_z、n_z 和 t_z 分别是行数、列数和帧数。然后本节采用最近邻插值法将初始无背景模板图片序列分别缩放 0.5 倍和 1.5 倍，得到三个模板图片序列。

缩放后的三个模板分别为 template$_{0.5}$，template$_{\mathrm{initial}}$ 和 template$_{1.5}$，三个模板的尺寸大小为 $m_z/2\times n_z/2\times t_z$、$m_z\times n_z\times t_z$ 和 $3m_z/2\times 3n_z/2\times t_z$，提取出的特征矩阵分别是 $\boldsymbol{W}_{0.5}\in R^{N\times M_1}$、$M_1=M/2^2$ 与 $\boldsymbol{W}_{\mathrm{initial}}\in R^{N\times M}$、$M=m_z\times n_z\times t_z$ 和 $\boldsymbol{W}_{1.5}\in R^{N\times M_3}$、$M_3=(3/2)^2\boldsymbol{M}$，其中 $N=m_1\times n_1\times t_1$ 为计算 3D weighted LARK 时用的三维窗口尺寸。然后将 $\boldsymbol{W}_{0.5}$、$\boldsymbol{W}_{\mathrm{initial}}$ 和 $\boldsymbol{W}_{1.5}$ 按顺序排列，最后得到整个模板集的特征矩阵：

$$\boldsymbol{W}_Q = [\boldsymbol{W}_{0.5}\boldsymbol{W}_{\mathrm{initial}}\boldsymbol{W}_{1.5}] \in R^{N\times M_t}, \quad M_t = M_1 + M + M_3 \qquad (7.4.3)$$

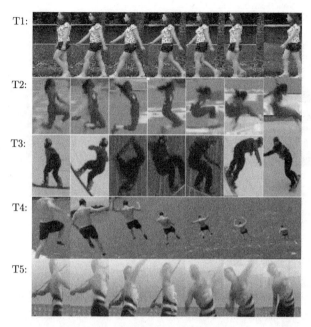

图 7.4.5　行走动作的模板图片序列

图 7.4.6　行走动作的半身模板图片序列

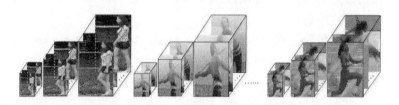

图 7.4.7　模板多尺度缩放图

　　本节先用主成分分析法 (PCA) 降低单个向量的维度, 例如当三维窗口为 $5 \times 5 \times 3$ 时, 得到的模板特征矩阵中单个向量 $\boldsymbol{W}_Q$ 的初始大小为 75×1, 经过 PCA 后, 模板特征矩阵中单个向量的 $\boldsymbol{W}_Q$ 的大小为 4×1。再用向量余弦匹配去除向量间冗余, 若两个向量间相似度超过阈值, 表明这两个向量相似, 取其一, 阈值 η 用于判断向量间的相似度。模板视频的预处理过程如图 7.4.8 所示。

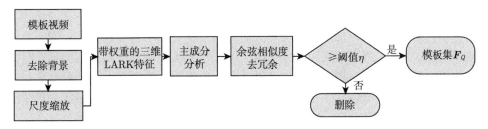

图 7.4.8 模板视频的预处理流程图

步骤 2：在双层结构统计匹配模型中进行待测视频的预处理。为了将计算机资源集中在合理的地方，提高先测精度，首先提取待测视频中得到显著性区域，其中包含了目标和部分显著性像素点。时空显著性视频通过二值显示的效果比通过灰度显示好，因此设立一个阈值将灰度视频转换为二值视频。为了避免漏检，一般阈值 θ 设为 0.3～0.45，当灰度值大于 $255 \times \theta$ 时设置为 1，即白色；当灰度值小于 $255 \times \theta$ 时设置为 0，即黑色。

对待测视频显著区域逐像素提取局部特征和邻域高斯结构特征，并经过 PCA 后，得到局部结构待测视频特征集为 $\boldsymbol{F}_T \in R^{4 \times f_T}$ 和邻域高斯结构待测视频特征集为 $\boldsymbol{N}_T \in R^{4 \times f_T}$，其中，$f_T$ 是显著区域中像素点的数目。预处理后基于向量余弦匹配，在得到模板和待测视频的局部结构特征和邻域结构矩阵之后，分别对待测视频和模板的两种特征进行匹配和统计，得到两个整体相似度。

根据余弦向量相似度原则，将邻域高斯结构待测视频特征集 $\boldsymbol{N}_T$ 中的每一个向量与复合模板集 $\boldsymbol{N}_Q$ 中的所有向量匹配，最大相似值对应最匹配的模板与待测视频中特征向量对，将模板中相应的邻域高斯结构特征向量的位置记录在时空位置矩阵中，即 $\boldsymbol{P}_{\mathrm{NRFM}} \in R^{A \times B \times C}$。

$$\boldsymbol{P}_{\mathrm{NRFM}}(:,:,D) = \begin{bmatrix} \mathrm{index}_1' & \cdots & \mathrm{index}_B' \\ \vdots & & \vdots \\ \mathrm{index}_A' & \cdots & \mathrm{index}_{A \times B}' \end{bmatrix}, \quad D = 1, \cdots, C \qquad (7.4.4)$$

其中，$A \times B \times C$ 为待测视频的大小。显著性区域中每一个像素点都经过上述步骤，并保留所有最大相似值对应在复合模板集中的位置。

同理为了寻找最匹配的模板与待测视频的局部结构向量对，重复上述过程，得到时空局部相似度矩阵 $\boldsymbol{P}_{\mathrm{3DLK}} \in R^{A \times B \times C}$：

$$\boldsymbol{P}_{\mathrm{3DLK}}(:,:,D) = \begin{bmatrix} \mathrm{index}_1 & \cdots & \mathrm{index}_B \\ \vdots & & \vdots \\ \mathrm{index}_A & \cdots & \mathrm{index}_{A \times B} \end{bmatrix}, \quad D = 1, \cdots, C \qquad (7.4.5)$$

　　待测视频中目标信息包含在时空位置矩阵 $\boldsymbol{P}$ 中，背景中可能有部分结构与目标结构相似导致误识别，如检测行人时，人迈步的腿与树枝的分叉、窗户角的方向都是相似的，都有可能识别为行人。为了避免这个问题，本节利用运动目标的整体结构，对局部结构和邻域高斯结构相似度进行统计，衡量了两种整体相似度。若较大的时空窗口内包含足够多的互不相似的局部结构或邻域结构，则该时空窗口内像素点可判定为运动目标。

　　记录最相似向量对的位置，便于统计在一定的空间内相似的局部结构和邻域高斯结构的数目。去冗余过程保证了两个复合模板集内局部结构和邻域高斯结构都互不相似，因此只有当时空统计窗口内包含足够的相似结构时，框内像素点才能被标记为运动目标。本节选取时空统计窗口，分别遍历时空位置矩阵的 $\boldsymbol{P}_{\text{NRFM}}$ 和 $\boldsymbol{P}_{\text{3DLK}}$，并统计时空窗口内不重复的索引值个数。位置信息代表两种复合模板集中第 index 个结构，与待测视频相应像素点代表的局部结构或邻域高斯结构相似。设立时空统计窗口 S_{mum} 遍历整个位置矩阵，窗口大小为 $m_2 \times n_2 \times t_2$，记录下每个窗内的不重复索引值的数目。在矩阵 $\boldsymbol{P}$ 中，统计得到局部结构时空统计矩阵 $\boldsymbol{S}_{\text{NRFM}} \in R^{A_1 \times B_1 \times C_1}(A_1 = A - m_2, B_1 = B - n_2, C_1 = C - t_2)$ 和邻域结构时空统计矩阵 $\boldsymbol{S}_{\text{3DLK}} \in R^{A_1 \times B_1 \times C_1}$。

　　在相似度匹配后，统计相似的局部结构和邻域高斯结构数目，统计值为统计窗口区域与模板的整体相似度。树杈、窗户角等虽然与行人的腿部相似，但周围没有人的摆臂、躯干等，因此统计整体相似度可以降低误识别率。统计过程如图 7.4.9 所示。

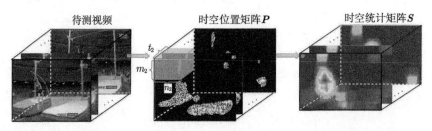

图 7.4.9　时空统计得到整体相似度的过程图 (扫描本书封底二维码可见彩图)

　　步骤 3：在得到时空统计矩阵 $\boldsymbol{S}_{\text{NRFM}}$ 和 $\boldsymbol{S}_{\text{3DLK}}$ 后，逐帧独立提取运动目标。先考虑每一帧图片中是否存在目标，将 $\boldsymbol{S}_{\text{NRFM}}$ 和 $\boldsymbol{S}_{\text{3DLK}}$ 的第三维度依次读取，得到单帧相似度矩阵 $\boldsymbol{T}_{\text{NRFM}} \in R^{A_1 \times B_1}$ 和 $\boldsymbol{T}_{\text{3DLK}} \in R^{A_1 \times B_1}$。设立一个目标阈值 λ 用于判断单帧图片中是否存在目标。$\boldsymbol{T}_{\text{NRFM}}$ 和 $\boldsymbol{T}_{\text{3DLK}}$ 中的最大值代表了最多的相似的局部结构，即最强的运动信息，因此若 $\boldsymbol{T}_{\text{NRFM}}$ 和 $\boldsymbol{T}_{\text{3DLK}}$ 中的最大值小于设定目标阈值 λ，则表示当前帧中没有目标。

融合可以提取各结构中的有利信息, 提高信息的准确度。如图 7.4.10 所示, 本节时空局部结构统计匹配过程构成双层结构融合模型的第一层, 邻域高斯结构经过时空统计匹配构成第二层, 将两层结构融合得到双层结构融合后的运动目标概率矩阵。由于各层结构的识别结果都较好, 双层结构融合模型的重点不是融合方法, 因此本节用复杂度较低的乘性融合[37]。

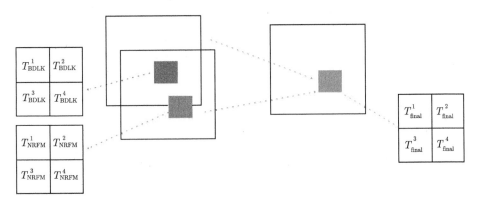

图 7.4.10　融合过程示意图 (扫描本书封底二维码可见彩图)

对运动目标统计概率矩阵 T_{NRFM} 和 T_{3DLK}, 经过相乘的融合处理, 得到一个最终的运动目标统计概率矩阵 T_{final}。T_{final} 同时包含了 3D weighted LARK 特征和邻域高斯特征, 其元素值之间拥有比 T_{NRFM} 和 T_{3DLK} 矩阵元素值更大的对比度, 能够更准确地区分目标与非目标。如图 7.4.11 所示, 可以看出融合后的统计概率矩阵 T_{final} 矩阵比单独的局部统计概率矩阵 T_{3DLK} 或单独的邻域统计概率矩阵 T_{NRFM} 更精准, 因此根据 T_{final} 矩阵, 得到原视频中待测目标的位置, 实现运动目标的检测。

确定当前帧中包含至少一个目标后, 用非极大值抑制法提取目标。寻找 T_{final} 中的最大值, 然后将最大值一定范围邻域内像素点的值置零, 继续寻找剩下数值中的次极大值, 重复上述过程, 最后将数值为 0 的点提取出来。若单帧当中有多个目标, 则通过逐个寻找最大值, 逐个将邻域像素点设置为 0 的方法, 逐个框出目标。非极大值抑制方法需要循环搜寻当前数值中的最大值, 为了确定循环次数, 需设立一个搜寻范围参数 η, 只在 η 范围内搜寻最大值。在一幅图像中, 目标在整幅图片中所占的比例一般较小, 大部分像素点是不需要搜寻最大值的。因此, η 一般设置为 0.9 以上, 具体参数分析见 7.4.3 节。

该双层结构融合模型, 使鲁棒的 3D weighted LARK 特征结合了周围较大邻域的结构关系, 这样双层约束能有效避免 3D weighted LARK 模型对非紧凑型目标检测的局限, 实现更为准确的运动目标检测和识别。统计概率矩阵融合如图

7.4.11 所示，其中采用非极大值抑制最终的目标区域。

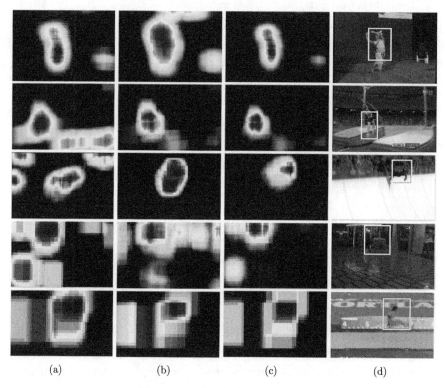

图 7.4.11   统计概率矩阵融合图

(a) T_{3DLK}；(b) T_{NRFM}；(c) T_{final}；(d) T_{final} 的识别结果

7.4.3   实验测试与参数分析

7.4.3.1   检测软件与硬件环境

本节基于 Window 10 操作系统，使用 MATLAB R2016a 软件开发平台，编写构建了两种模型的仿真测试程序，包括模板集和待测视频的特征提取、PCA 和去冗余、统计匹配等。为了提高模型计算效率，本节设计并行计算架构，环境：CPUi5-6600k，GPURadeon(TM) HD 7670M。

如图 7.4.12 所示，双层结构融合模型、只用局部结构的单层模型与 Seo 模型检测视频中运动目标时间对比，图 (a) 为随着帧数的增多，各自时间的增幅；图 (b) 为随着单帧图像总像素点的增多，每帧图像的仿真时间对比。"—■—" 为本节单层局部结构模型检测时间，"—" 为本节双层结构融合模型检测时间，"—▲—" 为 Seo 模型检测时间。双层与单层模型在每帧像素点数量级较小时，仿真时间接近。在单帧图像分辨率为 211×118 时，双层结构融合模型的仿真时间可以压缩至 1.4s/帧。

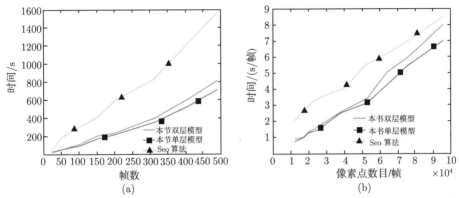

(a)

图 7.4.12　本节单层与双层模型和 Seo 模型时间对比

(a) 帧数和时间的关系；(b) 视频总像素点和时间的关系

7.4.3.2　时空局部结构统计匹配与双层结构融合模型的对比

为了比较时空局部结构统计匹配模型和双层结构融合模型的检测效果，本节用两种模型测试同一组视频，如图 7.4.13 所示，图 (a) 为第一层时空局部结构统

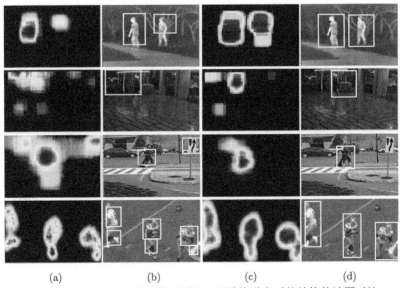

(a)　　　　　　(b)　　　　　　(c)　　　　　　(d)

图 7.4.13　时空局部结构统计图和双层结构融合后的结构统计图对比

(a) 时空局部结构统计匹配检测的目标概率图；(b) 时空局部结构统计匹配的运动目标检测结果；(c) 双层结构融合检测的目标概率图；(d) 双层结构融合的运动目标检测结果

计概率矩阵 T_{3DLK}，图 (c) 为 T_{3DLK} 与第二层邻域高斯结构统计概率矩阵 T_{NRFM} 融合得到最后的融合统计矩阵 T_{final}。根据对比图，融合的统计概率图拥有更清晰的轮廓，更准确的目标位置范围。图 (b) 为根据 T_{3DLK}、图 (d) 为根据 T_{final} 提取运动目标结果。选取三个视频中任意一帧图片展示对比结果，前两个视频为自主拍摄，第三个为公开测试集 visual tracker benchmark dataset[38] 中 woman video 视频。

在运动目标统计概率图 7.4.13(b) 和 (d) 中，时空局部结构统计匹配模型测试第一行红外视频时，右边目标概率低，且目标标记完整性差；测试低照度视频时，受背景干扰影响；测试标准数据集 woman 视频时出现误检。对比而言，双层结构融合模型测得的运动目标更准确、更精细。

7.4.3.3　检测参数分析

为提高计算效率，本节通过主成分分析和显著提取优化模型，降低计算量。这里主要对实验参数进行分析，在计算量和准确率之间权衡选取。主要包括：① 模板集去冗余的相似结构阈值 α_1 和 α_2；② 非极大抑制阈值 σ；③ 灰度显著性视频转换为二值显著性视频阈值 θ，以及变参数对本节模型的定量分析。

根据模板精简有效的要求，对局部结构矩阵和邻域结构矩阵分别设置阈值 α_1 和 α_2，相似度大于阈值的向量只保留其一。图 7.4.14(a) 为局部结构矩阵的去冗余阈值 α_1 与剩余向量数目之间的关系，在 α_1 降为 0.93 后，曲线趋于平缓。同样根据图 7.4.14(b)，邻域结构向量之间相似度更大，在 α_2 降到 0.5 后，向量数目趋于稳定，即剩余各向量代表的局部结构之间互不相同。经过测试，本节选取 $\alpha_1 = 0.925$，$\alpha_2 = 0.95$，实验表明，适当减少相似向量数目对检测结果影响小，且能够降低计算量，提高检测速度。后续即采用去冗余后的模板矩阵与待测视频进行匹配。

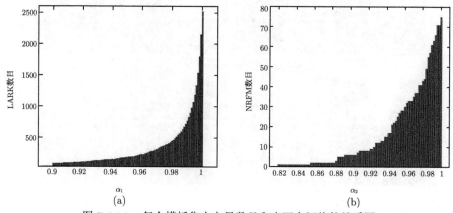

图 7.4.14　复合模板集中向量数目和去冗余阈值的关系图

(a) 局部结构矩阵的去冗余阈值 α_1 与剩余向量数目之间的关系图；(b) 邻域高斯结构矩阵的去冗余阈值 α_2 与剩余向量数目之间的关系图

双层结构融合模型中运动目标提取基于融合统计概率矩阵 $\boldsymbol{T}_{\text{final}}$，本节要提取概率大的区域，即二值概率图中的高亮区域。图 7.4.15(a) 和 (b) 分别为单目标和双目标的 $\boldsymbol{T}_{\text{final}}$ 的概率密度曲线，(a) 为单峰，(b) 为双峰。

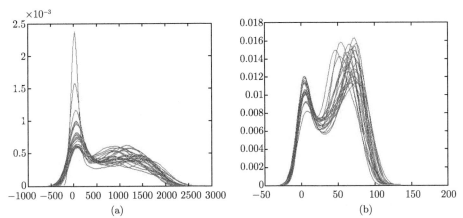

图 7.4.15　概率密度函数 $\boldsymbol{T}_{\text{final}}$ 的曲线图 (扫描本书封底二维码可见彩图)
(a) 单目标概率密度函数曲线图；(b) 双目标概率密度函数曲线图

图 7.4.16 中 (a)、(b) 为单目标和双目标的概率分布曲线，在概率为 0.96 后，两幅图片的曲线均趋于直线，表明前 4% 的数据包含了大部分高亮区域。因此本节设目标提取阈值为 0.96，即 $\boldsymbol{T}_{\text{final}}$ 前 4% 的数据即可代表目标区域。

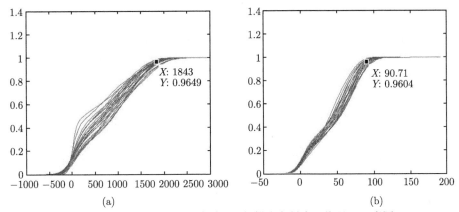

图 7.4.16　概率分布函数曲线图 (扫描本书封底二维码可见彩图)
(a) 单目标概率密度函数 $\boldsymbol{T}_{\text{final}}$ 积分曲线图；(b) 双目标概率密度函数 $\boldsymbol{T}_{\text{final}}$ 积分曲线图

下面对本节模型进行基于标准测试集的变参数定量分析。在视频预处理一节中已介绍，显著性区域从灰度显示转换为二值显示需要设立一个阈值 θ[39]。本节

选取阈值 θ 和非极大值抑制提取参数 η 作为变换参数。把运动目标的时空定位作为一个检索问题，进而评估本节双层结构融合模型的平均测试精度。检测结果的样本分类正确，且定位重叠度 IOU 大于设定阈值，本节模型预测结果才视为正确检测。定位精度评价式: IOU(重叠度)，即为矩形框 A、B 的重叠面积与 A、B 并集的面积比，其定义式为 $\text{IOU} = (A \cap B)/(A \cup B)$，描述两个框的重叠度，如图 7.4.17 所示。

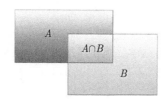

图 7.4.17　IOU 重叠度示意图

假设 A 为正确的、预设的运动目标区域，B 为用本节模型测定的目标区域，这里设定若 $\text{IOU} \geqslant 50\%$，模型测定的运动目标定位准确。表 7.4.1 横坐标为不同测试视频，纵坐标为 θ 选取 0.35，0.45 和 0.55，η 选取 0.92，0.95 和 0.97 组合成九组数据。对不同的视频，精度峰值基本在 (0.45，0.95) 附近。因此，模型二值转化参数 θ 设置为 0.45，非极大值抑制参数 η 设置为 0.95。对于部分视频，最高精度较低，主要是受到光照不均匀、目标众多等因素影响。

表 7.4.1　标准数据库 visual tracker benchmark 中每个视频的平均准确率

	Surfer	Jogging	Dance	Skater2	Couple	Woman	Jump	Walking2	Singer1
(0.35,0.92)	85.5	96.8	100.0	96.8	38.9	68.1	41.4	63.3	59.0
(0.45,0.92)	88.2	91.1	95.6	93.2	56.3	79.3	45.1	58.3	24.2
(0.55,0.92)	92.5	73.3	93.4	88.4	73.2	81.1	35.7	78.3	28.6
(0.35,0.95)	86.5	94.4	96.7	90.1	86.5	73.3	50.0	70.3	64.7
(0.45,0.95)	94.7	96.1	92.5	86.5	66.0	88.3	51.4	75.3	35.2
(0.55,0.95)	88.5	94.4	88.2	83.7	88.3	94.4	45.7	88.3	25.1
(0.35,0.97)	91.1	81.1	88.0	83.5	89.9	75.0	58.6	66.7	21.1
(0.45,0.97)	76.8	76.8	86.9	76.4	95.6	62.3	62.9	76.7	18.2
(0.55,0.97)	72.5	72.2	84.9	71.4	100.0	100.0	52.9	83.3	14.5

7.4.3.4　检测结果分析与标准库的检测结果

1) 全身动作与半身动作的复合模板集对比

在对比模板集的测试中，本节使用检测效果更好的双层结构融合模型。首先，用全身作为模板，测行走动作。该集合有 100 帧运动视频图片，选取连续的四帧图片测试结果如图 7.4.18(a) 所示。模型使用全身复合模板集，检测自主采集视频，准确率 >0.8。可见本节模型对于普通视频有较高的精度。

其次, 以半身动作为模板, 检测结果如图 7.4.18(b) 所示, 半身模板识别精度略低于全身模板, 标记结果对目标的正确位置略有偏移和遗漏。因此, 半身模板集适用于高速测试, 但在一定程度上损失了检测精度。

为了更精准地比较检测准确率和检测时间, 对全身模板与半身模板集进行变参数定量分析。测试 100 帧红外视频, 由于红外视频目标背景差异显著, 低分辨率下检测精度仍较高, 测试结果如表 7.4.2 所示。

表 7.4.2 参数 η 与准确率和检测时间的关系

对比选项	参数 σ	0.98	0.97	0.96	0.95	0.94
准确率	全身模板	1	1	0.956	0.956	0.889
	半身模板	1	0.978	0.933	0.911	0.911
检测时间/s	全身模板	138	128	124	117	109
	半身模板	121	117	113	108	103

去背景复合模板集, 使待测视频的适用场景和成像视角得到扩展, 不仅使效率更高, 还能解决前景遮挡问题。如图 7.4.18(c) 所示, 部分遮挡 (建筑)、场景干扰 (长椅) 等均未影响行人动作的准确检测识别。

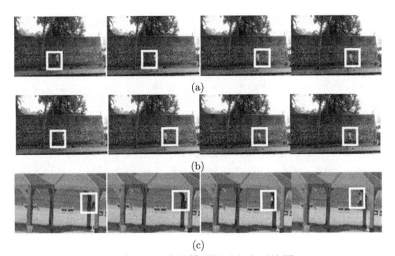

(a)

(b)

(c)

图 7.4.18 本节模型测试行人对比图

(a) 用全身复合模板集的检测结果; (b) 用半身复合模板集的检测结果; (c) 被景观半遮挡的行人的检测结果

2) 双层结构融合模型对多视角、多场景和多尺度目标的检测结果

为了验证双层结构融合模型的效果, 构建了行走模板, 用于测试不同尺寸、姿态的行人, 在夜晚光照弱、雨天噪声大和背景复杂等环境下进行检测分析。图 7.4.19 前三列红色框为本节的检测结果, 第四列绿色框为 Seo 模型的检测结

果，前三行每一列为同一个视频不同帧的本节模型的检测结果，第四行与第三行为同一帧图像在不同模型下的对比检测结果。

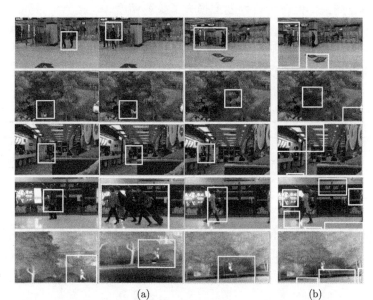

(a)　　　　　　　　　　　　　　　　(b)

图 7.4.19　双层结构融合模型与 Seo 的模型针对多场景多视角中多尺度运动目标检测图
(a) 双层结构融合模型检测结果；(b) Seo 的模型检测结果

　　图 7.4.19 第一行是地铁检票口的视频。尽管模板为直线行走动作，待测视频中行人在进站后转弯，本节模型也能检测准确。这主要归因于本节的复合模板集强调了运动模式，而不是背景或者动作的时空路径。相比之下，Seo 模型误检率高。

　　图 7.4.19 第二行是俯拍视频。目标尺寸小、视频噪声大，灰度图对比不明显。虽然目标被雨伞遮挡了部分，但是邻域结构和局部结构提取了目标本质特征，不关注视频的灰度变化和明暗对比度，有效提高了检测的准确性。

　　图 7.4.19 第三行是商店内部的视频。尽管行人被众多的室内陈设干扰，本节模板仍有较高的识别率。待测视频预处理中显著性提取步骤可以排除许多疑似目标，而且双层结构限制确保了模板和待测视频的邻域相似度和局部结构相似度，进一步排除了疑似目标，减少了误检。Seo 模型只包含单层结构，精度较低。

　　图 7.4.19 第四行是近景包含大尺寸目标的视频。本节使用同一模板测试图 7.4.19 中 5 个视频，都能呈现较好的识别效果。由于采用多尺度模板，模型对目标尺度变化鲁棒性好，图 7.4.19 第四行大目标与第二行小目标均能有效检测。

　　图 7.4.19 第五行是红外视频。在目标被树林半遮挡时，模型仍能有效检测。

无背景模板使得待测视频的背景不受限制, 提高了匹配准确性。与本节模型的检测效果相比, Seo 模型出现更多的误检, 表明三维 LARK 能有效地捕获目标结构特征, 但难以排除相似局部结构干扰。本节在 3D weighted LARK 基础上增加了邻域结构约束, 融合后的相似度矩阵有效剔除了误识别区域, 提高了检测准确率。

3) 其他动作的识别

除了行走动作, 还有一些典型动作, 如跑步、跳舞和跳远等。用本节双层结构融合模型检测了跳远和滑雪动作, 图 7.4.20(a) 为单尺度模板, 包含一个动作的连续帧; 图 7.4.20(b) 为 T_{3DLK} 和 T_{NRFM} 的融合 T_{final}, 并根据 T_{final} 提取目标的过程; 图 7.4.20(c) 为同一视频中任意几帧图片的检测结果。由图 7.4.20 检测结果可见, 不管运动目标出现在对比度鲜明的雪地里, 还是出现在人群中, 都能被准确检测。由图 7.4.20(b) 统计概率图 T_{3DLK} 显示, 存在误检区域, 而经过邻域结构统计概率 T_{NRFM} 融合, 可准确区分目标。

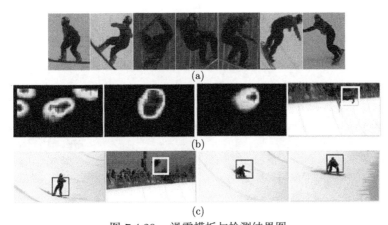

(a)

(b)

(c)

图 7.4.20 滑雪模板与检测结果图

(a) 滑雪动作的模板图; (b) 双层结构检测结果图以及融合图; (c) 不同帧滑雪目标的检测结果图

在图 7.4.21(b) 中, 第一层 T_{3DLK} 检测出目标区域较为准确, 但第二层 T_{NRFM} 检测出的目标范围存在误差。因此两层结构的数据互相约束, 将 T_{3DLK} 和 T_{NRFM} 融合为 T_{final}, 目标检测定位的 IOU 更精准。

对于滑雪和跳远动作, 由于目标全身都包含运动信息, 因此采用全身模板, 实验显示双层结构融合的优势。为了进一步分析本节模型非监督复合模板集的优越性, 下面检测挥手和下蹲两个动作, 目标只有局部肢体参与运动, 因此采用半身模板。如图 7.4.22(a) 所示, 模板只包含六帧图像中人的胳膊部分, 将模板进行缩放和特征提取。经测试, 本节模型的识别精度较好, 因为模板强调运动信息, 而不是背景信息; 同时局部结构和邻域结构统计匹配两次评估模板和待测视频的相似度, 增强了模型鲁棒性。当视频背景中的建筑结构类似于挥手胳膊时, 双层结构限制可以降低误检，例如护栏没有被识别为挥手动作。而且尽管模板动作包含双手，本节模型仍可检测出单手挥动目标，具有较好的适应性。

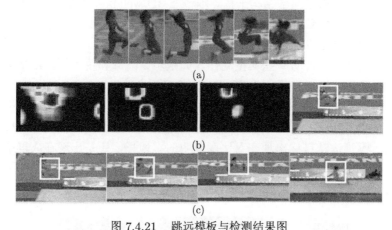

图 7.4.21　跳远模板与检测结果图

(a) 跳远动作的模板图；(b) 双层结构检测结果图以及融合图；(c) 不同帧跳远目标的检测结果

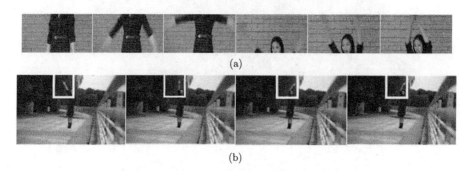

图 7.4.22　挥手动作模板与检测结果图

(a) 半身模板图；(b) 不同帧运动目标的检测结果图

图 7.4.23(a) 为下蹲动作的模板七帧图片，该模板经缩放后提取特征，形成最后的复合模板集。(b) 显示了识别效果，虽然视频右上角为高亮区域，容易吸引人的视觉注意，但并未产生误检。

4) 评估检测结果的标准

对于不同的数据集，开展 ROC(Receiver Operating Characteristic) 曲线分析。如图 7.4.24 所示，计算不同视频的 TPr 和 FPr。本节测试自主采集的视频，场景复杂度较高，但动作干扰少，因此精度一般高于标准库的检测结果。"——▲ "为使用本节双层结构融合模型检测 7.4.2.3 节中的多视角、多场景和多尺度运动目标的性能曲线，"—"为使用本节时空局部结构统计匹配模型的检测性能曲线，"- - -"为 Seo 模型检测结果的性能曲线。

(a)

(b)

图 7.4.23 下蹲动作模板与检测结果图

(a) 半身模板图；(b) 不同帧运动目标的检测结果图

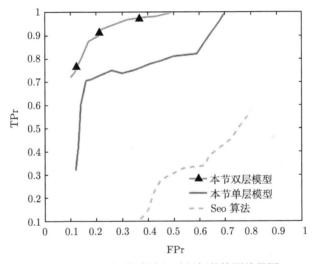

图 7.4.24 不同视频中运动目标的检测结果图

5) 标准库的检测结果

使用双层结构融合模板检测 Visual Tracker Benchmark Datasets[38] 标准库中运动目标，这个标准库主要用于目标跟踪检测，库内包含 100 个视频，本节选取了部分适用于单个或少数几个目标检测的视频。当同一视频中运动目标位置或姿态不同时，对比显示统计概率图，如图 7.4.25(a) 和 (c) 所示，(b) 和 (d) 为统计概率图的目标提取结果。

图 7.4.26 展示了该标准数据库中不同视频的检测结果。总体来说，当视频中对比度明显时，如 Dance 和 Skater2，检测精准度较高、定位准确，这主要归因于这些视频的显著性提取理想。

图 7.4.25　检测结果和对应的融合后的统计概率矩阵

(a) 和 (c) 分别为不同帧的运动目标分布概率图；(b) 和 (d) 分别为不同帧的运动目标检测结果图

图 7.4.26　本节模型检测标准库的结果图

　　为了更好地展示本节模型的优越性，除了 Seo 的非监督模型，本节另外对比了两个监督模型：① S-CNN 利用深度神经网络对目标进行时空定位[37]；② iDT 系统运用循环神经网络提取目标特征[32]。三种模型对标准库 THUMOS Challenge 2014[40] 中的自然拍摄视频进行检测，结果表明本节非监督模型在部分视频中可获得与监督训练模型同等的精度。THUMOS Challenge 2014 包含训练数据集、背景数据集、验证数据集和测试数据集，前三个用于监督模型的训练，测试数据集在 1574 个视频中包含 3358 个动作。本节模型随机抽取 12 个视频进行运动检测，三个模型的检测结果柱状图如图 7.4.27 所示。

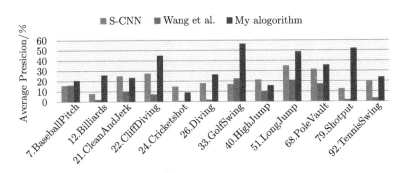

图 7.4.27　THUMOS Challenge 2014 中每个视频的平均精度 (%) 柱状图 (扫描本书封底二维码可见彩图)

7.5　本章小结

本章立足于 WWN 模型，对多光谱、多时序图像中目标检测、动作识别的相关算法进行了研究。

(1) 阐述 WWN 模型，并对现有的 WWN 模型进行了分析和延伸，从而引入新型目标检测的基本框架。

(2) 将局部自适应特征从简单的空间域延伸至光谱域和时间域，并与其他特征算子进行比较分析，展现了 3D-LARK 特征算子的优越性。通过自然信号感应度量来捕捉局部窗口中立体像素点之间的关系，解决了量化的梯度向量使特征算子的描述能力明显下降的问题。

(3) 针对图像背景信息干扰，局部特征过度拆分等问题，阐述了 NPBP 近邻结构特征；针对多光谱图像信息丰富计算量大以及检测精度不高等问题，阐述类金字塔分层结构模型对待测图像进行缩放。并通过 NPBP 特征与 3D-LARK 特征的交替检测，层层相扣，在缩短识别时间的同时提高了目标识别的精确度。

(4) 阐述一种基于局部和邻域双层结构融合模型，对局部结构和邻域结构分别进行时空匹配，再对两个匹配相似度进行统计融合和分析提取，能有效提高多姿态结构非紧凑运动目标的检测精度和鲁棒性，通过简单模板集可达到与监督类方法同等的精度，有效降低了误检率。

参 考 文 献

[1] Ma Y, Han J, Liu J, et al. A multi-scaled hierarchical structure model for multispectral image detection[J]. Signal Processing: Image Communication, 2016, 47: 193-206.

[2] Ding N, Mao N J, Bai L F, et al. Algorithm for eliminating false location targets based on associated multiple period [C]. SPIE, 2016, 10157, 101572U-1~10.

[3] Zhang Y, Zha Z Q, Bai L F. A license plate character segmentation method based on character contour and template matching[J]. Applied Mechanics and Materials, 2013, 333-335: 974-979.

[4] Liu J Q, Han J, Zhang Y, et al. A novel method of target recognition based on 3-D-color-space locally adaptive regression kernels model[C]. SPIE, 2015.

[5] 马翼. 基于 LARK 和近邻结构的类金字塔分层结构多光谱目标识别模型 [D]. 南京理工大学, 2017.

[6] 崔议尹. 基于三维 LARK 特征的运动目标检测模型研究 [D]. 南京理工大学, 2017.

[7] Ungerleider L G. Two cortical visual systems[J]. Analysis of Visual Behavior, 1982, 35(11): 549-586.

[8] 罗四维. 视觉信息认知计算理论. 北京：科学出版社, 2010.

[9] 张云. 基于生物视觉认知机理的特征提取及其应用研究 [D]. 华中科技大学硕士学位论文, 2014.

[10] Fergus R, Perona P, Zisserman A. Object class recognition by unsupervised scale-invariant learning, Computer Vision and Pattern Recognition, 2003. Proceedings. 2003 IEEE Computer Society Conference on, 2003, 262: II-264-II-271.

[11] Li F F, Fergus R, Perona P. Learning generative visual models from few training examples: An incremental Bayesian approach tested on 101 object categories[J]. Computer Vision & Image Understanding, 2007, 106: 59-70.

[12] Wang H, Yuan C, Hu W, et al. Supervised class-specific dictionary learning for sparse modeling in action recognition[J]. Pattern Recognition, 2012, 45: 3902-3911.

[13] Niebles J C, Wang H, Fei-Fei L. Unsupervised learning of human action categories using spatial-temporal words[J]. International Journal of Computer Vision, 2008, 79: 299-318.

[14] Weston J, Ratle F, Mobahi H, et al. Deep learning via semi-supervised embedding// Neural Networks: Tricks of the Trade, Springer, 2012 : 639-655.

[15] Comaniciu D, Ramesh V, Meer P. Kernel-based object tracking[J]. Pattern Analysis and Machine Intelligence, IEEE Transactions on, 2003, 25: 564-576.

[16] Bugeau A, Pérez P. Detection and segmentation of moving objects in complex scenes[J]. Computer Vision and Image Understanding, 2009, 113: 459-476.

[17] Tavakkoli A, Nicolescu M, Bebis G, et al. Non-parametric statistical background modeling for efficient foreground region detection[J]. Machine Vision and Applications, 2009, 20: 395-409.

[18] Luo F, Han J, Qi W, et al. Robust object detection based on local similar structure statistical matching[J]. Infrared Physics & Technology, 2015, 68: 75-83.

[19] Tomasi C, Manduchi R. Bilateral filtering for gray and color images[C]//International conference on Computer Vision, 1998: 839-846.

[20] Buades A, Coll B, Morel J M. Nonlocal image and movie denoising[J] International Journal of Computer Vision, 2008, 76(2): 123-139.

[21] E. Shechtman and M. Itani. Matching local self-similarities across images and Videos. IEEE Conference on Computer Vision and Pattern Recognition (CVPR), 2007: 1-8.

[22] Ke Y, Sukthankar R. PCA-SIFT: a more distinctive representation for local image descriptors[J]. IEEE Computer Society Conference on Computer Vision & Pattern Recognition, 2004, 2(2): 506-513.

[23] Mikolajczyk K, Tuytelaars T, Schmid C, et al. A comparison of affine region detectors[J]. International Journal of Computer Vision, 2005, 65(1): 43-72.

[24] Belongie S J, Malik J, Puzicha J. Shape matching and object recognition using shape contexts[J]. IEEE Transactions on Pattern Analysis & Machine Intelligence, 2010, 24(4): 509-522.

[25] Dalal N, Triggs B. Histograms of oriented gradients for human detection[C]//IEEE Conference on Computer Vision & Pattern Recognition, 2005: 886-893.

[26] Kläser A, Marszalek M, Schmid C. A spatio-temporal descriptor based on 3D-gradients[C]. BMVC. 2008.

[27] Itti L, Koch C, Niebur E. A model of saliency-based visual attention for rapid scene analysis[J]. IEEE Transactions on Pattern Analysis & Machine Intelligence, 1998, 20(11): 1254-1259.

[28] http: //cbcl. mit. edu/software-datasets/streetscenes/

[29] Lachiche N, Flach P. Improving accuracy and cost of two-class and multi-class probabilistic classifiers using RoC curves. ICML, 2003: 416-423.

[30] Leibe B, Leonardis A, Schiele B. Robust object detection with interleaved categorization and segmentation[J]. International Journal of Computer Vision, 2008, 70: 259-289.

[31] Ojala T, Pietikäinen M, Mäenpää T. Multiresolution gray-scale and rotation invariant texture classification with local binary patterns[J]. Pattern Analysis and Machine Intelligence, IEEE Transactions on, 2002, 24(7): 971-986.

[32] Viola P, Jones M J. Robust real-time object detection[J]. International Journal of Computer Vision, 2001, 57(2): 87.

[33] Liu J, Han J, Zhang Y, et al. A novel method of target recognition based on 3D-color-space locally adaptive regression kernels model[C]//Applied Optics and Photonics China. International Society for Optics and Photonics, 2015: 96753A-96753A-6.

[34] Xue T, Han J, Zhang Y, et al. A neighboring structure reconstructed matching algorithm based on LARK features[J]. Infrared Physics & Technology, 2015, 73: 8-18.

[35] 吴迪，唐勇奇，万琴. 基于视觉场景复杂度多特征自适应融合的目标跟踪 [J]. 上海交通大学学报，2015, 2: 1868-1875.

[36] 张泽星，宗长富，马福良，王畅. 基于多维高斯隐马尔科夫模型的驾驶员转向行为辨识方法 [J]. 汽车技术，2011. 07: U463.4.

[37] Wang L, Qiao Y, Tang X. Action recognition and detection by combining motion and appearance features[J]. In ECCV THUMOS Workshop, 2014, 1: 6.

[38] Visual Tracker Benchmark Database: http: //cvlab. hanyang. ac. kr/tracker_bench-mark/datasets. html

[39] 焦波, 李国辉, 涂丹, 汪彦明. 一种视频序列中二值图像的快速聚类算法 [J]. 湖南大学学报 (自然科学版), 2008, 8: 73-77.

[40] THUMOS 2014: http: //crcv. ucf. edu/THUMOS14/download. html

第 8 章　基于深度学习的多源夜视信息融合

针对夜视多源信号中跨模态信号特性差异大、共性/互补特征提取难、多模态信号融合性能差的问题，本章分析多波段图像和点云信号，将语义信息、结构信息、光度信息融入多模态信号处理，构建红外-可见图像信息融合、跨模态立体匹配、点云补全相关算法。

本章首先阐述基于对抗性语义引导的红外-可见光图像融合算法，利用红外、可见图像中的视觉纹理特点和语义信息，构建对抗性与语义引导和视觉感知模块，同时提升夜间融合图像的视觉观感和目标的显著性；其次阐述基于多模态自编码的跨模态图像立体匹配算法，构建多模态自编码架构，挖掘红外和可见图像中的一致特征，实现跨模态立体匹配；最后阐述基于多源时空一致性的自监督点云补全算法，通过分析可见光图像序列中的时空光度一致性，和稀疏点云中的结构一致性，挖掘数据中的位姿属性，实现高质量点云补全。

8.1　基于对抗性语义引导的红外-可见光图像融合

为了确保夜间驾驶的安全性，广泛采用红外和可见光摄像头获取图像，并将它们进行融合，以提供驾驶员充分的信息，辅助其判断。由此可见，夜间环境中，红外和可见光图像融合算法的质量在整个流程中极为重要，特别是对于人、车这种主要的道路障碍物，这类目标的图像融合质量至关重要。然而，目前大多数红外与可见光的图像融合算法没有挖掘图像中的高级语义特征，导致对目标的辨识能力有限，仅从像素级的角度出发进行图像融合。传统图像融合算法致力于权衡红外和可见光信息的引入，往往导致图像融合效果存在两类问题：(1) 为了达到目标的显著性，过多地引入红外信息，导致可见光细节退化，使图像整体模糊不清；(2) 为了追求融合图像的细节感，减少红外信息的引入，导致远处或红外弱小目标在融合图像中难以凸显。

因此，在挖掘图像语义方面，本节提出基于对抗性语义引导的红外-可见光图像融合网络 (Adversarial Semantic Guiding GAN，ASGGAN)。首先，基于结构简单的生成对抗网络，无需和传统算法一样进行复杂的融合规则设计，通过判别器和损失函数 loss 的引导，优化生成式的融合网络。其次，设计对抗语义引导模块 (Adversarial Semantic Guiding，ASG)，即语义判别器，利用分割网络作为判别器，和融合网络形成生成对抗的关系，两者在对抗学习的过程中不断优化，以分割预测和分割标记的 loss 为引导，使得融合图像具有目标显著性。最后，构建对抗视觉感知模块 (Adversarial Visual Perception，AVP)，即条件判别器。使用 U 型的判别器结构，得到全局性和局部性两个 GAN loss，让融合网络不仅关注图像的全局信息，也关注局部信息。同时加入分割标记作为判别器先验，优化融合空间的特征选择。通过定性的主观评价和定量的客观评价对比，ASGGAN 相较现有红外可见光图像融合方法具有更优越的融合能力。

8.1.1　基于对抗性语义引导的图像融合网络结构

ASGGAN 网络主要由一个生成器和两个判别器构成，两个判别器对应 ASG 模块和 AVP 模块，分别使用语义判别器和感知判别器，具体使用的网络为分割网络和条件 U 型网络。下面本节主要对网络的结构、创新以及功能进行详细阐述。

ASGGAN 网络框架如图 8.1.1 所示，主要由三个部分所组成：生成器、感知判别器和语义判别器。

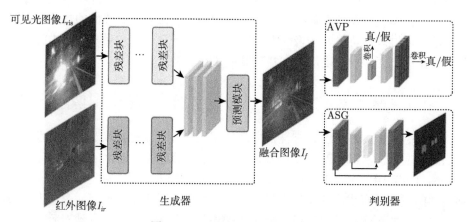

图 8.1.1　ASGGAN 网络结构

在训练阶段，生成器将 RGB-T 四通道图像作为输入，RGB 图像 I_{vis} 和红外图像 I_{ir} 分别经过生成器的两个编码器，将两个编码器的输出连接 concat 后输入到解码器，输出的结果为单通道的融合图像 I_{f_y}。将该单通道的融合图像作为亮度通道的图像，加入可见光的颜色通道图像转为 RGB 图像，得到最终的融合图像 I_f。

感知判别器仅输入可见光图像的亮度通道 I_{vis_y} 和融合图像 I_{f_y} 进行判别，目的是让融合图像有着更倾向于可见光图像的整体自然观感，感知判别器的 loss 并非是增强可见光图像的细节，而是为了拉近可见光和融合图像的分布距离，使融合图像拥有更自然的可见光观感。

在这里，可以将语义判别器视为另一个判别器，其作用是对 RGB 融合图像进行图像分割,以获取分割预测图。然后,利用分割网络生成的分割损失,反向促进融合网络进行图像融合。这种方式可使融合网络更有效地生成对改善分割网络性能有益的图像,也就是说,融合图像将包含更为明显的语义信息。这两者的关系类似于生成器和判别器之间建立的生成对抗关系。相较于可见光图像,红外图像包含着更加丰富和显著的目标信息,因此融合图像通过这一组对抗关系,将加入红外图像更具有目标显著性的成分,生成易于分割的图像,也代表着相较可见光目标显著性的提升。

在测试阶段,网络无需使用感知判别器和语义判别器,直接将 RGB-T 的图像作为输入,输入到生成器网络中,得到融合的亮度通道图像,再将可见光的颜色通道和融合的亮度通道图像进行 RGB 转换得到最终融合图像。由此可见,网络在测试时仅需要输入可见光和红外图,无需分割标记等先验信息。

1) 生成器网络结构

生成器结构如图 8.1.2 所示,生成器的网络结构采取双路编码器和单路解码器的网络结构,该网络是一个全卷积网络。

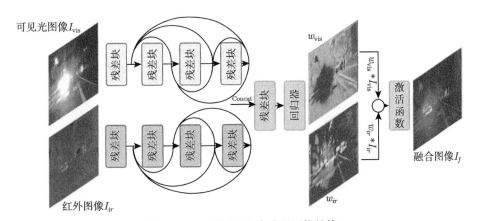

图 8.1.2 ASGGAN 生成器网络结构

网络将可见光图像 I_{vis} 和红外图像 I_{ir} 分别输入到双路编码器中,两路编码器的网络结构基本相同,每一个卷积层均采用 3×3 卷积,并且保持特征层尺度不变,在编码器中卷积核的个数依次为 16、16、16、16,四次卷积核的个数不变。为了防止图像的信息损失,整个过程中没有池化层。与此同时,借鉴 DenseNet[1],在编码器中的各个路径向后进行密集连接,不断补充前向特征的信息,保证浅层的特征能够在深层卷积中进行重复利用,这样可以有效地帮助融合图像保留更多的细节信息。

可见光和红外图像两路编码器输出的特征图,以 concat 的方式进行特征融合,输入到解码器结构中。在解码器过程中,特征图通道数逐步减小,依次为 128、

64、32、16、2。最后用 Sigmoid 激活函数回归得到通道数为 2 的概率图，来作为融合图像中可见光和红外成分的概率分布，分别记为 w_{vis} 和 w_{ir}。分别与可见光亮度通道图像 $I_{\text{vis\_}y}$ 和红外图像 I_{ir} 进行对应点乘，然后二者相加，最后经过 tanh 激活函数输出，得到最终的融合图像 I_{f_y}，即

$$I_{f_v} = \tanh\left(w_{\text{vis}} * I_{\text{vis}_v} + w_{ir} * I_{ir}\right) \tag{8.1.1}$$

经实验验证，这种方式可以防止由分割网络导致的目标亮度过低的现象。

在生成器整个架构中，每一层卷积后都使用谱归一化 (Spectral Normalization, SN) 的操作 [2]。为了防止梯度爆炸或梯度消失，并加快网络的收敛速度，加入批归一化 (Batch Normalization, BN)。激活函数采用 Leaky ReLU，相较而言，ReLU 激活函数会损失融合过程中特征图中分布为负数的数值，对于融合任务而言一定程度上会丢失信息，而 Leaky ReLU 可以将信息充分保留。

整个生成器的具体结构如表 8.1.1 所示。经过表 8.1.1 解码器后，回归得到概率图，分别和可见光红外图像加权相加后，经过 tanh 激活函数输出得到最终的融合图像。

表 8.1.1　生成器网络结构

	网络层	输入通道数	输出通道数	激活函数
可见光编码器	conv1	3	16	Leaky ReLU
	conv2	16	16	Leaky ReLU
	conv3	32	16	Leaky ReLU
	conv4	48	16	Leaky ReLU
红外编码器	conv1	1	16	Leaky ReLU
	conv2	16	16	Leaky ReLU
	conv3	32	16	Leaky ReLU
	conv4	48	16	Leaky ReLU
解码器	conv1	128	64	Leaky ReLU
	conv2	64	32	Leaky ReLU
	conv3	32	16	Leaky ReLU
	conv4	16	2	Sigmoid

2) 感知判别器网络结构

感知判别器的结构如图 8.1.3 所示，判别器的网络结构借鉴 UNet-GAN[3]，采用条件 U 型判别器。与以往其他判别器只有编码器结构不同，感知判别器同时构造解码器结构，从而搭建出 U 型判别器。判别器包含编码器和解码器两个部分，可以进行图像的全局判别和局部判别，让融合图像更倾向于可见光图像的观感。

编码器部分以非配对的方式输入可见光图像的亮度通道 $I_{\mathrm{vis\_y}}$ 或者融合单通道图像 f_{f_y}。在输入的同时两者 concat 各自的分割 label，作为输入到判别器的辅助条件。加入分割 label，判别器可以在分割 label 的基础上，对融合图像进行更高质量的判断，有助于融合图像细节的优化，基于高级语义在融合特征空间上进行合理判别，也可对像素级融合做出一定的约束。也就是说，ASGGAN 给予 U 型判别器一定的高级语义信息，基于语义信息驱动图像融合，增加融合图像的信息量。

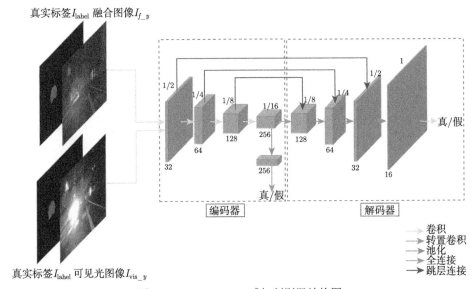

图 8.1.3　ASGGAN 感知判别器结构图

输入至编码器后，编码器的全卷积结构不断增大通道数，每进行一次卷积特征图尺寸减半，整个过程中编码器提取全局特征，最后经过全局池化层和全连接层得到全局的判别结果。网络的全局判别是对融合图像的整体观感和可见光进行一次判别，该判别可对融合图像的特征进行一定约束，增强融合图像的整体观感，使其更具有自然性。

在解码器端，ASGGAN 将编码器的高级特征进行不断地转置卷积操作，每进行一次转置卷积通道数变小，特征图尺寸变大，该过程和编码器结构形成对称关系。并且在每一层不断使用跳层连接补充前向信息，有效地重新利用编码器中因为卷积尺寸变小而丢失的信息。当特征图恢复到原图像尺寸之后，经过一次卷积操作对特征图进行整理，得到原图像尺寸的判定。这种决策可以理解为图像空间上像素级的决策，可以对融合图像的局部纹理结构进行决策，在空间上给予生成器一定的反馈。在融合任务中，可以利用这种空间上的决策使得融合图像的局部纹理细节更具有可见光图像的观感，从局部的视角增强融合图像的自然度。

判别器的每一层后都进行谱归一化，增加 GAN 网络训练过程中的稳定性。与生成器相同，每一层均使用 BN 以及利用 Leaky ReLU 作为激活函数。

3) 语义判别器网络结构

语义判别器采取 RPNet[4] 分割网络，RPNet 以残差金字塔为基础，具有较小的参数量，推理速度快，同时拥有不错的分割性能。将融合的单通道图像加上可见光的色彩通道转换成 RGB 图像，输入 RPNet 分割网络中，最终得到通道数和类别数相同的概率图，进行分割 loss 的计算。

分割网络的作用相当于一个判别器。一方面，分割网络不断增强对融合图像语义特征的挖掘能力。另一方面，语义信息引导生成器融合出具有更好目标显著性的图像。分割 loss 的约束驱动分割网络学习融合图像的语义，进而引导融合图像在像素空间上进行合适的融合，实现高质量的图像融合。相较于不少融合网络直接计算融合图像和红外图像的均方误差损失函数 MSE loss，ASGGAN 的语义判别器利用图像的高级特征对融合图像进行解析，以指导图像融合。该方法充分考虑了融合图像的空间分布，而不是全局统计约束，如全局均方误差等。

8.1.2　网络约束与损失函数设计

ASGGAN 中，损失约束主要有判别器 loss、分割网络 loss、生成器 loss 三个，它们分别用于训练判别器、分割网络和生成器。

1) AVP 模块损失函数

感知判别器在训练的过程中不断强化区分可见光和融合图像，在此过程中不断给予生成器反馈。当输入可见光的亮度通道图像 $I_{\text{vis\_}y}$ 的时候，判别器将判别为真，输入融合图像 I_{f_y} 时，判别器的判别为假。用 D^U 来表示判别器，判别器由编码器和解码器构成，分别表示为 D_{enc}^U 和 D_{dec}^U，整体判别器的 loss 函数包括两部分：编码器输出全局信息的 loss 和解码器输出局部信息的 loss。

$$\mathcal{L}_{AVP} = \mathcal{L}_{D^U} = \mathcal{L}_{D_{\text{enc}}^U} + \mathcal{L}_{D_{\text{dec}}^U} \tag{8.1.2}$$

输入的可见光亮度通道图像为 $I_{\text{vis\_}y}$，输入的融合图像为 I_{f_y}，则编码器的 loss 函数为

$$\mathcal{L}_{D_{\text{enc}}^U} = -\mathbb{E}_{I_{\text{vis}_y}}\left[\log D_{\text{enc}}^U\left(I_{\text{vis}_y}\right)\right] - \mathbb{E}_{I_{\text{RGBT}}}\log\left[1 - D_{\text{enc}}^U\left(G\left(I_{\text{RGBT}}\right)\right)\right] \tag{8.1.3}$$

解码器端输出的 loss 为

$$\mathcal{L}_{D_{\text{dec}}^U} = -\mathbb{E}_{I_{\text{vis}y}}\left[\sum_{i,j}\log\left[D_{\text{dec}}^U\left(I_{\text{vis}_y}\right)\right]_{i,j}\right]$$

$$-\mathbb{E}_{I_{\mathrm{RGBT}}}\left[\sum_{i,j}\log\left(1-\left[D_{\mathrm{dec}}^{U}\left(G\left(I_{\mathrm{RGBT}}\right)\right)\right]_{i,j}\right]\right.\tag{8.1.4}$$

式中，I_{RGBT} 为四通道的 RGB-T 图像，$[D_{\mathrm{dec}}^{U}(I_{\mathrm{vis}_y})]_{i,j}$ 和 $[D_{\mathrm{dec}}^{U}(G(I_{\mathrm{RGBT}}))]_{i,j}$ 均表示判别器在像素点 (i,j) 上的决策，损失函数沿用 UNet-GAN 中的 hinge loss[3]。ASGGAN 判别器的两个 loss 函数分别代表全局和局部的决策距离。因此在判别器不断强化的过程中，不仅能够进行全局的决策，也能够进行局部的决策。

2) ASG 模块损失函数

ASGGAN 采用 RPNet 分割网络结构，在输入 RPNet 融合图像 I_f 后，由 RPNet 得到输出的分割结果 I_{pred}，将该结果和 I_{label} 进行交叉熵 loss 计算，ASG 模块 loss 函数公式如下：

$$\mathcal{L}_{\mathrm{ASG}}=\mathcal{L}_{\mathrm{seg}}=\frac{1}{WH}\sum_{i,j}\sum_{c=0}^{N-1}y_c(i,j)\log[p_c(i,j)]\tag{8.1.5}$$

其中，$y_c(i,j)$ 代表 I_{label} 在像素值 (i,j) 处 one-hot 向量第 c 个通道处的值，$p_c(i,j)$ 代表输出概率图在像素值 (i,j) 处第 c 个通道的输出概率值，N 为通道数，W 和 H 为图像的宽和高。

3) 生成器损失函数

生成器的损失函数主要由三部分组成：感知对抗 loss$\mathcal{L}_{p-\mathrm{adv}}$，语义对抗 loss$\mathcal{L}_{s-\mathrm{adv}}$ 和细节 loss$\mathcal{L}_{\mathrm{detail}}$。感知对抗 loss$\mathcal{L}_{p-\mathrm{adv}}$ 用于引导融合图像在判别中识别为真，引导融合图像整体和局部细节上更趋向于可见光的观感。语义对抗 loss$\mathcal{L}_{s-\mathrm{adv}}$ 引导融合图像易于进行图像分割，由于红外图像包含更加丰富的语义信息，因此语义对抗 loss$\mathcal{L}_{p-\mathrm{adv}}$ 相当于同时将红外图像中目标显著信息加入融合图像之中，提高融合图像的目标显著性。细节 loss$\mathcal{L}_{\mathrm{detail}}$ 用于增强融合图像的可见光细节信息。

计算对抗 loss 时，判别器参数固定，训练生成器的参数。此时生成器的目的是要训练出能够骗过判别器的融合图像，即让判别器的判别为真。此时感知对抗 loss$\mathcal{L}_{p-\mathrm{adv}}$ 的计算如下：

$$\mathcal{L}_{p-\mathrm{adv}}=-\mathbb{E}_{I_{\mathrm{RGBT}}}[\log D_{\mathrm{enc}}^{U}(G(I_{\mathrm{RGBT}}))+\sum_{i,j}\log[D_{\mathrm{dec}}^{U}(G(I_{\mathrm{RGBT}}))]_{i,j}]\tag{8.1.6}$$

对抗 loss 通过训练生成器，逐步拉近融合图像与可见光的距离，让融合图像更加具有可见光图像的观感。同时编码器和解码器两部分 loss 的输出，让融合图像从全局和局部两个方面与可见光图像进行约束。同样的，ASGGAN 在训练中沿用 UNet-GAN 所使用的 hinge loss。

计算语义对抗 loss$\mathcal{L}_{p-adv}$ 时，分割网络的参数固定，训练生成器的参数。此时生成器在训练的过程中不断调整，逐步输出能够获得较高分割指标的融合图像，图像的目标显著性将更加突出，语义信息将更易于在融合图像中显现，红外图像的有效信息也在融合图像中逐步增加。生成器中分割 loss 同样为交叉熵，公式与训练语义判别器时的 loss$\mathcal{L}_{ASG}$ 公式一致。FusionGAN 全局性的 content loss 为红外图像均方差，会导致整体融合图像中红外成分过多而模糊[5]。相较于这种方式，ASGGAN 使用对抗性的分割 loss$\mathcal{L}_{s-adv}$ 来区域性地加入红外成分，使融合图像的目标更加显著。

细节 loss$\mathcal{L}_{detail}$ 是计算融合图像和可见光图像梯度之间的距离，计算两者的梯度，求二者梯度之差的 L2 范数的均值，公式如下：

$$\mathcal{L}_{detail} = \frac{1}{WH} \sum_{i,j} \left(\nabla I_{f-y}(i,j) - \nabla I_{vis\_y}(i,j) \right)^2 \tag{8.1.7}$$

∇ 代表求图像梯度的操作，(i,j) 代表像素点的位置，W 和 H 代表图像的宽高。细节 loss$\mathcal{L}_{detail}$ 使得融合图像的梯度趋向于可见光的梯度，保障融合图像拥有更加丰富的细节信息。

将以上三个 loss 进行组合，则得到生成器总体的 loss 函数，公式如下所示：

$$\mathcal{L}_G = \mathcal{L}_{p-adv} + \alpha \mathcal{L}_{s-adv} + \varepsilon \mathcal{L}_{detail} \tag{8.1.8}$$

其中，α 和 ε 为超参数，用于平衡三个 loss 的权重。

8.1.3　实验结果及评价

在本节中，将通过客观评价和主观评价两种方式来佐证 ASGGAN 融合方法的优越性。采用 AG(average gradient)、EI(edge intensity)、SF(spatial frequency) 和 EN(entropy)，这几类指标分别基于图像特征和信息学理论定量评价 ASGGAN 的图像质量，能够较全面地评估 ASGGAN 的图像融合质量。而 ASGGAN 融合图像是基于显著性描述的，所以同时采用分割准确率和其他方法比较。

本节选用近些年较为优秀的传统方法和深度学习方法进行对比分析，包括 ADF[7]、CNN[8]、DLF[9]、FPDE[10]、GFF[11]、Hybrid_MSD[12]、MGFF[13]、MST_SR[14]、ResNet[15]、RP_SR[14]、TIF[16]、VSMWLS[17] 和 FusionGAN[5]，结果如下表 8.1.2 所示：

标红的表明该方法在该融合评价指标中位居第一，标黑的表明该方法在该融合评价指标中排名第二。以上方法包含了近几年表现优异和广泛使用的传统方法和深度学习方法，从这几个客观评价指标的比较来看，ASGGAN 融合和这些方法相比具有优异性。相比同样利用 GAN 网络的基准网络 FusionGAN 方法，ASGGAN 在 AG、EI、SF 和 EN 上均有所提升。

表 8.1.2   MFNet 数据集中各类红外–可见光图像融合方法在各类融合客观评价指标对比

	AG	EI	SF	EN
ADF	0.1653	1.7657	2.5833	0.3783
CNN	0.2071	2.2209	3.0538	0.3816
DLF	0.1624	1.7406	2.5455	0.3770
FPDE	0.1695	1.8086	2.5943	0.3786
GFF	0.2127	2.2847	3.1135	0.3916
Hybrid_MSD	**0.2268**	**2.4230**	**3.2637**	**0.3914**
MGFF	0.2187	2.3441	3.1067	0.3845
MST_SR	0.2090	2.2397	3.0511	0.3864
ResNet	0.1624	1.7411	2.5370	0.3776
RP_SR	0.2000	2.1285	3.0654	0.3941
TIF	0.2163	2.3232	3.1433	0.3881
VSMWLS	0.2217	2.3628	3.1935	0.3867
FusionGAN	0.1704	1.8296	2.6717	0.3774
本方法	**0.2488**	**2.6898**	**3.2467**	**0.3942**

由于图像融合任务拥有较多的评价指标,实际中各类指标难以统一,往往会出现定量评价指标较高时,图像质量的观感并不理想。所以本节同时进行融合图像的主观评价,从人眼视觉上比较 ASGGAN 和其他融合方法的优劣。

从图 8.1.4 场景一中可以观察出,ASGGAN 图像基本可以保留可见光广告牌的细节,与此同时,建筑的红外辐射细节也较明显,然而其他方法信息丢失严重。更重要的,ASGGAN 能够更加清晰地看到远处的人群,证明红外辐射特性明显的人群在 ASGGAN 融合中会更具有显著性。

在图 8.1.4 的第二场景中,我们可以观察到 ASGGAN 生成的融合图像仍然保留了可见光中的树叶等细节,而建筑物的红外细节信息也相对明显。同时,红外中细节更加显著的自行车也在融合图像中清晰可见,而在红外图像中能够辨识而在可见光中难以辨认的人的信息也呈现在右侧。相比其他图像融合方法,ASGGAN 生成的融合图像中人的信息更加显著。

在图 8.1.4 的第三场景中,展现的是夜间眩光场景。由于眩光的存在,可见光中人和车等目标无法看清。然而,在 ASGGAN 生成的融合图像中,车辆以及车后的人相比其他融合方法更加显著,右侧的人也更加突出。而在其他融合图像中,车辆、车后的人和右侧的人几乎无法分辨。这表明,在眩光环境中,ASGGAN 生成的融合图像中的目标显著性优势明显。相比之下,其他方法在眩光环境中的目标却存在或多或少的红外信息损失,导致目标信息的保存较少,甚至无法辨别。

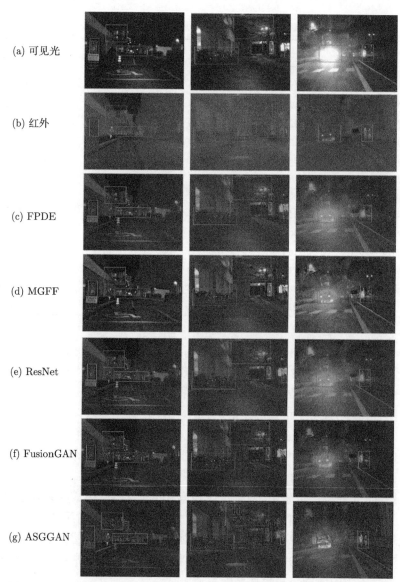

(a) 可见光

(b) 红外

(c) FPDE

(d) MGFF

(e) ResNet

(f) FusionGAN

(g) ASGGAN

图 8.1.4　　MFNet 不同场景下不同红外-可见光图像融合方法主观评价对比

8.2　基于多模态自编码的跨模态图像立体匹配

在跨模态立体匹配领域上的研究很少，主要方式大致为：(1) 通过深度学习网络，将红外图像预测为可见光图像，然后用预测的可见光图像和另一路可见光图像进行立体匹配；(2) 通过 Siamese CNNs 以及图像块匹配进行端到端的长波红外与可见光图像的深度预测；(3) 通过单张长波红外图像进行单目的深度预测，这种方法利用单张长波红外图像作为输入预测视差，再通过预测出来的视差将配准过的双目可见光图像进行互相映射，通过映射的图像互相约束，从而实现自监督视差预测。设计了一种端到端的跨模态立体匹配网络，通过搭建跨模态特征提取网络完成特征立体匹配网络的实现。本节将详细介绍跨模态立体匹配网络。

8.2.1 跨模态数据特征一致性提取

跨模态立体匹配网络分为特征提取层、代价卷、3d 卷积层以及视差回归，如图 8.2.1 中所示，特征提取层用来提取两种不同模态图片的共性特征；代价卷与 3d 卷积层用来匹配这些共性特征；最后通过视差回归返回视差。具体细节如下。

8.2.1.1 特征提取网络

立体匹配任务需要匹配两幅图像之间的共性特征，但是由于可见光与红外图像在空间上的特征信息不同。为此设计了一种约束方法，尽可能让卷积层能够从不同模态数据中获取相同的高维特征，并反映到空间上去。利用视差真实值，对特征层进行视差平移，并将左右特征放在同一个空间上进行比较，从而进行一致性约束。

数据中信息是多尺度分布的，因此用金字塔结构作为编码器用来提取特征是非常有必要的。与 PSMNet[26] 不同的是，为了从不同模态中提取信息，本节做了一些改进，并且在高维特征层加入新的特征约束。最后将约束后的特征送入代价卷进行特征匹配。

在编码模块的预训练过程中，为了提升特征提取网络的表征能力，将其输出的高维特征输入了另一对解码网络 (图 8.2.1)，再用红外图像和可见光图像约束解码模块的输出，以保证编码模块特征信息不损失，过程如图 8.2.1 所示。设计了特征一致性损失函数 (Feature loss)，利用视差真实值对特征层进行视差平移，并将左右特征放在同一个空间上进行比较，从而减小内在特征在不同模态上的差异。

在主干网络的训练过程中，使用 PSMNet 的网络结构，不同的是，将编码模块的权重设置为不共享，并且在高维特征层加入新的特征约束。最后将约束后的特征送入代价卷进行特征匹配。算法的主干结构如图 8.2.2(a) 所示。让两条编码模块分别学习出左右不同模态需要的特征是有难度的，如果不加入强约束，他们往往会映射到不一致的特征空间，导致输出计算代价卷时难以匹配。采用的特征提取网络具有 dual-path 结构，每个 path 包含一个编码网络和一个解码网络，每个 path 分别用来对可见光和红外图像进行一致性特征提取，以为后续的双目立体匹配提供有效特征。在每个 path 中，解码器起到辅助编码器学习的作用，而在最后主干网络的训练和测试中，解码器是被抛弃的。

让两条编码模块分别从左右同模态的图像中，学习到立体匹配需要的特征是有难度的，他们往往会映射到不一致的特征空间，导致输出计算代价卷时难以匹配。在同模态立体匹配任务中，大部分立体匹配网络让两条分支的参数进行共享，来保证卷积层能对相同目标提取到一致的特征。事实证明这种结构确实在单一模态的立体匹配上具有很好的性能，但是这种结构难以提取不同模态的一致性特征，尤其是可见光波段和长波红外波段这种模态差异巨大的数据。

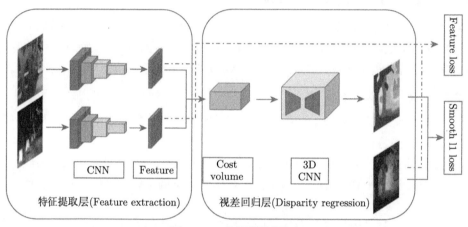

图 8.2.1　算法结构框架

为了解决这个问题，使两个编码模块的权重互相独立，这样提取特征层可以将不同的模态信息送入一致的特征空间。热-可见光图像信息具有各自的特征空间，他们有着小部分一致性特征，预训练过程的目标是扩大整体特征表达的同时，提高一致性特征的占有比例。

8.2.1.2　基于特征一致性的高维特征约束

一致性特征提取训练过程和推理过程在解码器方式采用了两种结构，训练过程如图 8.2.2(a) 所示，推理过程如图 8.2.2(b) 所示。特征一致性损失函数 (Feature loss) 旨在让网络尽可能得到两种模态数据的一致特征。由于有视差真实值，因此可以通过视差真实值将不同模态提取到的特征互相映射。假设红外图像表示为 I_{ir}，可见光图像表示为 I_{vis}，红外特征解码器输出表示为 I_{ir}'，可见光特征解码器输出表示为 I_{vis}'，卷积层从红外图像提取到的高维特征为 F_{ir}，从可见光图像提到的特征为 F_{vis}，真实视差图为 D_{gt}，特征视差图为 D_f，其中：

$$I_{ir}, I_{ir}' \in \mathbb{R}^{h \times w} \quad I_{vis}, I_{vis}' \in \mathbb{R}^{3 \times h \times w} \tag{8.2.1}$$

$$F_{ir}, F_{vis} \in \mathbb{R}^{c \times \frac{h}{4} \times \frac{w}{4}} \quad D_{gt} \in \mathbb{R}^{h \times w} \quad D_f \in \mathbb{R}^{\frac{h}{4} \times \frac{w}{4}} \tag{8.2.2}$$

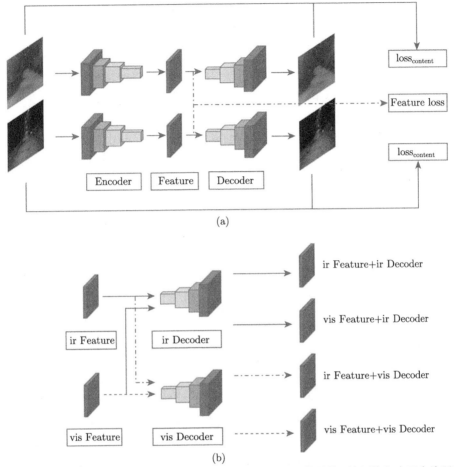

图 8.2.2 一致性特征提取 (a) 一致性特征提取的训练过程网络结构 (该网络包含两个编码器, 两个解码器); (b) 推理过程的网络结构 (推理过程用两个解码器分别解码两种特征得到四组 结果)

因此可以根据特征视差, 将红外图像特征在空间上映射到可见光图像特征域:

$$F'_{\text{vis}} = \text{Warp}\,(F_{\text{ir}}, D_{\text{f}}) \tag{8.2.3}$$

通过约束 F_{vis} 和 F'_{vis} 来直接约束编码器的特性。通过这种方式就可以将不同模态信息通过编码器映射到一致的特征空间, 并使该高维特征在空间上保持映射关系。事实上算法的设计先验地认为相同结构不同权重的卷积层可以获取不同模态的一致性特征, 特征一致性约束本质上就是通过约束权重不同的孪生网络提取到的特征, 从而让这种结构可以保留不同模态数据的一致特征。

8.2.1.3　基于多模态自编码特性的内容保留约束

特征一致性约束为了得到不同模态信息的一致性表达，需要排除跨模态信息中无法匹配的部分。为了避免特征信息中可以匹配的部分也被排除，导致编码过程中的信息丢失，输出变为全 0 或全 1 的情况，引入特征保留损失函数对解码信息进行约束，如图 8.2.1 以及图 8.2.2(a) 中的 Feature loss。

为了使不同的自编码模块输出内容不消失，为两个编码网络设计了与之对应的解码网络，其中解码层利用反卷积层进行解码，同样在特征层加入特征一致性损失函数，网络模型如图 8.2.2(a) 所示，网络结构分为编码模块和解码模块，红外编码模块和可见光编码模块分别将红外和可见光图像提取到相似的特征空间，然后将提取到的特征通过特征一致性损失函数进行约束，解码层利用多个反卷积层将特征上采样为与输入相同尺度的图片，并将得到的图片与原始输入计算均方差损失以确保编码层不会丢失信息。

在推理过程中将分别通过可见光编码器和红外编码器提取到的特征利用相同的解码器进行解码。

$$I'_{ir} = \text{Decode}_{ir}\left(F_{ir}\right) \tag{8.2.4}$$

$$I'_{vis} = \text{Decode}_{vis}\left(F_{vis}\right) \tag{8.2.5}$$

其中，特征保留损失函数约束 I_{ir} 和 I'_{ir}，I_{vis} 和 I'_{vis}，使编码网络尽量保留输入信息，供给解码器以还原输入。这是为了在一致性约束的基础上，尽量不让网络向消除信息量的方向拟合。由于解码器与编码器之间没有跳层连接，编码器不得不保留足够的信息量。预训练过程中发现，当对解码模块进行约束，可以得到有效的特征信息，而当不进行内容保留约束时，高维特征会逐渐趋向于 0。

如果单独取出其中一组编解码网络来看，此约束就是将原图输入作为输出的真实值，编解码网络就是一个无损编解码系统。通过这种方式，可以看到空间特征信息得以被保留，并且不同模态的特征信息输入相同解码器后具有一定的相似性，也印证了策略的有效性。最后，可以直接观察到两种不同方式的编码提取出来的特征，证明编码器具有较好的特征提取性能。如表 8.2.1 所示，输入图像 I_{ir} 和 I_{vis} 经过编解码系统后输出的大致相同的 I'_{ir} 和 I'_{vis}，说明编码网络保留了大部分输入图像的信息。

表 8.2.1　不同约束下的预训练模型

模型名称	loss$_{\text{consistency}}$	loss$_{\text{content}}$	loss$_{\text{cross}}$
A	1	0.25	0.25
B	1	0.25	None
C	1	5	None
D	1	None	0.25

注：A、B、C、D 表示用不同特征权重训练出来的模型。

对于编码网络，一致性约束和内容约束为网络提供了一个大致的计算规则，前者约束了编码网络学习双目相同特征，后者约束编解码网络保留特征。而为了增强的解码网络的性能，设计交叉一致性约束，用以约束网络更好的解码两者相同信息，如图 8.2.3。

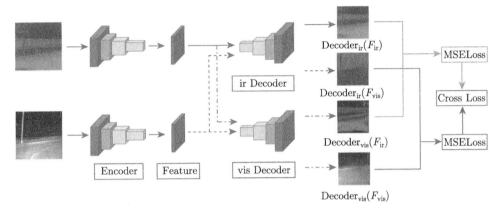

图 8.2.3 交叉一致性约束

因为 F_{vis} 和 F_{ir} 在特征空间上有一致性，因此，解码 F_{ir} 的解码器 $\text{Decoder}_{\text{vis}}$，同样也可以解码 F_{vis}，同理 $\text{Decode}_{\text{ir}}$ 也一样。

可得：

$$I'_{\text{ir,vis}} = \text{Decoder}_{\text{ir}}\left(F_{\text{vis}}\right) \tag{8.2.6}$$

$$I'_{\text{vis,ir}} = \text{Decoder}_{\text{vis}}\left(F_{\text{ir}}\right) \tag{8.2.7}$$

其中，$I'_{\text{vis,ir}}$ 和 $I'_{\text{ir,vis}}$ 为左目图像，因此，在空间上，他们可通过 D_{gt} 来进行对应约束，具体如下：

$$I'_{\text{vis,vis}} = \text{Warp}\left(I'_{\text{vis}}, D_{\text{gt}}\right) \tag{8.2.8}$$

$$I''_{\text{ir,vis}} = \text{Warp}\left(I'_{\text{ir}}, D_{\text{gt}}\right) \tag{8.2.9}$$

得到了空间和特征空间上都一致的四张输出图像：$I'_{\text{vis,vis}}$，$I'_{\text{ir,vis}}$，$I'_{\text{vis,vis}}$，$I'_{\text{ir,vis}}$。发现通过约束两两之间的关系，可以让解码网络对高维特征的解码方式趋于一致。

跨模态立体匹配网络由特征提取层以及视差回归层两部分构成，特征提取层利用卷积神经网络提取不同模态数据之间的共有信息；视差回归层将提取到的信息进行匹配以及表达，最终得到视差图。提出的算法中包含两个损失函数：特征一致性损失函数和端到端损失函数。

8.2.2　跨模态图像立体匹配网络设计

前面已经通过半孪生网络完成了不同模态数据之间的共有特征提取，并得到了它们各自的特征图 (Feature map)，之后需要将这些特征进行匹配，最终得到视差。采用了形成代价卷的方法进行特征聚合，并通过 3D 卷积层进行后续的特征融合以及特征表达。

对特征图进行不同程度的平移，再将这些平移后的特征图聚合在一起形成一个四维张量，形成的这个四维张量就叫做代价卷 (Cost Volume)。如图 8.2.4 所示，以可见光特征图为基准，将红外特征图进行 0~MaxDisp 的不同程度的平移，再将

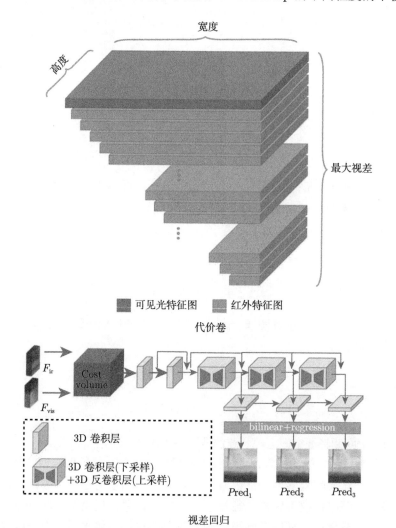

图 8.2.4　代价卷构成以及视差回归结构 (扫描本书封底二维码可见彩图)

它们聚合在一起，最终形成高 × 宽 × 通道 × 最大视差的四维张量，将 MaxDisp 设置为 192。通过这种方式将原本的二维特征拓展到三维，从而让新张量可以包含深度信息，从而让后续的 3D 卷积可以进行更好的高维特征融合。

　　3D 卷积相比 2D 卷积可以进行更高维度的特征融合，参考了 PSMNet 的 3D 卷积层的设计，也通过类似沙漏状的 3D 卷积层进行高维特征融合，每一个子模块包括一个下采样以及一个上采样，并且每一个子模块都会得到一个视差预测值，子模块得到的视差都会参与损失函数的计算，最终的 $Pred_3$ 为得到的最终值。

　　在 3D 卷积后得到的其实是一个 192× 高 × 宽的三维张量，192 个通道中每一个通道的像素值代表视差为该通道数的概率，如图 8.2.5 所示，最后的预测值在该视差通道有较高的响应，而在其他通道响应较低。最后对这些通道进行加权平均，最终得到输出的视差图。

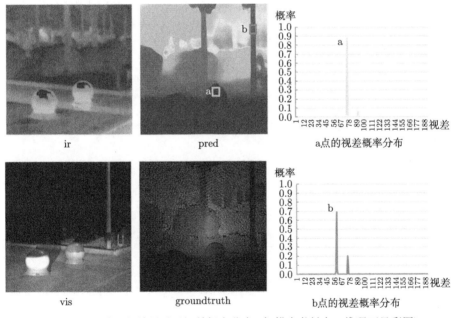

图 8.2.5　视差回归结果以及视差概率分布 (扫描本书封底二维码可见彩图)

　　传统的立体匹配网络通过约束预测到的视差图来约束整个网络的收敛，而在的任务中，由于特征提取模块需要两条分支去学习不同模态下的特征，因此，仅约束预测的视差无法很好的收敛特征提取层，希望特征提取层能提取两种模态数据相同内容的共有特征，这样才能让后续的代价卷和 3D 卷积层更有效地发挥他们的作用，本节主要介绍对模型的约束方法以及模型训练过程。

　　为了加强模型的收敛，设计了如下所示的损失函数，分为预训练损失函数和端到端损失函数，预训练包含一致性损失函数、内容保留损失函数以及交叉一致性损失函数，具体细节如下。

8.2.2.1　一致性损失函数

由于解码器输出的高维特征具有特征一致性，通过相同尺度下的视差进行回归：

$$D_f(x,y) = \frac{D_{gt}(4x,4y)|_{\text{nearest}}}{4} \tag{8.2.10}$$

结合上公式：

$$F_{\text{vis}}(c,x,y) = F_{\text{ir}}\left(c, x - D_f(x,y), y\right) \tag{8.2.11}$$

$$\text{loss}_{\text{consistency}}(c,x,y) = \left| \left(F'_{\text{vis}}(c,x,y) - f_{\text{vis}}(c,x,y)\right) \odot 1\left(D_f(x,y) > 0\right) \right| \tag{8.2.12}$$

这样通过视差真实值对解码器得到的特征进行约束，让两个解码器得到不同模态数据共有特征。

8.2.2.2　内容保留损失函数

如图 8.2.2 中的 $\text{loss}_{\text{content}}$，假设红外图像表示为 I_{ir}，可见光图像表示为 I_{vis}，红外特征解码器输出表示为 I'_{ir}，可见光特征解码器输出表示为 I'_{vis}，则有：

$$I_{\text{ir}}, I'_{\text{ir}} \in \mathbb{R}^{h \times w} \quad I_{\text{vis}}, I'_{\text{vis}} \in \mathbb{R}^{3 \times h \times w} \tag{8.2.13}$$

$\text{loss}_{\text{content}}$ 则表示为

$$\text{loss}_{\text{content,ir}} = \frac{1}{h \times w} \sum \left(I_{\text{ir}} - I'_{\text{ir}}\right)^2 \tag{8.2.14}$$

$$\text{loss}_{\text{content,vis}} = \frac{1}{3 \times h \times w} \sum \left(I_{\text{vis}} - I'_{\text{vis}}\right)^2 \tag{8.2.15}$$

$$\text{loss}_{\text{content}} = \text{loss}_{\text{content,ir}} + \text{loss}_{\text{content,vis}} \tag{8.2.16}$$

8.2.2.3　交叉一致性损失函数

由于左右图像之间存在映射关系，在内容保留 loss 的约束下，解码器的输出也将存在映射关系，因此可以利用地面真值去约束两者之间的位置关系，用 MSE 来评价这种映射后的对比，而这样的 loss 称之为交叉 loss。

因此，在空间上，他们可通过 D_{gt} 来进行对应约束，具体如下：

$$\text{loss}_{\text{decode,vis}} = \left\| I''_{\text{vis,vis}} - I'_{\text{vis,vis}} \right\|^2 \tag{8.2.17}$$

$$\text{loss}_{\text{decode,ir}} = \left\| I''_{\text{ir,vis}} - I'_{\text{ir,vis}} \right\|^2 \tag{8.2.18}$$

$$\text{loss}_{\text{cross}} = \text{loss}_{\text{decode,vis}} + \text{loss}_{\text{decode,ir}} \tag{8.2.19}$$

以上 3 条为预训练过程采用的损失函数, 最终, 预训练模型的 loss 为

$$\text{loss}_{\text{pre}} = w_0 \times \text{loss}_{\text{content}} + w_1 \times \text{loss}_{\text{consistency}} + w_2 \times \text{loss}_{\text{cross}} \tag{8.2.20}$$

式中 w_0、w_1、w_2 为三个损失函数各自的超参数权重, 可以根据需要自行设置, 对多种权重设置进行了实验, 具体实验细节将在 8.2.3 节中详细说明。结合 8.2.1 中提到的特征一致性约束保证在特征提取层能够学到足够的共有特征, 在预测值与真实值之间采用 smooth L1 loss 对预测值进行约束, 对视差回归的 3 个输出都进行约束, 三个约束的权重参考 PSMNet 的设置, 如式 (8.29) 所示:

$$\text{loss}_{\text{gt}} = \sum_{i=1}^{3} \omega_i \times \text{SmoothL1}\left(\omega_a \times \text{Pred}_i, \text{groundtruth}\right)\big|_{D_{\text{gt}}>0} \tag{8.2.21}$$

其中, $\omega_1 = 0.5, \omega_2 = 0.7, \omega_3 = 1$。最终端到端训练的损失函数包含以上提到的两种: $\text{loss}_{\text{consistency}}$, loss_{gt}。最终的损失函数如下所示:

$$\text{loss}_{\text{edge2edge}} = \text{loss}_{\text{gt}} + \text{loss}_{\text{consistency}} \tag{8.2.22}$$

8.2.3　实验测试与参数分析

本节主要讲述具体的实验过程以及训练出的模型的具体性能表现。本节利用红外相机、可见光相机、激光雷达三种传感器进行数据采集, 其中激光雷达点云作为真值用于结果评价。由于夜晚光线强度对可见光影响较大, 同时本系统采集了 8 组不同曝光时长可见光图像, 曝光时间在 2000~85000us 中均匀分布, 数据采集时间为夜间 23:00~次日 4:00, 在校园内采集, 路线共计约 5km。在数据集中本系统提供了 8 种不同曝光可见光图片、矫正后的长波红外图片、真实视差图、填充后的视差图以及原始雷达点云数据, 采集数据时采用定点曝光, 每次采集激光雷达曝光时间 4s 采集 1,000,000 个点。数据集包含 9874 组红外、可见光图像和点云数据。

8.2.3.1　特征提取实验性能表现

在预训练阶段, 在多组不同权重的损失函数的情况下完成预训练模型训练, 具体参数如表 8.2.1 所示, 对预训练过程中的三种 loss 不同大小的权重, 交叉一致性约束的不同方式都进行了实验并记录。

对交叉一致性约束做了研究, 如表 8.2.2 所示, 因此利用该约束可以让网络从不同模态数据提取到共有特征, 在后续的实验中, 也证明了交叉一致性约束的优越性。将预训练模型在测试集数据上进行对比实验, 实验结果如表 8.2.3 所示。

从表中可以看到，在没有特征一致性约束的情况下，可见光解码器无法理解红外编码器提取到的特征，同时红外解码器也无法理解可见光编码器提取的特征；而没有内容保留约束时，最后解码器解码出来的图片丢失了很多信息；而交叉约束在特征一致性约束的基础上有着更好的特征表达。

表 8.2.2　不同约束下预训练模型表现结果

	I_{ir}		I_{vis}	
输入				
解码器方式＼损失函数	$\text{Decoder}_{ir}(F_{ir})$	$\text{Decoder}_{ir}(F_{vis})$	$\text{Decoder}_{vis}(F_{vis})$	$\text{Decoder}_{vis}(F_{ir})$
$\text{loss}_{content}$ $+\text{loss}_{consistency}$ $+\text{loss}_{cross}$		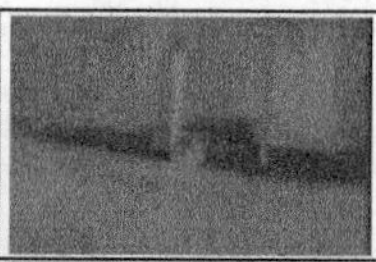		
Without $\text{loss}_{consistency}$			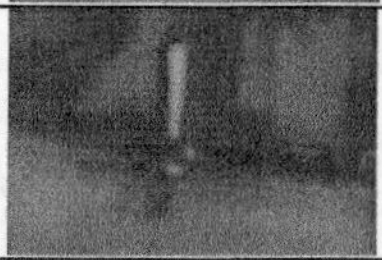	
Without $\text{loss}_{content}$			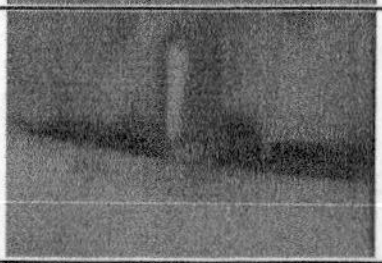	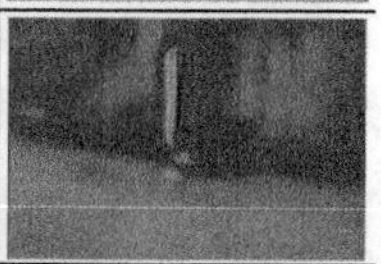
Without loss_{cross}				

8.2.3.2　端到端学习性能表现

为了进行对比，同时训练了没有特征一致性约束的模型，同样按照之前的验证方法，完成多组数据。利用表 8.2.1 中得到的模型作为预训练模型进行端到端训练，并将训练结果汇总为表 8.2.3 以及表 8.2.4 所示。

如图表所示，利用交叉输入及交叉一致性约束的预训练模型表现较好，并且在都使用预训练模型 A 的基础上，特征一致性约束对最终的结果有非常明显的提升。综上所述，设计的特征一致性约束可有效地统一不同模态信息的一致性特征，并尽可能地保留多的细节，从而能够让代价卷进行更好的匹配。相比不采用特征约束，该方法在跨模态数据特征的融合和匹配上有很大的帮助。因此该方法在立体匹配问题上具有很好的性能。

表 8.2.3　不同预训练模型对比

预训练模型	$loss_{gt}$	$loss_{consistency}$	MSE
A	√	×	14.152129
B	√	×	15.981257
C	√	×	14.752924
D	√	×	16.752924

注：A、B、C、D 为按照表 8.2.1 提供的参数训练的预训练模型。

表 8.2.4　不同约束方法对比

预训练模型	$loss_{gt}$	$loss_{consistency}$	MSE
A	√	×	14.152129
A	√	√	6.502

注：A 为按照表 8.2.1 提供的参数训练的预训练模型。

表 8.2.5　不同曝光条件下算法性能表现

曝光时间	Feature loss	L1 loss
6000	×	8.183
	√	7.165
10000	×	7.036
	√	6.502
85000	×	6.452
	√	3.286

同时也比较了相同曝光以及不同曝光条件下不同约束方法的结果，如表 8.2.4 以及表 8.2.5 所示，无论是对于何种曝光的数据，引入特征约束可以有效地提升跨模态立体匹配的精度，同时代价卷和视差回归模块 (图 8.2.4) 可以有效地找出不同模态特征之间的关联性，并且在可见光信息不足的条件下也可以得到很好的效果。实验结果如图 8.2.6 所示，对于在不同模态下差异性较大的目标，模型都能对它们进行很好地匹配，并且对于墙壁、路面这种弱特征的目标也能够进行很好的预测。

同时还与其他传统的立体匹配算法进行对比，在自建数据集上对不同的立体匹配算法进行了验证。其中 PSMNet 算法的对比实验上，根据 PSMNet 作者提供的训练过程的超参数，在提出的数据集上进行训练，最终得到的数据如表 8.2.6

所示。由表中可知提出的方法在跨模态立体匹配系统上有显著的提升，无论是在平均误差上还是在得到的视差密度上，提出的算法都达到了最好的指标。

表 8.2.6　不同算法性能表现对比

算法	平均误差/px	视差密度/%
SGBM	31.1338	79.32
Block Matching	31.5529	79.89
GCS[18]	50.6428	79.32
SPS[19]	24.4966	13.13
PSMNet	22.0862	100
本方法	3.2862	100

I_{ir}(left)　　　I_{vis}(left)　　　SPS Stereo　　　baseline　　Consistency loss　Ground truth

图 8.2.6　不同约束下算法的性能表现 (扫描本书封底二维码可见彩图)

8.3　基于多源时空一致性的自监督点云补全

自监督深度补全因其低成本和易部署的特点，有着较强的泛用性。本节设计一种基于多模态时空一致性（Multimodel Spatiotemporal Consistence，MSC）的自监督深度补全方法。自监督点云补全受限于许多因素，如运动目标，遮挡部分，暗光/低纹理部分，远距离补全，点云分布不均等。这些因素造成现有自监督约束缺陷，以及多模态数据带来的不适配问题。面对这些难题，本节提出基于三维时空自监督的深度补全，以实现利用时序深度和光度信息改善上述受限因素的影响。

本节提出了基于时序多模态的约束方式，用以解决光度误差的问题。这种方法可以引入时序深度信息来减少光度约束带来的影响，如暗光区域，低纹理区域和远距离区域的深度补全。同时，由于用深度信息来直接约束深度，在补全过程中，可见光信息能够显著提升深度补全的效果。但是由于稀疏深度图来自于动态场景，经过简单堆叠的时序深度不能直接用来约束深度补全。此外，本节也将多模态时空一致性引入到位姿估计中，提升位姿的准确性。

8.3.1 基于多模态时序约束的自监督框架设计

本节简述的自监督深度补全网络，可以单帧可见光图像 RGB_t 与稀疏深度图 D_t 作为输入，并生成一个稠密深度图 Pred。

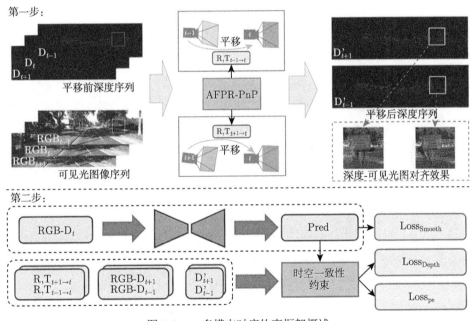

图 8.3.1 多模态时序约束框架概述

如图 8.3.1，该方法分为两个步骤：

第一步，将相邻帧（D_{t-1} 和 D_{t+1}）的深度图空间平移到当前摄像机字段中，生成（D'_{t-1} 和 D'_{t+1}）。位姿参数由自动特征点提取 AFPR-PnP 模块[①]提供。平移后，变形的深度点可以反映在 RGB_t 上。

---

① AFPR-PnP 模块是一个结合了自动特征点提取（Automatic Feature Point Extraction, AFPR）和 PnP（Perspective-n-Point）问题求解的计算机视觉模块。

第二步，基于多模态时空一致性约束的自监督训练过程。它需要三组 RGB-D 图像进行训练。在推理处理中，只需要一对 RGB-D 图像就可以生成补全深度。

而在推理的同时，用该输入时序的前后帧信息 RGB-D$_{t+1}$ 与当前帧 RGB-D$_{t+1}$ 经 PnP 算法得到相对前后帧位姿 RT$_{t+1\to t}$，其中 $i \in \{-1, 1\}$。将它们输入空间转移模块得到 RGB$'$ − D$'_{t+1}$，将 RGB$'_{t+i}$ 与 RGB$_t$ 计算光度损失作为稠密约束。同时，本节设计了一个基于相似度估计的光度重投影自适应掩膜。这个自动掩膜可以减少时序深度点云带来的位移误差。为了挖掘深度像素的空间信息，本节基于深度模态与可见光模态的特点，设计了深度像素空间信息挖掘算法，使网络更好地学习深度像素空间结构。

现有基于时序自监督的深度补全方法都非常依赖位姿估计的精确度，而本节采用自动特征点提炼的增强 PnP 算法来提高位姿估计精确度。该自监督框架不依赖任何额外的传感器、手动标记工作或其他基于学习的算法作为构建块，如图 8.3.1 所示。在训练过程中，邻帧输入数据参与训练。但是在推理时，只需要当前帧 RGB − D$_t$ 作为输入便可以产生深度补全 Pred。

8.3.2　时序深度–光度一致性约束

本节提出了一个基于时序深度信息的自监督训练框架。该框架只需要从单目相机获取同步的彩色图像序列和从 LiDAR 获取稀疏深度图像序列。利用位姿信息将前后帧点云转移至当前帧，来约束深度补全的结果 (图 8.3.1 第一步)。但由于道路场景中存在大量移动物体，以及遮挡区域的变化导致这些点云中存在大量错误信息，因此需要对点云进行筛选，从而达到利用时序深度约束深度补全。

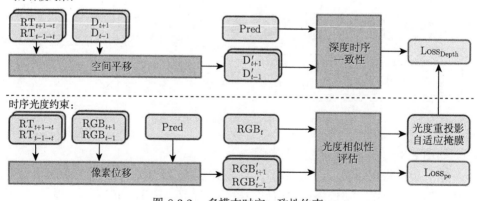

图 8.3.2　多模态时空一致性约束

如图 8.3.2，时序多模态约束分为两个部分，时序深度约束和时序光度约束。将时序光度信息经过空间平移后输入到光度相似性评估模块，并用光度评估结果来辅助时序深度对当前帧的约束。

8.3.2.1 空间平移

其中最重要的操作是在三维的空间平移和二维图像上的像素位移: 从时序上取 t 时刻的一组可见光图像 RGB_t 与稀疏深度图像 D_t 输入深度补全网络, 时序上的相邻图像对用 $\mathrm{RGB}-D_{t+i}$ 表示, 其中 $i \in \{-1, 1\}$, 用 PnP 算法对 $\mathrm{RGB}-D_{t+i}$ 与 $\mathrm{RGB}-D_t$ 进行位姿估计, 详情在 8.3.3 节中介绍, 得到两组旋转平移矩阵 $\boldsymbol{R}_{t+i}$ 和 $\boldsymbol{T}_{t+i}$, 并依据平移对所有三维点做调整。

则外参矩阵可以表示为

$$T_{t+i \to t} = \begin{bmatrix} R_{t+i} & \tau_{t+i} \\ 0^3 & 1 \end{bmatrix}, \quad T_{t \to t+i} = \begin{bmatrix} R_{t+i}^{-1} & -\tau_{t+i} \\ 0^3 & 1 \end{bmatrix} \tag{8.3.1}$$

雷达点云在 $t+i$ 时刻的信息可通过外参转移至 t 时刻的相机坐标系, 该过程可表示为

$$\begin{bmatrix} x'_{t+i} \\ y'_{t+i} \\ z'_{t+i} \\ 1 \end{bmatrix} = T_{t+i \to t} \cdot \begin{bmatrix} x_{t+i} \\ y_{t+i} \\ z_{t+i} \\ 2 \end{bmatrix} \tag{8.3.2}$$

其中, $D'_{t+i} = Z'_{t+i}$, 平移后的二维深度图可以通过内参给出:

$$D'_{t+i} \begin{bmatrix} u \\ v \\ 1 \end{bmatrix} = K \cdot \begin{bmatrix} x^t_{t+i} \\ y'_{t+i} \\ z'_{t+i} \\ 1 \end{bmatrix} \tag{8.3.3}$$

最后, 可以得到平移至 t 时刻的相机坐标系下的稀疏深度图 D'_{t+i} 和可见光图像 RGB'_{t+i}。

8.3.2.2 时序深度一致性模型

时序信息蕴含着大量有用信息。比如, 可见光图像的邻近帧与当前帧有大量相同场景, 稀疏深度图像也一样。区别于当前帧的点云, 它提供大量空白处的深度信息, 然而直接使用会导致欠拟合, 需要先将空间平移后得到一个误差较大的点云。

可以将 D'_{t+i} 直接用来约束预测深度, 形成深度时序一致性约束。为了将预测建立在度量尺度上, 最小化预测深度 Pred 和平移稀疏深度图 D'_{t-1} 和 D'_{t+1} 之间的 L2 误差 (其域分别为 Ω_{t-1} 和 Ω_{t+1}):

$$\mathrm{Loss}_{\mathrm{depth}} = \frac{1}{\Omega_{t\pm1}} \sum \|D'_{t\pm1} - \mathrm{Pred}\|^2 \tag{8.3.4}$$

平移过后的稀疏深度图 D'_{t+i} 和可见光图像 RGB'_{t+i} 不能直接用于约束，还需要解决物体移动和遮挡的问题。受 Godard[20] 等人的启发，本节将像素结构最相似的部分挑选出来，选出的部分位置相同的深度点组合起来，表示为 D'_t。

8.3.2.3　像素位移

与 8.3.1 节同理，可以将 $t+i$ 时刻的可见光图像 RGB_{t+i} 通过位姿和预测深度映射至 t 时刻的相机坐标系。

取预测深度图像 Pred 在 (u, v) 处的像素点，则经预测深度后的像素点坐标可以表示为

$$
\begin{bmatrix} u' \\ v' \\ 1 \end{bmatrix} = \text{Pred}(u,v) K^{-1} \begin{bmatrix} u \\ v \\ 1 \end{bmatrix} \tag{8.3.5}
$$

平移后的可见光图像 RGB'_{t+i} 在 (u, v) 处的采样函数则可以表示为

$$
\text{RGB}'_{t+i}(u,v) = \text{RGB}_{t+i} K T_{t \to t+i} \begin{bmatrix} u' \\ v' \\ 1 \end{bmatrix} \tag{8.3.6}
$$

最后，可以得到平移至 t 时刻的相机坐标系下的稀疏深度图 D'_{t+i} 和可见光图像 RGB'_{t+i}。

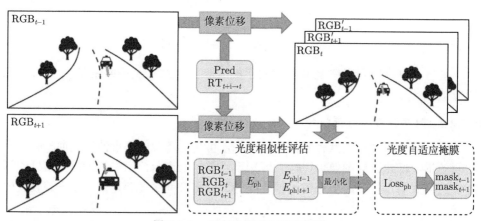

图 8.3.3　光度重投影自适应掩膜

8.3.2.4　光度重投影自适应掩膜

参照当前帧估计的深度，将前后帧可见光图像映射到当前帧进行相似度评估。将 L1 损失和像素结构误差作为评价时序可见光图像之间评估相似度的标准。则

RGB_t 与 RGB'_{t+i} 的光度误差可表示为

$$E_{\mathrm{ph}}I_{t+i} = \frac{\omega}{2}\left(1 - \mathrm{SSIM}\left(\mathrm{RGB}'_{t+i}, \mathrm{RGB}_t\right)\right) + (1-\omega)\left\|\mathrm{RGB}'_{t+i}, \mathrm{RGB}_t\right\|^1 \quad (8.3.7)$$

其中，ω 是值在 0~1 之间的权重。如图 8.3.3，可以利用这个损失值选择深度点。具体地，取 E_{ph} 的最小值作为光度损失，这种损失由两个时刻的光度对比获得，可以通过选择最小光度误差来去除部分遮挡和位移带来的深度点。可以表示为

$$\mathrm{Loss}_{\mathrm{ph}} = \min\left\{E_{\mathrm{ph}}|_{t-1}, E_{\mathrm{ph}}|_{t+1}\right\} \quad (8.3.8)$$

光度损失函数可表示为

$$\mathrm{Loss}_{\mathrm{pe}} = \frac{1}{|\Omega|}\sum_{i\in\Omega}\mathrm{Loss}_{\mathrm{ph}}(i) \quad (8.3.9)$$

$\mathrm{Loss}_{\mathrm{ph}}$ 可以看成是从 E_{ph} 中挑选最小值生成的，而被挑选的区域可以看成是无遮挡和位移的点。正是利用这一特性，将它生成相似性掩膜，它代表了光度最相似的部分，如图 8.3.4。自动掩膜可以表示为

$$\mathrm{mask}_{t+i}(i) = f(x) = \begin{cases} 1, & \mathrm{Loss}_{\mathrm{ph}}(i) = E_{\mathrm{ph}}|_{t+i}(i) \\ 0, & \text{其他} \end{cases} \quad (8.3.10)$$

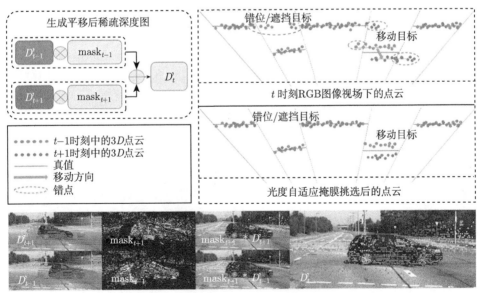

图 8.3.4 光度自适应掩膜挑选点云 (扫描本书封底二维码可见彩图)

相似性掩膜也正好代表了深度最相似的部分，当它与深度图像重合，遮挡部分为邻帧深度之一，相似性掩膜将在另一邻帧提高响应，对被遮挡的深度进行补充。在邻帧深度的选择上，相似性掩膜仍然能提供参考。而深度误差并不会像光度误差一样在移动物体上失效。则选点掩膜与选取的深度点图像 D'_t 可表示为

$$D'_t = \sum_{i}^{\{-1,1\}} \left(D'_{t+i} \times \text{mask}_{t+i} \right) \tag{8.3.11}$$

则时序深度损失函数可以表示为

$$\text{Loss}_{\text{Depth}} = \frac{1}{|\Omega|} \sum_{i \in \Omega} \left\| D'_t(i) - \text{Pred}(i) \right\|^2 \tag{8.3.12}$$

其中，Ω 为深度图 D'_t 所有有效深度点的数量。

多模态时空一致性约束包括时序深度约束和时序光度约束。本节用 Loss_{ph} 和 $\text{Loss}_{\text{depth}}$ 实现了这两种约束。

8.3.3　基于自动特征点提取的位姿估计

由于本节的方法需要根据预估位姿来不断调整前后帧稀疏深度的位置，无法通过并行运算实现。如果使用位姿估计网络给出不断调整的位姿，将给预处理带来繁重的计算。

因此本节选用了 PnP 算法来制作预处理数据集，得到固定的位姿和平移后的前后稀疏深度。这种方法不仅不会占用太多资源，且有较强鲁棒性。对于 PnP 算法，静物场景是非常理想的场景，而在实际推理中，大量特征点来自于移动物体和物体边界。

所提出的自动特征点提取（AFPR-PnP）如图 8.3.5 所示，位姿估计算法可提供检测出匹配的特征点对，从相机坐标系位置映射到空间坐标系可以看到，部分点产生了位移。这些错误点的成因是动态目标、错误匹配点等。通过对比两种

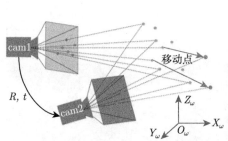

图 8.3.5　基于自动特征点提取的位姿估计算法 (扫描本书封底二维码可见彩图)

PnP 算法, 可以用直线连接匹配的特征点, 绿线是成功选择的点对, 红线是经过 AFPR-PnP 算法过滤的点对 (左列是 Ma 设计的 PnP 算法 [5], 右列是本节的)。可以看到本节方法正确地过滤了错误点对。

结合了三维空间上的移动距离评价, 对特征点匹配进行了更全面的筛选。如图 8.3.5, 对于匹配错误的点, 其中一些点对可以在二维空间上做简单的筛选, 而有些则难以分辨。于是本节引入三维空间上的特征点筛选, 将二维深度图像的深度点通过内参矩阵转换为三维空间坐标点。假设可见光图像上一点 p_t 的坐标为 (u, v) 对应稀疏深度图所在像素位置上的深度为 d, 则其三维空间位置表示为

$$ps_t = K^{-1} \cdot d \cdot \begin{bmatrix} u \\ v \\ 1 \end{bmatrix} \tag{8.3.13}$$

将特征点对 (p_t 和 p_{t+i}) 转换为三维空间位置坐标 ps_t 和 ps_{t+i}, 计算他们的像素距离 D_{pixel} 和空间距离 D_{space}:

$$D_{\text{pixel}} = \|p_t - p_{t+i}\|^2, \ D_{\text{space}} = \|ps_t - ps_{t+i}\|^2 \tag{8.3.14}$$

随后挑选出超出一定匹配范围的点敲除, 本节将 D_{pixel} 的误差阈值表示为 th_{d2}, D_{space} 的误差阈值表示为 th_{d3}。

8.3.4 网络训练与测试

本节简述了对数据集的预处理, 并设计实验验证了该模型的有效性。使用 KITTI 作为本节的数据集, 在数据预处理阶段, 删除了静态场景和右侧相机的数据。这样不仅减少了重复场景, 也减少了重复的深度探测点。使用 PyTorch 进行模型的训练, 输入图片用简单的色彩矫正和叠加噪声作数据增广。训练集一共 85342 张。测试时, 选择 1000 张测试集图片作对比。训练前, 对数据集进行预训练处理。通过 PnP 算法计算位姿参数, 通过参数平移邻帧的点云至当前相机坐标系, 再按式 (8.3.11) 对每一帧前后点云进行时序深度拼接。由于使用的 PnP 算法对每一帧结果都不变的, 因此可以将输入结果保存后重复利用, 从而降低了不少训练压力。

预处理在下面的算法流程图 (表 8.3.1) 中给出:

表 8.3.1 数据预处理流程图

数据预处理
输入: 可见光、雷达图像数据集 I_{train}
输出: 预处理数据集 D_{train}
For : $(D_t, \text{RGB}_t, D_{t+i}, \text{RGB}_{t+i}) \epsilon I_{\text{train}}$, $(i \in \{-1, 1\})$:
1. 将 $\text{RGB} - D_t$ 和 $\text{RGB} - D_{t+i}$ 输入 AFPR-PnP 模块获得相对位姿 $RT_{t+i \to t}$。
2. 将 D_{t+i} 经位姿 $RT_{t+i \to t}$ 平移到 t 时刻的相机坐标, 由 (式 8.3.3) 得到 D'_{t+i}。
3. 将位姿 $RT_{t+i \to t}$ 和 D'_{t+i} 保存到预处理数据集 D_{train} 中。

　　用 PyTorch 进行模型的训练，将输入图片裁剪为 352×1216 大小，并且在预处理阶段对可见光数据进行色彩校正和叠加噪声。网络学习率为 10^{-5}，批大小设为 4，进行 10 次数据集迭代训练，本节用 NVIDIA TITAN RTX 显卡训练模型。

　　深度补全网络采用了 S2DNet 网络结构，用 ResNet18[15] 的低层网络实验验证多模态时空一致性约束和 PnP 算法的优越性。

　　最终损失函数为

$$\text{Loss} = \omega_0 \text{Loss}_{\text{Depth}} + \omega_1 \text{Loss}_{\text{smooth}} + \omega_2 \text{Loss}_{pe} \tag{8.3.15}$$

其中，ω_0、ω_1 和 ω_2 分别为深度约束（式 8.3.12）、平滑约束和光度约束（式 8.3.9）的权重。用 KITTI2012 的预测集与输出结果计算均方根误差 RMSE，作为评价深度补全精度的标准，因为它是一种具有代表性的指标。RMSE 可以表示为

$$\text{RMSE} = \left(\frac{1}{|\Omega|} \sum_{x \in \Omega} |\hat{z}(x) - z_{\text{gt}}(x)|^2 \right)^{\frac{1}{2}} \tag{8.3.16}$$

其中，$\hat{z}$ 为补全深度，z_{gt} 为真值深度。

　　训练过程在下面算法流程图（表 8.3.2）中给出：

表 8.3.2　　自监督时序深度约束网络训练流程图

训练流程图
输入：可见光、雷达图像数据集 I_{train} 和预处理数据集 D_{train}
For $(D_t, \text{RGB}_t, D_{t+i}, \text{RGB}_{t+i}) \, \epsilon I_{\text{train}}$, $(D'_{t+i}, \text{RT}_{t+i \to t}) \, \epsilon D_{\text{train}}$:
1. 将 $RGB - D_t$ 输入网络，输出预测深度 Pred。
2. 通过式 (8.3.7)，结合内参、预测深度 Pred、位姿 $\text{RT}_{t+i \to t}$，将 RGB_{t+i} 映射到 t 时刻的相机坐标，与 RGB_t 对比生成光度损 + 失图 $E_{ph}(\text{RGB}'_{t+i})$。
3. 光度损失图 $E_{ph}(\text{RGB}'_{t+i})$ 根据式 (8.3.11) 挑选 D'_{t+i} 中相似度高的点，即生成 D'_t。
4. 计算最终损失函数（式 (8.3.15)），并梯度回传。
测试流程图
输入：可见光、雷达图像数据集 I_{cest}
For: $(D_t, \text{RGB}_t, GT_t) \, \epsilon I_{\text{test}}$:
1. 将 $RGB - D_t$ 输入网络，输出预测深度 Pred。
2. 与真值 GT_t 计算 RMSE（式 (8.3.16)）做误差评估。

　　除此之外，本节对时序多模态约束自监督算法和其他算法在 KITTI2012 的验证集（VALIDATION DATASET）和测试集上进行了对比，所有指标都是越低越好。本节选取了 DepthComp[21]，VOICED[22]，SelfDeco[23] 和 ddp[24] 等网络位姿估计的方法，和 Ma 等提出的 PnP 位姿估计的方法对比。并且，本节对比了不同 SLAM 获取方式。从表 8.3.3 可以看到，PnP 位姿估计方法甚至超过了部分位姿估计网络方法的表现。立体图像自监督的方法 [25] 通过引入多一侧相机的代

价避免了位姿平移带来的影响，超过了部分位姿估计网络的自监督方案。但本节方法仅用单相机，在这方面仍具优势。

表 8.3.3 网络方法对比

组别	SLAM	PC/MSC	RMSE
Kitti2012 深度补全预测集			
S2D	PnP	PC	1342.33
DepthComp	PnP	PC	1330.88
DepthComp	PoseNet	PC	1282.81
SelfDeco	PoseNet	PC	1212.89
Kbnet	PnP	PC	1289.67
Ours	PnP	MSC	1212.69
Kitti2012 深度补全测试集			
S2D	PnP	PC	1299.85
IP-Basic	PnP	PC	1288.46
Kbnet	PnP	PC	1223.59
DFuseNet	Stereo	/	1206.66
DDP	PoseNet	PC	1263.19
DepthComp	PoseNet	PC	1216.26
VOICED（VGG8）	PoseNet	PC	1164.58
VOICED（VGG11）	PoseNet	PC	1169.97
Ours	PnP	MSC	1156.78

PnP 虽具有场景泛化和低训练成本的优点，但是以损失网络预测精度为代价的 [25]，然而本节方法利用 PnP 算法仍获得了不错的效果。另外，将现有约束方式分为时序深度约束（DC）和时序光度约束（PC），这两种约束都包含在多模态时空一致性约束中。可以看到，多模态时空一致性约束方式更有优势。

通过输出对比结果可见，本节方法对物体内部表现得更好，并且对于物体边缘深度补全也更贴近实例，如图 8.3.6。从所有的补全结果可以看到相比于其他自监督补全，本节方法对雷达未探测到的区域仍然具有很好的补偿能力。

图 8.3.6 对比实验 (扫描本书封底二维码可见彩图)

8.4 本 章 小 结

本章针对红外、可见图像和点云数据由于模态差异大导致融合难的问题，对红外–可见多模态图像融合、红外–可见跨模态立体匹配、视觉–深度融合点云补全相关算法进行了研究:

（1）阐述基于对抗性语义引导的红外–可见光图像融合方法，该方法引入对抗语义引导模块 (ASG)，利用分割网络来迁移语义信息到图像融合的过程，增强了融合图像的目标显著性；同时构造对抗视觉感知模块 (AVP)，在图像融合过程中充分保留图像的全局结构特征和局部纹理细节，实现融合图像既具有红外热目标显著性，也具有可见光的自然观感。

（2）阐述基于多模态自编码的跨模态图像立体匹配算法，该方法使用多模态自编码器框架，在保留光学特征的同时，提取热图像和可见光图像之间的模态不变特征，通过挖掘红外图像夜视特性和可见光高纹理结构特性，实现高质量夜视立体匹配效果。

（3）阐述基于多源时空一致性的自监督点云补全算法，该方法提出了基于多模态时空一致性的自监督深度补全算法，通过利用时序多模态信息改善了可见光模态受限情况下的鲁棒性问题，提高复杂条件下视觉–点云融合精度。

参 考 文 献

[1] Iandola F, Moskewicz M, Karayev S, et al. Densenet: implementing efficient convnet descriptor pyramids[J]. arXiv preprint arXiv:1404.1869, 2014.

[2] Miyato T, Kataoka T, Koyama M, et al. Spectral normalization for generative adversarial networks[J]. arXiv preprint arXiv:1802.05957, 2018.

[3] Schonfeld E, Schiele B, Khoreva A. A u-net based discriminator for generative adversarial networks[C]//Proceedings of the IEEE/CVF Conference on Computer Vision and Pattern Recognition. 2020: 8207-8216.

[4] Chen X, Lou X, Bai L, et al. Residual pyramid learning for single-shot semantic segmentation[J]. IEEE Transactions on Intelligent Transportation Systems, 2019, 21(7): 2990-3000.

[5] Ma J, Yu W, Liang P, et al. FusionGAN: a generative adversarial network for infrared and visible image fusion[J]. Information Fusion, 2019, 48: 11-26.

[6] Zhang X, Ye P, Xiao G. VIFB: a visible and infrared image fusion benchmark[C]// Proceedings of the IEEE/CVF Conference on Computer Vision and Pattern Recognition Workshops. 2020: 104-105.

[7] Bavirisetti D P, Dhuli R. Fusion of infrared and visible sensor images based on anisotropic diffusion and Karhunen-Loeve transform[J]. IEEE Sensors Journal, 2015, 16(1): 203-209.

[8] Liu Y, Chen X, Cheng J, et al. Infrared and visible image fusion with convolutional neural networks[J]. International Journal of Wavelets, Multiresolution and Information Processing, 2018, 16(03): 1850018.

[9] Li H, Wu X J, Kittler J. Infrared and visible image fusion using a deep learning framework[C]//2018 24th international conference on pattern recognition (ICPR). IEEE, 2018: 2705-2710.

[10] Bavirisetti D P, Xiao G, Liu G. Multi-sensor image fusion based on fourth order partial differential equations[C]//2017 20th International conference on information fusion (Fusion). IEEE, 2017: 1-9.

[11] Li S, Kang X, Hu J. Image fusion with guided filtering[J]. IEEE Transactions on Image processing, 2013, 22(7): 2864-2875.

[12] Zhou Z, Wang B, Li S, et al. Perceptual fusion of infrared and visible images through a hybrid multi-scale decomposition with Gaussian and bilateral filters[J]. Information Fusion, 2016, 30: 15-26.

[13] Bavirisetti D P, Xiao G, Zhao J, et al. Multi-scale guided image and video fusion: a fast and efficient approach[J]. Circuits, Systems, and Signal Processing, 2019, 38(12): 5576-5605.

[14] Liu Y, Liu S, Wang Z. A general framework for image fusion based on multi-scale transform and sparse representation[J]. Information fusion, 2015, 24: 147-164.

[15] Li H, Wu X J, Durrani T S. Infrared and visible image fusion with ResNet and zero-phase component analysis[J]. Infrared Physics & Technology, 2019, 102: 103039.

[16] Bavirisetti D P, Dhuli R. Two-scale image fusion of visible and infrared images using saliency detection[J]. Infrared Physics & Technology, 2016, 76: 52-64.

[17] Ma J, Zhou Z, Wang B, et al. Infrared and visible image fusion based on visual saliency map and weighted least square optimization[J]. Infrared Physics & Technology, 2017, 82: 8-17.

[18] Cech J, R Sára. Efficient sampling of disparity space for fast and accurate matching[C]// IEEE Conference on Computer Vision & Pattern Recognition. IEEE, 2007.

[19] Yamaguchi K, D Mcallester, Urtasun R. Efficient joint segmentation, occlusion labeling, stereo and flow estimation[C]// European Conference on Computer Vision. Springer, Cham, 2014.

[20] Godard C, Mac Aodha O, Firman M, et al. Digging into self-supervised monocular depth estimation[C]//Proceedings of the IEEE/CVF International Conference on Computer Vision. 2019:

[21] Song Z, Lu J, Yao Y, et al. Self-supervised depth completion from direct visual-LiDAR odometry in autonomous driving[J]. IEEE Transactions on Intelligent Transportation Systems, 2021.

[22] Wong A, Fei X, Tsuei S, et al. Unsupervised depth completion from visual inertial odometry[J]. IEEE Robotics and Automation Letters, 2020, 5(2): 1899-1906.

[23] Choi J, Jung D, Lee Y, et al. Selfdeco: self-supervised monocular depth completion in

challenging indoor environments[C]//2021 IEEE International Conference on Robotics and Automation (ICRA). IEEE, 2021: 467-474.

[24]　Yang Y, Wong A, Soatto S. Dense depth posterior (ddp) from single image and sparse range[C]//Proceedings of the IEEE/CVF Conference on Computer Vision and Pattern Recognition. 2019: 3353-3362.

[25]　Shivakumar S S, Nguyen T, Miller I D, et al. Dfusenet: deep fusion of rgb and sparse depth information for image guided dense depth completion[C]//2019 IEEE Intelligent Transportation Systems Conference (ITSC). IEEE, 2019: 13-20.

[26]　Chang J R, Chen Y S. Pyramid stereo matching network[C]//Proceedings of the IEEE conference on computer vision and pattern recognition. 2018: 5410-5418.

第 9 章　基于信息融合的夜视目标感知

夜晚弱光环境下，可见光图像中目标的显著性减弱，红外热图像虽然能够捕获目标的热辐射信号，但由于热图像缺乏彩色信息，容易受到环境中的热源干扰，导致误检测增多。本章分析红外、可见光图像的视觉显著特性，挖掘夜视环境中的多模态信息噪声特性，从像素级和特征级两个维度进行多波段图像特征挖掘，提升夜视目标识别跟踪的准确率。

本章首先阐述基于注意力特征融合的夜视图像语义分割模型，逐级对红外和可见光进行互补性特征融合，增强弱小目标的分割能力；其次阐述基于噪声感知的多波段信息挖掘目标检测算法，通过让网络感知场景噪声的方式提升网络的抗噪声能力，提升目标检测在全天时环境的检测精度；最后阐述基于特征级与决策级融合注意的双模态跟踪算法，设计多模态注意力机制，耦合多层级目标先验进行多波段特征挖掘，提升全天候目标跟踪准确率。

9.1　基于注意力特征融合的夜视图像语义分割

目前大量的分割网络模型同样也是基于白天视线良好的情况而设计的，然而在夜间，仅靠单一模态的可见光图像难以对车辆、行人等目标进行分辨。因此，在夜间行车环境中，可以利用红外相机来更好地辅助进行目标分割。由于在夜间场景下，可见光图像亮度较为暗淡，特征比较薄弱，而红外的图像较为单一，特征也较薄弱，且具有复杂的背景，目标难以完全辨认，单模态的分割网络很难获得较好的分割效果。与此同时，在红外和可见光图像分割任务中，视线较远处经常会出现尺度较小、细节模糊以及背景复杂的目标，因此需要将红外和可见光两路截然不同的特征进行融合。特征融合操作不合理，容易造成信息间的干扰，有用信息缺失或薄弱，导致分割效果不佳。因此，制定合理的特征融合规则，完成场景的精细化目标分割对智能辅助驾驶能力的提升至关重要。

由此，本节提出基于残差金字塔和注意力特征融合的红外–可见光夜间场景语义分割网络 (Residual Pyramid and Attention Fusion Network, RPAFNet)。本节搭建的语义分割网络 RPAFNet，计算特征提取过程中损失的残差特征，在逐级重建的过程中引入包含丰富细节的残差信息，不断地补充分割预测图的细节，使分割目标的边缘拥有更高的精度。并且本节基于注意力机制，进行红外–可见光主干和残差的特征融合，同时利用注意力机制完成红外特征增强，从特征的通道维度和空间维度上，更关注有用的信息，增强薄弱的特征，提高尺度较小的目标和目标边缘轮廓的分割精度，由此提升语义分割的总体精度。通过特征注意力融合，将两路有用的特征实现较好的融合，从二者中提取出更多有用的信息。

9.1.1   注意力特征融合的语义分割网络

为了针对性的提升分割性能以及有效地进行特征增强，同时将红外–可见光双路提取的高级特征进行有效的融合，本节通过搭建红外–可见光双路的特征提取网络，基于残差金字塔的结构，利用基于注意力的融合机制，进行主干和残差的特征融合，最终重建分割预测图像，从而完成语义分割的任务。即提出了一种基于残差金字塔和注意力特征融合的红外–可见光夜间场景语义分割模型 RPAFNet。

基于残差金字塔和注意力特征融合的红外–可见光语义分割模型如图 9.1.1 所示。模型有两路输入：红外和可见光的图像，分别输入各自的特征提取网络，基于 ERFNet[1] 设计提取特征，其中的降采样和基础 bottleneck 和 ERFNet 相同，如图 9.1.2(a) 和 (b) 所示。首先，红外或可见光的图像进入第一个降采样 bottleneck，用于进行快速初始下采样。随后经过一个基础 bottleneck 模块进行特征提取，再经过一次降采样 bottleneck，尺寸再次减半。随后经过 4 个基础 bottleneck 模块用于特征提取。之后完成第三次下采样进行深层次的特征提取，包括一次降采样 bottleneck 和 8 个基础 bottleneck。这 8 次基础 bottleneck 利用了空洞卷积，膨胀系数以 2、4、8、16 的规律循环 2 次。使用不同系数的空洞卷积，提取特征的过程中使用不同的感受野 (Receptive Field)，获得了更加丰富的上下文，同时在一定程度上也减少了参数量。提取特征的同时，网络在每一次下采样中，将红外和可见光的高级特征进行特征融合。ERFNet 将红外的特征图融合入可见光的分支，将其作为有用的辅助信息进行补充。两路的特征进入主干注意力融合模块 MAFM(Main Attention Fusion Module)，输出的特征图进入红外和可见光的主干网络。与此同时，在红外的支路中，网络加入红外特征增强模块 (Infrared Feature Enhancement Module，IFEM)，利用通道和空间注意力机制对红外支路的特征进行增强。最后，网络将两路编码器输出的深层次的红外和可见光特征，输入主干的注意力模块进行融合。

在分割图像重建的过程中，RPAFNet 利用残差金字塔的模式进行分割图像的重建。第一级残差产生于第二次下采样和第一次下采样之间，第二级残差产生于第三次下采样和第二次下采样之间。实际上，在 RPAFNet 提取特征的过程中将两路编码器末端融合的特征作为第一级输出，利用双线性插值对其上采样，并与红外和可见光的第二级残差的特征相加，得到第二级输出。在此之前，利用残差注意力融合模块 (Residual Attention Fusion Module，RAFM) 融合红外和可见光两路的残差特征。同样的，将第二级输出进行两倍上采样，与红外和可见光第一次残差经 RAFM 融合后的结果相加,则得到第三级输出。最后,将第三级输出上采样,得到最终的分割结果图。

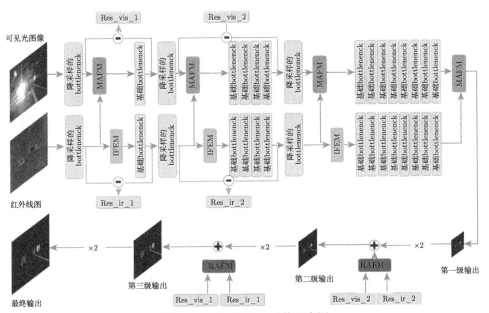

图 9.1.1 RPAFNet 结构示意图

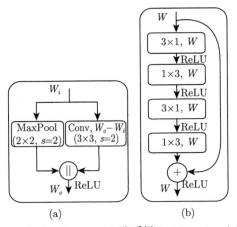

图 9.1.2 ERFNet 中的 bottleneck (a) 降采样 bottleneck;(b) 基础 bottleneck

9.1.2 残差增强与注意力增强

9.1.2.1 残差增强模块

残差的概念在 ResNet[2] 中首先被提出,在残差结构的网络中,残差通常较小,需要学习的内容少,相比较于完整的输出更容易被网络学习。残差块的数学

表达式如下:

$$y_l = h(x_l) + F(x_l, W_l) \tag{9.1.1}$$

$$x_{l+1} = f(y_l) \tag{9.1.2}$$

其中, x_l 和 x_{l+1} 分别为第 l 和残差块的输入和输出, $h(x_l)$ 为残差块输入的映射, 而在 ResNet 中, 该函数往往表示的是输入的恒等映射, 即 $h(x_l) = x_l$。$F(x_l, W_l)$ 表示的是网络中的残差函数, W_l 为残差块中需要学习的参数。f 为激活函数, 其中最常见的是 ReLU 激活函数。当多个残差块叠加后, 由以上公式整理可得浅层第 l 层与深层第 L 之间的关系, 即

$$x_L = x_l + \sum_{i=l}^{L-1} F(x_i, w_i) \tag{9.1.3}$$

$$\text{Res} = x_L - x_l = \sum_{i=l}^{L-1} F(x_i, w_i) \tag{9.1.4}$$

$$x_l = x_L + (-\text{res}) \tag{9.1.5}$$

由公式 (9.1.4) 可知残差由深层特征和浅层特征作差得到。显然, 在网络的前向推理过程中, 残差 (−res) 被丢弃。卷积神经网络通过不断地对图像进行卷积操作来提取特征, 在这个过程中, 随着网络的逐渐加深, 卷积的感受野会逐渐变大。在浅层网络中, 感受野较小, 卷积核更关注的是图像的局部特征信息, 其中包含着较多的图像纹理细节; 在深层网络中, 感受野较大, 此时卷积操作提取的是网络的高级特征。在 CNN 网络逐步加深的过程中, 为了避免可能的信息损失, 将深层网络的输出进行上采样后, 和浅层网络的输出相减来计算残差, 从而保留深层特征和浅层特征之间丰富的细节信息, 帮助梯度更好地回传到浅层网络。残差结构如图 9.1.3 所示。

RPAFNet 在前三次下采样间, 获得两阶段的网络逐步加深而损失的残差信息 Res_vis_1 和 Res_ir_1、Res_vis_2 和 Res_ir_2, 这部分残差包含着可见光和红外的细节信息, 可以在分割图像重建的时候进行充分的利用。在重建的过程中 RPAFNet 在第一到第二级输出、第二第三级输出时分别加入第二级残差和第一级残差。第二级残差由 Res_vis_2 和 Res_ir_2 经过 RAFM 融合所得, 第一级残差由 Res_vis_1 和 Res_ir_1 经过 RAFM 融合所得。而且通过分布训练, 约束第一级、第二级和第三级输出的分割图, 使得网络能够逐级地补充细节, 网络能够更好地收敛。事实证明, 所加入的残差能够有效地补充分割图的细节信息。

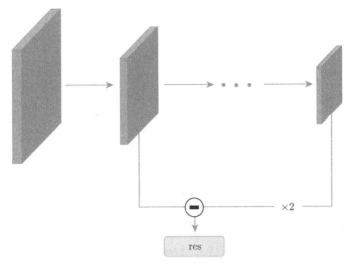

图 9.1.3　残差特征计算结构示意图

9.1.2.2　注意力模块

MAFM 模块即在主干特征提取网络中利用注意力机制进行红外–可见光双路特征融合的模块。RPAFNet 将四个层次的特征利用注意力机制进行特征融合，通过利用注意力机制对通道和空间上的有用的特征进行特征增强，最终从两路特征提取网络中，得到最终增强后的高级语义特征作为第一级输出。注意力机制采取了通道注意力和空间注意力，从各级的通道和空间维度进行特征增强，将两路红外和可见光特征进行有效提炼，将两者特征优势互补，完成两路的特征融合。

MAFM 模块的结构如图 9.1.4(a) 所示。首先将红外和可见光的图像进行通道维度上的连接，即连接 (concat) 的操作。然而简单粗暴的连接并未将红外和可见光的特征进行融合，通道维度上彼此依然是独立的，因此，使用 3×3 的卷积操作进行特征整合，完成特征融合。随后，采用通道注意力和空间注意力机制对两路特征的有用信息进行增强。

通道注意力 (Channel Attention) 模块结构如图 9.1.4(b) 所示。通道注意力机制使网络自适应地得到特征图中各个通道的权重。首先，RPAFNet 将输入的特征图进行池化操作进行压缩，得到一维向量，该一维向量的长度即为通道数，这样便得到了描述各个通道的全局特征。本网络利用平均池化和最大池化两种池化方式得到两种特征向量。然后，利用两个全连接层完成各个通道注意力权重的表示，这里的全连接层使用了 bottleneck 的结构，第一个全连接层将向量的维度压缩到较小的尺寸，再用第二个全连接层恢复到原有的通道数的尺寸，这种结构在第一个全连接后完成了降维的操作，这样大大地减小了网络的参数量。最后将平均池化和最大池化映射后的一维向量相加，通过 Sigmoid 激活函数，获得每个通道的权重。于是通过池化获得的特征向量,利用两个全连接层,非线性地表示出了特征图每个通道的注意力权重,这些权重是自适应得到的。通道上的注意力有效地增强了需要的通道,并且一定程度上抑制了重要性较小的特征。最后,将得到的通道注意力权值和特征图在通道维度上进行相乘,完成通道维度上的加权操作。

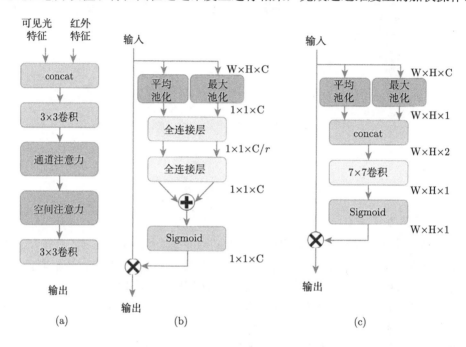

图 9.1.4   MAFM 模块结构示意图 (a) MAFM 模块总体结构 (b) 通道注意力 (Channel Attention) 模块结构 (c) 空间注意力 (Spatial Attention) 模块结构

空间注意力 (Spatial Attention) 模块结构如图 9.1.4(c) 所示。空间注意力同样是由网络自适应地得到特征在空间维度中每一个位置的权重值。首先,将特征图通道维度上进行池化操作,保留空间维度。同样地,采用平均池化和最大池化获得两个特征图,并且将这两个特征图进行 concat 操作。利用一个 7×7 的卷积层进行空间特征的非线性映射,最后经过 Sigmoid 激活函数,从而获得空间维度上的权重。通过空间维度上的注意力权重,能够增强空间维度上某些位置的特征,即增强感兴趣空间区域的权重,同时也抑制不需要关注的区域,将两路有用的特征信息完成最大化的提取。最后,将得到的空间权重特征图和原来的特征图进行相乘操作,完成空间维度上的加权。

RAFM 的结构如图 9.1.5 所示。RAFM 用于将红外和可见光所得到的残差特征进行注意力融合,为了减小其参数量并使模块变小,RAFM 模块仅使用了通道注意力模块,并且将通道注意力中的最大池化去除,仅使用平均池化来构造简单的模块结构。首先，将可见光残差和红外残差送入模块中，利用 concat 的方式进行连接，并利用 3×3 卷积完成进一步的特征整合。然后进入通道注意力模块。先利用平均池化从通道维度压缩特征图尺寸，同样利用两个全连接层完成特征映射，其中第一个全连接层用于降维，减小特征图尺寸，减少参数量，第二个全连接层将其恢复到原有的通道数的尺寸。最后经过 Sigmoid 激活函数，得到特征通道维度上的权值，与原特征图进行相乘，完成特征增强，最后经过 3×3 的卷积层，减小通道数并与分割预测图相加，从而补充分割预测图中所需要的信息。

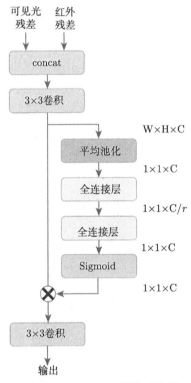

图 9.1.5　RAFM 结构示意图

　　由于夜间图像中，红外图像所包含的信息更多，因此，将一路作为红外图像的特征提取支路，并且利用注意力模块 IFEM 进行红外图像特征提取中的特征增强。红外图像特征增强的模块为 IFEM 模块，即 MAFM 模块中去掉 concat 层，IFEM 模块与 MAFM 模块大致相同，利用了通道注意力和空间注意力机制，从通道维度和空间维度上对红外的高级特征进行有效的加权，关注红外高级特征中更有用的特征信息，进行红外特征深层次的挖掘。

9.1.3　实验分析

本节采用 MFNet 语义分割数据集 [3]，该数据集是为了进行可见光和红外图像语义分割而制作的，场景为车载场景。该数据集包含全天候 1569 组 RGB-T 图像对，白天场景有 820 组，夜间场景有 749 组。本节拿夜间的 RGB-T 数据集进行训练，其中训练集有 374 张 RGB-T 图像对，验证集有 187 张，测试集有 188张。图像的尺寸均为 640×480 的大小。红外–可见光图像对基本上是对齐的，并且每个 RGB-T 对有一个分割 label 对应。实际数据集中存在少量漏标或标注错误的情况，对实际深度学习的任务没有太大的影响。因此，数据集的场景为夜间车载场景，能够有效地作为本节任务中语义分割的数据集。

本节对比了几种在该数据集上表现较好的网络，分割结果对比图如图 9.1.6所示。显然，本节的方法相比其他的方法拥有着一定的优势。在 MFNet 夜间数据集中，相比对比的网络，RPAFNet 针对类别的预测有着较高的准确性，同时，分割的区域更加细化，形状更贴合标签所表现的区域范围，分割区域拥有较高的精确度。另外，红外图像中更为明显但在可见光图像中难以发现的目标，比如人、车或自行车等，RPAFNet 的分割图像能够较为精确地识别并能以较高的精度进行区域边界细化。

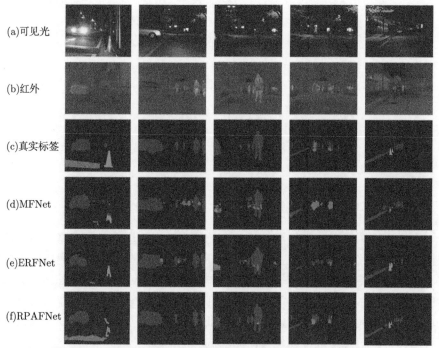

图 9.1.6　不同分割方法在部分 MFNet 夜间数据集效果图对比

(扫描本书封底二维码可见彩图)

本节利用平均交并比 (Mean Intersection over Union，MIoU) 作为客观评价指标评价 RPAFNet。MIoU 为平均交并比，计算方式为

$$\mathrm{MIoU} = \frac{1}{N} \sum_{i=1}^{N} \frac{\mathrm{TP}_i}{\mathrm{TP}_i + \mathrm{FP}_i + \mathrm{FN}_i} \tag{9.1.6}$$

其中，N 代表类别的个数，在这里为 9，其中包含未标注的这一类别。TP_i、FP_i 和 FN_i 分别代表每个类别真阳性 (True Positive)、假阳性 (False Positive) 和假阴性 (False Negative) 的像素的个数，求和项即为每一类别的交并比，MIoU 为按类别平均的交并比。MIoU 为语义分割任务中常用的客观评价指标，基本能够真实地反应图像分割的质量。RPAFNet 和其他在该数据集上指标优异的网络进行对比，MIoU 的对比如表 9.1.1 所示：

表 9.1.1 MFNet 夜间数据集上各种分割网络 MIoU 对比

网络	输入尺寸	MIoU
MFNet	640×480	37.7
ERFNet(4c)	640×480	39.3
SegNet(4c)	640×480	41.7
FuseNet	640×480	43.9
UNet(4c)	640×480	44.0
PSPNet(4c)	640×480	45.2
RPAFNet	640×480	49.2

ERFNet、SegNet[4]、UNet[5] 和 PSPNet[6] 是单输入网络，将 4 通道的 RGB-T 图像输入网络中进行训练。显然，从 MIoU 客观评价指标来看，本节的网络在分割精度上拥有优越性。RPAFNet 的 MIoU，相较于 MFNet、ERFNet 轻量级网络，指标有着 10 个点和 8 个点的提升，另外，相比于较大的分割模型，如 UNet 和 PSPNet，指标上也略有优势，和基准网络 PSPNet 相比，指标提升了 4.0%，而且本节的模型相较更小，推理速度更快。

9.2 基于噪声感知的多波段信息挖掘目标检测

可见光图像受光照影响较大，导致单可见光模态输入的目标检测算法在夜间等低照度场景中的检测性能较差；对于没有光源的极暗环境，采集的可见光图像存在大量噪声，这些噪声干扰网络提取有效的目标信息。

针对单模态输入易受环境影响的问题，本节在输入层面加入红外图像。通过设计特征融合模块实现深度的特征融合缓解因可见光和红外两种模态特征的差异导致的融合不充分；针对暗光场景中的噪声问题，本节拟从挖掘场景信息的角度

出发设计训练策略,通过让网络感知场景噪声的方式提升网络的抗噪声能力,进而缓解网络在特征提取过程中受到的干扰,提升目标检测在全天时环境的检测精度。

9.2.1　基于噪声感知的目标检测算法网络

本节将详细阐述基于噪声感知的多光谱信息挖掘目标检测算法 (Noise-Perception-Based Object Detection Network with Multispectral Information Mining for Top-down View,NMNet),通过网络结构和训练策略两方面解决目标检测存在的难点,算法网络框架如图 9.2.1 所示。

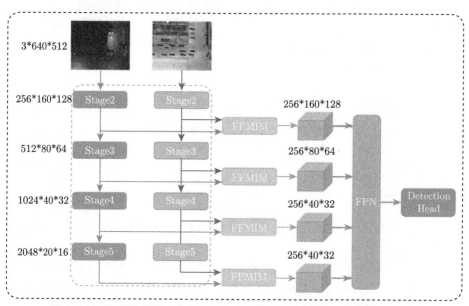

图 9.2.1　基于噪声感知的多光谱信息挖掘目标检测算法网络框架示意图

本节提出的算法基于 ROI Transformer[3],是一种二阶段的旋转目标检测算法,并在此基础上进行一些结构上的改进。首先,由于网络的输入为可见图像 I_{RGB} 和红外图像 I_{IR},因此需要两个独立的骨干网络 (Backbone) 分别提取两种模态的特征;为了从复杂场景图像中有效提取目标特征,选用 ResNet50 作为网络的 Backbone。同时,为了充分融合提取到的两种模态的特征,实现全天时高精度的目标检测,设计了基于跨模态信息挖掘的特征融合模块,该模块能够对可见光和红外特征进行深度交互,使用该特征反馈增强各自模态的特征,在注意力机制的引导下实现特征的深度融合。通过这些改进,网络完成了双模态特征的融合,并将融合特征将通过区域建议网络 (Region Proposal Network,RPN) 生成一阶段提案 (Proposals),再通过区域对齐模块 (ROI Align) 生成 7×7 特征图,送入区域头模块 (ROI Head) 完成后续的回归和分类任务。

与以往多光谱目标检测工作只关注模态间信息融合不同，除了结构上的改进，本节还结合场景信息分析，设计了对抗夜间图像噪声的训练方案——基于目标场景分析的信息均衡策略。该策略包含基于图像信号处理过程的图像退化和噪声先验感知训练：前者模拟图像生成过程中噪声的产生方式对图像进行照度和噪声退化，从而生成拟真的、符合物理规律的噪声图像；后者利用退化后的图像对网络进行噪声感知训练，通过联合训练的方式优化目标检测和图像恢复，能够显著降低图像噪声对特征提取的影响，使网络适应低照度下的噪声场景，保持鲁棒的特征提取能力。此外，为了解决可见-红外数据不足的问题，本节还通过实验验证了提出的图像退化作为图像增广方案的有效性。

9.2.2 跨模态特征融合

Jin 等 [4] 证明，中期融合和后期融合的效果优于其他融合方式，因此如何在中期或后期融合双模态特征流，成为一个问题。最直观的融合方式是直接将双流特征元素相加，或者将两种特征在通道维度进行堆叠，但这种方案无法消除两种模态在物理特性上的不匹配，不能充分利用双模态特征的互补信息。

基于此问题，本节提出了基于跨模态信息挖掘的特征融合模块 (Feature Fusion Module based on Cross-Modal Information Mining, FFMIM)，其网络结构如图 9.2.2(a) 所示。该模块以可见光和红外特征为输入，使用残差块初步融合两种特征，得到模态共性特征，并将该特征回馈到两种模态的原始特征完成特征交互，使各自模态具有对方模态的互补信息，最终利用注意力机制完成特征融合，有效缓解了两种模态特征在物理特性上的失配导致特征融合不充分的问题。提出的 FFMIM 分为三个模块，分别是跨模态信息挖掘块 (Cross-Modal Information Mining Blocks, CIMB)、多模态信息回馈块 (Multimodal Information Feedback Blocks, MIFB) 和自适应特征融合块 (Adaptive Feature Fusion Blocks, AFFB)。

9.2.2.1 跨模态信息挖掘块

在 CIMB 中，使用 ResNet[5] 中的残差块 (ResBlocks) 对两种模态的特征进行融合，生成的特征具有两种模态的共同信息，能作为两种模态的共性特征反馈到各自模态的原始特征中。

设输入的可见光和红外图像分别为 I_{RGB} 和 I_{IR}，经过 Backbone 进行特征提取后，得到可见光和红外特征 F_{RGB}^n 和 F_{IR}^n，作为 FFMIM 的输入。该过程可以表示为

$$\begin{cases} F_{RGB}^n = \text{Backbone}_{RGB}(I_{RGB}) \\ F_{IR}^n = \text{Backbone}_{IR}(I_{IR}) \end{cases} \tag{9.2.1}$$

式中，Backbone_{RGB} 和 Backbone_{IR} 代表两个独立的特征提取器，分别负责提取

I_{RGB} 和 I_{IR} 的特征，F_{RGB}^n 和 F_{IR}^n 分别代表 Backbone 提取到的第 n 层的特征，其中 $n \in \{1, 2, 3, 4\}$。

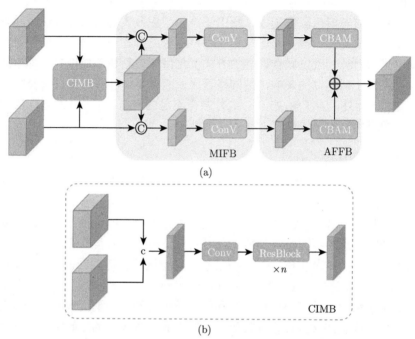

图 9.2.2　基于跨模态信息挖掘的特征融合模块结构示意图
(a) 模块整体结构；(b) 跨模态信息挖掘块网络结构

　　网络将 4 支双模态特征流送入独立的 FFMIM 中生成融合特征，本节仅对单一尺度的特征进行说明。CIMB 由一个卷积层和 n 个 ResBlock 组成，结构如图 9.2.2(b) 所示。在 CIMB 中，对 ResBlock 进行了一些修改，将原本的卷积层替换成残差单元 (Res-Unit)，其结构如图 9.2.3(a) 所示。残差单元结构如图 9.2.3(b) 所示，由卷积层、归一化层以及激活函数组成，第一个残差单元的卷积核大小为 3×3，第二个残差单元的卷积核大小为 1×1，两个单元的归一化层和激活函数相同，分别是批归一化 (Batch Norm) 和高斯误差线性单元 (Gaussian Error Linear Unit，GeLU)。

　　假设 FFMIM 的输入为 F_{RGB}^n 和 F_{IR}^n，其尺寸为 C×H×W。首先将两种模态特征进行通道维度的堆叠，堆叠后的特征尺寸变为 2×C×H×W；为了减小网络计算量，送入 ResBlock 之前使用 1×1 卷积层对堆叠特征进行通道降维；最后将降维后的特征送入 ResBlocks 进行特征提取。特征在 CIMB 中的计算可以用公式表达为

$$F_{\text{CIMB}}^n = n \times \text{ResBlock} \left(\text{Conv} \left(\text{Cat} \left(F_{\text{RGB}}^n, F_{\text{IR}}^n \right) \right) \right) \tag{9.2.2}$$

式中，F_{CIMB}^n 表示 CIMB 模块生成的特征，ResBlock 表示残差块，Conv 表示 1×1 卷积层，Cat 表示特征在通道维度的堆叠。由于 ResBlock 是独立的模块，可自由地添加或者删除，因此可以在 CIMB 中采用 n 个 ResBlocks，经过实验得出，$n=2$ 时网络在性能和参数量之间取得了平衡。

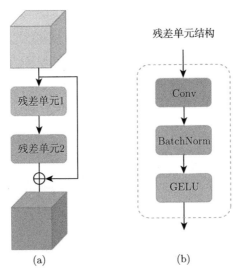

图 9.2.3　ResBlock 结构示意图 (a) ResBlock 整体结构；(b) 残差单元结构

CIMB 将双流特征进行初步的特征融合，融合特征 F_{CIMB}^n 经过了 ResBlocks 的深度交互，相对于简单的元素叠加后的特征，具有与两种特征流相匹配的模态共性信息。

9.2.2.2　多模态信息回馈块

MIFB 负责将 CIMB 生成的初步融合特征回馈到两种模态中，使两种模态的特征带有对方模态的特征响应，从而缓解两种模态的特征不匹配。MIFB 的结构如图 9.2.2(a) 所示，图中的绿色区域即为 MIFB。

在 MIFB 中，将 F_{CIMB}^n 与两种模态特征进行通道维度的叠加，并通过一个卷积核大小为 1×1 的卷积层进行特征融合，同时实现通道降维。用公式描述为

$$\begin{cases} F_{\text{RGB}}^n{}' = \text{Conv}\left(\text{Cat}\left(F_{\text{RGB}}^n, F_{\text{CIMB}}^n\right)\right) \\ F_{\text{IR}}^n{}' = \text{Conv}\left(\text{Cat}\left(F_{\text{IR}}^n, F_{\text{CIMB}}^n\right)\right) \end{cases} \tag{9.2.3}$$

式中，F_{RGB}^n 和 F_{IR}^n 表示 MIFB 生成的特征，Conv 表示 1×1 卷积层，Cat 表示特征在通道维度的堆叠。

9.2.2.3　自适应特征融合块

AFFB 网络结构如图 9.2.2(a) 所示，图中蓝色区域即为 AFFB。对于输入的两种模态特征 $F_{\mathrm{RGB}}^{n}{}'$ 和 $F_{\mathrm{IR}}^{n}{}'$，AFFB 使用注意力机制卷积块注意力模块 (Convolutional Block Attention Module，CBAM) 对两种特征进行调整，自适应学习需要注意的特征区域。然后将两种模态元素相加，得到最终的融合特征。与 CIMB 的融合特征相比，该特征的融合更加充分，更有效地利用了两种模态的互补信息。

CBAM 是对通道注意力模块 (Channel Attention Module，CAM) 和空间注意力模块 (Spatial Attention Module，SAM) 两种注意力机制的组合，其网络结构如图 9.2.4 所示。

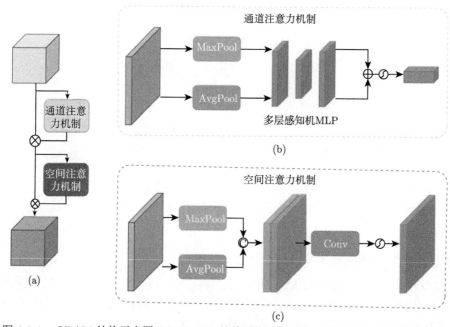

图 9.2.4　CBAM 结构示意图 (a) CBAM 整体网络结构；(b) 通道注意力机制网络结构；
(c) 空间注意力机制网络结构

通道注意力机制 CAM 会根据输入特征的重要性自适应生成通道权重，用以加权关键特征通道。CAM 首先对输入特征进行全局最大池化 (Global Max Pooling，GMP) 和全局平均池化 (Global Average Pooling，GAP)；然后通过权重共享的多层感知机 MLP，将 MLP 的输出特征进行元素相加，通过 Sigmoid 激活函数生成通道注意力权重；最后将通道权重加权到原始输入特征中，该过程可以表示为

$$\begin{cases} W_{\mathrm{CAM}}^n = \sigma\left(\mathrm{NLP}\left(\mathrm{MaxpPool}\left(F_{\mathrm{MIFB}}^n\right)\right) + \mathrm{NLP}\left(\mathrm{AvgPool}\left(F_{\mathrm{MIFB}}^n\right)\right)\right) \\ F_{\mathrm{CAM}}^n = \mathrm{Mul}\left(F_{\mathrm{MIFB}}^n, W_{\mathrm{CAM}}^n\right) + F_{\mathrm{MIFB}}^n \end{cases} \quad (9.2.4)$$

其中，W_{CAM}^n 表示第 n 层输出特征对应的 CAM 权重，F_{CAM}^n 表示经过 CAM 调整后的第 n 层输出特征，$\sigma(\cdot)$ 表示 Sigmoid 函数，$\mathrm{NLP}(\cdot)$ 表示多层感知机，F_{MIFB}^n 表示 MIFB 输出的交互特征，"+" 表示元素相加，$\mathrm{Mul}(\cdot)$ 表示元素相乘。

空间注意力机制 SAM 聚焦于空间位置，根据输入特征的重要性生成权重，引导网络注意特定空间位置的特征。SAM 同样对输入特征做全局最大池化和全局平均池化，但与 CAM 不同，SAM 将两种池化结果连接到一起，用一个卷积层将通道维度降到 1，得到空间权重。SAM 对特征的操作可以表示为

$$\begin{cases} W_{\mathrm{SAM}}^n = \sigma\left(\mathrm{Conv}\left(\mathrm{Cat}\left(\mathrm{MaxPool}\left(F_{\mathrm{CAM}}^n\right), \mathrm{AvgPool}\left(F_{\mathrm{CAM}}^n\right)\right)\right)\right) \\ F_{\mathrm{CBAM}}^n = F_{\mathrm{SAM}}^n = \mathrm{Mul}\left(F_{\mathrm{CAM}}^n, W_{\mathrm{SAM}}^n\right) + F_{\mathrm{CAM}}^n \end{cases} \quad (9.2.5)$$

式中，W_{SAM}^n 表示第 n 层输出特征对应的 SAM 权重，F_{SAM}^n 表示经过 SAM 调整后的第 n 层输出特征，$\sigma(\cdot)$ 表示 Sigmoid 函数，$\mathrm{Conv}(\cdot)$ 表示 1×1 卷积层，$\mathrm{Cat}(\cdot)$ 表示特征在通道维度的堆叠，"+" 表示元素相加，$\mathrm{Mul}(\cdot)$ 表示元素相乘。

经过 CAM 和 SAM 对特征进行通道和空间上自适应的调整之后，可见光和红外的重要模态特征分别得到了增强。将两种模态相加，得到最终的融合特征：

$$F_{\mathrm{FFMIM}}^n = F_{\mathrm{RGB}}^n{}'' + F_{\mathrm{IR}}^n{}'' \quad (9.2.6)$$

式中，F_{FFMIM}^n 为特征融合模块 FFMIM 的输出融合特征，$F_{\mathrm{RGB}}^n{}''$ 和 $F_{\mathrm{IR}}^n{}''$ 分别表示 AFFB 生成的可见光和红外特征。

9.2.3 实验分析

本节采用 DroneVehicle 目标数据集[6]，该数据集于 2020 年发布，包含 28,439 幅可见–红外图像对，共计 953,087 个标注框。所有的图像都是由配备摄像头的无人机拍摄，覆盖范围很广，包括在不同的场景和不同的光照条件下 (包括极暗、夜晚、黄昏和白天场景) 拍摄的图像数据，场景包含不同类型的城市道路、居民区、停车场、高速公路等；目标类别包含汽车 (car)、公共汽车 (bus)、卡车 (truck)、货车 (freight-car)、厢型车 (van)。由于目标具有方向性，因此该数据集的标注为带有角度的有向边界框。

该数据集的空间分辨率为 840×712，包含 100 个像素的白边。在本节实验中裁剪掉了白边，图像对的空间分辨率变为 640×512，相对应的标注也进行了筛选，删除了部分标注，具体筛选规则如下：保留图像内部的标签，删除白边内部的标签；将横跨白边和图像的标签筛选出来，其中大于真实图像边界的标注点全部改

为图像边界值，计算修改后标注的面积和原始标注面积，如果两者比值小于 0.8，则丢弃该标签。将保留标签的坐标值减 100，以匹配裁剪后的图像。将整理好的数据集重新命名为 DroneV640。尽管 DroneVehicle 数据集的每种模态都具有单独的标注，但数据集配准状态良好，且可见光标注不全，因此本节实验仅使用红外标注作为分类和回归约束的真实标签。经过筛选，保留了原始的 28439 幅图像对，标注减少到 22342 个。

基于噪声感知的多光谱信息挖掘目标检测算法全部模块的消融实验结果如表 9.2.1 所示。第一组和第二组实验给出了 ROI Transformer 在可见光和红外模态的所有类别的平均精确率的平均值 (mean Average Precision，mAP) 指标，可以看出，两种模态的检测精度都不高，这是由于模态信息单一造成的；第三组采用了双流结构，设置两个 Backbone 分别提取可见光和红外图像，在 FPN 前对双流特征进行元素相加完成融合，效果比任意单模态网络的指标高出 9% 以上，充分表明了模态融合方向的研究价值；第四组实验加入了融合模块 FFMIM，精度相较于简单融合提高了 2.9% (75.6% 对比 72.7%)；第五组实验在简单融合的基础上加入了信息均衡策略 (Information Balance Strategy of Adversaries，IBSA)，可带来 2% 的性能提升 (74.7% 对比 72.7%)；最后一组综合本节提出的所有亮点，最终检测精度达到 76.0%，相较于可见光模态的精度提升 13.5%(76.0% 对比 72.7%)。

表 9.2.1   NMNet 网络整体消融实验

算法	模态	FFMIM	IBSA	汽车	卡车	货车	公共汽车	厢型车	mAP
Baseline	R			0.805	0.581	0.420	0.876	0.446	0.625
Baseline	I			0.899	0.529	0.539	0.891	0.477	0.632
Baseline	R+I			0.904	0.702	0.576	0.896	0.554	0.727
Ours	R+I	√		0.904	0.767	0.954	0.898	0.596	0.756
Ours	R+I		√	0.905	0.758	0.596	0.896	0.582	0.747
NMNet	R+I	√	√	0.904	0.782	0.634	0.899	0.581	0.760

为了与其他算法公开比较，本节对原始的 DroneVehicle 数据集展开了实验。经过文献调研，发现部分算法将数据集中的有向边界框转换成了水平边界框，转换了任务类型，因此，本节在对比实验中标出了标签类型。使用 Dual-YOLO[7]、MBNet[8]、RISNet[9]、LAIIFusion[10]、UA-CMDet[11] 算法展开对比实验，实验结果如表 9.2.2 所示。从表中可以看出，在旋转目标检测算法中，在 mAP 指标上本节提出的 NMNet 领先 UA-CMDet10.6%(74.6% 对比 64.0%)，精度超过所有对标算法。

图 9.2.5 给出了 NMNet 和一些对比算法在实际场景中的检测效果，图中前两行为白天场景，后两行为黑夜场景。

表 9.2.2　　NMNet 与对标算法在 DroneVehicle 数据集的对比实验结果

算法	标签类型	mAP	汽车	卡车	货车	公共汽车	厢型车
MBNet	水平框	0.628	/	/	/	/	/
LAIIFusion	水平框	0.662	0.945	0.544	0.905	0.339	0.579
RISNet	水平框	0.664	/	/	/	/	/
Dual-YOLO	水平框	0.718	/	/	/	/	/
UA-CMDet	旋转框	0.640	0.875	0.468	0.607	0.871	0.380
NMNet	旋转框	0.746	0.903	0.732	0.622	0.897	0.573

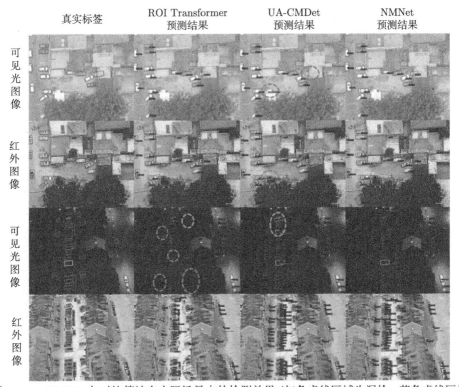

图 9.2.5　　NMNet 与对比算法在实际场景中的检测效果 (红色虚线区域为漏检, 蓝色虚线区域为误检) (扫描本书封底二维码可见彩图)

　　在白天场景中, 可见光模态包含丰富的纹理和颜色信息, 因此在该场景下单模态输入的 ROI Transformer 表现良好; UA-CMDet 作为双模态目标检测算法, 没有设计复杂的融合模块, 仅依靠光照引导模块融合双模态特征, 容易受到红外特征的影响, 从而出现误检和漏检的现象; 本节的 NMNet 算法引入了 FFMIM 模块, 实现了对双流特征的深度融合, 从而有效提升了目标识别的准确性。

在黑夜场景中，由于光照不足，图像整体较暗，包含较少的目标信息，同时存在大量噪声，因此 ROI Transformer 出现了大量漏检现象；UA-CMDet 同样出现了误检的问题，这是由于该算法没有有效融合两种模态的互补信息导致的；本节提出的 NMNet 不仅设计了 FFMIM，还使用 IBSA 对图像进行照度和噪声退化，并使用退化后的图像进行噪声先验感知训练，使得 NMNet 能更好地应对夜间低照度、高噪声的场景。

图 9.2.6 给出了 NMNet 与预测水平边界框的目标检测算法 MBNet 的部分推理结果比较。图中存在大量斜置且稠密的目标，预测有向边界框的 NMNet 面对这些斜置且稠密的目标依然能保持较高的检测精度，而 MBNet 由于只能预测水平边界框，面对这种稠密目标场景时会出现误检、漏检等情况。

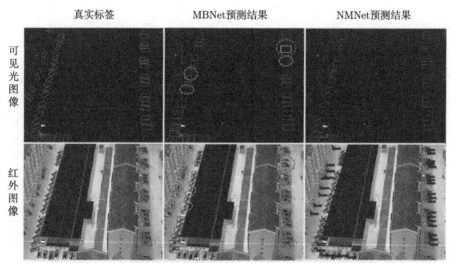

图 9.2.6   NMNet 与 MBNet 算法的部分推理结果比较 (红色虚线区域为漏检，蓝色虚线区域为误检) (扫描本书封底二维码可见彩图)

NMNet 在 DroneV640 数据集上的部分检测效果如图 9.2.7 所示。图中的场景包括高速公路、城市街道、停车场、居住区等各种复杂场景的白天和黑夜图像，包含大量稠密的车辆、特征相近的各类目标、目标方向杂乱无章等具有挑战性的前景场景，以及植被遮挡、建筑遮挡、夜间噪声、明暗变换等复杂的背景场景。在这些图像中，NMNet 利用多光谱信息感知能力，结合强大的场景信息挖掘能力，能够从复杂的背景中区分目标前景信息，并能够准确地完成分类回归任务。

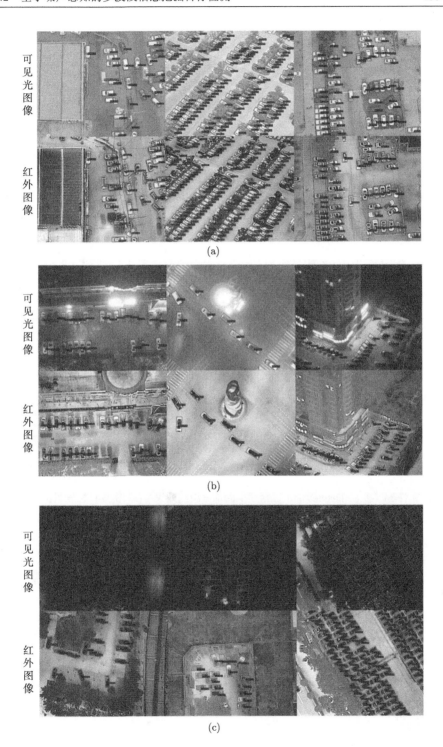

(a)

(b)

(c)

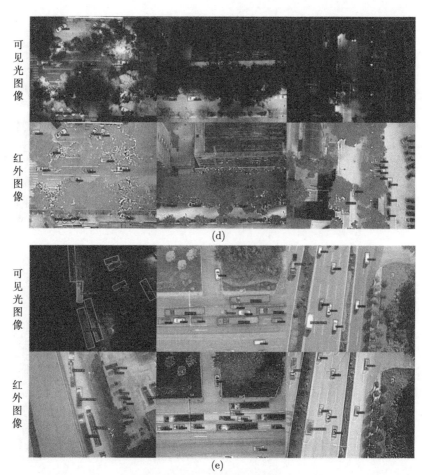

图 9.2.7   NMNet 在 DroneV640 数据集上的部分检测效果：(a) 密集目标场景；(b) 明暗交
替场景；(c) 夜间噪声场景；(d) 背景遮挡场景；(e) 多类目标场景
(扫描本书封底二维码可见彩图)

9.3   基于特征级与决策级融合注意的双模态跟踪

本节阐述基于特征级与决策级融合注意的双模态跟踪算法。虽然基于孪生网络的目标跟踪器在应对可见光图像挑战方面表现出良好性能，但考虑到无人机引导系统需要应对复杂的实际情况，例如明暗交替的光照变化场景导致的照度失衡问题、夜间工作场景导致的低照度问题、目标与其他物体或背景具有相似温度时导致的热交叉问题等，本节提出的双模态跟踪算法旨在使跟踪器能更好地应对这一系列实际复杂场景。

本节参考单模态跟踪器 SiamBAN[11]，由于无人机引导系统适应于全天候场景，故引入红外模态图像信息增强跟踪器性能，对应的将参考跟踪器 SiamBAN 改为改成双模态平行的跟踪网络 SiamBAN(RGB-T)。针对双模态平行的跟踪网络在照度变换、低照度场景、热交叉下对双模态图像特征信息利用率低的问题，设计了多域感知模块。同时，针对双模态平行的跟踪网络在低照度场景、热交叉场景下融合模态特征不能自适应平衡权重的问题，设计了双级平衡模块。组合以上两个模块，提出了基于特征级与决策级融合注意的双模态跟踪算法 (Dual-level Siamese Fusion Attention Network for RGBT Tracking, SiamDL)。本节先对当前双模态跟踪器存在的问题进行介绍，然后将对 SiamDL 算法的各个模块实现方法进行详细阐述，最后在各类基准数据集上进行验证。

9.3.1 基于特征级与决策级融合注意的目标跟踪网络

针对现有双模态跟踪器存在的各项问题，本节提出了应对方案，将特征级与决策级信息融合，从而增强双模态特征。该方案即适配于无人机场景的双模态跟踪算法 SiamDL。如图 9.3.1 所示，SiamDL 网络框架基于 SiamBAN 网络框架[11]构建，引入双级融合注意力机制和跨域孪生注意力机制对 SiamBAN 网络框架进行改进。因此，SiamDL 由特征提取网络、多域感知模块、双级平衡模块和跟踪头组成。

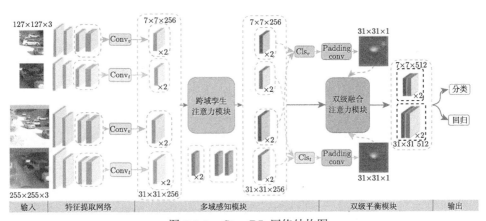

图 9.3.1　SiamDL 网络结构图

本算法使用 ResNet50 的前四层作为主干网络用于提取特征[12]，将两个模态模板和搜索图像送入主干网络。然后把主干网络的输出结果送入多域感知模块，增强这些特征。特征被增强后，对每个模态特征进行分类，得到决策信息。最后，将得到的决策级和特征级信息反馈给双级平衡模块来平衡融合特征，对平衡后的融合特征进行分类与回归，从而得到目标位置。

9.3.1.1　特征提取网络

在跟踪中，融合利用 ResNet50 最后 3 层的输出结果被文献 [13] 证明是非常有效的。然而，在 RGB-T 跟踪中，如果使用所有 ResNet50 最后 3 层来提取特征，跟踪速度将大大降低。文献 [14,15] 说明如果去除第 5 层输出结果，仅利用 3,4 层网络的输出，尽管特征的感受野会减少，但精确度只损失一点 [14,15]，跟踪器速度却大幅加快。因而本算法使用 ResNet50 的前 4 层作为主干网络来提取特征，第 3 层和 4 层的输出参与后续网络的计算。在第 4 层网络中，取消了卷积的两倍步长，转而使用孔洞卷积。在模态域中，不同模态有独特的特征，因而可见光与红外模态的主干网络是不共享权重的。由于时域上需要对模板和搜索区域图像进行统一的特征提取，故模板与搜索区域相同模态的权重是共享的。为平衡跟踪器速度与参数量，本算法将主干网络前两层参数在所有域中设置为共享。主干网络的第 1，2 层记为 $\phi_{1,2}$，每个模态的第 3，4 层网络标记为 $\phi_{v3,v4}$，$\phi_{i3,i4}$。

在本算法的主干网络中，第 3 层和 4 层的输出通道数量不同，因此通过 1×1 卷积层将所有特征降通道至 256 个通道。对于可见光和红外模板分支，裁剪卷积后特征并保持 7×7 区域的中心。它不仅可以保留整个目标信息，还可以减弱背景的影响 [16,17,18]。对于搜索分支，不对其执行裁剪操作。每种模式的卷积和裁剪操作标记为 conv_v，conv_i。

将输入的可见模板图像标记为 z_v，红外模板图像标记为 z_i，可见搜索图像标记为 x_v，红外模板图像标记为 x_i。则有

$$\begin{cases} f_{zv} = \text{conv}_v \left(\phi_{v3,v4} \left(\phi_{1,2} \left(z_v \right) \right) \right) \\ f_{zi} = \text{conv}_i \left(\phi_{i3,i4} \left(\phi_{1,2} \left(z_i \right) \right) \right) \\ f_{xv} = \text{conv}_v \left(\phi_{v3,v4} \left(\phi_{1,2} \left(x_v \right) \right) \right) \\ f_{xi} = \text{conv}_i \left(\phi_{i3,i4} \left(\phi_{1,2} \left(x_i \right) \right) \right) \end{cases} \tag{9.3.1}$$

其中，f_{zv}，f_{zi}，f_{xv}，f_{xi} 表示特征提取网络输出的可见光模板、红外模板、可见光搜索区域和红外搜索区域特征。

9.3.1.2　多域感知模块

如图 9.3.1 所示，多域感知模块 (Mutil-domain Awareness Module，MDAM) 由两个分类头和一个跨域孪生注意力模块组成。将特征提取网络得到的特征输入，利用跨域孪生注意力机制对其调制，交互多域的上下文相关信息。然后对调制后的特征进行分类，分类结果作为决策信息送入后续网络。

文献 [26] 表明，平等对待所有通道特征将会限制表达能力，且由于卷积感受野的限制，在特征图上的每个位置只能获取到局部信息，无法获取全局语境。合理使用注意力机制可以对以上限制有良好的缓解。针对双模态目标跟踪领域，可以

交互的信息更多。跨时态可以更多的交互纹理信息与利用上下文特征, 另外, 跨模态可以使特征图上的每个位置可以获取双模态的全局语境。受此启发, 本算法设计了跨域孪生注意力机制 (Cross Domain Siamese Attention Modules, CDSAM), 交互多域的上下文相关信息, 且提供了一种隐式更新模板的方式。

如图 9.3.2 所示, 跨域孪生注意力机制由通道和空间注意力组成, 随着调制对象的不同又细分为自和互注意方式。为避免图 3 连线复杂, 使用跳线进行表达, 对应连线是相同颜色的字母 S 或 C。具体的, 对于通道和空间注意力而言, 都分为查询矩阵 $\boldsymbol{Q}$, 键矩阵 $\boldsymbol{K}$ 和值矩阵 $\boldsymbol{V}$[16,17], 以特征 X 对特征 Y 调制为例:

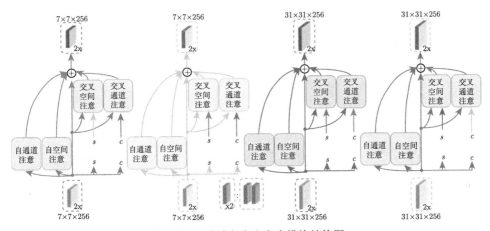

图 9.3.2   跨域孪生注意力模块结构图

1) 空间注意力机制实现方式

对于特征 X, Y, $X, Y \in C \times H \times W$, $\boldsymbol{Q}$ 由 X 经过一个 1×1 卷积生成。$\boldsymbol{K}$ 由 Y 经过一个 1×1 卷积生成。注意, 卷积权重不是共享的。$\boldsymbol{Q}, \boldsymbol{K}$ 矩阵通道数调制为原始数目的 $1/8$。则 $\boldsymbol{Q}, \boldsymbol{K} \in C' \times H \times W$, 其中, $C' = C/8$。然后将 $\boldsymbol{Q}, \boldsymbol{K}$ reshape 为 $\boldsymbol{Q}', \boldsymbol{K}' \in C' \times N$, 其中 $N = H \times W$。那么空间上的注意力特征图 A 为

$$A = \mathrm{softmax}_{-1}\left(\boldsymbol{Q}'^{\mathrm{T}}\boldsymbol{K}'\right), \quad A \in N \times N \tag{9.3.2}$$

其中, $\mathrm{softmax}_{-1}$ 表示对特征数组的最后一维进行归一化操作。

对于需要被调制的特征 Y, 值矩阵 $\boldsymbol{V}$ 由 Y 经过一个 1×1 卷积生成, 然后重塑 reshape $\boldsymbol{V}$ 和 Y 生成 $\boldsymbol{V}', Y'$, $\boldsymbol{V}', Y' \in C \times N$。则利用输入特征 X 对特征 Y 调制的空间注意力特征 (Score) S'^Y_X 为

$$S'^Y_X = \alpha \cdot V'A + Y', \quad S^Y_X \in C \times N \tag{9.3.3}$$

其中，α 是一个权重配比参数。最后将调制后的空间注意力特征 reshape 回特征 Y 的尺寸，得到 S_X^Y，$S_X^Y \in C \times H \times W$。

2) 通道注意力机制实现方式

Q, K, V 的实现方法与空间注意力机制中有所不同，对于特征 X, Y，$X \in C \times H_1 \times W_1$，$Y \in C \times H_2 \times W_2$，其中 H_1 无须等于 H_2，W_1 无须等于 W_2。Q, K 直接由特征 X 尺寸重塑生成，$Q, K \in C \times N_1$，$N_1 = H_1 \times W_1$。则通道上的注意力图为

$$A = \text{softmax}_{-1}\left(QK^{\mathrm{T}}\right), \quad A \in C \times C \tag{9.3.4}$$

对于需要被调制的特征 Y，其值矩阵 V 由 Y 尺寸重塑生成，$V \in C \times N_2$，$N_2 = H_2 \times W_2$。则利用输入特征 X 对特征 Y 调制的空间注意力特征 $C_X^{\prime Y}$ 为

$$C_X^{\prime Y} = \beta \cdot \text{reshape}(AV) + Y, \quad C_X^Y \in C \times N_2 \tag{9.3.5}$$

其中，β 是一个权重配比参数。

最后将调制后的通道注意力特征重塑回特征 Y 的尺寸，得到 C_X^Y，$C_X^Y \in C \times H_2 \times W_2$。经过特征提取网络得到的特征分别为 f_{zv}，f_{zi}，f_{xv}，f_{xi}。则经过跨域孪生注意力模块后的特征为

$$\begin{cases} F_{zv} = S_{f_{zv}}^{f_{zv}} + C_{f_{zv}}^{f_{zv}} + S_{f_{zi}}^{f_{zv}} + C_{f_{xv}}^{f_{zv}} \\ F_{zi} = S_{f_{zi}}^{f_{zi}} + C_{f_{zi}}^{f_{zi}} + S_{f_{zv}}^{f_{zi}} + C_{f_{xi}}^{f_{zi}} \\ F_{xv} = S_{f_{xv}}^{f_{xv}} + C_{f_{xv}}^{f_{xv}} + S_{f_{xi}}^{f_{xv}} + C_{f_{zv}}^{f_{xv}} \\ F_{xi} = S_{f_{xi}}^{f_{xi}} + C_{f_{xi}}^{f_{xi}} + S_{f_{xv}}^{f_{xi}} + C_{f_{zi}}^{f_{xi}} \end{cases} \tag{9.3.6}$$

其中，F_{zv}，F_{zi}，F_{xv}，F_{xi} 代表经过特征增强网络后的可见光模板，红外模板，可见光搜索图像，红外搜索图像特征。

最后通过两个分类头对调制后的特征进行分类，分类头参考的是 SiamBAN。将 F_{zv}, F_{xv} 送入可见光分类模块 Cls_v，得到可见光分类结果 V_{map}。F_{zv}，F_{xv} 送入红外分类模块 Cls_i，得到红外分类结果 I_{map}。对每种模式进行分类，这也可以减轻这种依赖性，同时也能生成决策信息以供后续模块调用。

9.3.2　双级平衡设计

9.3.2.1　双级平衡模块

本算法基于 SiamBAN 构建，输入部分有模板和搜索区域图像分支。对于模板图像分支，以目标约束框中心为原点，裁剪了一个大约是目标大小两倍的区域作为模板。显然，背景区域约占 3/4。在多个卷积层之后，裁剪出中心区域 (面积占比 1/4) 特征，为后续网络提供信息，因而背景的影响不显著。因此，在模板图

像分支中，直接使用特征 F_{zv}，F_{zi} 作为融合特征的分配源。然而，对于搜索图像分支，以目标约束框中心为原点，裁剪出大约四倍于目标大小的区域，背景区域约占 7/8。在多个卷积层之后，大小变为 31×31，并且后续需利用该特征与模板进行深度互相关操作，故不能对其执行裁剪操作，因而背景的影响是显著的。一些研究 [19,20] 直接利用搜索区域的融合特征进行权重分配，无法避免背景的影响。本算法使用 Paddingconv 模块生成的掩码作为辅助，通过决策级和特征级的信息来分配权重。

Paddingconv 模块由两个带有填充 padding 的卷积层和一个 ReLU 激活函数层组成，该层自适应地扩展分类结果。本算法认为，融合特征的权重分配不能依赖于整个图像的信息，而是依赖于目标与背景之间的可分辨性。因此，使用 Paddingconv 自适应扩展分类结果，生成一个仅提取目标特征和目标周围部分背景的掩码。

如图 9.3.1 所示，双级平衡模块 (Dual-Level Balance Module，DLBM) 由两个 Paddingconv 模块和一个双级融合注意力模块 (Dual-Level Fusion Attention Module，DLFAM) 组成。由于在多域感知模块中获得的分类结果是两张 25×25 的特征图，因此通过 Paddingconv 模块，特征图的大小增加到 31×31，并与搜索区域特征的尺寸一致。它膨胀了分类结果。然后将特征和膨胀后的分类结果反馈给双级融合注意力模块，分配融合特征的权重比。

将分类结果 V_{map} 和 I_{map} 提供给 Paddingconv 模块，以生成掩码 V_{mask} 和 I_{mask}。通过掩模提取目标自身信息、目标与背景的可分辨性等关键信息：

$$K_{xv} = V_{\mathrm{mask}} \cdot F_{xv}$$
$$K_{xi} = I_{\mathrm{mask}} \cdot F_{iv} \tag{9.3.7}$$

其中，K_{xv} 是可见光特征的关键信息，K_{xi} 是红外特征的关键信息。

在获得决策级信息后，使用双级信息来平衡现有的特征。如图 9.3.3 所示，双级融合注意力模块使用注意机力制分配两个模态特征的权重比。与 9.3.1 节里多域感知模块中的注意机制不同，本节中的注意机制旨在实现融合特征的权重分配。以特征 X 到特征 Y 的调制为例：

(1) 空间注意力机制实现方式。

对于输入特征 X，$X \in C \times H \times W$，计算其通道维度中的平均池化和最大池化结果，聚合特征 X 的通道信息，得到 f_{avg}，f_{max}。将 f_{avg}，f_{max} 在通道上进行合并，然后通过卷积层生成二维空间注意图 F，$F \in 1 \times H \times W$。$F$ 的计算公式为

$$F = \sigma\left(\mathrm{Conv}^{7 \times 7}([\mathrm{Avgpool}(X); \mathrm{Maxpool}(X)])\right)$$
$$F = \sigma\left(\mathrm{Conv}^{7 \times 7}([f_{\mathrm{avg}}; f_{\mathrm{max}}])\right) \tag{9.3.8}$$

其中，$\mathrm{Conv}^{7\times 7}$ 表示内核大小为 7×7 的卷积操作，σ 表示 Sigmoid 函数。则由输入特征 X 调制特征 Y 的空间注意特征为

$$S_X^Y = \alpha \cdot FY + Y, \quad S_X^Y \in C \times H \times W \tag{9.3.9}$$

其中，α 是标量参数。

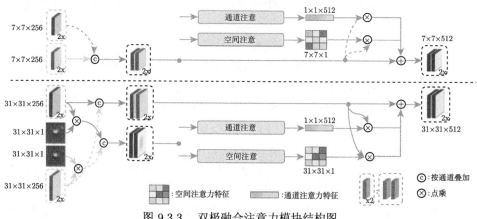

图 9.3.3   双极融合注意力模块结构图

(2) 通道注意力机制实现方式。

对于输入特征 X，$X \in C \times H \times W$，计算其空间维度上的平均池化和最大池化，聚合特征 X 的空间信息，得到 f_{avg}, f_{max}。将 f_{avg}, f_{max} 输入全连接层，生成通道注意图 F，$F \in C \times 1$。F 的计算公式为

$$F = \sigma(FC(\mathrm{Avgpool}(X)) + FC(\mathrm{Maxpool}(X)))$$
$$F = \sigma\left(FC\left(f_{\mathrm{avg}}\right) + FC\left(f_{\mathrm{max}}\right)\right) \tag{9.3.10}$$

其中 FC 表示全连接层。σ 表示 Sigmoid 激活函数。然后，由输入特征 X 调制特征 Y 的通道注意特征为

$$C_X^Y = \beta \cdot FY + Y, \quad C_X^Y \in C \times H \times W \tag{9.3.11}$$

其中，β 是标量参数。最后，将 F_{zv}, F_{zi} 在通道上组合成 F_z，F_{xv}, F_{xi} 在通道上组合成 F_x，K_{xv}, K_{xi} 在通道上组合成 F_x。然后两种模式特征的权重分配方法如下：

$$F'_Z = C_{F_z}^{F_z} + S_{F_z}^{F_z}$$
$$F'_X = C_{K_x}^{F_x} + S_{K_x}^{F_x} \tag{9.3.12}$$

其中，F'_Z, F'_X 表示双级平衡模块输出的模板和搜索区域特征。

9.3.2.2 损失函数设计

记输入模板特征为 f_z, $f_z = \{f_{c3z}, f_{c4z}\}$, f_{ckz} 代表 ResNet50 的第 k 层输出结果。记输入搜索区域特征为 f_x, $f_x = \{f_{c3x}, f_{c4x}\}$。通过模板特征对搜索区域特征进行深度互相关可得：

$$f_{\text{cor}} = f_z \star f_x \tag{9.3.13}$$

得到互相关特征 f_{cor} 对其进一步卷积，调制其通道用于分类与回归。记调制后分类结果为 P_{cls}，分辨率 $25 \times 25 \times 2$，2 代表的是交叉熵损失函数所需正负二分类预测概率。回归结果为 P_{reg}，$25 \times 25 \times 4$，4 代表的是预测框回归时 (x, y, w, h) 四维偏移量。

为实现反向传播来训练网络，需要有真实值标签作为监督样本，采用目标框附近椭圆区域作为正负样本的界限来构建真实分类标签 Y_{cls}：

$$Y_{\text{cls}}[u] = \begin{cases} 1, (u \text{ in } E_2) \\ 0, (u \text{ not in } E_1) \end{cases} \tag{9.3.14}$$

其中，u 为图像二维坐标，如果 u 处于目标周围椭圆 E_2 当中记为正样本，如果 u 处于目标周围椭圆 E_1 之外记为负样本，具体 E_1 与 E_2 大小的取定参考 SiamBAN。而真实回归标签 Y_{reg} 是预测框当前 $u(x_u, y_u)$ 坐标与真实目标框 $(x_1, y_1, x_2, y_2$ 的偏移量：

$$\begin{cases} Y_{\text{reg}}[u, x] = x_1 - x_u \\ Y_{\text{reg}}[u, y] = y_1 - y_u \\ Y_{\text{reg}}[u, w] = x_2 - x_u \\ Y_{\text{reg}}[u, h] = x_2 - x_u \end{cases} \tag{9.3.15}$$

构建好标签后，通过交叉熵损失函数计算分类部分预测值 P_{cls} 与真实标签 Y_{cls} 的偏差，通过 IoU 损失函数计算回归部分预测值 P_{reg} 与真实标签 Y_{reg} 的偏差。再求导、回传梯度、更新参数。

本算法使用端到端训练。整个网络的训练损失是由可见光模态分类损失、红外模态分类损失、双模态融合特征的分类与回归损失加权组合：

$$L = \lambda_1 L_{cls_v} + \lambda_2 L_{cls_v} + \lambda_3 L_{cls} + \lambda_4 L_{reg} \tag{9.3.16}$$

其中，本算法依照经验设置 $\lambda_1 = 0.2$，$\lambda_2 = 0.2$，$\lambda_3 = 1$，$\lambda_4 = 1$。

9.3.3 实验测试与参数分析

双模态目标跟踪算法 SiamDL 实施时分为离线训练和在线推理部分：

训练过程：模板图像大小为 127×127，搜索区域图像大小为 255×255。模型使用 Adam 进行 20 个阶段的训练，一次批量输入 16 数据。权重衰减设置为 0.0001。在前 5 个 epoch 使用 0.001 到 0.005 的递增学习率，在最后 15 个 epoch 使用从 0.005 到 0.00005 的指数衰减学习率。主干网络由 ImageNet 上预先训练的权重初始化 [21]。在开始的 10 个训练阶段，冻结主干网的所有参数，然后微调主干网最后两层的参数。此外，还添加了高曝光、低照度和模糊策略，以使图像质量更差借此增广数据。交替降低两种模式的图像质量，这有助于提高跟踪器的性能。

推理过程：参考 SiamBAN，从第一帧裁剪模板图像。对于后续帧，从每个帧裁剪搜索图像，然后将其与模板图像一起送入网络，以获得分类和回归结果。使用回归结果来惩罚尺度变化，使用余弦窗口来惩罚距搜索图像中心的距离 [22]。这将生成两个权重掩码，用于更新分类结果。然后在更新后的分类结果中找到得分最高的空间位置，选择该空间位置对应的回归预测框更新当前跟踪框。

9.3.3.1　GTOT 数据集比较结果

表 9.3.1 和图 9.3.4 给出了短序列数据集 GTOT 上的比较结果。表 9.3.1 给出的是各跟踪器在 GTOT 数据集各场景视频序列下的 PR/SR 数值百分比。比较结果包括 SiamRPN++、ATOM、DIMP、SiamFT、SGT、mfDIMP、MANet、SiamBAN[23−30] 与 SiamDL、SiamBAN(RGBT)。其中 SiamBAN(RGBT) 也是本书实现的跟踪器，在可见光和红外特征穿过 neck 网络后，它们直接按通道组合起来，然后将连接起来的特征送入跟踪分类回归头。红色、蓝色和绿色字体表示前三名。本算法跟踪器 SiamDL 的 PR 为 0.888，SR 为 0.731。此前，性能最好的跟踪器是 MANet，其 PR 为 0.894，SR 为 0.724。与之相比，SiamDL 在 OCC (遮挡)、FM (快速移动)、SO (小目标) 场景的 PR 数值落后于 MANet，但在 LI (低照度)、热交叉 (TC) 场景整体表现优于 MANet。与基准算法 SiamBAN (RGBT) 跟踪器相比，本算法跟踪器在 GTOT 全场景中 PR 超过了 7.7%，SR 超过了 4.4%。图 9.3.4 给出的是各跟踪器的 PR/FPS 与 SR/FPS 的比较结果，可以看出 SiamDL 保持了高速的同时，性能也接近于 SOTA 方法。

9.3.3.2　VOT-RGBT2020 数据集比较结果

表 9.3.2 给出了长序列 VOT-RGBT2020 的比较结果。比较结果包括 SiamDL、SiamBAN(RGBT) 和 VOT RGBT 2020 挑战赛 [30] 中的七个跟踪器。红色、蓝色和绿色字体表示前三名。本算法跟踪器包括实现了 0.637 精度、0.816 鲁棒性和 0.39 EAO。EAO 值与 DFAT 一致，DFAT 是 VOT RGBT 2020 挑战赛的冠军。与基准 SiamBAN(RGBT) 相比，本算法跟踪器的鲁棒性 R 超过了 6.5%，EAO 超过了 3.5%。

表 9.3.1 GTOT 数据集比较结果

	Siam RPN++	ATOM	DIMP	SiamFT	SGT	mfDIMP	MANet	Siam BAN	SiamBAN (RGBT)	SiamDL
OCC	70.3/58.7	67.4/55.1	75.7/63.8	75.3/58.6	81.0/56.7	80.7/64.3	88.2/69.6	67.2/54.9	76.4/64.1	83.3/67.8
LSV	76.5/64.3	78.9/64.2	81.4/69.0	79.7/61.4	84.2/54.7	90.5/73.9	86.9/70.6	78.3/64.2	86.3/71.3	88.6/71.7
FM	75.9/65.9	74.8/63.0	78.9/68.0	72.1/60.1	79.9/55.9	81.3/68.7	87.9/69.4	74.3/62.0	80.2/68.5	84.8/70.6
LI	68.9/58.3	68.3/58.4	69.8/61.1	78.5/63.6	88.4/65.1	83.0/70.4	91.4/73.6	66.8/56.0	82.1/69.3	93.0/75.8
TC	76.6/64.0	79.0/63.3	84.2/68.7	76.0/59.3	84.8/61.5	80.4/65.2	88.9/70.2	76.3/61.0	72.7/62.0	86.1/70.9
DEF	71.0/59.3	69.1/58.8	69.9/59.9	72.5/61.9	91.9/73.3	80.7/67.1	92.3/75.2	66.1/55.5	80.9/67.3	91.2/73.8
SO	82.2/64.7	83.7/62.9	84.2/64.0	79.3/59.3	91.7/61.8	87.4/69.1	93.2/70.0	79.3/59.3	74.9/61.1	89.3/69.8
ALL	72.5/61.7	72.6/61.2	75.7/64.9	75.8/62.3	85.1/62.8	83.6/69.7	89.4/72.4	71.7/59.3	81.1/68.7	88.8/73.1

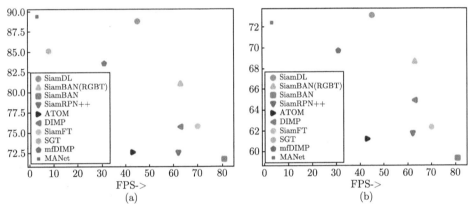

图 9.3.4 GTOT 数据集上各种跟踪器的速度比较结果: (a) PR 和 FPS 的比较结果; (b) SR 和 FPS 的比较结果 (扫描本书封底二维码可见彩图)

表 9.3.2 数据集 VOT-RGBT2020 的比较结果

	本方法	SiamBAN (RGBT)	JMMAC	AMF	DFAT	SiamDW-T	mfDiMP	SNDCFT	M2C2Frgbt
A	0.637	0.654	0.662	0.63	0.672	0.654	0.638	0.630	0.636
R	0.816	0.751	0.818	0.822	0.779	0.791	0.793	0.789	0.722
EAO	0.39	0.355	0.42	0.412	0.39	0.389	0.38	0.378	0.332

9.3.3.3 LasHeR 数据集比较结果

图 9.3.5 给出了长序列 LasHeR 的比较结果。比较结果包括 SiamDL、Siam-BAN (RGBT)、mfDIMP 和 MANet 的结果。在文献 [31] 中, 值得注意的是, 仅公布了 MANet 和 mfDIMP 的测试结果。本算法跟踪器 SiamDL 实现了 0.566 PR、0.437 SR 和 0.521 NPR。三项指标均低于 mfDIMP, 高于 MANet。与基准 SiamBAN(RGBT) 相比, 本算法跟踪器超过其 4.5% 的 PR 和 3.8% 的 SR, 超过其 3.8% 的 NPR。

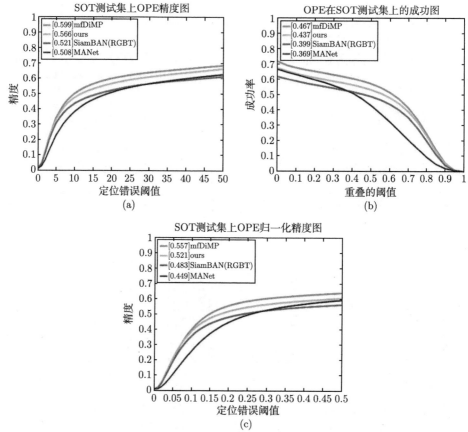

图 9.3.5 LasHeR 数据集的测试结果: (a) PR 指标; (b) SR 指标; (c) NPR 指标 (扫描本书封底二维码可见彩图)

9.4 本 章 小 结

针对昼夜感知任务中存在的低照度、强噪声、多模特征难提取的问题, 从昼夜环境中的语义分割、目标检测、目标跟踪三个感知任务中的关键问题进行研究:

(1) 阐述基于注意力特征融合的夜视图像语义分割算法, 对可见光和红外的主干和残差进行特征注意力融合, 实现两路各层次特征的有用信息的优势互补, 增强有利信息并抑制冗余和干扰, 通过通道注意力和空间注意力, 强化对特征薄弱或尺度较小的目标的分割能力。

(2) 阐述基于噪声感知的多波段信息挖掘目标检测算法, 利用残差结构提取跨模态互补特征, 完成互补信息交互; 对白天图像进行照度和噪声退化, 并使用退化图像参与噪声先验感知训练, 通过多任务损失约束网络, 增强网络从噪声图像中提取目标信息的能力，实现高质量昼夜目标检测。

（3）阐述基于特征级与决策级融合注意的双模态跟踪算法，引入跨域孪生注意力机制提出了多域感知模块和双级融合注意力机制，利用特征级信息和决策级信息来平衡双模态融合特征，实现高性能红外–可见目标跟踪。

参 考 文 献

[1] He K, Zhang X, Ren S, et al. Deep residual learning for image recognition[C]//Proceedings of the IEEE conference on computer vision and pattern recognition. 2016: 770-778.

[2] Ha Q, Watanabe K, Karasawa T, et al. MFNet: Towards real-time semantic segmentation for autonomous vehicles with multi-spectral scenes[C]//2017 IEEE/RSJ International Conference on Intelligent Robots and Systems (IROS). IEEE, 2017: 5108-5115.

[3] Ding J, Xue N, Long Y, et al. Learning RoI transformer for oriented object detection in aerial images[C]. Proceedings of the IEEE/CVF Conference on Computer Vision and Pattern Recognition. 2019: 2849-2858.

[4] Jin W D, Xu J, Han Q, et al. CDNet: Complementary depth network for RGB-D salient object detection[J]. IEEE Transactions on Image Processing, 2021, 30: 3376-3390.

[5] He K, Zhang X, Ren S, et al. Deep residual learning for image recognition[C]. Proceedings of the IEEE conference on computer vision and pattern recognition. 2016: 770-778.

[6] Y Sun, B Cao, P Zhu, et al. Drone-based RGB-infrared cross-modality vehicle detection via uncertainty-aware learning[J]. IEEE Transactions on Circuits and Systems for Video Technology, 2022, 32(10): 6700-6713.

[7] Bao C, Cao J, Hao Q, et al. Dual-YOLO architecture from infrared and visible images for object detection[J]. Sensors, 2023, 23(6): 2934.

[8] Zhou K, Chen L, Cao X. Improving multispectral pedestrian detection by addressing modality imbalance problems[C]. Computer Vision–ECCV 2020: 16th European Conference, Glasgow, UK, August 23–28, 2020, Proceedings, Part XVIII 16. Springer International Publishing, 2020: 787-803.

[9] Wang Q, Chi Y, Shen T, et al. Improving RGB-infrared object detection by reducing cross-modality redundancy[J]. Remote Sensing, 2022, 14(9): 2020.

[10] Wu J, Shen T, Wang Q, et al. Local adaptive illumination-driven input-level fusion for infrared and visible object detection[J]. Remote Sensing, 2023, 15(3): 660.

[11] Sun Y, Cao B, Zhu P, et al. Drone-based RGB-infrared cross-modality vehicle detection via uncertainty-aware learning[J]. IEEE Transactions on Circuits and Systems for Video Technology, 2022, 32(10): 6700-6713.

[12] Jiang B, Luo R, Mao J, et al. Acquisition of localization confidence for accurate object detection[C]//Proceedings of the European conference on computer vision (ECCV). 2018: 784-799.

[13] Zhang P, Zhao J, Wang D, et al. Jointly modeling motion and appearance cues for robust rgb-t tracking, 2020.

[14] He K, Zhang X, Ren S, et al. Deep residual learning for image recognition[C]//Proceedings of the IEEE conference on computer vision and pattern recognition. 2016: 770-778.

[15] Yu Y, Xiong Y, Huang W, et al. Deformable siamese attention networks for visual object tracking, 2020.

[16] Chen Z, Zhong B, Li G, et al. Siamese box adaptive network for visual tracking, 2020.

[17] Wang, Q., Teng, Z., Xing, J., Gao, J., & Maybank, S.. (2018). Learning attentions: residual attentional siamese network for high performance online visual tracking. 2018 IEEE/CVF Conference on Computer Vision and Pattern Recognition. IEEE.

[18] Guo D, Wang J, Cui Y, et al. SiamCAR: siamese fully convolutional classification and regression for visual tracking. 2020 IEEE/CVF Conference on Computer Vision and Pattern Recognition (CVPR). IEEE, 2020.

[19] Zhang Z, Peng H. Ocean: object-aware anchor-free tracking, 2020.

[20] Stuart M A, Carol J F. A survey of unmanned aerial vehicle (UAV) usage for imagery collection in disaster research and management[C]. Proceedings of the 9th International Workshop on Remote Sensing for Disaster Response, Stanford, 2011, 258-266.

[21] 杨诗宇. 面向智能交通的目标检测与跟踪 [D]. 东华大学, 2018.

[22] Li B, Wu W, Wang Q, et al. SiamRPN++: evolution of siamese visual tracking with very deep networks. 2019 IEEE/CVF Conference on Computer Vision and Pattern Recognition (CVPR). IEEE, 2020.

[23] Song Y, Chao M, Wu X, et al. VITAL: VIsual tracking via adversarial learning. 2018 IEEE/CVF Conference on Computer Vision and Pattern Recognition. IEEE, 2018.

[24] Li B, Wu W, Wang Q, et al. Siamrpn++: evolution of siamese visual tracking with very deep networks[C]//Proceedings of the IEEE/CVF Conference on Computer Vision and Pattern Recognition. 2019: 4282-4291.

[25] Zhang Z, Peng H, Fu J, et al. Ocean: object-aware anchor-free tracking[C]//Computer Vision–ECCV 2020: 16th European Conference, Glasgow, UK, August 23–28, 2020, Proceedings, Part XXI 16. Springer International Publishing, 2020: 771-787.

[26] Danelljan M, Bhat G, Khan F S, et al. Atom: accurate tracking by overlap maximization[C]//Proceedings of the IEEE/CVF Conference on Computer Vision and Pattern Recognition. 2019: 4660-4669.

[27] Guo D, Wang J, Cui Y, et al. SiamCAR: siamese fully convolutional classification and regression for visual tracking[C]//Proceedings of the IEEE/CVF conference on computer vision and pattern recognition. 2020: 6269-6277.

[28] H Zhang, Zhang L, Zhuo L, et al. Object tracking in rgb-t videos using modal-aware attention network and competitive learning. Sensors, 2020: 20(2), 393.

[29] Zhang L, Danelljan M, Gonzalez-Garcia A, et al. Multi-modal fusion for end-to-end RGB-T tracking. 2019 IEEE/CVF International Conference on Computer Vision Work-

shop (ICCVW). IEEE, 2019.

[30] Li C, Liu L, Lu A, et al. Challenge-aware rgbt tracking[C]//European Conference on Computer Vision. Springer, Cham, 2020: 222-237.

[31] Li C L, Liang X Y, Lu Y J, et al. RGB-T object tracking: benchmark and baseline, Pattern Recognition, 2019: 96, 12.

[32] www.votchallenge.net/vot2020.